高等职业教育扩招系列教材

宠物外科与产科

鲁兆宁 主编

中国农业大学出版社
· 北京 ·

内容简介

本教材遵循我国高等职业院校兽医专业教学体系与课程设置模式及最新教材建设指导思想和原则，理论以“必需、够用”为度，突出常用技能知识。主要介绍了常见宠物外科和产科疾病的基本知识，重点放在疾病的诊断、预防和治疗上。项目后附有相关病例分析，帮助大家拓展思路，巩固相关理论知识。

本教材可供百万扩招高等职业院校兽医专业、畜牧兽医专业教学使用，也可作为基层畜牧兽医工作者及广大养殖户的参考书。

图书在版编目(CIP)数据

宠物外科与产科/鲁兆宁主编. --北京：中国农业大学出版社，2020.12
ISBN 978-7-5655-2498-1

Ⅰ.①宠…　Ⅱ.①鲁…　Ⅲ.①宠物—外科学—高等职业教育—教材 ②宠物—产科学—高等职业教育—教材　Ⅳ.①S857

中国版本图书馆CIP数据核字(2020)第271844号

书　名　宠物外科与产科
作　者　鲁兆宁　主编

策划编辑　康昊婷　张　玉　　**责任编辑**　康昊婷
封面设计　郑　川
出版发行　中国农业大学出版社
社　址　北京市海淀区圆明园西路2号　　**邮政编码**　100193
电　话　发行部010-62733489，1190　　读者服务部010-62732336
编辑部010-62732617，2618　　出　版　部010-62733440
网　址　http://www.caupress.cn　　**E-mail**　cbsszs@cau.edu.cn
经　销　新华书店
印　刷　涿州市星河印刷有限公司
版　次　2022年8月第1版　2022年8月第1次印刷
规　格　185mm×260mm　16开本　18印张　470千字
定　价　53.00元

编审人员

主　编　鲁兆宁（黑龙江农业职业技术学院）

副主编　刘　红（黑龙江农业职业技术学院）

刘洪杰（黑龙江农业职业技术学院）

张丽冰（佳木斯市水源山公园）

熊忙利（咸阳职业技术学院）

参　编　王　浩（黑龙江农业职业技术学院）

王瑛琪（黑龙江农业职业技术学院）

王明河（东北农业大学）

冯国锋（东北农业大学）

闫乃玉（沈阳市维尔动物医院）

李　庄（安徽农业大学）

主　审　于　波（黑龙江农业职业技术学院）

王福军（黑龙江民族职业学院）

张建涛（东北农业大学）

总 序

黑龙江是农业大省。黑龙江农业职业技术学院是三江平原上唯一一所农业类高职院校，也是与区域社会经济发展联系非常紧密的农业类高职院校，具有服务国家"乡村振兴"战略的地缘优势。在过去70多年的办学历史中，涉农专业办学历史悠久，培养了大批工作在农业战线上的优秀人才。在长期培养实用人才、服务区域经济的实践中，学院形成了"大力发展农业职业教育不动摇、根植三江沃土不动摇和为'三农'服务不动摇"的办学理念。20世纪90年代初，学院在农业职业教育领域率先实施模块式教学，在全国农业职业教育教学改革中走在前列。学院不断深化改革，努力服务经济社会发展；不断创新办学模式，努力提升人才培养质量。近年来学院先后晋升为省级骨干院校、省级现代学徒制试点院校，在服务区域经济社会方面成效显著。

学院涉农专业是省级重点专业，有国家财政重点支持的实训基地。拥有黑龙江三江农牧职教集团，校企合作办学成效显著，有实践经验丰富的"双师"队伍，有省级领军人才梯队，师资力量雄厚。

2019年，学院深入贯彻落实教育部等六部门关于印发《高职扩招专项工作实施方案》的通知、教育部办公厅《关于做好扩招后高职教育教学管理工作的指导意见》和国务院关于印发《国家职业教育改革实施方案》等文件精神，创新性地完成高职扩招任务，招生人数位居全省首位。学院针对扩招学生的实际情况和特点，实施弹性学制，采用灵活多样的教学模式，积极推进"三教"改革。依靠农学分院和动物科技分院的专业优势，根据区域经济发展的特点，针对高职扩招生源的特点，出版了种植类和畜牧类高职扩招系列特色教材。

种植类专业核心课程系列教材包括《植物生长与环境》《配方施肥技术》《作物生产与管理》《经济作物生产与管理》《作物病虫草害防治》《作物病害防治》《农业害虫防治》《农田杂草及防除》共计8本，教材在内容方面，本着深浅适宜、实用够用的原则，突出科学性、实践性和针对性；在内容组织形式方面，以图文并茂为基础，附加实物照片等相应的信息化教学资源，突出教材的直观性、真实性、多样性和时代性，激发学生的学习兴趣。

畜牧类专业教材包括《动物病理》《动物药理》《动物微生物与免疫》《畜禽环境控制技术》《畜牧场经营与管理》《动物营养与饲料》《动物繁育技术》《动物临床诊疗技术》《畜禽疾病防治技术》《养禽与禽病防治》《养猪与猪病防治》《牛羊生产与疾病防治》《中兽医》《宠物内科》《宠物传染病与公共卫生》《宠物外科与产科》共计16本。教材注重还原畜禽生产实际，坚持以够用、实用及适用为原则，着力反映现代畜禽生产及疾病防控前沿的新技术新技能，突出解决寒地畜禽生产中的关键问题。

本系列教材内容紧贴企业生产实际，紧跟行业变化，理论联系实际，突出实用性、前沿性。教材语言阐述通俗易懂，理论适度由浅入深、技能训练注重实用，教材均由具有丰富实践经验的教师和企业一线工作人员编写。

本系列教材将素质教育、技能培养和创新实践有机地融为一体。希望通过它的出版不仅很好地满足我院及兄弟院校相关专业的高职扩招教学需要，而且积极推动北方种植业和畜牧业的生产、专业和课程建设与改革以及教学质量等提高。

院长：

前 言

本书为高等职业教育扩招系列教材，使用者为高等职业院校宠物医疗及小动物医学相关专业学生，本书也可作为宠物临床医生的参考用书。本书的编写以我国高等职业教育发展思路为指导思想，全面满足宠物医疗行业人才培养需求。为了适应人才职业化发展，编者从理论教学和行业需求出发，力求编写出既能满足人才培养需求又具有一定参考价值的教科书。

本教材分为四大模块：宠物外科疾病模块、宠物产科生理模块、宠物产科疾病模块和外产科实践实训模块。其中，宠物外科疾病模块包含 13 个项目，宠物产科生理和疾病两个模块包含 12 个项目，外产科实践实训模块包含 8 个项目。教材具体又分为四个知识结构，即外科疾病理论、产科学及疾病理论、相应的病案分析和实训教学部分。实训教学部分内容是根据大部分高职院校专业课设置情况的共同点而组织编写的，编写过程中从服务宠物诊疗临床实际出发，内容基本覆盖宠物临床常见病例和处置方法，引导学生逐步走入生产实际中。

此外，为更好地满足“百万扩招”教材指导思想要求，本教材增加了宠物临床病案分析内容，将临床上能够代表某一类或某一系统的常见典型疾病以病例形式讲述，紧扣外产科理论知识。病案数累计达 40 例，其中详述了动物发病情况、发病原因、诊断和治疗经过，并整体上对疾病诊疗过程进行讨论。此编写形式预期可以培养学生诊疗整体观念，促进诊疗思维培养，整合理论知识和实践应用，为后续学习工作打好基础。

本教材编写组成员既有高等职业院校从事教学、科研和临床工作的教师，也有一线动物园、宠物医院具有丰富临床经验的国家执业兽医师。教材由黑龙江农业职业技术学院于波教授、黑龙江民族职业学院王福军教授和东北农业大学张建涛教授审定，并得到其他同行专家的批评指正。

本教材在编写过程中参考了相关兽医外科、产科和临床诊断方面的文献，在此致以衷心的感谢。由于编写时间仓促，教材中疏漏和不足之处不可避免，敬请同行专家批评指正。

编 者

2021 年 3 月

目 录

模块一 宠物外科疾病

模块二　宠物产科生理

模块三　宠物产科疾病

模块四　外产科实践实训

模块一

宠物外科疾病

宠物外科疾病在临床诊疗中占有较大比重，常见于机体各个组织、器官和系统。按照解剖部位划分，外科疾病涉及头、颈、躯干、四肢、神经系统和皮肤等部位，同时也包括外界因素造成的组织损伤、疝、肿瘤和风湿病等。随着宠物平均寿命的增加，宠物肿瘤、眼病、骨病和齿病等成为宠物外科常见疾病，因此对这类疾病的诊断和治疗对宠物健康水平的提高具有重要意义。

项目一

损　　伤

【学习目标】

通过学习损伤的概念与分类及损伤并发症等内容，理解开放性损伤和非开放性损伤的诊断和治疗原则。

【知识目标】

学习损伤概念、分类及并发症，深入理解创伤、挫伤、血肿、淋巴外渗、物理损伤和损伤并发症的成因、症状表现、临床诊断和治疗原则。

【技能目标】

通过学习各种形式的损伤，能够采取适当的诊疗手段对各种形式的损伤进行处置，对损伤并发症能够进行及时有效的控制和预防。

损伤是由不同外界因素作用于机体，引起机体组织器官在解剖上的破坏或生理上的紊乱，并伴有不同程度的局部或全身反应。损伤在临床上可以分为开放性损伤、非开放性损伤、理化损伤等。损伤通常可引发动物出现休克，局部出现溃疡、窦道，严重的可导致机体组织出现坏死和坏疽，在临床诊疗过程中需要对各种原因引起的损伤给予足够的关注，同时对损伤并发症的控制也是宠物诊疗过程中经常需要关注的。

任务一　开放性损伤——创伤

一、创伤的概念

创伤是因锐性外力或强烈的钝性外力作用于机体组织或器官，使受伤部皮肤或黏膜出现伤口及结缔组织与外界相通的机械性损伤。

创伤一般由创缘、创口、创壁、创底、创腔、创围等部分组成（图 1-1）。创缘为皮肤或黏膜及其下的疏松结缔组织；创缘之间的间隙称为创口；创壁由受伤的肌肉、筋膜及位于其间的疏松结缔组织构成；创底是创伤的最深部分，根据创伤的深浅和局部解剖特点，创底可由各种组织构成；创腔是创壁之间的间隙，管状创腔称为创道；创围指围绕创口周围的皮肤或黏膜。

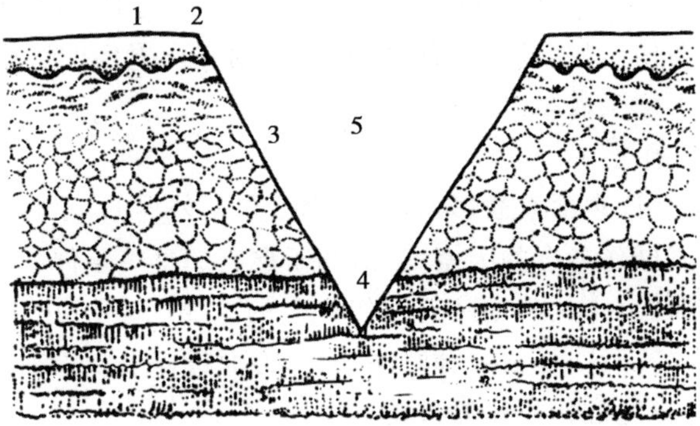

图 1-1　创伤各部名称

1. 创围　2. 创缘　3. 创面　4. 创底　5. 创腔

二、创伤的症状

1. 出血

出血量的多少取决于受伤的部位、组织损伤的程度、血管损伤的状况和血液的凝固性等。出血可分为原发性出血和继发性出血；内出血和外出血；动脉性出血、静脉性出血和毛细血管性出血等。

2. 创口裂开

创口裂开是因受伤组织断离和收缩引起的。创口裂开的程度取决于受伤的部位，创口的方向、长度、深度以及组织的弹性。活动性较大的部位，创口裂开比较明显；长而深的创伤比短而浅的创口裂开大；肌腱的横创比纵创裂开宽。

3. 疼痛及功能障碍

疼痛是因感觉神经受损伤或炎性刺激引起的。疼痛的程度取决于受伤的部位、组织损伤的性状、动物种属和个体差异。富有感觉神经分布的部位如蹄冠、外生殖器、肛门和骨膜等处发生创伤，疼痛显著。由于疼痛和破坏受伤部的解剖组织学结构，常出现肢体的功能障碍。

三、创伤愈合

1. 创伤愈合的种类

创伤愈合分为第一期愈合、第二期愈合和痂皮下愈合三种类型。

（1）第一期愈合　创伤第一期愈合是一种较为理想的愈合形式，其特点是创缘、创壁整齐，创口吻合，无肉眼可见的组织间隙，临床上炎症反应轻微。创内无异物、坏死灶及血肿，组织保有生活能力，失活组织较少，没有感染，具备这些条件的创伤可完成第一期愈合。无菌手术创伤绝大多数可达第一期愈合。新鲜污染创伤如能及时做清创术处理，也可以期待达到此期愈合。

（2）第二期愈合　特征是伤口增生多量的肉芽组织，充填创腔，然后形成疤痕组织被覆上皮组织而治愈。一般当伤口较大，伴有组织缺损，创缘及创壁不整，伤口内有血凝块、细菌感染、异物、坏死组织，以及炎性产物和代谢障碍致使组织丧失第一期愈合能力时，要通过第二期愈合治愈。临床上多数创伤病例取此期愈合。

（3）痂皮下愈合　特征是表皮损伤，创面浅在并有少量出血，以后血液或渗出的浆液逐渐干燥而结成痂皮，覆盖在伤口的表面，具有保护作用，痂皮下损伤的边缘再生表皮而治愈。若感染细菌时，则于痂皮下化脓取第二期愈合。

2. 影响创伤愈合的因素

创伤愈合的速度常受许多因素的影响，这些因素包括外界的、人为的和机体方面的。创伤诊疗时，应尽力消除妨碍创伤愈合的因素，创造利于愈合的良好条件。

（1）创伤感染　创伤感染化脓是延迟创伤愈合的主要因素。由于病原菌的致病作用，一方面伤部组织遭受更大的破坏，延长愈合时间；另一方面机体吸收了细菌毒素和有害的炎性产物，降低机体的抵抗力，影响创伤的修复过程。

（2）创内存有异物或坏死组织　当创内特别是创伤深部存留异物或坏死组织时，炎性净化过程不能结束，化脓不会停止，创伤就不能愈合，甚至形成化脓性窦道。

（3）受伤部血液循环不良　创伤的愈合过程是以炎症为基础的过程，受伤部血液循环不良，既影响炎性净化过程的顺利进行，又影响肉芽组织的生长，从而延长创伤愈合时间。

（4）受伤部不安静　受伤部经常进行有害的活动，容易引起继发损伤，并破坏新生肉芽组织的健康生长，从而影响创伤的愈合。

（5）处理创伤不合理　如止血不彻底，施行清创术过晚和不彻底，引流不畅，不合理的缝合与包扎，频繁地检查创伤和不必要的换绷带，以及不遵守无菌规则，不合理地使用药剂等，都可延长创伤的愈合时间。

（6）机体维生素缺乏　维生素 A 缺乏时，上皮细胞的再生作用迟缓，皮肤出现干燥及粗糙；B 族维生素缺乏时，能影响神经纤维的再生；维生素 C 缺乏时，细胞间质和胶原纤维的形成障碍，毛细血管的脆弱性增加，致使肉芽组织水肿、易出血；维生素 K 缺乏时，凝血酶原的浓度降低，致使血液凝固缓慢，影响创伤愈合时间。

四、创伤的检查方法

创伤检查的目的在于了解创伤的性质，决定治疗措施和观察愈合情况。

1. 一般检查

从问诊开始，了解创伤发生的时间、致伤物的性状、发病当时的情况和患病动物的表现等。然后检查患病动物的体温、呼吸、脉搏，观察可视黏膜颜色和患病动物的精神状态；检查受伤部位和救治情况，以及四肢的功能障碍等。

2. 创伤外部检查

按由外向内的顺序，仔细地对受伤部位进行检查。先视诊创伤的部位、大小、形状、方向、性质，创口裂开的程度，有无出血，创围组织状态和被毛情况，有无创伤感染现象；继而观察创缘及创壁是否整齐、平滑，有无肿胀及血液浸润情况，有无挫灭组织及异物；然后对创围进行柔和而细致的触诊，以确定局部温度的高低、疼痛情况、组织硬度、皮肤弹性及移动性等。

3. 创伤内部检查

实施创伤内部检查时应遵守无菌规则。首先创围剪毛、消毒。检查创壁时，应注意组织的受伤情况、肿胀情况、出血及污染情况。检查创底时，应注意深部组织受伤状态，有无异物、血凝块及创囊的存在。必要时可用消毒的探针、硬质胶管等，或用戴消毒乳胶手套的手指进行创底检查，摸清创伤深部的具体情况。

对于有分泌物的创伤，应注意分泌物的颜色、气味、黏稠度、数量和排出情况等。必要时可进行酸碱度测定、脓汁及血液检查。对于出现肉芽组织的创伤，应注意肉芽组织的数量、颜色和生长情况等。创面可做按压标本的细胞学检查，有助于了解机体的防卫功能状态，客观地验证治疗方法的正确性。

五、创伤的治疗

1. 创伤治疗的一般原则

（1）抗休克　一般是先抗休克，待休克好转后再行清创术；但对大出血、胸壁穿透创及肠脱出，则应在积极抗休克的同时进行手术治疗。

（2）防治感染　灾害性创伤，一般不可避免被细菌等污染，伤后应立即开始使用抗生素，预防化脓性感染，同时进行积极的局部治疗，使污染的伤口变为清洁伤口并进行缝合。

（3）纠正水与电解质失衡　创伤失血时，导致有效循环血量减少和微循环障碍，需紧急补充水和电解质，以防引发休克。应根据体内电解质损失情况进行适当补充，纠正失衡状况。

（4）消除影响创伤愈合的因素　影响创伤愈合的因素很多，在创伤治疗过程中，注意消除影响创伤愈合的因素，可使肉芽组织生长正常，促进创伤早期治愈。

（5）加强饲养管理　增强机体抵抗力，能促进伤口愈合，对严重的创伤，应给予高蛋白及富有维生素的饲料。

2. 创伤治疗的基本方法

（1）创围清洁法　清洁创围的目的在于防止创伤感染，促进创伤愈合。

清洁创围时，首先用数层灭菌纱布块覆盖创面，防止异物落入创内。然后用剪毛剪将创围被毛剪去，剪毛面积以距创缘周围 10 cm 左右为宜（视动物大小而定）。创围被毛被血液或分泌物黏着时，可先用 3%过氧化氢及大量生理盐水将其除去，再用 70%酒精棉球反复擦拭紧靠创缘的皮肤，直至清洁干净为止。离创缘较远的皮肤，可用肥皂水和消毒液洗刷干净，但应防止洗刷液落入创内。最后用 5%碘酊或 5%酒精福尔马林溶液以 5 min 的间隔，2 次涂擦创围皮肤。

（2）创面清洗法　揭去覆盖创面的纱布块，用生理盐水冲洗创面后，持消毒镊子除去创面上的异物、血凝块或脓痂，然后用生理盐水或防腐液反复清洗创伤，直至清洁为止。

创腔较浅且无明显污物时，可用浸有药液的棉球轻轻地清洗创面；创腔较深或存有污物时，可用洗创器吸取防腐液冲洗创腔，并随时除去附着创面的污物，但应防止过度加压形成的急流冲刷创伤，以免损伤创内组织和扩大感染。清洗创腔后，用灭菌纱块轻轻地擦拭创面，以便除去创内残存的液体和污物。

（3）清创手术　用外科手术的方法将创内所有的失活组织切除，除去可见的异物、血凝块，消灭创囊、凹壁，扩大创口（或做辅助切口），保证排液畅通，力求使新鲜污染创变为近似手术创伤，争取创伤的第一期愈合。

根据创伤的性质、部位、组织损伤的程度和伤后经过的时间，对每个创伤施行清创手术的内容也不同。一般于手术前均需进行彻底的消毒和麻醉。

修整创缘时，用外科剪除去破碎的创缘皮肤和皮下组织，造成平整的创缘以便于缝合。扩创时，沿创口的上角或下角切开组织，扩大创口，消灭创囊、龛壁，充分暴露创底，除去异物和血凝块，以便排液通畅或便于引流。对于创腔深、创底大和创道弯曲不便于从创口排液的创伤，可选择创底最低处且靠近体表的健康部位，尽量于肌间结缔组织处做一至数个适当长度的辅助切口，以利排液。创伤部分切除时，除修整创缘和扩大创口外，还应切除创内所有失活破碎组织，造成新创壁。失活组织一般呈暗紫色，刺激不收缩，切割时不出血，无明显疼痛反应。为彻底切除失活组织，在开张创口后，除去离断的筋膜，分层切除失活组织，直至有鲜血流出的组织为止。手术过程中随时止血，随时除去异物和血凝块，并对暴露的神经和健康的血管注意保护。清创手术完毕，用防腐液清洗创腔，按需要用药、引流、缝合和包扎。

(4) 创伤用药　创伤用药的目的在于防止创伤感染，加速炎性净化，促进肉芽组织和上皮新生。

药物的选择和应用决定于创伤的性状、感染的性质、创伤愈合过程的阶段等。如创伤污染严重，外科处理不彻底、不及时和因解剖特点不能施行外科处理时，为了消灭细菌，防止创伤感染，早期应用广谱抗菌性药物；对创伤感染严重的化脓创，为了消灭病原菌和加速炎性净化的目的，应用制菌性药物和加速炎性净化的药物；对肉芽创应使用保护肉芽组织和促进肉芽组织生长，以及加速上皮新生的药物。总之，适用于创伤的药物，应具有既能制菌，又能抗毒与消炎，且对机体组织细胞损害作用小者为最佳。

(5) 创伤缝合法　根据创伤情况可分为初期缝合、延期缝合和肉芽创缝合。

初期缝合是对受伤后数小时的清洁创或经彻底外科处理的新鲜污染创施行缝合，其目的在于保护创伤不受继发感染，有助止血，消除创口裂开，使两侧创缘和创壁相互接着，为组织再生创造良好条件。适用于初期缝合的创伤条件是：创伤无严重污染，创缘及创壁完整，且具有生活力，创内无较大的出血和较大的血凝块，缝合时创缘不会因牵引而过分紧张，且不妨碍局部的血液循环等。

临床实践中，常根据创伤的不同情况，分别采取不同的缝合措施。有的施行创伤初期密闭缝合；有的做创伤部分缝合，创口下角留一排液口，便于创液的排出；有的施行创口上下角的数个疏散结节缝合，以减少创口裂开和弥补皮肤的缺损；有的先用药物治疗 3～5 d，无创伤感染后，再施行缝合，称此为延期缝合。经初期缝合后的创伤，如出现剧烈疼痛、肿胀显著，甚至体温升高时，说明已出现创伤感染，应及时部分或全部拆线，进行开放疗法。

肉芽创缝合又叫二次缝合，用以加速创伤愈合，减少疤痕形成。此类缝合适用于肉芽创，创内应无坏死组织，肉芽组织呈红色平整颗粒状，肉芽组织上被覆的少量脓汁内无厌氧菌存在。对肉芽创经适当的外科处理后，根据创伤的状况施行接近缝合或密闭缝合。

(6) 创伤引流法　当创腔深、创道长、创内有坏死组织或创底潴留渗出物等时，常采用创伤引流法，以使创内炎性渗出物流出创外。

常用引流疗法以纱布条引流最为常见，多用于深在化脓感染创的炎性净化阶段。纱布条引流具有毛细管引流的特性，只要把纱布条适当地导入创底和弯曲的创道，就能将创内的炎性渗出物引流至创外。作为引流物的纱布条，根据创腔的大小和创道的长短，可做成不同的宽度和长度。纱布条越长，则其条幅也应宽些。将细长的纱布条导入创内时，因其形成圆球而不起引流作用，故引流纱布是将适当长、宽的纱布条浸以药液，用长镊子将引流纱布条的两端分别夹住，先将一端疏松地导入创底，另一端游离于创口下角。临床上除用纱布条作为主动引流之外，也常用胶管、塑料管做被动引流。

换引流物的时间，决定于炎性渗出的数量、动物全身性反应和引流物是否起引流作用。炎性渗出物多时应常换引流物。当创伤炎性肿胀和炎性渗出物增加，体温升高时是引流受阻的标志，应及时取出引流物做创内检查，并换引流物。引流物也是创伤内的一种异物，长时间使用会刺激组织细胞，妨碍创伤口的愈合。因此，当炎性渗出物很少时，应停止使用引流物。对于炎性渗出物排出通畅的创伤、已形成肉芽组织坚强防卫面的创伤、创内存有大血管和神经干的创伤，以及关节和腱鞘创伤等，均不应使用引流疗法。

(7) 创伤包扎法　创伤包扎应根据创伤具体情况而定。一般经外科处理后的新鲜创都要包扎。当创内有大量脓汁、厌氧性及腐败性感染，以及炎性净化后出现良好肉芽组织的创伤，一般可不包扎，采取开放疗法。

创伤包扎不仅可以保护创伤免于继发损伤和感染，且能保持创伤安静、保温，有利于创伤愈合。创伤绷带用 3 层，即从内向外由吸收层(灭菌纱布块)、接受层(灭菌脱脂棉块)和固定层(卷轴带、三角巾、复绷带或胶绷带等)组成。对创伤做外科处理后，根据创伤的解剖部位和创伤的大小，选择适当大小的吸收层和接受层放于创部，固定层则根据解剖部位而定。一般四肢部用卷轴带或三角巾包扎，躯干部用三角巾、复绷带或胶绷带固定。

创伤绷带的更换时间应按具体情况而定。当绷带已被浸湿而不能吸收炎性渗出物，脓汁流出受阻时，以及需要处置创伤时，应及时更换绷带。更换绷带时，应轻柔、仔细、严密消毒，防止继发损伤和感染。创伤换绷带包括取下旧绷带、处理创伤和包扎新绷带三个环节。

(8) 全身性疗法　受伤动物是否需要全身性治疗，应按具体情况而定。

许多受伤动物因组织损伤轻微、无创伤感染及全身症状等，可不进行全身性治疗。当其出现体温升高、精神沉郁、食欲减退、白细胞增数等全身症状时，则应施行必要的全身性治疗，防止病情恶化。例如，对污染较轻的新鲜创，经彻底的外科处理以后，一般不需要全身性治疗；对伴有大出血和创伤愈合迟缓的动物，应输入血浆代用品或全血；对严重污染而很难避免创伤感染的新鲜创，应使用抗生素治疗，并根据伤情的严重程度，进行必要的输液、强心措施，注射破伤风抗毒素或类毒素；对局部化脓性炎症剧烈的动物，为了减少炎性渗出和防止酸中毒，可静脉注射 10%氯化钙溶液和 5%碳酸氢钠溶液，必要时可连续使用抗生素以及进行强心、输液、解毒等措施。

任务二　软组织的非开放性损伤

软组织的非开放性损伤是指由钝性外力的撞击、挤压、跌倒等致伤，伤部的皮肤和黏膜保持完整，而有深部组织的损伤。非开放性损伤因无伤口，感染机会较少，但有时伤情较为复杂，不能忽视。常见的非开放性损伤有挫伤、血肿和淋巴外渗。

一、挫伤

挫伤是机体在钝性外力的直接作用下，引起组织的非开放性损伤。

1. 分类与症状

(1) 皮下组织挫伤　多由皮下组织的小血管破裂引起。少量的出血常发生局限性的小的出血斑(点状出血)；出血量大时，常发生溢血。挫伤部皮肤初期呈黑红色，逐渐变成紫色、黄色后恢复正常。

(2) 皮下裂伤　发生皮下裂伤时，皮肤仍完整，但皮下组织与皮肤发生剥离，常有血液和渗出液等积聚皮下。如为肋骨骨折，其断端伤及肺部时，在发生裂创的皮下疏松结缔组织间可形成皮下气肿。

(3) 皮下深部组织挫伤　分为肌肉的挫伤、神经的挫伤、腱的挫伤、滑液囊的挫伤、关节的挫伤以及骨的挫伤。

①肌肉的挫伤。常由钝性外力直接作用引起。轻度的肌肉挫伤常发生淤血或出血，重度的肌肉挫伤肌肉常发生坏死，挫伤部肌肉软化呈泥样，治愈后形成瘢痕，因瘢痕挛缩常引起局部组织的功能障碍。

②神经的挫伤。神经的挫伤多为末梢性的。末梢神经多为混合神经，损伤后神经所支配的区域发生感觉和运动麻痹，肌肉呈渐进性萎缩。中枢神经系统脊髓发生挫伤时，因受挫伤的部位不同可发生呼吸麻痹、后躯麻痹、尿失禁等症状。

③腱的挫伤。腱的挫伤多由过度的运动、腱的剧烈伸展而使一束腱纤维发生断裂或分离腱。

④滑液囊的挫伤。滑液囊挫伤后常形成滑液囊炎，滑液大量渗出，局部显著肿胀，初期热痛明显，形成慢性炎症后，呈无痛的水样潴留。

⑤关节的挫伤。详见关节疾病。

⑥骨的挫伤。多见于骨膜的局限性损伤，表现局部肿胀，有压痛，易形成骨赘。

(4) 破裂　挫伤的同时常伴有内脏器官破裂和筋膜、肌肉、腱的断裂。肝脏、肾脏、脾脏较皮肤和其他组织脆弱，在强烈的钝性外力作用下更易发生破裂。脏器破裂后形成严重的内出血，常易导致休克的发生。

(5) 皮下挫伤的感染　严重的挫伤，若发生感染时，全身及局部症状加重，可形成脓肿或蜂窝织炎。有的部位反复发生挫伤，可形成淋巴外渗、黏液囊炎及患部皮肤肥厚、皮下结缔组织硬化。

2. 治疗

挫伤的治疗原则是：制止溢血和渗出，促进炎性产物的吸收，镇痛消炎，防止感染，加速组织的修复能力。受到强力外力的挫伤时要注意全身状态的变化。

(1) 冷疗和热疗　有热痛时实施冷却疗法，使动物安定，消除急性炎症，缓解疼痛。热痛肿胀特别重时给予冰袋冷敷。2～3 d后可改用温热疗法、中波超短波疗法、红外线疗法等，以恢复功能。

(2) 刺激疗法　炎症慢性化时可进行刺激疗法。涂樟脑酒精或5%鱼石脂软膏、复方醋酸铅散，引起一过性充血促进炎性产物吸收，对促进肿胀的消退有良好效果。

二、血肿

血肿是各种外力作用，导致血管破裂，溢出的血液分离周围组织，形成充满血液的腔洞。

1. 症状

血肿的临床特点是肿胀迅速增大，肿胀呈明显的波动感或饱满有弹性。4～5 d后肿胀周围坚实，中央部有波动，局部增温。穿刺时，可排出血液。有时可见局部淋巴结肿大和体温升高等全身症状。

2. 治疗

血肿的治疗重点应从制止溢血、防止感染和排出积血着手。可于患部涂碘酊，装压迫绷带。经4～5 d后，可穿刺或切开血肿，排出积血或凝血块，如发现继续出血，可结扎止血，清理创腔后，再缝合创口或采取开放疗法。

三、淋巴外渗

淋巴外渗是在钝性外力作用下，由于淋巴管断裂，淋巴液聚积于组织内的一种非开放性损伤。

1. 症状

淋巴外渗在临床上发生缓慢，一般于伤后 1～4 d 出现肿胀，并逐渐增大，有明显的界线，呈明显的波动感，皮肤不紧张，炎症反应轻微。穿刺液为橙黄色稍透明的液体，或其内混有少量的血液。时间较久，析出纤维素块，如囊壁有结缔组织增生，则呈明显的坚实感。

2. 治疗

首先应尽量使动物保持安静，这样有利于淋巴管断端的闭塞。较小的淋巴外渗可不必切开，于波动明显部位，用注射器抽出淋巴液，然后注入 95%酒精或酒精福尔马林液，停留片刻后将其抽出，以期淋巴液凝固堵塞淋巴管断端，从而达到制止淋巴液流出的目的。应用一次无效时，可进行第二次注入。

较大的淋巴外渗，可切开，排出淋巴液及纤维素，用酒精福尔马林液冲洗，并将浸有上述药液的纱布填塞于腔内，做假缝合。当淋巴管完全闭塞后，可按创伤治疗。

治疗时应当注意，长时间的冷敷会使皮肤发生坏死；温热、刺激剂和按摩疗法，均可促进淋巴液流出和破坏已形成的淋巴栓塞，都不宜应用。

任务三　烧伤与冻伤

一、烧伤

1. 分类与症状

烧伤程度主要决定于烧伤深度和烧伤面积，但也与烧伤部位、动物的年龄和体质等有关。临床上常依据烧伤深度和烧伤面积来判断烧伤的预后和制订治疗措施。

(1) 烧伤深度　烧伤深度是指局部组织被损伤的深浅。烧伤深度越深，伤情越重。根据烧伤的深度，有三度、四度和六度分类法。其中以三度分类法最为常用(图 1-2)。

①一度烧伤。皮肤表皮层被损伤。伤部被毛烧焦，留有短毛，动脉性充血，毛细血管扩张，有局限性轻微的热、痛、肿，呈浆液性炎症变化。一般 7 d 左右自行愈合，不留疤痕。

②二度烧伤。皮肤表皮层及真皮层的一部分(即浅二度烧伤)或大部分(即深二度烧伤)被损伤。伤部被毛烧光或被毛烧焦，留有短毛，拔毛时能连表皮一起拔下(浅二度)或只有被毛易拔掉(深二度)。伤部血管通透性显著增加，血浆大量外渗，积聚在表皮与真皮之间，呈明显的带痛性水肿，并向下沉积。浅二度者，一般经 2～3 周愈合，不留疤痕。深二度者，痂皮脱落后，伤面残留有散在的未烧坏的皮岛，通过它们的生长，经 3～5 周创面愈合，常遗留轻度的疤痕。深二度伤面，常因发生感染而变成三度伤面。

③三度烧伤。为皮肤全层或深层组织(筋膜、肌肉和骨)被损伤。此时，组织蛋白凝固，血管栓塞，形成焦痂，呈深褐色干性坏死状态，有时出现皱褶。三度烧伤因神经末梢和血液循环遭到破坏，伤面疼痛反应不明显或缺乏。伤面温度下降。伤后经 1～2 周之内，死灭组织开始溃烂、脱落，露出红色的创面，极易感染化脓。小面积的三度烧伤，其创面修复靠创缘上皮细胞

向中心生长而愈合。如创面较大时，应进行植皮促使愈合。三度烧伤愈合后，遗留疤痕。

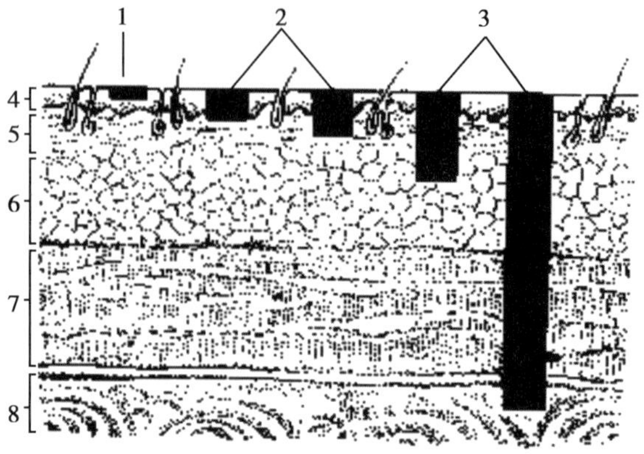

图 1-2 各度烧伤模式图

1. 一度烧伤 2. 二度烧伤 3. 三度烧伤 4. 表皮 5. 真皮 6. 皮下脂肪 7. 肌肉 8. 骨

(2)烧伤面积 因为烧伤面积越大，伤情越重，全身反应也越重，所以烧伤面积的确定，不仅对疾病的发展和预后的判定有直接关系，而且对如何正确治疗也有一定的意义。临床上计算烧伤面积的方法有多种，一般采用烧伤部位占动物体表总面积的百分比来表示。

2. 急救与治疗

(1) 现场急救 主要任务是灭火和清除动物身体上的致伤物质，保护伤面，立刻实施防休克措施。呼吸道烧伤并有严重呼吸困难者，可进行气管切开。有条件者，应注射吗啡止痛。

(2) 防治休克 中度以上的烧伤，受伤动物都有发生休克的可能，尤其体质衰弱、幼年和老年动物更易发生，应及早防治。伤后要注意保温，肌内注射氯丙嗪，皮下注射哌替啶、吗啡。为了维护心脏功能，可静脉内注射樟脑磺酸钠等药物。为了增高血压，维护血容量，改善微循环，应及时补充液体。补液种类为胶体液、血浆代用品及电解质溶液。有酸中毒倾向时，可静脉内注射 5%碳酸氢钠溶液。

(3) 伤面处理 首先剪除烧伤部周围的被毛，用温水洗去玷污的泥土，继续用温肥皂水或 0.5%氨水洗涤伤部(头部烧伤不可使用氨水)，再用生理盐水洗涤、拭干，最后用 70%酒精消毒伤部及周围皮肤。眼部宜用 2%～3%硼酸溶液冲洗。

一度烧伤伤面经清洗后，不必用药，保持干燥，即可自行痊愈。

二度烧伤伤面可用 5%～10%高锰酸钾液连续涂布 3～4 次，使伤面形成痂皮，也可用 5%鞣酸或 3%龙胆紫液等涂布，或用紫草膏等油类药剂纱布覆盖伤面，隔 1～2 d 换药一次，如无感染可持续应用，直至治愈。用药后，一般采用开放疗法，对四肢下部的伤面可行绷带包扎。

伤面的晚期处理，仍可控制感染，加速创面愈合。为了加速坏死组织脱落，特别是干痂脱落，可应用烧伤油膏。对三度烧伤的焦痂，可采用自然脱痂、油剂软化脱痂和手术切痂的方法。焦痂除去后，可用 0.1%新洁尔灭液等清洗，干燥后涂布烧伤油膏。

如有绿脓杆菌感染，可用 2%春雷霉素液或 2%苯氧乙醇液、烧伤宁、10%甲磺灭脓液湿敷，或用枯矾冰片溶液(枯矾 0.75～1 g，冰片 0.25 g，水加至 100 mL)、4%硼酸溶液、食醋湿敷。

三度烧伤面积较大，伤面自然愈合时间较长，并有疤痕挛缩，使机体变为畸形，影响机体功能。

因此对其肉芽创面早期应实行皮肤移植手术，以加速创面愈合，减少感染机会和防止疤痕挛缩。

（4）防治败血症　良好的抗休克措施，及时的伤面处理，合理的饲养管理是预防全身性感染的重要措施，应予重视。对中等度以上的患病动物，应在伤后两周内，应用大剂量抗生素，以控制全身性感染。

二、冻伤

冻伤是一定条件下由于低温引起的组织损伤。

1. 病因和致病机制

寒冷是冻伤的直接原因。环境潮湿可促进寒冷的致伤力，从而加剧冻伤程度。此外，风速、局部血流障碍和抵抗力下降、营养不良可间接引起冻伤。一般而言，温度越低，湿度越高，风速越大，暴露时间越长，发生冷损伤的机会越大，冻伤的损坏程度也就越严重。因为机体远端的血液循环较差，表皮温度低，散热面也较大，所以容易引发冻伤。

冻伤部位常发生在被毛少、皮肤脂肪层薄的部位以及末梢循环较差的部位组织。当低温伤害作用于全身时可导致体温过低，代谢及需求水平下降，机体主要器官功能下降而引起死亡。

2. 冻伤分类

目前认为受冻组织的主要损伤是原发性冻融损伤和继发性血循环障碍。根据冷损伤的范围、程度和临床表现，将冻伤分为三度。

（1）一度冻伤　以发生皮肤及皮下组织的疼痛性水肿为特征。数日后局部反应消失，其症状表现轻微，在宠物常不易被发现。

（2）二度冻伤　皮肤和皮下组织呈弥漫性水肿，并扩延到周围组织，有时在患部出现水泡，其中充满乳光带血样液体。水泡自溃后，形成愈合迟缓的溃疡。

（3）三度冻伤　以血液循环障碍引起的不同深度与距离的组织干性坏死为特征。患部冷厥而缺乏感觉，皮肤先发生坏死，有的皮肤与皮下组织均发生坏死，或达骨部引起全部组织坏死。通常因静脉血栓形成、周围组织水肿以及继发感染而出现湿性坏疽。坏死组织沿分界线与肉芽组织离断，愈合变得缓慢，易发生化脓性感染，特别易招致破伤风和气性坏疽等厌氧性感染。

3. 治疗

冻伤治疗的重点在于：消除寒冷作用，使冻伤组织复温，恢复组织内的血液和淋巴循环，并进行预防感染措施。应立即将受冻动物从寒冷处运至温暖环境，对患部进行清洗，然后用樟脑酒精擦拭或进行复温治疗。

复温治疗时，开始用 18～20 ℃的水进行温水浴，在 25 min 内不断向其中加热水，使水温逐渐达到 38 ℃。在此过程中，如在水中加入高锰酸钾（1∶500），并对皮肤无破损的伤部进行按摩，则更为适宜。当冻伤的组织刚一变软和组织血液循环开始恢复时，即达到复温目的。在不便于温水浴复温的部位，可用热敷复温，其温度与温水浴相同。复温后用肥皂水轻洗患部，用 75％酒精涂擦，然后进行保暖绷带包扎和覆盖。

复温时绝不可用火烤，因为火烤会使局部代谢增加，而血管又不能相应地扩张，反而加重局部损害。用雪擦患部也是错误的，因其可加速局部散热与损伤。

一度冻伤治疗时，必须恢复血管的紧张力，消除淤血，促进血液循环和消退水肿。可先用樟脑酒精涂擦患部，然后涂布碘甘油或樟脑油，用棉花纱布软垫保温绷带包裹。或用按摩疗法和紫外线照射。

二度冻伤治疗的主要任务是促进血液循环、预防感染、增高血管的紧张力、加速疤痕和上皮组织的形成。为解除血管痉挛，改善血液循环，可用盐酸普鲁卡因封闭疗法；根据患病部位的不同，可选用静脉内封闭、四肢环状封闭疗法。为了减少血管内凝集与栓塞，改善微循环，可于静脉内注射低分子右旋糖酐和肝素。广泛的冻伤需早期应用抗生素疗法。局部可用5%龙胆紫溶液或5%碘酊涂擦露出的皮肤乳头层，并装以酒精绷带或行开放疗法。

三度冻伤治疗主要是预防发生湿性坏疽。对已发生的湿性坏疽，应加速坏死组织的断离，促进肉芽组织的生长和上皮的形成，预防全身性感染。为此，在组织坏死时，可将坏死部切开，利于排出组织分解产物，并切除、摘除和截断坏死的组织。早期注射破伤风类毒素或破伤风抗毒素，并实行对症疗法。

任务四 损伤并发症

动物发生外伤，特别是重大外伤时，由于大出血和疼痛，很容易并发休克和贫血；临床常见的外伤感染、严重组织挫灭产生毒素的吸收、机体抵抗力减弱和营养不良以及治疗不当，往往发生溃疡、瘘管和窦道等晚期并发症，轻者影响患病动物早期恢复健康，重者甚至导致其死亡。故外科临床必须注意外伤并发症的预防和治疗。本任务着重叙述早期并发症休克和晚期并发症溃疡、瘘道和窦以及坏死与坏疽。

一、休克

1. 概念

休克不是一种独立的疾病，而是神经、内分泌、循环、代谢等发生严重障碍时在临床上表现出的症候群。其中以循环血液量锐减、微循环障碍为特征的急性循环不全，是一种组织灌注不良，导致组织缺氧和器官损害的综合征。

在外科临床中，休克多见于重剧的外伤和伴有广泛组织损伤的骨折、神经丛或大神经干受到异常刺激、大出血、大面积烧伤、不麻醉进行较大的手术、胸腹腔手术时粗暴的检查、过度牵张肠系膜等。所以要求外科工作者对休克要有一个基本的认识，并能根据情况，有针对性地加以处理，挽救和保护动物生命。

2. 症状及诊断

通常在发生休克的初期，病畜主要表现兴奋状态，这是畜体内调动各种防御力量对机体的直接反应，也称之为休克代偿期。动物表现兴奋不安，血压无变化或稍高，脉搏快而充实，呼吸增加，皮温降低，黏膜发绀，无意识地排尿、排粪。这个过程短则几秒钟即能消失，长者不超过1 h，所以在临床上往往被忽视。

继兴奋之后，动物出现典型沉郁、食欲废绝、不思饮、反应微弱，或对痛觉、视觉、听觉的刺激全无反应，脉搏细而间歇，呼吸浅表不规则，肌肉张力极度下降，反射微弱或消失，同时黏膜苍白、四肢厥冷、瞳孔散大、血压下降、体温降低、全身或局部颤抖、呆立不动、行走如醉，此时如不抢救，能导致死亡。

待休克完全确立之后，根据临床表现，诊断并不困难。但必须了解，休克的治疗效果取决于早期诊断，待病情发展到明显阶段，再去抢救，为时已晚。若能在休克前期或更早地实行预防或治疗，则能大大提高治愈率。但理论上强调的早期诊断的重要意义，在实际临床要做到很困难，首先从技术上早期诊断要有丰富的临床经验，另外在临床上遇到的病例，往往处于休克的中、后期，病情已到相当程度，抢救已十分困难了。为此，兽医人员必须从思想上认识到任何重病都不是静止不变的，都有其发生、发展的过程，对重症患病动物要十分细致，不断观察其变化，对有发生休克可疑的患病动物要早期预防，确认已发生休克时，应积极采取抢救。

临床检查和生理、生化学测定指标常作为休克的诊断依据，以及不断评价患病动物机体对疾病应答反应能力的依据，也作为预防和治疗休克的依据。

(1) 首先了解患病动物机体血液循环状况　在临床上除注意结膜和舌的颜色变化之外，还要特别注意齿龈和舌边血液灌流情况。通常采用手指压迫齿龈或舌边缘，记载压迫后血流充满时间。在正常情况下，血流充满时间是小于 1 s，这种办法只作为测定微循环的大致状态。

(2) 测定血压　血压测定是诊断休克的重要指标，休克动物血压一般降低。

(3) 测定体温　除某些特殊情况体温增高之外，一般休克时低于正常体温。特别是末梢的变化最为明显。

(4) 测定呼吸次数　在休克时，呼吸次数增加，用以补偿酸中毒和缺氧。

(5) 测定心率　心率是很敏感的参数，心率过快往往提示预后不良。

(6) 心电图检查　心电图可以诊断心律不齐、电解质失衡。酸中毒和休克结合能出现大的 T 波。高钾血症是 T 波突然向上、基底变窄、P 波低平或消失，ST 段下降，QRS 波幅宽增大，PQ 延长。

(7) 观察尿量　肾功能是诊断休克的另一个参数，休克时肾灌流量减少，当大量投给液体，尿量能达正常的两倍。

(8) 测定有效血容量　血容量的测定，对早期休克诊断很有帮助，也是输液的重要指标。

(9) 测定血清钾、钠、氯、二氧化碳结合力和非蛋白氮等的含量　对诊断休克有一定价值。

以上的临床观察和生理、生化各种指标的测定，可能帮助诊断休克、确定休克程度和作为合理治疗的依据。所有的参数都需要反复多次，才能得到正确的结论。

3. *治疗*

掌握休克的共同性和特殊性，熟悉各种休克矛盾发展的阶段性，正确处理局部和整体的关系，就能使休克得到较为妥善的处理。现将休克治疗方法介绍如下。

(1) 消除病因　要根据休克发生的不同原因，给以相应的处置。如为出血性休克，则关键是止血。当然，在止血的同时也必须迅速地补充血容量。

(2) 补充血容量　在贫血和失血的病例上，输给全血是必需的，因为全血有携氧能力。全血的补充血量以达到正常血细胞压积水平为度，还不足的血容量，根据需要补给血浆、生理盐水或右旋糖酐等。这样做既可防止携氧能力不足，又能降低血液黏稠度，改善微循环。新鲜全血中含有多种凝血因子，可补充由于休克带来的凝血因子不足。

(3) 改善心脏功能　当静脉灌注适当量液体之后，患病动物情况没有好转，中心静脉压反而增高时，应该增添直接影响血管和强心的药物。

当中心静脉压高、血压低时，为心功能不全的表现，可采用提高心肌收缩力的药物，β 受体兴奋剂(如异丙肾上腺素和多巴胺)是应选药物。多巴胺除加强心肌收缩力外，也可轻度收缩皮肤和肌肉血管，还具有选择肾血管扩张的作用，故在抗休克中有其独特的作用。此外，洋地黄能增强心肌收缩，缓慢心率，但在休克的早期很少需要洋地黄支持，其多于长期休克和心肌有损伤时使用。大剂量的皮质类固醇，能促进心肌收缩，降低周围血管阻力，有改善微循环和中和内毒素的作用，故较多用于中毒性休克。

当中心静脉压高、血压正常、心率正常时，是容量血管（小静脉）过度收缩的结果，此时可采用 α 受体阻断药（如氯丙嗪），可解除小动脉和小静脉的收缩，纠正微循环障碍，改善组织缺氧，从而使休克好转。此类药适用于中毒性休克、出血性休克。注意使用血管扩张剂时，要同时进行血容量的补充。

（4）调节代谢障碍　休克发展到一定阶段，矫正酸中毒十分重要。纠正代谢性酸中毒可增强心肌收缩力，恢复血管对异丙肾上腺素、多巴胺等的反应性，除去产生播散性血管内凝血的条件。从根本上改变酸中毒主要是改善微循环的血流障碍，应合理地恢复组织的血液灌注，解除细胞缺氧，恢复氧代谢，使积聚的乳酸迅速转化。

轻度酸中毒可给予生理盐水，中度酸中毒则须用碱性药物，如碳酸氢钠、乳酸钠等。严重的酸中毒或肝受损伤时，不得使用乳酸钠。

患病动物的补钾问题，要参考血清钾的测定数值，结合临床表现，如肌无力、心动过速、肠管蠕动弛缓等。因为血钾的测定只能说明细胞外液的数值，故对细胞内液钾情况的了解必须结合临床。注意对休克尚未解除而同时又无尿的动物，多数钾量偏高，此时不要造成人工高钾血症。

（5）防止感染　外伤性休克常合并有感染，因此在休克前期或早期，一般常给广谱抗生素。注意如果同时应用皮质激素时，抗生素要加大用量。

（6）其他　休克动物要加强管理，指定专人护理，使动物保持安静；要注意保温，但也不能过热，保持通风良好，给予充分饮水；输液时使液体保持同体温相同的温度。

二、溃疡

皮肤（或黏膜）上经久不愈合的病理性肉芽创称为溃疡。溃疡与一般创口的不同之处是愈合迟缓，上皮和瘢痕组织形成不良。

临床上常见的有下述几种溃疡。

1. 单纯性溃疡

单纯性溃疡表面被覆蔷薇红色、颗粒均匀的健康肉芽。肉芽表面覆有少量黏稠、黄白色的脓性分泌物，干涸后则形成痂皮。溃疡周围皮肤及皮下组织肿胀，缺乏疼痛感。

溃疡周围的上皮形成比较缓慢，新形成的幼嫩上皮呈淡红色或淡紫色。上皮有时也在溃疡面的不同部位上增殖形成上皮突起，然后与边缘上皮带汇合。与此同时，肉芽组织则逐渐成熟并形成瘢痕而治愈。当溃疡内的肉芽组织和上皮组织的再生能力恢复时，则任何溃疡都能变成单纯性溃疡。

单纯性溃疡治疗的关键是精心地保护肉芽，防止其损伤，促进其正常发育和上皮形成。因此，在处理溃疡面时必须细致，禁止粗暴。禁止使用对细胞有强烈破坏作用的防腐剂，如碘酒等。为了加速上皮的形成，可使用加 2%～4%水杨酸的锌软膏、鱼肝油软膏等。

2. 炎症性溃疡

炎症性溃疡临床上较常见，是长期受到机械性、理化性物质的刺激及生理性分泌物和排泄物的作用，以及脓汁和腐败性液体潴留的结果。炎症性溃疡呈明显的炎性浸润；肉芽组织呈鲜红色，有时因脂肪变性呈微黄色；表面被覆大量脓性分泌物，周围肿胀，触诊疼痛。

治疗时，首先应除去病因，局部禁止使用有刺激性的防腐剂。如有脓汁潴留时，应切开创囊，排净脓汁。溃疡周围可用青霉素盐酸普鲁卡因溶液封闭。为了防止从溃疡面吸收毒素，亦可用浸有20％硫酸镁或硫酸钠溶液的纱布覆于创面。

3. 坏疽性溃疡

坏疽性溃疡见于冻伤、湿性坏疽及不正确的烧烙之后。组织的进行性坏死和很快地形成溃疡是坏疽性溃疡的特征。溃疡表面被覆软化污秽无构造的组织分解物，并有腐败性液体浸润，且常伴发明显的全身症状。

此溃疡应采取全身和局部并重的综合性治疗措施。全身治疗的目的在于防止中毒和败血症的发生。局部治疗在于早期剪除坏死组织，促进肉芽生长。

4. 水肿性溃疡

水肿性溃疡常发生于心脏衰弱的患病动物及局部静脉血液循环被破坏的部位。此类溃疡肉芽苍白脆弱呈淡灰白色，且有明显的水肿。溃疡周围组织水肿，无上皮形成。

治疗主要应消除病因。局部可涂鱼肝油、植物油或包扎血液绷带、鱼肝油绷带等。禁止使用刺激性较强的防腐剂。应用强心剂调节心脏功能并改善患病动物的饲养管理。

5. 蕈状溃疡

蕈状溃疡常发生于四肢末端有活动肌腱通过部位的创伤，其特征是局部出现高于皮肤表面、大小不同、凸凹不平的蕈状突起，其外形恰如散布的真菌，故称蕈状溃疡。蕈状溃疡肉芽常呈紫红色，被覆少量脓性分泌物且容易出血；上皮生长缓慢，周围组织呈炎性浸润。

治疗时，如赘生的蕈状肉芽组织超出于皮肤表面很高，可剪除或切除，亦可充分搔刮后进行烧烙止血，还可用硝酸银棒、苛性钾、苛性钠、20％硝酸银溶液烧灼腐蚀。有人使用盐酸普鲁卡因溶液在溃疡周围封闭，配合紫外线局部照射取得了较好的治疗效果。近年来有人使用CO_2激光聚焦烧灼和气化赘生的肉芽也取得了较为满意的治疗效果。

6. 褥疮及褥疮性溃疡

褥疮是局部受到长时间的压迫后所引起的因血液循环障碍而发生的皮肤坏疽，常见于动物体的突出部位。

褥疮后坏死的皮肤即暴露在空气中，水分被蒸发，腐败细菌不易大量繁殖，最后变得干涸皱缩，呈棕黑色。坏死区与健康组织之间因炎性反应带而出现明显的界限。由于皮下组织的化脓性溶解，沿褥疮的边缘出现肉芽组织。坏死的组织逐渐剥离，最后呈现褥疮性溃疡。此类溃疡表面被覆少量黏稠黄白色的脓汁，上皮组织和瘢痕的形成都很缓慢。

平时应尽量预防褥疮的发生。已形成褥疮时，可每日涂擦3％～5％龙胆紫酒精或3％煌绿溶液。夏天应当多晒太阳，应用紫外线和红外线照射可大大缩短治愈的时间。

7. 神经营养性溃疡

神经营养性溃疡愈合非常缓慢，可拖延一年至数年。其肉芽苍白或发绀，见不到颗粒；溃疡周围轻度肿胀，无疼痛的感觉，不见上皮形成。

神经营养性溃疡的治疗条件允许时可进行溃疡切除术，术后按新鲜手术创处理；也可使用盐酸普鲁卡因周围封闭，配合使用组织疗法或自血疗法。

8. 胼胝性溃疡

不合理使用能引起肉芽组织和上皮组织坏死的药品、不合理的长期使用创伤引流，以及患部经常受到摩擦和活动而缺乏必要的安静（如肛门周围的创伤），均能引起胼胝性溃疡的发生。此类溃疡的特征是肉芽组织血管微细，苍白、平滑无颗粒，并过早地变为厚而致密的纤维性瘢痕组织；不见上皮组织的形成。

条件许可时，切除胼胝，以后按新鲜手术创处理；亦可对溃疡面进行搔刮，涂松节油并配合使用组织疗法。

三、窦道和瘘

窦道和瘘都是不易愈合的病理管道，其表面被覆上皮或肉芽组织。窦道和瘘的不同之处在于：前者可发生于机体的任何部位，借助于管道使深在组织（结缔组织、骨或肌肉组织等）的脓窦与体表相通，其管道一般呈盲管状；而后者可借助于管道使体腔与体表相通或使空腔器官互相交通，其管道是两边开口。

（一）窦道

窦道常为后天性的，见于臀部、颈部、股部、胫部、肩胛和前臂部等。

1. 病因

引起窦道的病因如下。

（1）异物　常随致伤物体一起进入体内，或是手术时将其遗忘于创内的物体，如弹片、砂石、木屑、钉子、被毛、金属丝、结扎线、棉球及纱布等。

（2）化脓坏死性炎症　当患有脓肿、蜂窝织炎、开放性化脓性骨折、腱及韧带的坏死、骨坏疽及化脓性骨髓炎等，创伤深部脓汁不能顺利排出，有大量脓汁潴留的脓窦，或长期不正确地使用引流等时，都容易形成窦道。

2. 症状

从体表的窦道口不断地排出脓汁。当窦道口过小，位置又高，大量脓汁潴留于窦道底部，常于自动或他动运动时，因肌肉的压迫使脓汁的排出量增加。窦道口下方的被毛和皮肤上常附有干涸的脓痂。由于脓汁的长期浸渍而形成皮肤炎，被毛脱落。

窦道内脓汁的性状和数量等因致病菌的种类和坏死组织的情况不同而异。当深部存在脓窦且有较多的坏死组织，并处于急性炎症过程时，脓汁量大而较为稀薄，并常混有组织碎块和血液。病程拖长，窦道壁已形成瘢痕，且窦道深部坏死组织很少时，脓汁少而黏稠。

窦道壁的构造、方向和长度因病程的长短和致病因素的不同而有差异。新发生的窦道，管壁肉芽组织未形成瘢痕，管口常有肉芽组织赘生。陈旧的窦道，因肉芽组织瘢痕化而变得狭窄且平滑。一般因子弹和弹片所引起的窦道细长而弯曲。

窦道在急性炎症期时，局部炎症症状明显。当化脓坏死过程严重，窦道深部有大量脓汁潴留时，可出现明显的全身症状。陈旧性窦道一般全身症状不明显。

3. 诊断

除对窦道口的状态、排脓的特点及脓汁的性状进行细致的检查外，还要对窦道的方向、深度、有无异物等进行探诊。探诊时可用灭菌金属探针、硬质胶管，有时可用消毒过的手指进行。探诊时必须小心细致，如发现异物，则应进一步确定其存在部位、与周围组织的关系、异物的性质、大小和形状等。探诊时必须确实保定，防止患病动物骚动。要严防感染的扩散和人为的窦道发生。必要时亦可进行 X 线诊断。

4. 治疗

窦道治疗的主要着眼点是消除病因和病理性管壁，通畅引流以利愈合。

（1）对疖、脓肿、蜂窝织炎自溃或切开后形成的窦道，可灌注 10％碘仿醚、3％过氧化氢等以减少脓汁的分泌和促进组织再生。

（2）当窦道内有异物、结扎线和组织坏死块时，必须用手术方法将其除去。在手术前最好向窦道内注入除红色、黄色以外的防腐液以使窦道管壁着色，或向窦道内插入探针，以利于手术的进行。

（3）当窦道口过小、管道弯曲时，由于排脓困难而潴留脓汁，可扩开窦道口，根据情况对孔或做辅助切口，导入引流物以利于脓汁的排出。

（4）窦道管壁有不良肉芽或形成瘢痕组织者，可用腐蚀剂腐蚀，或用锐匙刮净，或用手术方法切除窦道。

（5）当窦道内无异物和坏死组织块，脓汁很少且窦道壁的肉芽组织比较良好时，可填塞铋碘蜡泥膏（碱式硝酸铋 10.0 g；碘仿 20.0 g；石蜡 20.0 g）。

（二）瘘

先天性瘘是胚胎期间畸形发育的结果，如脐瘘、膀胱瘘及直肠-阴道瘘等，此时瘘管壁上常被覆上皮组织。后天性瘘较为多见，是由于腺体器官及空腔器官的创伤或手术之后发生的，在动物身上常见的有胃瘘、肠瘘、食道瘘、颊瘘、腮腺瘘及乳腺瘘等。

1. 分类及症状。

瘘可分为以下两种。

（1）排泄性瘘　其特征是经过瘘的管道向外排泄空腔器官的内容物（尿、饲料、食糜及粪等）。除创伤外，也见于食道切开、尿道切开、瘤胃切开、肠管切开等手术化脓感染之后。

（2）分泌性瘘　其特征是经过瘘的管道分泌腺体器官的分泌物（唾液、乳汁等），常见于腮腺部及乳房创伤之后。当动物采食或挤乳时，若有大量唾液和乳汁呈滴状或线状从瘘管射出，则是腮腺瘘和乳腺瘘的特征。

2. 治疗

（1）对肠瘘、胃瘘、食道瘘、尿道瘘等排泄性瘘管必须采用手术疗法　用纱布堵塞瘘管口，扩大切开创口，剥离粘连的周围组织，找出通向空腔器官的内口，除去堵塞物，检查内口的状态，根据情况对内口进行修整手术、部分切除术或全部切除术，密闭缝合，修整周围组织，缝合。手术中一定要尽可能防止污染新创面，以争取第一期愈合。

（2）对腮腺瘘等分泌性瘘，可向管内灌注 20%碘酊、10%硝酸银溶液等；或先向瘘内滴入甘油数滴，然后撒布高锰酸钾粉少许，用棉球轻轻按摩，用其烧灼作用以破坏瘘的管壁。一次不愈合者可重复应用。上述方法无效时，对腮腺瘘可先向管内用注射器在高压下灌注溶解的石蜡，后装着胶绷带。亦可先注入 5%～10%的甲醛溶液或 20%的硝酸银溶液 15～20 mL，数日后当腮腺已发生坏死时进行腮腺摘除术。

四、坏死与坏疽

坏死是指生物体局部组织或细胞失去活性。坏疽是组织坏死后受到外界环境影响和不同程度的腐败菌感染而产生的形态学变化。

1. 症状与分类

（1）凝固性坏死　坏死部组织发生凝固、硬化，表面上覆盖一层灰白至黄色的蛋白凝固物。见于肌肉的蜡样变性、肾梗死等。

（2）液化性坏死　坏死部肿胀、软化，随后发生溶解。多见于热伤、化脓灶等。

(3) 干性坏疽 多见于机械性局部压迫、药品腐蚀等。坏死组织初期表现苍白,水分渐渐失去后,颜色变成褐色至暗黑色,表面干裂,呈皮革样外观。

(4) 湿性坏疽 多见于坏死部腐败菌的感染。初期局部组织脱毛、浮肿,呈暗紫色或暗黑色,表面湿润,覆盖有恶臭的分泌物。干性坏疽与湿性坏疽的区别见表 1-1。

表 1-1 干性坏疽与湿性坏疽的区别

项目	干性坏疽	湿性坏疽
原因	外伤,物理,化学损伤,压迫等	褥疮、细菌感染、血管、神经疾病等
皮肤颜色变化	初期苍白,既而呈黑褐色	表面污秽不洁,呈灰白、黑褐色
容积	变小	多数为先肿胀后缩小
硬度	初期软,干化后变硬	软而多汁
分界线	与健康部界线明显	与健康组织分界线不明显
周围的皮肤	正常	伴发蜂窝织炎、浮肿
疼痛	疼痛不明显	初期疼痛显著
愈后	坏死部组织脱落后,组织渐渐愈合	坏部易向四周蔓延,预后慎重

2. 治疗

对坏死与坏疽,首先要除去病因,然后局部进行剪毛、清洗、消毒,以防止湿性坏疽进一步恶化。可使用蛋白分解酶除去坏死组织,等待生出健康的肉芽。也可以用硝酸银或烧烙阻止坏死恶化,或者用外科手术摘除坏死组织。

对湿性坏疽应切除其患部(切除尾部、小动物四肢下端),并应用解毒剂进行化学疗法。注意保持营养状态。

【病案分析 1】犬外伤

(一) 病例简介

本地犬,1 岁,体重 12 kg,被车撞伤,背部侧面被碾压,皮肤挫裂,大量失血,但能站立,事发半小时后到医院就诊。

(二) 临床诊断

病犬体温 37 ℃,呼吸急促,心跳微弱,精神沉郁,结膜苍白,身上有大量血凝块,经棉布简单包扎,有血液浸透。纱布剪开可见该犬背部有一长约 25 cm 的三角形伤口,部分皮肤已经与皮下组织分离,伤口严重污染,不断有血液从伤口渗出。

初步诊断结论:挫裂伤。

(三) 治疗原则

(1) 止血 肌内注射止血敏(酚磺乙胺)每千克体重 10 mg。

(2) 清创 全身麻醉后,伤口周围大范围备皮,用新洁尔灭溶液将周围污物彻底清洗干净,再用过氧化氢和生理盐水反复多次交替清洗创缘及创腔。

(3) 创口闭合 创腔及创缘内的坏死组织用手术剪或手术刀剔除,再次反复冲洗后,创腔内撒入雷夫奴尔溶液,缝合创缘,用浸润了黄药水的纱布做引流。

(4) 消炎补液 静脉注射头孢曲松每千克体重 50 mg,1 次/d,连用 7 d;静脉注射甲硝唑每千克体重 15 mg,连用 3 d。创口用红霉素软膏涂于创口表面,2 次/d。

(5) 预后 该犬治疗 2 d 后拆除纱布引流,8 d 后拆线,预后良好。

(四) 病例分析

(1) 掌握治疗原则 止血、彻底清创,同时对其进行补液强心治疗,维持其生命体征,必要时还需进一步检查血常规指标。

(2) 抗休克治疗 补充血容量,必要时进行输血并吸氧,控制麻醉剂使用量。

(3) 彻底清创,闭合死腔。

(4) 进一步全身检查 需待犬生命体征平稳后再进行全身检查,例如腹腔内是否有积液,膀胱是否完好(可通过 B 超检查等方法确诊),有无便血和吐血等情况。如果除表面外伤之外,还有其他损伤,则应及时进行治疗。内脏有损伤的病例如处理不及时便很难治愈。

【病案分析 2】犬耳血肿

(一) 病例简介

大型犬,2 岁,犬 3 d 前曾与其他犬撕咬,随后整个左耳肿胀,耳道内有多量脓性渗出物,肿大的情况加重。

(二) 临床诊断

病犬体温 39.2 ℃,呼吸急促,烦躁不安,不时摇头。整个耳郭肿胀明显。触诊耳郭中部有弹性、波动感,触之温热、疼痛感明显,周围硬实。耳郭显著增厚并下垂,按压有波动感和疼痛反应。听力下降。

依据耳郭出现明显肿胀和穿刺见有血色液体流出;显微镜下观察,血色液体的成分主要是耳静脉血液、淋巴液、组织碎片等,即可做出诊断。

(三) 治疗

对于轻微耳血肿病例,可采取穿刺放出血肿液的方法。穿刺时须特别注意无菌操作,防止感染而复发。穿刺后及时装置耳绷带,同时给患犬佩带伊丽莎白项圈,防止抓挠导致治疗失败。对严重的耳血肿病例,建议采用手术切开缝合法进行治疗。最常用的手术技术包括切去血肿上的组织,抽出血凝块和纤维蛋白,以及在疤痕组织形成前缝合软骨组织。

本犬采取手术方法进行治疗。术前注射阿托品每千克体重 0.04 mg 和止血敏每千克体重 0.2 mL。术部剃毛,清洗耳道,然后用干棉球塞住耳道。10 min 后注射舒泰每千克体重 5 mg。当患犬进入麻醉状态后,对其行侧卧保定,在耳的凹面做一个直线形切口,显露血肿块及内容物,清除纤维蛋白凝块,然后冲洗空腔。之后对耳凹面皮肤及下面软骨行穿透性缝合,缝合距离 0.75～1.0 cm,缝线平行于主要血管,不留空腔,防止液体积聚。对耳凸面可见的耳主动脉分支不得结扎,以防耳郭坏死。保留耳凹面皮肤切口,以便维持引流。最后用轻质绷带包扎耳朵,保持耳郭向上直立。7～14 d 后,根据术耳愈合情况除去绷带并拆除缝线。

该犬于术后第 10 天拆除缝合线,预后良好。

(四) 病例分析

动物的耳血肿主要与自身摇头、甩耳、抓耳和擦耳有关,打斗或受到挤压时也可引起。也可因外耳炎所致的疼痛或耳螨寄生引起动物摇头或挠抓而导致血肿。动物摇头会导致软骨破裂,进而引起内部耳动脉分支的破裂,引发血液聚集于耳郭内。也有一些耳血肿病例未见并发其他耳病。另外,异物和肿瘤刺激耳郭也可诱发此病,但为少数。临床实践表明,治疗耳血肿应特别注意全程考虑问题，手术的关键在于制止出血及淋巴液渗出，术后要细心照顾，防止术后感染。

（1）术中需无菌操作。

（2）缝合时一定要沿着耳缘竖向缝合，全层穿透缝合更便于操作，也能使血肿腔较好地封闭，必要时可包扎绷带。切口处不要封闭，可保留较小的缝隙，以利于腔内积液的排出。

（3）术后注意加强护理，给患犬佩带颈圈，防止其抓挠造成绷带脱落或缝线断裂。一般情况下术后 7 d 即可拆线，但应根据具体情况，必要时延迟拆线和继续佩带颈圈，直至伤口完全愈合。

（4）注意患病动物原发疾病的治疗，去除病因，否则容易复发。

项目二

外 科 感 染

【学习目标】

通过学习感染概念、局部外科感染、全身感染、厌气性和腐败性感染等知识，为分析感染原因、途径、程度以及今后临床治疗奠定基础。

【知识目标】

掌握外科感染的概念、感染部位和感染程度等内容，熟悉各种感染的发病因素和诊断以及治疗方法。

【技能目标】

通过学习外科感染的概念、感染发生部位和程度，能够分析出感染发生的原因和感染阶段，并采取适当的诊疗手段对脓肿、蜂窝织炎和全身感染等进行处置，对感染所导致的并发症能够进行及时有效的控制和预防。

外科感染是指动物机体受到病原菌侵入而表现的结果，是感染与抗感染斗争的结果。影响外科感染发生的因素可分为机体的防卫功能和促进外科感染发生发展的基本因素，体现了感染和抗感染、扩散和反扩散相互作用的关系。随着感染不断加剧，感染类型则从局部感染向全身感染发展，其中局部感染主要包括脓肿、蜂窝织炎、厌气性感染和腐败性感染；全身感染则是针对化脓性全身感染而言。由于不同动物个体的内在条件和外界因素不同，外科感染常出现相异的结局，在临床诊疗过程中，需根据实际情况采取必要的治疗措施。

任务一　概　　述

一、外科感染的概念

外科感染是一个复杂的病理过程。侵入体内的病原菌根据其致病力的强弱、侵入门户以及有机体局部和全身的状态而出现不同的结果。绝大部分的外科感染是由外伤引起的。外科感染一般均有明显的局部症状，常为混合感染，损伤的组织或器官常发生化脓和坏死过程，治疗后局部常形成瘢痕组织。

外科感染常见的致病菌有需氧菌、厌氧菌和兼气菌，但常见的化脓性致病菌则多为需氧菌，它们常存在于动物的皮肤和黏膜表面。这些细菌有的在碱性环境中易于生长、繁殖，如大肠杆菌（pH 7.0～7.6），有的是喜好在酸性环境中生长繁殖，如化脓性链球菌（pH 6.0）。

外科感染时常见的化脓性致病菌有：葡萄球菌、链球菌、大肠杆菌、绿脓杆菌等。

二、外科感染发生发展的基本因素

在外科感染发生发展的过程中，存在着两种相互制约的因素：即有机体的防卫功能和促进外科感染发生发展的基本因素。此两种过程始终贯穿着感染和抗感染、扩散和反扩散的相互作用。外科感染常由于不同动物个体的内在条件和不同外界因素而出现相异的结局，有的主要出现局部感染症状，有的则局部和全身的感染症状都很严重。

（一）有机体的防卫功能

在动物的皮肤表面，被毛、皮脂腺和汗腺的排泄管内，以及消化道、呼吸道、泌尿生殖器和泪管的黏膜上，经常有各种微生物（包括致病能力很强的病原微生物）存在。在正常情况下，这些微生物并不呈现任何有害作用，这是因为有机体具有很好的防御功能，足以防止其发生感染。

1. 皮肤、黏膜及淋巴结的屏障作用

皮肤表面被覆角质层及致密的复层鳞状上皮。黏膜的上皮也由排列致密的细胞和少量间质组成，表面常分泌酸性物质，某些黏膜表面还具有排出异物能力的纤毛。因此，在正常情况下，皮肤及黏膜不仅具有阻止致病菌侵入机体的能力，而且还分泌溶菌酶、抑菌酶等杀死细菌或抑制细菌生长繁殖的抗菌性物质。淋巴结和淋巴滤泡可固定细菌，阻止它们向深部组织扩散或将其消灭。

2. 血管及血脑的屏障作用

血管的屏障是由血管内皮细胞及血管壁的特殊结构构成，它可以一定程度地阻止进入血液内的致病菌进入组织中。血脑屏障则由脑内毛细血管壁、软脑膜及脉络丛等构成，该屏障可以阻止致病菌及外毒素等从血液进入脑脊液及脑组织。

3. 体液中的杀菌因素

血液和组织液等体液中含有补体等杀菌物质。它们或单独对致病菌呈现抑菌或杀菌作用，或同吞噬细胞、抗体等联合起来杀死细菌。

4. 吞噬细胞的吞噬作用

网状内皮系统细胞和血液中的嗜中性细胞等均属机体内的吞噬细胞，它们可以吞噬侵入体内的致病菌和微小的异物，并进行溶解和消化。

5. 炎症反应和肉芽组织

炎症反应是有机体与侵入体内的致病因素相互作用而产生的全身反应的局部表现。当致病菌侵入机体后，局部很快发生炎症充血以提高局部的防卫功能。充血发展成为淤血后便有血浆成分的渗出和白细胞的游出。炎症区域的网状内皮细胞也明显增生。这些变化既有利于防止致病菌的扩散和毒素的吸收，又有利于消灭致病菌和清除坏死组织。当炎症进入后期或慢性阶段时，肉芽组织则逐渐增生，在炎症和周围健康组织之间构成防卫性屏障，从而更好地阻止致病菌的扩散并参与损伤组织的修复，使炎症局限化。肉芽组织是由新生的成纤维细胞和毛细血管所组成的一种幼稚结缔组织。它的里面常有许多炎性细胞浸润和渗出液，并表现明显的充血。渗出的细胞和增生的巨噬细胞主要在肉芽组织的表层。通过它们的吞噬分解和消化作用使肉芽组织具有明显的消除致病菌的作用。

6. 透明质酸

透明质酸是细胞间质的组成成分，而细胞间质是由基质和纤维成分所组成。结缔组织的基质是无色透明的胶质物质。基质有黏性，故在正常情况下能阻止致病菌沿着结缔组织间隙扩散。透明质酸参与组织和器官的防卫功能，它能对许多致病菌所分泌的透明质酸酶有抑制作用。

（二）促进外科感染发生发展的基本因素

1. 致病微生物

在外科感染发生发展的过程中，致病菌是重要的因素，其中细菌的数量和毒力尤为重要。细菌的数量越多，毒力越大，发生感染的机会亦越大。

2. 局部条件

外科感染的发生与局部环境条件有很大关系。皮肤黏膜破损可使病菌入侵组织，局部组织缺血缺氧或伤口存在异物、坏死组织、血肿和渗出液均有利于细菌的生长繁殖。

进入体内的致病菌在条件适宜的情况下，经过一定的时间即可大量生长繁殖以增强其毒害作用，进而突破机体组织的防卫屏障，随之即表现出感染的临床症状。而感染发展的速度又依外伤的部位、外伤组织和器官的特性、创伤的安静是否遭到破坏、肉芽组织是否健康和完整、致病菌的数量和毒力、是单一感染或是混合感染、有机体有无维生素缺乏症和内分泌系统功能紊乱以及患病动物神经系统功能状态而有很大的不同。这些因素都在外科感染的发生和发展上起着一定的作用。

三、外科感染诊断与防治

（一）外科感染诊断

外科感染一般根据临床表现可做出正确诊断，必要时可进行一些辅助检查。

1. 局部症状

红、肿、热、痛和功能障碍是化脓性感染的五个典型症状，但这些症状并不一定全部出现，而是随着病程迟早、病变范围及位置深浅而异。病变范围小或位置深的，局部症状不明显。深部感染可仅有疼痛及压痛、表面组织水肿等症状。

2. 全身症状

全身症状轻重不一，感染轻微的可无全身症状，感染较重的有发热、心跳和呼吸加快、精神沉郁、食欲减退等症状。感染较为严重的，病程较长时可继发感染性休克、器官衰竭等。感染严重的甚至出现败血症。

3. 实验室检查

外科感染一般均有白细胞计数增加和核左移，但某些感染，特别是革兰氏阴性杆菌的感染时，白细胞计数增加不明显，甚至减少；免疫功能低下的患病动物，也可表现出类似情况。B超、X线检查和CT检查等有助于诊断深部脓肿或体腔内脓肿，如肝脓肿、脓胸、脑脓肿等。感染部位的脓汁应做细菌培养及药敏试验，有助于正确选用抗生素。怀疑全身感染，可做血液细菌培养检查，包括需氧培养及厌氧培养，以明确诊断。

（二）防治原则

对外科感染的预防和治疗不能局限于应用抗生素及单一的外科手术（包括切除病灶及引流脓肿），而是要有一个整体概念：既要消除外源性因素，切断感染源；又要及早预防和注意营养支持，充分调动机体的防御功能，提高畜体免疫力等。这对控制和预防动物外科感染具有积极的临床意义。

（三）治疗措施

1. 局部治疗

治疗化脓灶的目的是使化脓感染局限化，减少组织坏死，减少毒素的吸收。

（1）休息和患部制动　使患病动物充分安静，减少疼痛刺激和恢复体力；同时限制其活动，避免刺激患部，在进行外科处理后，根据情况决定是否包扎。

（2）外部用药　有改善血液循环、消肿、加速感染灶局限化以及促进肉芽组织生长的作用，适用于浅在感染。如鱼石脂软膏用于疖等较小的感染，50%硫酸镁溶液湿敷用于蜂窝织炎。

（3）物理疗法　有改善局部血液循环、增强局部抵抗力、促进炎症吸收及感染病灶局限化的作用。除用热敷或湿热敷外，微波、频谱、超短波及红外线治疗对急性局部感染灶的早期有较好疗效。

（4）手术治疗　包括脓肿切开术和感染病灶的切除。急性外科感染形成脓肿应及时手术切开。局部炎症反应剧烈，迅速扩展，或全身中毒症状严重时，虽未形成脓肿，也应尽早将局部切开减压，引流渗出物，以减轻局部和全身症状，阻止感染继续扩散。若脓肿虽已破溃，但排脓不畅，则应人工引流。只有引流通畅，病灶才能较快愈合。

2. 全身治疗

（1）抗菌药物　合理适当应用抗菌药物是治疗外科感染的重要措施。

用药原则：尽早分离、鉴定病原菌并做药敏试验，尽可能测定联合药敏。预防用药的剂量应占正常使用抗菌药物总量的30%～40%，以防止产生耐药性和继发感染。联合应用抗生素必须有明确的适应证和指征。值得注意的是，抗生素疗法并不能取代其他治疗方法，因此对严重外科感染必须采取综合性治疗措施。

药物选择：①葡萄球菌：轻度感染选用青霉素、复方磺胺甲基异噁唑(SMZ～TMP)或红霉素、麦迪霉素等大环内酯类抗生素；重症感染选用苯唑西林或头孢唑啉钠与氨基糖苷类抗生素合用。其他抗生素不能控制的葡萄球菌感染可选用万古霉素。②溶血性链球菌：首选青霉素，其他可选用红霉素、头孢唑啉等。③大肠杆菌及其他肠道革兰氏阴性菌：选用氨基糖苷类抗生素、喹诺酮类或头孢唑啉等。④绿脓杆菌：首选药物哌拉西林，另外环丙沙星、头孢他啶及头孢哌酮对绿脓杆菌亦有效。上述药物常与阿米卡星或妥布霉素合用。⑤类杆菌及其他梭状芽孢杆菌：甲硝唑以其有效、价廉为首选，此外可选用大剂量青霉素或哌拉西林、氯霉素、克林霉素等。

给药方法：对轻症和较局限的感染，一般可肌内注射，严重感染时，应静脉给药。除个别抗菌药物外，分次静脉注射较好，与静脉滴注相比，它产生的血清内和组织内的药物浓度较高。

停药时间：一般认为在全身情况和局部感染灶好转后3～4 d，即可停药。但严重全身感染停药不能过早，以免感染复发。

（2）支持治疗　患病动物严重感染导致脱水和酸碱平衡紊乱的，应及时补充水、电解质及碳酸氢钠。化脓性感染易出现低钙血症，应给予钙制剂，并可调节交感神经系统和某些内分泌系统的功能活动。应用葡萄糖疗法可补充糖源以增强肝脏的解毒功能和改善循环。注意饲养管理，对患病动物饲喂营养丰富的饲料和补给大量维生素（特别是维生素A、B族维生素、维生素C）以提高机体抗病能力。

（3）对症疗法　根据患病动物的具体情况进行必要的对症治疗，如强心、利尿、解毒、解热、镇痛及改善胃肠道的功能等。

任务二 外科局部感染

一、脓肿

在任何组织或器官内形成外有脓肿膜包裹,内有脓汁潴留的局限性脓腔时称为脓肿。

(一) 分类与症状

1. 分类

(1) 根据脓肿发生的部位可分为浅在性脓肿和深在性脓肿　浅在性脓肿常发生于皮下结缔组织、筋膜下及表层肌肉组织内。深在性脓肿常发生于深层肌肉、肌间、骨膜下及内脏器官。

(2) 根据脓肿经过可分为急性脓肿和慢性脓肿　急性脓肿经过迅速,一般 3～5 d 即可形成,局部呈现急性炎症反应。慢性脓肿发展缓慢,缺乏或仅有轻微的炎症反应。

2. 症状

(1) 浅在急性脓肿　初期局部肿胀,无明显的界限。触诊局温增高,坚实有疼痛反应。以后肿胀的界限逐渐清晰成局限性,最后形成坚实样的分界线;在肿胀的中央部开始软化并出现波动,并可自溃排脓。但常因皮肤溃口过小,脓汁不易排尽。

(2) 浅在慢性脓肿　一般发生缓慢,虽有明显的肿胀和波动感,但缺乏温热和疼痛反应或非常轻微。

(3) 深在急性脓肿　由于部位深在,加之被覆较厚的组织,局部增温不易触及。常出现皮肤及皮下结缔组织的炎性水肿,触诊时有疼痛反应并常有指压痕。在压痛和水肿明显处穿刺,抽出脓汁即可确诊。

当较大的深在性脓肿未能及时治疗时,脓肿膜可发生坏死,最后在脓汁的压力下可穿破皮肤自行破溃,也可向深部发展,压迫或侵入邻近的组织和器官,引起感染扩散,从而呈现较明显的全身症状,严重时还可能引起败血症。

内脏器官的脓肿常常是转移性脓肿或败血症的结果,以致严重地妨碍发病器官的功能。例如心包、膈肌以及网胃和膈连接处常见到多发性脓肿,患病动物慢性消瘦,体温升高,食欲和精神不振,血常规检查时白细胞数明显增多,最终导致心脏衰竭死亡。

(二) 诊断

浅在性脓肿诊断多无困难,深在脓肿可经诊断穿刺和超声检查后确诊。后者不但可确诊脓肿是否存在,还可确定脓肿的部位和大小。当肿胀尚未成熟或脓腔内脓汁过于黏稠时,常不能排出脓汁,但在后一种情况下针孔内常有干涸黏稠的脓汁或脓块附着。根据脓汁的性状并结合细菌学检查,可进一步确定脓肿的病原菌。

脓肿诊断需要与外伤性血肿、淋巴外渗、挫伤和某些疝相区别。

(三) 治疗

1. 消炎、止痛及促进炎症产物消散吸收

当局部肿胀正处于急性炎性细胞浸润阶段时,可局部涂擦樟脑软膏,或用冷疗法(如复方醋酸铅溶液冷敷,鱼石脂酒精、栀子酒精冷敷),以抑制炎症渗出和具有止痛的作用。当炎性渗出停止后,可用温热疗法、短波透热疗法、超短波疗法,以促进炎症产物的消散吸收。局部治疗的同时,可根据患病动物的情况配合应用抗生素、磺胺类药物,并采用对症疗法。

2. 促进脓肿的成熟

当局部炎症产物已无消散吸收的可能时，局部可用鱼石脂软膏、鱼石脂樟脑软膏、超短波疗法、温热疗法等以促进脓肿的成熟。待局部出现明显的波动时，应立即进行手术治疗。

3. 手术疗法

脓肿形成后其脓汁常不能自行消散吸收，因此，脓肿只有当其自溃排脓或手术排脓后经过适当地处理才能治愈。

脓肿时常用的手术疗法有以下三种。

(1) 脓汁抽出法　适用于关节部脓肿膜形成良好的小脓肿。其方法是利用注射器将脓肿腔内的脓汁抽出，然后用生理盐水反复冲洗脓腔，抽净腔中的液体，最后灌注混有青霉素的溶液。

(2) 脓肿切开法　指脓肿成熟出现波动后立即切开。切口应选择波动最明显且容易排脓的部位。按手术常规对局部进行剪毛消毒后，再根据情况做局部或全身麻醉。切开前为了防止脓肿内压力过大脓汁向外喷射，可先用粗针头将脓汁排出一部分。切开时一定要防止外科刀损伤对侧的脓肿膜。切口要有一定的长度并做纵向切口，以保证在治疗过程中脓汁能顺利地排出。深在性脓肿切开时除进行确实麻醉外，最好进行分层切开，并对出血的血管进行仔细地结扎或钳压止血，以防引起脓肿的致病菌进入血液循环，而被带至其他组织或器官发生转移性脓肿。脓肿切开后，脓汁要尽力排尽，但切忌用力压挤脓肿壁(特别是脓汁多而切口过小时)，或用棉纱等用力擦拭脓肿膜里面的肉芽组织，因为这样就有可能损伤脓肿腔内的肉芽性防卫面而使感染扩散。如果一个切口不能彻底排空脓汁时，亦可根据情况做必要的辅助切口。对浅在性脓肿可用防腐液或生理盐水反复清洗脓腔。最后用脱脂纱布轻轻吸出残留在腔内的液体。切开后的脓肿创口可按化脓创进行外科处理。

(3) 脓肿摘除法　常用以治疗脓肿膜完整的浅在性小脓肿。此时需注意勿刺破脓肿膜，以预防新鲜手术创被脓汁污染。

二、蜂窝织炎

蜂窝织炎是疏松结缔组织发生的急性弥漫性化脓性感染，其特点是：常发生在皮下、筋膜下、肌间隙或深部疏松结缔组织内；病变不易局限，扩散迅速，与正常组织无明显界限；伴有明显的全身症状。

(一) 分类与症状

1. 分类

(1) 按蜂窝织炎发生部位的深浅可分为浅在性蜂窝织炎(皮下、黏膜下蜂窝织炎)和深在性蜂窝织炎(筋膜下、肌间、软骨周围、腹膜下蜂窝织炎)。

(2) 按蜂窝织炎的病理变化可分浆液性、化脓性、厌氧性和腐败性蜂窝织炎。如果化脓性蜂窝织炎伴发皮肤、筋膜和腱的坏死时，则称为化脓坏死性蜂窝织炎；在临床上也常见到化脓菌和腐败菌混合感染而引起的化脓腐败性蜂窝织炎。

(3) 按蜂窝织炎发生的部位可分关节周围蜂窝织炎、食管周围蜂窝织炎、淋巴结周围蜂窝织炎、股部蜂窝织炎、直肠周围蜂窝织炎等。

2. 症状

蜂窝织炎的病程发展迅速。局部症状主要表现为大面积肿胀，局部增温，疼痛剧烈和功能障碍。全身症状主要表现为患病动物精神沉郁，体温升高，食欲缺乏并出现各系统的功能紊乱。

(1) 皮下蜂窝织炎　常发于四肢(特别是后肢),病初局部出现弥漫性渐进性肿胀。触诊时热痛反应非常明显。初期肿胀呈捏粉状,有指压痕,后则变为稍坚实感。局部皮肤紧张,无可动性。

(2) 筋膜下蜂窝织炎　常发生于前肢的前臂筋膜下、鬐甲部的深筋膜和棘横筋膜下,以及后肢的小腿筋膜下和阔筋膜下的疏松结缔组织中。其临床特征是患部热痛反应剧烈,功能障碍明显。患部组织呈坚实性炎性浸润。

(3) 肌间蜂窝织炎　常继发于开放性骨折、化脓性骨髓炎、关节炎及腱鞘炎之后。有些是由于皮下或筋膜下蜂窝织炎蔓延的结果。感染可沿肌间和肌群间大动脉及大神经干的径路蔓延。首先是肌外膜,然后是肌间组织,最后是肌纤维。先发生炎性水肿,继而形成脓性浸润并逐渐发展成为化脓性溶解。患部肌肉肿胀、肥厚、坚实、界限不清,功能障碍明显,触诊和他动运动时疼痛剧烈。表层筋膜因组织内压增高而高度紧张,皮肤可动性受到很大的限制。肌间蜂窝织炎时全身症状明显,体温升高,精神沉郁,食欲缺乏。局部已形成脓肿时,切开后可流出灰色、常带血样的脓汁。有时由化脓性溶解可引起关节周围炎、血栓性血管炎和神经炎。

注意,当颈静脉注射刺激性强的药物时,若漏入颈部皮下或颈深筋膜下,则能引起筋膜下的蜂窝织炎。注射后经 1～2 d 局部出现明显的渐进性的肿胀,有热痛反应,但无明显的全身症状。当并发化脓性或腐败性感染时,则经过 3～4 d 后局部即出现化脓性浸润,继而出现化脓灶。若未及时切开则可自行破溃而流出微黄白色较稀薄的脓汁。它能继发化脓性血栓性颈静脉炎。当动物采食时由于饲槽对患部的摩擦或其他原因,常造成颈静脉血栓的脱落而引起大出血。

(二) 治疗

早期较浅表的蜂窝织炎以局部治疗为主,部位深、发展迅速、全身症状明显的蜂窝织炎则应尽早全身应用抗生素和磺胺药物。

蜂窝织炎治疗的原则是:减少炎性渗出,抑制感染扩散,减轻组织内压,改善全身状况,增强机体抗病能力。要采取局部和全身疗法并举的原则。

1. 局部疗法

(1) 控制炎症发展,促进炎症产物消散吸收　最初 24～48 h 以内,当炎症继续扩散,组织尚未出现化脓性溶解时,为了减少炎性渗出可用冷敷,涂以醋调制的醋酸铅散。当炎性渗出已基本平息后,为了促进炎症产物的消散吸收,可用上述溶液温敷。局部治疗常用 50% 硫酸镁湿敷,也可用 20% 鱼石脂软膏或雄黄散外敷。有条件的地方可做超短波治疗。

(2) 手术切开　蜂窝织炎一旦形成化脓性坏死,则应早期做广泛切开,切除坏死组织并尽快引流。手术切开时应根据情况做局部或全身麻醉。浅在性蜂窝织炎应充分切开皮肤、筋膜、腱膜及肌肉组织等。为了保证渗出液的顺利排出,切口必须有足够的长度和深度,做好纱布引流。必要时应造反对口。四肢应做多处切口,最好是纵切或斜切。伤口止血后可用中性盐类高渗溶液做引流液以利于组织内渗出液外流,也可用 2% 过氧化氢液冲洗和湿敷创面。

如经上述治疗后病畜体温暂时下降复而升高,肿胀加剧,全身症状恶化,则说明可能有新的病灶形成,或存有脓窦及异物,或引流纱布干固堵塞因而影响排脓,或引流不当所致。此时应迅速扩大创口,消除脓窦,摘除异物,更换引流纱布,保证渗出液或脓汁能顺利排出。待局部肿胀明显消退,体温恢复正常后,局部创口可按化脓创处理。

2. 全身疗法

早期应用抗生素疗法、磺胺疗法及盐酸普鲁卡因封闭疗法。对患病动物要加强饲养管理,特别是多给些富有维生素的饲料。

任务三 厌气性和腐败性感染

一、厌气性感染

厌气性感染是一种严重的外科感染，一旦发生，预后多为慎重或不良。因此在临床上必须预防厌气性感染的发生。

（一）症状

初期，创伤周围出现水肿和剧痛。水肿是由于腐败性感染的炎症区内大静脉发生栓塞性静脉炎，有时继发腐败性分解，血液循环受到严重破坏的结果。创伤表面分泌液呈红褐色，有时混有气泡，具有坏疽恶臭的腐败液。创内的坏死组织变为绿灰色或黑褐色。肉芽组织发绀且不平整，因毛细血管脆弱，接触肉芽组织时容易出血。有时因动脉壁受到腐败性溶解而发生大出血。腐败性感染时常伴发筋膜和腱膜的坏死以及腱鞘和关节囊的溶解。

腐败性感染时，患病动物经感染灶吸收了大量腐败分解的有毒产物和各种毒素，因而体温显著升高，并出现严重的全身性紊乱。

（二）治疗

病灶应广泛切开，以利于空气的流通，尽可能地切除坏死组织，用氧化剂、氯制剂及酸性防腐液处理感染病灶，并应用抗生素。

（1）手术治疗　是最基本的治疗方法。一经确诊为厌气性感染后，对患部应立即进行广泛而深地切开，一直达到健康组织部分。尽可能地切除坏死组织，除去被污染的异物，消除脓窦，切开筋膜及腱膜。手术的目的是减低组织内压，消除静脉淤血，改善血液循环，排出毒素并造成一个不利于厌气性致病菌生长繁殖的条件。

（2）清洗　用大量的3%过氧化氢溶液、0.5%高锰酸钾溶液等氧化剂，中性盐类高渗溶液及酸性防腐液冲洗创口。

（3）创口处置　创口不缝合，进行开放疗法。

（4）全身用药　全身应用大量的抗生素、磺胺类药物、甲氧苄啶及其他防治败血症的有效疗法和对症疗法。

（三）预防

厌气性感染常能造成严重的后果，因此必须重视该病的预防工作。其要点是手术时必须严格地遵守无菌操作规程。凡有可能被厌气菌污染的敷料和器械必须严格消毒。术野和手也要做好消毒工作。对深的刺创必须进行细致的外科处理，必要时应扩开创口，通畅引流，尽可能地切除坏死组织并用上述的氧化剂冲洗创口。此外应对患病动物加强饲养管理，以提高机体的抗病能力。

二、腐败性感染

腐败性感染的特点是局部坏死，发生腐败性分解，组织变成黏泥样无构造的恶臭物。表面被浆液性血样污秽物（有时呈褐绿色）所浸润，并流出初呈灰红色后变为巧克力色发恶臭的腐败性渗出物。

(一) 症状

初期,创伤周围出现水肿和剧痛。水肿是由于腐败性感染的炎症区内大静脉发生栓塞性静脉炎,有时继发腐败性分解,血液循环受到严重破坏的结果。创伤表面分泌液呈红褐色,有时混有气泡,具有坏疽恶臭。创内的坏死组织变为灰绿色或黑褐色,肉芽组织发绀且不平整。因毛细血管脆弱,故接触肉芽组织时容易出血。有时因动脉壁受到腐败性溶解而发生大出血。腐败性感染时常伴发筋膜和腱膜的坏死以及腱鞘和关节囊的溶解。

腐败性感染时,由于患病动物经感染灶吸收了大量腐败分解的有毒产物和各种毒素,体温显著升高,并出现严重的全身性紊乱。

(二) 治疗及预防

病灶应广泛切开,以利于空气的流通,尽可能地切除坏死组织,用氧化剂、氯制剂及酸性防腐液处理感染病灶,全身应用抗生素。

腐败性感染的预防在于早期合理扩创,切除坏死组织,切开创囊,通畅引流,保证脓汁和分解产物能顺利排出,并保证空气能自由地进入创内。

任务四 全身化脓性感染

全身化脓性感染又称为急性全身感染,包括败血症和脓血症等多种情况。败血症是指致病菌(主要是化脓菌)侵入血液循环,持续存在,迅速繁殖,产生大量毒素及组织分解产物而引起的严重的全身性感染。脓血症是指局部化脓病灶的细菌栓子或脱落的感染血栓,间歇进入血液循环,并在机体其他组织或器官形成转移性脓肿。败血症和脓血症同时存在者,又称为脓毒败血症。

一般来说,全身化脓性感染都是继发的,它是开放性损伤、局部炎症和化脓性感染过程以及术后的一种最严重的并发症,如不及时治疗,患病动物常因发生感染性休克而死亡。

(一) 症状

1. 脓血症

脓血症的特征是致病菌本身通过栓子或被感染的血栓进入血液循环而被带到各种不同的器官和组织内,在它们遇到生长繁殖的有利条件时,即在这些器官和组织内形成转移性脓肿。转移性脓肿由粟粒大到成人拳大,可见于有机体的任何器官,如肺、肝、肾、脾、脑及肌肉组织内。当创伤性全身化脓性感染时,首先在创伤的周围发生严重的水肿、疼痛剧烈,以后组织即发生坏死。肉芽组织肿胀、发绀,也发生坏死。脓汁初呈微黄色黏稠,以后变稀薄并有恶臭。病灶内常存有脓窦、血栓性脉管炎及组织溶解。随着感染和中毒的发展,患病动物出现明显的全身症状。最初精神沉郁,恶寒战栗,食欲废绝,但喜饮水,呼吸加速,脉弱而频。随后体温升高,有时呈典型的弛张热型,有时则呈间歇热型或类似间歇热型。在体温显著升高前常发生战栗。倘若转移性败血病灶不断有热源性物质被机体吸收,则可出现稽留热,患病动物卧地不起而发生褥疮。每次发热都可能和致病菌或毒素进入血液循环有关。在脓肿和蜂窝织炎的吸收热期也可见到体温升高,但在一昼夜内并无显著变化。若患病动物体温有明显的变化,且血压下降,则常常是全身化脓性感染的特征。当长时期发高热且间歇不大,同时其他全身症状加重时,则说明病情严重,常可导致动物的死亡。

当肝脏发生转移性脓肿时,眼结膜可出现高度黄染。肠壁发生转移性脓肿时,可出现剧烈的腹泻。呼气带有腐臭味并有大量的脓性鼻漏，则是肺内发生转移性脓肿的特征。

2. 败血症

原发性和继发性败血病灶的大量坏死组织、脓汁以及致病菌毒素进入血液循环后，可引起动物全身中毒症状。患病动物体温明显增高，一般呈稽留热，恶寒战栗，四肢发凉，脉搏细速。动物常躺卧，起立困难，运步时步态蹒跚，有时能见到中毒性腹泻，可见肌肉剧烈颤抖。随病程发展，可出现感染性休克或神经系统症状，可见食欲废绝，结膜黄染，呼吸困难，脉搏细弱。患病动物烦躁不安或嗜睡，尿量减少并含有蛋白或无尿，皮肤黏膜有时有出血点，血液学指标有明显的异常变化，死前体温突然下降。最终多死于器官衰竭。

(二) 诊断

在原发感染灶的基础上出现上述临床症状时，诊断败血症常不困难。但临床表现不典型或原发病灶隐蔽时，诊断可发生困难或延误诊断。因此，对一些临床表现如畏寒、发热、贫血、脉搏细速、皮肤黏膜有淤血点、精神改变等，当不能用原发病来解释时，即应提高警惕，密切观察和进一步检查，以免漏诊败血症。

确诊败血症可通过血液细菌培养。但已接受抗菌药物治疗的动物，往往影响到血液细菌培养的结果。对细菌培养阳性者应做药敏试验，以指导抗生素的选用。同时，配合开展血液电解质、血气分析、血尿常规检查以及反映重要器官功能的监测，对诊治败血症具有积极的临床意义。

(三) 治疗

全身化脓性感染是严重的全身性病理过程，因此必须早期采取综合性治疗措施。

1. 局部感染病灶的处理

首先必须从原发和继发的败血病灶着手，以消除传染和中毒的来源。为此必须彻底清除所有的坏死组织，切开创囊、流注性脓肿和脓窦，摘除异物，排出脓汁，畅通引流，用刺激性较小的防腐消毒剂彻底冲洗败血病灶。然后局部按化脓性感染进行处理。创围用混有青霉素的盐酸普鲁卡因溶液封闭。

2. 全身疗法

为了抑制感染的发展，可早期应用抗生素疗法。根据患病动物的具体情况，可以大剂量地使用青霉素、链霉素或四环素等。在兽医临床上，使用磺胺增效剂取得了良好的治疗效果。常用的抗生素是甲氧苄啶(TMP)，注射剂则有增效磺胺嘧啶注射液、增效磺胺甲氧嗪注射液、增效磺胺-5-甲氧嘧啶注射液。恩诺沙星作为广谱抗菌药，已被广泛应用。同时，为了增强机体的抗病能力，维持循环血容量和中和毒素，可进行输血和补液；为了防治酸中毒，可应用碳酸氢钠疗法。病畜应当补给维生素和大量给予饮水。为了增强肝脏的解毒功能和增强机体的抗病能力，可应用葡萄糖疗法。

3. 对症疗法

对症疗法的目的在于改善和恢复全身化脓性感染时受损害的系统和器官的功能障碍。例如，当心脏衰弱时，可应用强心剂；肾功能紊乱时，可应用乌洛托品；败血性腹泻时，静脉内注射氯化钙。

【病案分析 3】犬重度外伤感染

(一) 病例简介

德国牧羊犬，1 岁，性情粗暴，软皮带颈圈无法保定，改用直径为 0.5 cm 的铁线自制颈圈。

铁线接头有锐利刺，划破肌肉未能及时发现。10 余天，伤口很深，且已感染。食欲废绝。

（二）临床诊断

患犬精神沉郁，体温 39.5 ℃，呼吸急促。伤口深 2.5 cm，长 13 cm，被划破的肌肉组织坏死腐烂，流黄色带血的脓汁，颈部毛及部分胸部毛被渗湿，有恶臭气味。血常规检查，白细胞数目明显升高，见表 2-1。

表 2-1　病例血常规数值及参考值

检查项目	检查结果	参考值	单位
WBC 白细胞数目	30.0	6.0～17.0	10^9/L
Lymph 淋巴细胞数目	6.0	0.8～5.1	10^9/L
Mid 中间细胞数目	2.5	0.0～3.4	10^9/L
Gran 中性粒细胞数目	21.5	4.0～10.6	10^9/L
Lymph%淋巴细胞百分比	20.0	12.0～30.0	%
Mid%间细胞百分比	8.3	3.0～15.0	%
Gran%中性粒细胞百分比	71.7	60.0～77.0	%
RBC 数目	4.80	5.50～8.50	10^{12}/L
HGB 血红蛋白	98	110～190	g/L
HCT 血细胞比容	38.9	39.0～56.0	%
MCV 平均血细胞比容	65.0	62.0～72.0	fL
MCH 平均红细胞血红蛋白含量	21.6	20.0～25.0	pg
MCHC 平均血红蛋白浓度	340	300～380	g/L
RDW 红细胞分布宽度变异系数	14.3	11.0～15.5	%
PLT 血小板数目	290	117～460	10^9/L
MPV 平均血小板体积	8.4	7.0～12.0	fL

初步判断：重度外伤感染。

（三）治疗原则

（1）清洗创口　立保定，剪掉铁颈圈，创口周围彻底打毛，用肥皂水将创口周围彻底清洗，用生理盐水和过氧化氢清洗创腔内脓汁及污物，然后用红霉素软膏涂抹伤口，2 次/d。

（2）抗生素治疗　选择光谱抗菌药物即可，根据病情确定疗程。

（3）预后　预后基本良好。观察动物的体温变化是否有异常，食欲及精神状态恢复情况。数天后坏死组织脱落，伤口处长出新生肉芽时可对创口进行缝合。伤口清创处涂布抗生素软膏。

（四）病例分析

（1）发病原因　多数是人为和饲养管理不当造成。

（2）外伤化脓治疗　盐水、过氧化氢反复清洗伤口，再用红霉素软膏涂抹伤口以及配合抗生素全身用药。

（3）彻底清创　对伤口采取缝合，需待创腔内没有液体排出后缝合，缝合时要将创缘周围生成的肉芽组织剔除，产生新鲜创后再进行缝合，必要时结合引流管留置。

（4）感染创的护理　对创腔内排出的液体进行清洗，用药必须及时，防止形成菌血症或败血症。

【病案分析 4】犬腹部伤口感染

（一）病例简介

本地土犬，8 月龄，体重 20 kg，一周前与其他犬撕咬，腹下的皮肤破裂，大量出血，未能及时发现，进行了简单的包扎，见不出血后，便将棉布解下。若干日后发现该犬伤口已经严重感染。

（二）临床症状及诊断

患犬体温 40.2 ℃，眼结膜潮红，反应迟钝，昏睡，精神沉郁。身体消瘦，被毛粗乱。腹部左侧下方有一长 5 cm、深 1 cm 创伤口，血痂覆盖，可见黏稠黄白色脓液，伤口周边肌肉红肿，伴部分坏死。血常规检查发现白细胞 18.0×10^{9}/L，略有升高。

初步诊断：严重外伤感染。

（三）治疗方法

因创伤为可修复性，于是决定进行清创缝合手术。

（1）全身麻醉后对创伤部位用新洁尔灭溶液清洗　剃除创口周围的毛发（距创缘 5 cm），并用 2%碘酊消毒，酒精脱碘。

（2）彻底清创　在健康组织与坏死组织交界处用刀片刮除创口表面的脓苔、痂皮，先用 3%过氧化氢清洗，再用生理盐水冲洗，边冲边刮；直至有渗血的新鲜创面出现。

（3）清创后在伤口内放置凡士林纱布条进行引流，缝合肌肉和皮肤，每针间隔 0.5～0.8 cm。

（4）缝合好创口后再用 2%碘酊消毒、包扎　术后注射光谱抗生素，连用数日。注意保护好创口，佩戴伊丽莎白颈圈，防止患犬舔咬伤口。

（四）病例分析

（1）遵循治疗原则　创口的清理和防止术后污染创口造成二次感染。

（2）化脓创口的开放性治疗　创口需进行引流处理，注意引流管放置位置。根据引流物情况，可在术后 1～2 d 内拔除。术后 2 d 如果引流条仍然流出带脓性黏液，则应及时拆除缝线，检查原因，对伤口进行再次处理。

（3）抗生素选择　菌素类抗生素为化脓创比较理想的消炎药物，可联合控制厌氧菌的药物，促进炎症消退。

（4）强心、促进新陈代谢　化脓创严重时可造成机体酸中毒，因此要纠正体液平衡，增强心脏功能，促进机体代谢。

（5）消除原发病因　病因消除也是治疗过程不可缺少的，尤其是一些异物造成机体感染化脓的病例，一定要消除原发病因。

项目三

肿　　瘤

【学习目标】

通过学习肿瘤的概念和分类，明确肿瘤性质、组织来源，有助于选择治疗方案并能揭示预后。

【知识目标】

掌握肿瘤的概念与分类，肿瘤的症状、诊断、治疗原则及治疗方法等内容；能够对各种组织来源的肿瘤进行分类命名，理解良性肿瘤和恶性肿瘤的差别。

【技能目标】

对临床肿瘤能够进行初步判断，以便开展鉴别诊断工作，为后续治疗奠定基础。

动物机体中正常组织细胞，在不同的始动因素与促进因素长期作用下，产生的细胞增生与异常分化而形成的病理性新生物被称为肿瘤。肿瘤与受累组织的生理需要无关，其生长无规律可言，肿瘤细胞也已经丧失正常细胞功能，使原器官结构遭到破坏，并可以通过各种途径转移到机体的其他部位，从而对生命造成危害。随着科学技术的发展，对肿瘤的诊断方法也随之增多，但病理学诊断依旧是肿瘤诊断的最可靠的方法。近些年，随着宠物饲养条件的改变，在宠物临床也出现了大量的肿瘤病例，其中以乳腺、肝脏、脾脏、体表、黏膜以及生殖器官的肿瘤较为常见，因此，肿瘤病鉴别诊断、治疗方法和治疗原则也得到极大关注。

任务一　肿 瘤 分 类

对肿瘤进行分类的目的在于明确肿瘤的性质和组织来源，有助于选择治疗方案并能揭示预后。临床上根据肿瘤对患病动物的危害程度不同，通常分为良性肿瘤和恶性肿瘤；在诊断病理学中，根据肿瘤的组织来源和组织形态、性质不同，肿瘤可区分为上皮组织肿瘤、间叶组织肿瘤、神经组织肿瘤和其他类型肿瘤。

肿瘤的分类原则与命名是相同的，依据组织来源和性质进行分类(表 3-1)。

良性肿瘤和恶性肿瘤的临床病理特征鉴别点见表 3-2。良性肿瘤多呈膨胀性生长，瘤体发展缓慢，外周有结缔组织增生形成的包膜，表面光滑，不发生转移。但位于重要器官的良性肿瘤也可威胁生命。少数肿瘤也可发生恶变。恶性肿瘤临床病理特征多呈侵袭性生长或发生转移，病程重，发展快，并常有全身症状表现，恶病质是恶性肿瘤的晚期表现。

表 3-1 肿瘤的分类

组织来源	良性肿瘤	恶性肿瘤
上皮组织		
鳞状上皮	乳头状瘤	鳞状细胞癌，基底细胞癌
腺上皮	腺瘤	腺癌
移行上皮	乳头状瘤	移行上皮细胞癌
间叶组织		
纤维结缔组织	纤维瘤	纤维肉瘤
黏液结缔组织	黏液瘤	黏液肉瘤
脂肪组织	脂肪瘤	脂肪肉瘤
骨组织	骨瘤	骨肉瘤
软骨组织	软骨瘤	软骨肉瘤
肌肉组织		
平滑肌	平滑肌瘤	平滑肌肉瘤
横纹肌	横纹肌瘤	横纹肌肉瘤
淋巴造血组织		
淋巴组织	淋巴瘤	恶性淋巴瘤(淋巴肉瘤)
造血组织		白血病、骨髓瘤等
脉管组织		
血管	血管瘤	血管肉瘤
淋巴管	淋巴管瘤	淋巴管肉瘤
间皮组织	间皮细胞瘤	间皮细胞肉瘤
神经组织		
神经节细胞	神经节细胞瘤	神经节细胞肉瘤
室管膜上皮	室管膜瘤	室管膜母细胞瘤
胶质细胞	胶质细胞瘤	多形胶质母细胞瘤，髓母细胞瘤
神经鞘细胞	神经鞘瘤	恶性神经鞘瘤
其他		
黑色素细胞	黑色素瘤	恶性黑色素瘤
三个胚叶组织	畸胎瘤	恶性畸胎瘤
几种组织	混合瘤	恶性混合瘤，癌肉瘤

表 3-2 良性肿瘤和恶性肿瘤的鉴别

项目	良性肿瘤	恶性肿瘤
1. 生长特性		
(1) 生长方式	膨胀性生长居多	侵袭性生长为主
(2) 生长速度	缓慢生长	生长较快
(3) 边界与包膜	边界清楚，大多有包膜	边界清楚，大多无包膜
(4) 质地与色泽	近似正常组织	与正常组织差别较大

续表 3-2

项目	良性肿瘤	恶性肿瘤
(5) 侵袭性	一般不侵袭	有侵袭及蔓延现象
(6) 转移性	不转移	易转移
(7) 复发	完整切除后不复发	易复发
2. 组织学特点		
(1) 分化与异型性	分化良好，无明显异型性	分化不良，有异型性
(2) 排列	规则	不规则
(3) 细胞数量	稀散，较少	丰富，致密
(4) 核膜	较薄	增厚
(5) 染色质	细腻，少	深染，多
(6) 核仁	不增多，不变大	增多，变大
(7) 核分裂象	不易见到	能见到
3. 功能代谢	一般代谢正常	异常代谢
4. 对机体影响	一般影响不大	对机体影响大

任务二　肿瘤的症状

肿瘤症状取决于其性质、发生组织、部位和发展程度。肿瘤早期多无明显临床症状，但如果发生在特定的组织器官上，也可能有明显症状出现。

一、局部症状

(1) 肿块(瘤体)　发生于体表或浅在的肿瘤，肿块是主要症状，常伴有相关静脉扩张、增粗。肿块的硬度、可动性和有无包膜创因肿瘤种类而不同。肿块位于深在或内脏器官时，不易触及，但可表现功能异常。关于肿块的生长速度，良性慢，恶性快且可能发生相应的转移灶。

(2) 疼痛　肿块膨胀生长、损伤、破溃、感染时，使神经受刺激或压迫，可有不同程度的疼痛。

(3) 溃疡　体表、消化道的肿瘤，若生长过快，可引起供血不足继发坏死，或感染导致溃疡。恶性肿瘤呈菜花状瘤，肿块表面常有溃疡，并有恶臭和血性分泌物。

(4) 出血　体表肿瘤，易损伤、破溃、出血；消化道肿瘤，可能呕血或便血；泌尿系统肿瘤，可能出现血尿。

(5) 功能障碍　肠道肿瘤可致肠梗阻；又如乳头状瘤发生于上部食管，可引起吞咽困难。

二、全身症状

良性和早期恶性肿瘤，一般无明显全身症状，或有贫血、低烧、消瘦、无力等非特异性的全身症状。如肿瘤影响营养摄入或并发出血与感染时，可出现明显的全身症状。恶病质是恶性肿瘤晚期全身衰竭的主要表现，瘤发部位不同，恶病质出现迟早各异。有些部位的肿瘤可能出现相应的功能亢进或低下，继发全身性改变。如颅内肿瘤可引起颅内压增高和定位症状等。

任务三　肿瘤的诊断

肿瘤诊断的目的在于确定有无肿瘤并明确其性质，以便拟定治疗方案和预后判断。肿瘤临床诊断方法如下。

1. 病史调查

病史的调查，主要来自畜主。如发现动物体的非外伤肿块，或患病动物长期厌食、进行性消瘦等，都有可能提示有关肿瘤发生的线索。同时还要了解患病动物的年龄、品种、饲养管理、病程及病史等。

2. 体格检查

首先做系统的常规全身检查，再结合病史进行局部检查。全身检查要注意全身症状，有无厌食、发热、易感染、贫血、消瘦等。局部检查必须注意以下几点。

(1) 肿瘤发生的部位，分析肿瘤组织的来源和性质。

(2) 认识肿瘤的性质，包括肿瘤的大小、形状、质地、表面温度、血管分布、有无包膜及活动度等，这对区分良、恶性肿瘤和估计预后都有重要的临床意义。

(3) 区域淋巴结和转移灶的检查对判断肿瘤分期、制订治疗方案均有临床价值。

3. 影像学检查

应用X线、超声波、各种造影、计算机断层扫描(CT)、磁共振(MRI)、远红外热像等各种方法所得成像，检查有无肿块及其所在部位，阴影的形态及大小，结合病史、症状及体征，为诊断有无肿瘤及其性质提供依据。

4. 内镜检查

应用金属(硬管)或纤维光导(软管)的内镜直接观察空腔脏器、胸腔、腹腔以及纵隔内的肿瘤或其他病理状况。内镜还可以取细胞或组织做病理检查，能对小的病变(如息肉)做摘除治疗，能够向输尿管、胆总管、胰腺管插入导管做X线造影检查。

5. 病理学检查

病理学检查历来是诊断肿瘤最可靠的方法，其方法主要包括如下类型。

(1) 病理组织学检查　对于鉴别真性肿瘤和瘤样变、肿瘤的良性和恶性，确定肿瘤的组织学类型与分化程度，以及恶性肿瘤的扩散与转移等，起着决定性的作用，并可为临床制订治疗方案和判断预后等提供重要依据。病理活组织检查方法有钳取活检、针吸活检、切取或切除活检等，病理组织学诊断是临床的肯定性诊断。

(2) 临床细胞学检查　是以组织学为基础观察细胞结构和形态的诊断方法。常用脱落细胞检查法，采取腹水、尿液沉渣或分泌物涂片，或借助穿刺或内镜取样涂片，观察有无肿瘤细胞。

(3) 分析和定量细胞学检查法　利用电子计算机分析和诊断细胞是细胞诊断学的一个新领域。应用流式细胞仪和图像分析系统开展分析，结合肿瘤病理类型判断肿瘤的程度及推测预后。该技术专用性强、速度快，但准确性不高，可作为肿瘤病理学诊断的辅助方法。

6. 免疫学检查

随着肿瘤免疫学的研究发现，在肿瘤细胞或宿主对肿瘤的反应过程中，可异常表达某些物质，如细胞分化抗原、胚性抗原、激素、酶受体等肿瘤标志物。这些肿瘤标志物在肿瘤和血清中的异常表达为肿瘤的诊断奠定了物质基础。针对肿瘤标志物制备多克隆抗体或单克隆抗体，利用放射免疫、酶联免疫吸附和免疫荧光等技术检测肿瘤标志，目前已应用或试用于医学临床。

7. 酶学检查

近年来，研究揭示肿瘤同工酶的变化趋向胚胎型，当肿瘤组织形态学失去分化时，其胚胎型同工酶活性也随之增加。因此认为胚胎与肿瘤不但在抗原方面具有一致性，而且在酶的生化功能方面也有相似之处。故在肿瘤诊断中，可采用同工酶和癌胚抗原同时测定，如癌胚抗原（CEA）与 γ-谷氨酰转肽酶（γ-GT）、甲胎蛋白（AFP）与乳酸脱氢酶（LDH）等。这样既可以提高诊断准确性，又能反映肿瘤损害的部位及恶性程度。

8. 基因诊断

肿瘤的发生发展与正常癌基因的激活和过量表达有密切关系。近年来，细胞癌基因结构与功能的研究取得重大突破，目前已知癌基因是一大类基因族，通常以原癌基因的形式普遍存在于正常动物基因组内。

任务四　肿瘤的治疗

一、良性肿瘤的治疗

良性肿瘤的治疗原则是手术切除。但手术时间的选择，应根据肿瘤的种类、大小、位置、症状和有无并发症而有所不同。

（1）易恶变的、已有恶变倾向的、难以排除恶性的良性肿瘤等应早期手术，连同部分正常组织彻底切除。

（2）良性肿瘤出现危及生命的并发症时，应作紧急手术。

（3）影响使役、肿块大或并发感染的良性肿瘤可择期手术。

（4）某些生长慢、无症状、不影响使役的较小良性肿瘤可不手术，定期观察。

（5）冷冻疗法对良性肿瘤有良好疗效，适于大小动物，可直接破坏瘤体，以及短时间内阻塞血管而破坏细胞。被冷冻的肿瘤日益缩小，乃至消失。

二、恶性肿瘤的治疗

恶性肿瘤如能及早发现与诊断，则往往可望获得临床治愈。

1. 手术治疗

手术作为一种治疗手段，其前提是肿瘤未扩散或转移。手术切除病灶时，可连同部分周围的健康组织，并应注意切除附近的淋巴结。为了避免因手术而带来癌细胞的扩散，应注意以下几点：

（1）动作要轻而柔，切忌挤压和不必要的癌肿翻动。

（2）手术应在健康组织范围内进行，不要进入癌组织。

（3）尽可能阻断癌细胞扩散的通路（动、静脉与区域淋巴结），肠癌切除时要阻断癌瘤上、下段的肠腔。

（4）尽可能将癌肿连同原发器官和周围组织一次整块切除。

（5）术中用纱布保护好癌肿和各层组织切口，避免种植性转移。

（6）使用高频电刀、激光刀切割，做好止血可减少扩散。

(7) 对部分癌肿在术前、术中可用化学消毒液冲洗癌肿区(如迨金氏液,即 0.5%次氯酸钠液用氢氧化钠缓冲至 pH 为 9,要求与手术创面接触 4 min)。

2. 放射疗法

放射疗法是利用各种射线,如深部 X 射线、γ 射线或高速电子、中子或质子照射肿瘤,使其生长受到抑制而死亡。分化程度越低、新陈代谢越旺盛的细胞,对放射线越敏感。临床上对放射疗法最敏感的是造血淋巴系统和某些胚胎组织的肿瘤,如恶性淋巴瘤、骨髓瘤、淋巴上皮癌等;中度敏感的有各种来自上皮的癌肿,如皮肤癌、鼻咽癌、肺癌;不敏感的有软组织肉瘤、骨肉瘤等。

3. 激光治疗

光动力学治疗(PDT)是一种新的治疗措施,光生物学原理可用于各种肿瘤和疾病的治疗。临床实践方面,激光的进展较快,如肺癌、膀胱癌、脑瘤和眼球肿瘤的光敏治疗。

4. 化学疗法

化学疗法最早是用腐蚀药,如硝酸银、氢氧化钾等,对皮肤肿瘤进行烧灼、腐蚀,目的在于化学烧伤形成痂皮而愈合。50%尿素液、鸦胆子油等对乳头状瘤有效。还有烷化剂的氮芥类,如马利兰、甘露醇氮芥类,环磷酰胺(癌得星),噻哌等药物;植物类抗癌药物如长春新碱和长春碱等;抗代谢药物如氨甲蝶呤(methotrexate MTX)、6-巯基嘌呤等,对肿瘤均有一定疗效。

5. 免疫疗法

近年来,随着免疫基本现象的不断发现和免疫理论的不断发展,利用免疫学原理对肿瘤防治的研究已取得明显的成就。免疫疗法已作为对肿瘤手术、放射或化学疗法后消灭残癌的综合治疗法。

许多事实证明,机体免疫功能的存在,使绝大多数的动物可免于肿瘤的侵害,而少数个体由于先天的或后天的原因,免疫力缺陷,才易于发生癌瘤。因此调动机体内因的免疫疗法是对付肿瘤的一种方法。目前临床多采取特异性免疫治疗,即采取自身瘤细胞苗治疗及交叉接种和交叉输血治疗方法;非特异性免疫治疗,即使用灭活病毒或疫苗以增强机体的抗病力,激活患体的免疫活性细胞来增加和提高对外来有害因子(如微生物、化学物质与异物)的杀伤与破坏能力。

【病案分析 5】犬乳腺瘤

(一) 病例简介

小型犬,雌性,13 岁,体重约 6.5 kg。2 个月前发现该犬右侧倒数第一乳房有一豌豆状肿块,生长迅速,为鸡蛋大小的硬块。

(二) 诊断

1. 临床检查

犬乳房及其附近皮下可见如鸡蛋大小、椭圆形、界限明显、质地较硬的肿块。触诊有波动,表面凹凸不平,患犬无痛感。

2. 实验室检查

手术后做病理学检查:肿块呈结节样,界限明显,有包膜包裹,包膜不完整,周围布满毛细血管。组织切片发现切面灰白色、坚实、质脆。肿块组织排列成腺泡状和乳头状,上皮为立方体,单层或多层,胞浆内有多量的玻璃样物质,组织分化清晰。

临床特征结合肿块的病理学检查,诊断本病为犬良性乳腺肿瘤。

(三) 治疗

(1) 手术切除肿瘤及其附属物　动物麻醉后仰卧保定,四肢充分外展。术部按常规剪毛消毒,左手固定瘤体,右手持刀纵向切开皮肤,钝性分离皮下组织。采用压迫止血和止血钳止血,分离并摘除乳腺瘤以及相应的浅淋巴结。创口用生理盐水冲洗,结节缝合皮肤,保护术部防止污染。

(2) 术后抗菌消炎　术后立即静脉滴注头孢曲松钠每千克体重 50 mg,连续用药 7～10 d。

(四) 病例分析

(1) 肿瘤性质判断　外观初步诊断结合病理学诊断是最终确定肿胀物性质的可靠手段。本病例犬乳房肿物的大小、形态、与周围组织界限明显、质地较硬,符合良性肿瘤的状态。术后病理学检查可见肿块呈结节样,界限明显,有包膜包裹,但包膜不完整,周围布满毛细血管。组织切片发现切面灰白色、坚实、质脆。肿块组织排列成腺泡状和乳头状,上皮为立方体,单层或多层,胞浆内有多量的玻璃样物质,诊断本病为犬乳腺瘤。

(2) 发病机制　犬的乳腺瘤和乳腺癌起源于乳腺的导管或腺泡上皮,发生率很高,犬多数是良性,猫一般是恶性。乳腺瘤在犬中是多发的疾病,且比其他家畜多见。在犬的乳腺瘤中,恶性瘤达 45%以上,在猫中更是高达 90%。猫的乳腺肿瘤是猫肿瘤疾病的第三位,仅次于皮肤肿瘤及血管淋巴结肿瘤。犬的乳房肿瘤常发生于老年绝育过的或没绝育过的母犬,而少见于去势的公犬。未绝育过的母犬其乳癌发生率比绝育过的母犬高 7 倍多,因此犬与猫一样,早期做卵巢切除术,可减少乳癌的发生。犬的乳腺瘤多发年龄为 8 岁左右,无品种差异,肿瘤可发生在任何一处乳腺,但比较多发的是前面的乳腺。

(3) 治疗方法的选择　早期施行根治性手术治疗是最理想的方法。临床上良性肿瘤多切除单个乳腺,而恶性肿瘤则需切除全部乳腺。一旦癌细胞广泛侵袭周围组织,手术便很难完全切除,同时复发和转移会导致动物死亡。手术后可配合放射、化学药物和中草药等的综合疗法。而且预后与肿瘤的分化程度有关,猫的预后一般不良。

【病案分析 6】高频电刀切除犬阴道前庭肿瘤

(一) 病例简介

德国牧羊犬,雌性,2 岁,繁殖犬场饲养,一月前发情结束后正常交配,交配后每日阴道滴出少量鲜红血,血液量随时间增多,时有小便不畅,夹带鲜血丝,一段时间后外阴隆起,内有鲜红色物突出。患犬频频舔舐阴门,频频排尿,后期出现排尿困难现象。

(二) 诊断

用阴道开膣器打开阴道口进行探查,阴道前庭内壁数个异常增生物,鲜红色,呈结节状,质地较脆,易碎,易出血,根部与阴道前庭内壁完全相连,没有明显分界。

活组织镜检,细胞呈长梭形,胞浆明显,核呈棒状,染色质细小而分布均匀。

根据临床症状结合组织镜检,诊断为犬阴道前庭平滑肌瘤。

(三) 治疗

(1) 术前动物准备　术前禁食 12 h,臀部剃毛,确保电刀负极板与皮肤完全接触,阴部及周围剃毛消毒,用纱布块塞住肛门。肌内注射全身麻醉,患犬四肢保定,取前低后高姿势。手术前插入导尿管,排空尿液,并留置、固定导尿管。

(2) 手术切除前庭肿瘤　用阴道开膣器扩开阴道口,充分暴露阴道前庭及肿瘤物基部,用生理盐水纱布清洗肿块后,用两把大止血钳逐个夹持肿瘤基部数秒后,取下内侧大止血钳,用高频电刀对其夹持部分进行切割止血，直至完全切除。

手术过程中触摸导尿管，确定位置，避免损伤尿道；彻底切除所有增生物后，温生理盐水冲洗，肌内注射抗生素和止血药。

(3) 术后术部护理　用0.1%高锰酸钾液冲洗外阴，注射抗生素。配合药物化疗，用硫酸长春新碱静脉注射。

(四) 病例分析

(1) 手术器材高频电刀的选择　其优点为可达到快速切割、止血的目的，缩短了手术时间，适用于切除易出血、病变组织和病灶易转移的组织。但高频电刀是一种大功率、高频、高压的电子设备，对环境要求严格，手术室中不得有易燃易爆的气体、液体或其他物质，手术床的台面应垫以厚实、干燥的绝缘垫，保证患犬处于良好的隔离状态；手术时需将患犬四肢分开固定，防止不同电位的肢体互相碰触，同时负极板需紧贴于靠近手术区域肌肉丰富的部位，防止患犬被电流灼伤。

(2) 注意止血　阴道组织增生的肿瘤切除不易止血，如没有高频电刀的医院，手术过程中也可采用烧烙止血法止血。

(3) 手术解剖结构复杂　阴道前庭是尿道与产道必经之处，处于阴道与阴门裂的结合部，前部以窄的环状处女膜皱褶与阴道分界，后部与阴唇相连。与阴道交界处的腹侧有尿道外口，在其开口部有与结合的小结节和侧面小突起。因此手术前一定要插导尿管，而且手术中一定要边手术边注意，避免损伤尿道。

(4) 流行病学因素　本病常见于经产母犬及老年犬，发生多在发情前后或配种以后，患阴道前庭肿瘤的犬早期多无明显病灶，因瘤体增大引起阴门肿胀；一般患犬手术后，需配合放射疗法或化疗，以后犬可恢复正常发情，但应停止繁殖。

目前子宫平滑肌瘤的发生与长期高水平雌激素刺激有关已得到确认，而阴道前庭平滑肌瘤的发生同样也可能与雌激素的刺激有关。但由于犬体内雌激素水平检测的准确性受影响的因素较多，而且在临床上对不同的个体及检测的时间很难掌握，关于阴道前庭平滑肌瘤与激素的关系，还需进一步研究。

【病案分析7】犬睾丸肿瘤

(一) 病例简介

犬，5岁，雄性，体重6 kg。一年前发现右侧睾丸肿大，初诊睾丸炎，口服抗生素未见好转。有乱爬跨现象，呈雌性犬性行为，乳房异常发育，易脱毛，排尿动作异常，且一侧睾丸逐渐增大，食欲缺乏。

(二) 诊断

(1) 全身症状　精神萎靡，体温、呼吸正常，消瘦，被毛脱落，口齿颜色淡白。

(2) 触诊　右侧睾丸肿大，6 cm×6 cm大小，阴囊局部皮肤色素沉积，触诊质地硬实，左侧睾丸未见异常。初步诊断此犬患有睾丸肿瘤。

(3) 影像学检查　B超检查可见明显的团块，内有部分暗区；X线检查，胶片出现椭圆形或不规则形灰白色阴影。

(4) 病理组织学检查　对确定睾丸肿瘤类型很重要。吸取睾丸活组织进行检查，可见精原细胞瘤细胞，大多只有剥离的细胞核，核仁明显，胞浆少，可见巨大核和核分裂象；支持细胞和间质细胞瘤细胞呈立方柱状，胞浆丰富，呈泡状，前者有许多大小一致的小空泡，后者空泡减少，而且大小一致。

确诊睾丸良性肿瘤。

（三）治疗

（1）手术切除肿瘤　切开肿大侧阴囊皮肤，小心剥离肿大睾丸（肿物与阴囊皮肤粘连不易剥离），双重结扎血管及精索，切除肿大睾丸，后将多余阴囊皮肤切除一部分，再行结节缝合阴囊皮肤。

（2）术后护理　使用抗生素 3～5 d。

（四）病例分析

（1）常发犬睾丸肿瘤　主要有支持细胞瘤、精原细胞瘤和间质细胞瘤。

（2）引起睾丸肿瘤的流行病学原因　主要有隐睾、睾丸外伤、内分泌紊乱、遗传因素及感染（如细菌、病毒感染）等。隐睾未去势的犬随着年龄增长，未下降到阴囊的睾丸会变成肿瘤组织，有恶变的可能，且极易发生捻转，最好在性成熟后去势。

项目四

风　湿　病

【学习目标】

学习风湿病的基本概念，了解风湿病的成因和发病机制。

【知识目标】

通过学习风湿病的概念和发病机制，理解风湿病的外部表现、诊断和治疗。

【技能目标】

熟悉风湿病的症状，了解风湿病治疗常用手段和方法。

风湿病是一种反复发作的急性或慢性非化脓性炎症，以胶原纤维发生纤维素样变性为特征。病变主要累及全身结缔组织。发病部位以骨骼肌、心肌、关节囊和爪最为常见，发病部位常有对称性和游走性，同时伴有机体疼痛和功能障碍，其程度可随运动减轻。风湿病在我国各地均有发生，但东北、华北、西北等地发病率较高。

一、病因

风湿病的发病原因迄今尚未完全阐明。研究表明，风湿病是一种变态反应性疾病，并与溶血性链球菌（医学已证明为 A 型溶血性链球菌）感染有关。已知溶血性链球菌感染后所引起的病理过程有两种，一种表现为化脓性感染，另一种则表现为变态反应性疾病。

本病与溶血性链球菌所致的疾病，如咽炎、喉炎、急性扁桃体炎等上呼吸道感染的流行与分布有关，多发于冬春寒冷季节，尤其是我国北方寒冷季节，溶血性链球菌感染机会较多。宠物的风湿病常见于犬，而类风湿性关节炎则是一种犬的自身免疫性疾病，其主要病变在关节，但机体的其他系统也会受到一定的损害，表现为关节肿胀、僵硬，最后发生畸形，甚至出现关节粘连。类风湿的特点是在体内能查出类风湿因子，主要为 IgM 类自身抗体。

目前对宠物风湿病的原因和病理发生研究得还不够。至于 A 型溶血性链球菌对动物的致病作用与对人体的致病作用是否完全相同，还有待进一步证明。

经临床实践证明，风、寒、潮湿、过劳等因素在风湿病的发生上起着重要的作用。如犬舍潮湿、阴冷，受冷雨浇淋，受贼风，特别是穿堂风的侵袭，夜卧于寒湿之地或露宿于风雪之中都是风湿病的发病诱因。

二、病理

风湿病是全身性结缔组织的炎症，按照发病过程可以分为三期。

1. 炎性渗出期

炎性渗出期的结缔组织中胶原纤维肿胀、分裂，形成黏液样和纤维素样变性和坏死，变性灶周围有淋巴细胞、浆细胞、嗜酸性粒细胞、中性粒细胞等炎性细胞浸润，并有浆液渗出。结缔组织基质内蛋白多糖（主要为氨基葡萄糖）增多。此期可持续 1～2 个月，以后恢复或进入第二、三期。

2. 增殖期

本期的特点是在上述病变的基础上出现风湿性肉芽肿或阿绍夫小体，亦称为风湿小体，这是风湿病特征性病变，是病理上确诊为风湿病的依据，而且是风湿活动的指标。

3. 瘢痕期

在瘢痕期，风湿小体中央的变性坏死物质逐渐被吸收，渗出的炎性细胞减少，纤维组织增生，在肉芽肿部位形成瘢痕组织。此期持续 2～3 个月。

由于本病常反复发作，上述三期的发展过程可以交错存在，历时 4～6 个月。第一期及第二期中常伴有浆液的渗出与炎性细胞的浸润，这种渗出性病变在很大程度上决定着临床上各种显著症状的产生。在关节和心包的病理变化以渗出为主，而瘢痕的形成则主要见于心内膜和心肌，特别是心瓣膜。

三、分类及症状

风湿病的主要症状是发病的肌群、关节及蹄的疼痛和功能障碍。疼痛表现时轻时重，部位多固定但也有转移的情况。风湿病有活动型、静止型和复发型，根据其病程及侵害器官的不同可出现不同的症状。临床上常见的分类方法和症状如下。

1. 根据发病组织和器官的不同分类

（1）肌肉风湿病（风湿性肌炎） 主要发生于活动性较大的肌群，如肩臂肌群、背腰肌群、臀肌群、股后肌群及颈肌群等。其特征是急性经过时发生浆液性或纤维素性炎症，炎性渗出物积聚于肌肉结缔组织中；而慢性经过时则出现慢性间质性肌炎。

因患病肌肉疼痛，故病畜表现运动不协调，步态强拘不灵活，常发生 1～2 肢的轻度跛行。跛行可能是支跛、悬跛或混合跛行，其特征是随运动量的增加和时间的延长有减轻或消失的趋势。风湿性肌炎时常有游走性，时而一个肌群好转而另一个肌群又发病。触诊患病肌群有痉挛性收缩，肌肉表面凹凸不平而有硬感、肿胀。急性经过时疼痛症状明显。

多数肌群发生急性风湿性肌炎时可出现明显的全身症状。患病动物精神沉郁，食欲减退，体温升高 1～1.5 ℃，结膜和口腔黏膜潮红，脉搏和呼吸增数，血沉稍快，白细胞数稍增加。重者出现心内膜炎症状，可听到心内性杂音。急性肌肉风湿病的病程较短，一般经数日或 1～2 周即好转或痊愈，但易复发。当转为慢性经过时，全身症状不明显；肌肉及腱的弹性降低；重者肌肉僵硬，萎缩，肌肉中常有结节性肿胀。患病动物容易疲劳，运步强拘。

（2）关节风湿病（风湿性关节炎） 最常发生于活动性较大的关节，如肩关节、肘关节、髋关节和膝关节等；脊柱关节（颈、腰部）也有发生；常对称关节同时发病；有游走性。

本病的特征是急性期呈现风湿性关节滑膜炎的症状。关节囊及周围组织水肿，滑液中有的混有纤维蛋白及颗粒细胞。患病关节外形粗大，触诊温热、疼痛、肿胀。运步时出现跛行，跛行可随运动量的增加而减轻或消失。患犬精神沉郁，食欲缺乏，体温升高，脉搏及呼吸均增数。有的可听到明显的心内性杂音。

关节风湿病转为慢性经过时则呈现慢性关节炎的症状。关节滑膜及周围组织增生、肥厚，因而关节肿大且轮廓不清，活动范围变小，运动时关节强拘并能听到噼啪音。

(3) 心脏风湿病(风湿性心肌炎) 主要表现为心内膜炎的症状。听诊时第一心音及第二心音增强，有时出现期外收缩性杂音。对于动物风湿性心肌炎的研究材料还很少，有人认为风湿性蹄炎时波及心脏的最多，也最严重。

2. 根据病理过程的经过分类

(1) 急性风湿病 发病急剧，疼痛及功能障碍明显；常出现比较明显的全身症状；一般经过数日或 1～2 周即可好转或痊愈，但容易复发。

(2) 慢性风湿病 病程拖延较长，可达数周或数月之久；患病的组织或器官缺乏急性经过的典型症状，热痛不明显或根本见不到；但患病动物运动强拘，不灵活，容易疲劳。

犬患类风湿性关节炎时，病初出现游走性跛行，患病关节周围软组织肿胀，数周乃至数月后则出现特征性的 X 线摄影变化，即患病关节的骨小梁密度降低，软骨下见有透明囊状区和明显损伤并发生渐进性糜烂；随着病程的进展，关节软骨消失，关节间隙狭窄并发生关节畸形和关节脱位。

四、诊断

到目前为止风湿病尚缺乏特异性诊断方法，在临床上主要还是根据病史和上述的临床表现加以诊断。必要时可进行下述辅助诊断。

(1) 水杨酸钠皮内反应试验 用新配制的 0.1%水杨酸钠 10 mL，分数点注入颈部皮内。注射前和注射后 30 min、60 min 分别检查白细胞总数。其中白细胞总数有一次比注射前减少 1/5，即可判定为风湿病阳性。

(2) 血常规检查 风湿病病犬血红蛋白含量增多，淋巴细胞减少，嗜酸性细胞减少(病初)，单核白细胞增多，血沉加快。

(3)纸上电泳法检查 血清蛋白含量百分比的变化规律为清蛋白降低最显著，β 球蛋白次之；γ 球蛋白增高最显著，α 球蛋白次之；清蛋白与球蛋白的比值变小。

至于类风湿性关节炎的诊断，除根据临床症状及 X 线摄影检查外，还可做类风湿因子检查，以便进一步确诊。

在临床上风湿病除注意与骨质软化症进行鉴别诊断外，还要注意与肌炎、多发性关节炎、神经炎、颈和腰部的损伤等作鉴别诊断。

五、治疗

风湿病的治疗要点是：消除病因、加强护理、祛风除湿、解热镇痛、消除炎症。除应改善患病动物的饲养管理以增强其抗病能力外，还应采用下述治疗方法。

1. 应用解热、镇痛及抗风湿药

此类药物包括水杨酸、水杨酸钠及阿司匹林等，其中以水杨酸类药物的抗风湿作用最强。临床经验证明，应用大剂量的水杨酸制剂治疗风湿病，特别是治疗急性肌肉风湿病疗效较高，但其对慢性风湿病疗效较差。

水杨酸钠：口服，犬、猫 0.1～0.2 g/次。

水杨酸钠：注射，犬 0.1～0.5 g/次，每日 1 次，连用 5～7 次。也可将水杨酸钠与乌洛托品、樟脑磺酸钠、葡萄糖酸钙联合应用。

保泰松片剂(每片 0.1 g)：犬每千克体重 20 mg，每日 2 次，3 d 后用量减半。

2. 应用皮质激素类药物

这类药物能抑制许多细胞的基本反应，因此有显著的消炎和抗变态反应的作用，同时还能缓和间叶组织对内、外环境各种刺激的反应性，改变细胞膜的通透性。临床上常用的皮质激素类药物有：氢化可的松注射液、地塞米松注射液、醋酸泼尼松(强的松)、氢化泼尼松(强的松龙)注射液等。它们都能明显地改善风湿性关节炎的症状，但容易复发。

3. 应用抗生素控制链球菌感染

风湿病急性发作期，无论是否证实机体有链球菌感染，均需使用抗生素。首选青霉素类药物，肌内注射每日 2～3 次，一般应用 10～14 d。不主张使用磺胺类抗菌药物，因为磺胺类药物虽然能抑制链球菌的生长，却不能预防急性风湿病的发生。

4. 应用兽医疗法

针灸治疗风湿病有一定的治疗效果。根据不同的发病部位，可选用不同的穴位。中药方面常用的方剂有通经活络散和独活寄生散。醋酒灸法(火鞍法)适用于腰背风湿病，但对瘦弱、衰老或怀孕的患病动物应禁用此法。

5. 应用物理疗法

物理疗法对风湿病，特别是对慢性经过者有较好的治疗效果。

(1) 局部温热疗法　将酒精加热至 40 ℃左右，或将麸皮与醋按 4∶3 的比例混合炒热装于布袋内进行患部热敷，每日 1～2 次，连用 6～7 d，亦可使用热石蜡及热泥疗法。在光疗法中可使用红外线(热线灯)局部照射，每次 20～30 min，每日 1～2 次，至明显好转为止。

(2) 电疗法　中波透热疗法、中波透热水杨酸离子透入疗法、短波透热疗法、超短波电场疗法、周林频谱疗法及多源频谱疗法等对慢性经过的风湿病均有较好的治疗效果。

(3) 激光疗法　近年来，应用激光治疗宠物风湿病已取得较好的治疗效果，一般常用 6～8 mW 的 He-Ne 激光做局部或穴位照射，每次治疗时间为 20～30 min，每日 1 次，连用 10～14 次为一个疗程，必要时可间隔 7～14 d 进行第二个疗程的治疗。

6. 擦刺激剂

局部可涂擦水杨酸甲酯软膏(处方：水杨酸甲酯 15 g、松节油 5 mL、薄荷脑 7 g、白色凡士林 15 g)，水杨酸甲酯莨菪油擦剂(处方：水杨酸甲酯 25 g、樟脑油 25 mL、莨菪油 25 mL)，亦可局部涂擦樟脑酒精及氨擦剂等。

六、预防

北方风湿病的发病率较高，对生产危害较大，加之其病因至今仍未完全阐明，又缺乏行之有效的预防办法，因此在风湿病多发的冬春季节，要特别注意不要将宠物置于房檐下或有穿堂风处。畜舍应保持卫生、干燥，冬季时应保温以防受潮和着凉。对溶血性链球菌感染后引起的宠物上呼吸道疾病，如急性咽炎、喉炎、扁桃体炎、鼻卡他等疾病应及时治疗。如果能早期大量应用青霉素类抗生素彻底治疗上述疾病，则可对风湿病的发生和复发起到一定的预防作用。

【病案分析8】犬风湿

（一）病例简介

犬，6岁，雌性。最近几天食欲减退，经常趴卧，走路困难，早晨症状明显。

（二）诊断

（1）临床检查　患犬精神沉郁，被毛粗糙，体温40.2 ℃，心跳120次/min，呼吸36次/min，后腿关节略显粗大，运步僵硬，触诊温热，疼痛，起立困难，运动时跛行显著。

（2）诊断与鉴别诊断　到目前为止风湿病没有特异性诊断方法，兽医临床上主要靠病史和临床症状，如突发性肌肉疼痛、运动失调、步态强拘不灵活，随运动量增加症状有些减轻，风湿性肌炎常有游走性和复发性，对水杨酸制剂敏感等特点加以诊断。风湿病一般不难诊断。

当前一些辅助诊断也不是100%诊断率，如特异性水杨酸钠肌内注射试验、血常规检查、纸上电泳法检查、“抗O”测定等。

肌肉风湿病常与外伤性肌肉炎症、骨骼损伤、脊髓损伤、外周神经麻痹等病相混淆。一般从病史、致病原因及临床症状可与外伤性肌肉炎症、骨骼的损伤、脊髓损伤、外周神经麻痹（无疼痛反应）等相区别。

（三）治疗方法

（1）水杨酸钠　0.2～0.3 g，口服；如静脉注射，0.1～0.5 g；阿司匹林（乙酰水杨酸），0.01～0.04 g，每日2次。保泰松，每千克体重20 mg，每日2次，口服。

（2）氢化泼尼松（强的松龙）混悬液　犬、猫为每千克体重10～40 mg，隔4～5 d 1次，肌内注射；醋酸可的松注射，每日50～200 mg，分2次肌内注射；氢化可的松针，10 mg，每日1次肌内注射；地塞米松，每千克体重5～10 mg，每日1次，肌内注射。

（3）抗生素　为了控制引起急性风湿病的链球菌，可首先用青霉素，也可用其他抗生素。

（四）病例分析

（1）治疗原则　消除病因、加强护理、祛风除湿、通经活络、解热镇痛、消除炎症。

本病例临床主要症状为体温升高，心跳加快，后腿关节略粗大，运步僵硬，触诊温热，疼痛明显，起立困难，经常趴卧，早晨表现更明显。运动初期跛行显著，随着运动量的增加，症状减轻。根据临床症状，可以诊断为风湿病、关节炎和肌炎等疾病。

（2）诊断要点　本病全身症状明显，精神沉郁、食欲下降、体温升高、心跳加快、血沉稍快、白细胞稍增，可诊断为急性风湿病例。急性肌肉风湿病的病程较短，一般经数日或1～2周即可好转，但易复发。当急性风湿病转为慢性时，全身症状不明显。病肌弹性降低、僵硬、萎缩，跛行程度虽能减轻，运步仍出现强拘。

（3）治疗性诊断　对本病例采取解热镇痛及抗风湿药，如水杨酸钠和皮质激素类药氢化泼尼松（强的松龙）混悬液治疗后，临床症状明显好转，则说明诊断正确。

（4）鉴别诊断　肌肉风湿病常与外伤性肌肉炎症、骨骼损伤、脊髓损伤、外周神经麻痹等病相混淆。从病史、致病原因及临床症状可与外伤性肌肉炎症、骨骼的损伤、脊髓损伤、外周神经麻痹（无疼痛反应）等相区别。

对于风湿病的诊断，临床上有各种方法。如从患病犬的鼻、咽部拭子培养，可获得A型溶血性链球菌，从血清中可测出抗链球菌的抗体。如果把大量的链球菌抗原包括蛋白、碳水化合物及黏肽注入兔子体内，可产生风湿病症和病变。

（5）病因及对机体的影响　临床实践证明，风、寒、潮湿、阴冷等因素对风湿病发生起重要作用。风湿病主要发生在活动性较大的肌肉、关节及四肢，特别是背腰肌群、肩臂肌群、臀部肌群、股后肌群、颈部肌群等，其特征是突然发生浆液性或纤维素性炎症。由于患病肌肉疼痛、运动不协调，步态强拘不灵活，跛行明显。

项目五

眼　病

【学习目标】

通过学习眼部解剖生理，对眼球结构、眼的检查方法和用药以及常见眼病治疗方法能熟练掌握。

【知识目标】

学习眼的解剖结构，眼的检查方法、治疗技术，学习眼睑疾病、结膜疾病、角膜疾病、晶体和眼房疾病的诊断和治疗方法。

【技能目标】

能够对常见的眼睑疾病进行诊断，熟悉眼科疾病常用药物和治疗方法，了解晶体和眼房疾病。

眼病是宠物临床比较常见的一类疾病。由于眼的解剖结构复杂，局部解剖结构发病种类也较多，且治疗难度较大，因此，熟悉眼部结构对于眼病的诊断和治疗非常重要。眼科疾病检查方法需要借助常规和特殊的仪器才能进行，包括对眼外周检查，眼睑、眼结膜、眼角膜和巩膜检查，以及眼睛内部结构和压力的检查，特殊情况下还需要对眼部血管和眼底进行造影才能准确诊断眼病。宠物临床常见的眼病包括眼睑内翻、眼睑外翻、角膜炎、结膜炎、角膜溃疡与穿孔、青光眼、白内障等。

任务一　眼的解剖生理

眼由眼球及其附属组织构成，是视觉器官，其功能由下列五种结构完成。眼球的构造如图 5-1、图 5-2 所示。

（1）感光结构　由视网膜内视锥（又名圆锥）细胞及视杆（又名圆柱）细胞接受外界光刺激，经由视神经、视束而达大脑枕叶视觉中枢，产生视觉。

（2）屈光结构　包括角膜、眼房液、晶状体及玻璃体，使外界物像集焦在视网膜上。

（3）营养结构　包括进入眼内的血管、葡萄膜及眼房液。

（4）保护结构　包括眼睑、结膜、泪器、角膜、巩膜和眼眶。

（5）运动结构　包括眼球退缩肌、眼球直肌和眼球斜肌。

眼球位于眶窝内，借筋膜与眶壁联系，周围有脂肪垫衬，以减少振荡。眼球前方有眼睑保护。眼球由眼球壁和眼球内容物两部分组成。

一、眼球壁

眼球壁分为外、中、内共三层，在眼球后方及下方有视神经自眼球通向大脑。

（一）外层

外层即纤维膜，由坚韧致密的纤维组织构成，有保护眼球内部组织的作用。其前面小部分为透明的角膜，大部分则为乳白色不透明的巩膜，角膜、巩膜的移行处叫作角膜缘。

1. 角膜

角膜位于眼球前部，质地透明，具有屈折光线的作用，是屈光间质的重要组成部分。角膜的面积在白昼活动的动物约为巩膜的 1/5，晚间活动的动物为巩膜的 1/3～1/2。组织学上，角膜由外向内可分为上皮细胞层、前弹力层、基质层、后弹力层和内皮细胞层共五层。角膜最表面的上皮细胞层的再生力强。犬和猫角膜最厚不超过 1.0 mm。

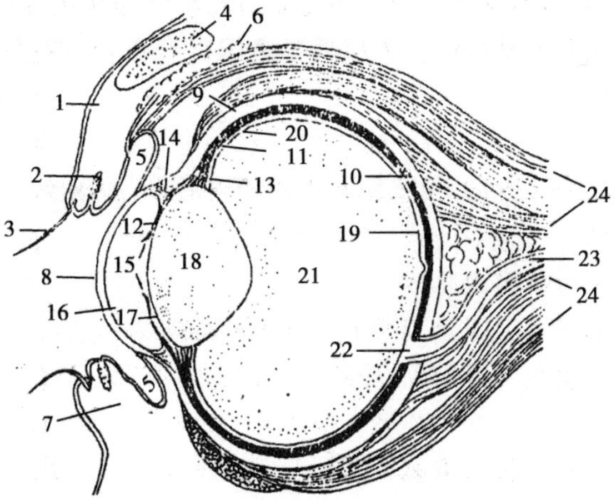

图 5-1　眼球的构造（纵切）

1. 上眼睑　2. 睑板腺　3. 睫毛　4. 眶上突　5. 结膜穹窿　6. 泪腺　7. 下眼睑　8. 角膜　9. 巩膜　10. 血管膜　11. 睫状体　12. 虹膜　13. 晶状体悬韧带　14. 睫状肌　15. 瞳孔　16. 眼前房　17. 眼后房　18. 晶状体　19. 视网膜视部　20. 视网膜睫状部　21. 玻璃体　22. 视神经乳头　23. 视神经　24. 眼球肌

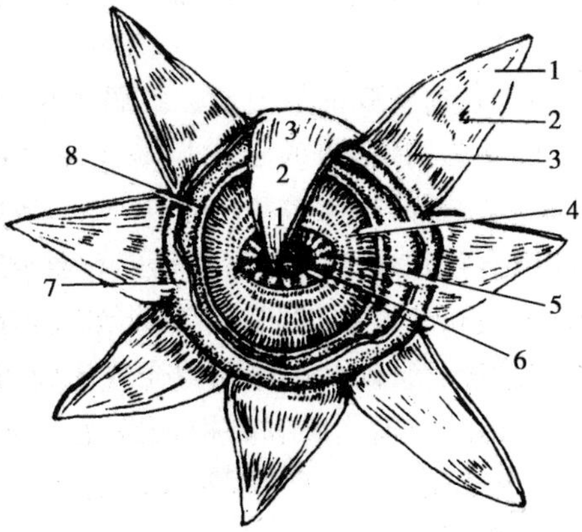

图 5-2　眼球的构造（已切开纤维膜）

1. 角膜　2. 角膜缘　3. 巩膜　4. 瞳孔括约肌　5. 瞳孔开大肌　6. 瞳孔　7. 血管膜　8. 睫状体

（1）角膜的营养　角膜本身无血管，其营养主要来自角膜缘毛细血管网和眼房液。角膜缘毛细血管网是由表面的结膜后动脉和深部的睫状前动脉分支组成。通过血管网的扩散作用，将营养和抗体输送到角膜组织。角膜代谢所需的氧，80%来自空气，15%来自角膜缘毛细血管网，5%来自眼房液。

（2）角膜的神经　来自三叉神经眼支的分支，由四周进入基质层，穿过前弹力层密布于上皮细胞间。所以角膜知觉特别敏锐，任何微小刺激或损伤皆能引起疼痛、流泪和眼睑痉挛等症状。

（3）角膜的透明性　角膜的透明，主要取决于角膜本身无血管，胶原纤维排列整齐，含水量和屈折率恒定，同时还有赖于上皮和内皮细胞的结构完整和功能健全。

2. 巩膜

巩膜质地坚韧，不透明，呈乳白色。由致密相互交错的纤维组成，其表面的巩膜组织则由疏松的结缔组织和弹性组织构成。巩膜的厚度各处不同，视神经周围最厚，各直肌附着处较薄，最薄的部分是视神经通过处。

巩膜的血液供应，在眼直肌附着点以后由睫状后短动脉和睫状后长动脉的分支供应；在眼直肌附着点以前则由睫状前动脉供应。表层巩膜组织富有血管，但深层巩膜的血管和神经皆较少，代谢缓慢。

3. 角膜缘

角膜缘是角膜与巩膜的移行区，角膜镶在巩膜的内后方，并逐渐过渡到巩膜组织内。角膜缘毛细血管网即位于此处。

4. Schlemm 氏管（又名巩膜静脉丛）

Schlemm 氏管是围绕前房角的不规则的环状结构，外侧和后方被巩膜围绕，内侧与小梁网邻近。管壁仅由一层内皮细胞所构成，外侧壁有许多集液管与巩膜内的静脉网沟通。

5. 小梁网

小梁网为前房角周围的网状结构，介于 Schlemm 氏管与眼前房之间。它以胶原纤维为核心，其外面围以弹力纤维和内皮细胞。小梁相互交错，形成富有间隙的海绵状结构，具有筛网的作用，房水中的微粒多被滞留于此，很少能进入 Schlemm 氏管。

（二）中层

中层即葡萄膜，又名眼球血管膜或血管膜，具有丰富的血管和色素，有营养视网膜外层、晶体和玻璃体以及遮光的作用。中层由前向后可分为虹膜、睫状体和脉络膜三部分。

1. 虹膜

虹膜位于角膜和晶状体之间，是葡萄膜的最前部。虹膜中央有一孔叫作瞳孔，光线透过角膜经过瞳孔才进入眼内。犬的瞳孔为圆形，猫的瞳孔为垂直的缝隙状。虹膜表面有高低不平的隐窝和辐射状的隆起皱襞，形成清晰的虹膜纹理。发炎时，因有渗出物与细胞浸润，致使虹膜组织肿胀和纹理不清。虹膜内有排列成环状和辐射状的两种平滑肌纤维。环状肌（瞳孔括约肌）收缩时，瞳孔缩小；辐射肌（瞳孔开大肌）收缩时，瞳孔散大。环状肌受到眼神经的副交感神经纤维支配，而辐射肌则受交感神经支配。瞳孔能随光线强弱而收缩或散大，就是由于这些肌肉的作用。瞳孔受光刺激而收缩的功能称瞳孔反射或对光反应，它是互感性的。虹膜组织内密布三叉神经纤维网，故感觉很敏锐。组织学上，虹膜由前到后可分为五层，即内皮细胞层、前界膜、基质层、后界膜以及后上皮层。

2. 睫状体

睫状体前接虹膜根部，后移行为脉络膜，是葡萄膜的中间部分，外侧与巩膜邻接，内侧环绕晶状体赤道部，面向眼后房及玻璃体。睫状体前厚后薄，横切面呈一尖端向后、底向前的三角形。其前 1/3 肥厚部称睫状冠，内表面有数十个纵行放线状突起，称为睫状突，它有调节晶状体屈光度的作用，睫状突表面的睫状上皮细胞具有分泌房水的功能；后 2/3 薄而平，称睫状环，它以锯齿缘为界，移行于脉络膜。从睫状体至晶状体赤道部有纤细的晶状体悬韧带（又名睫状小带）与晶状体相连。

睫状肌受睫状短神经的副交感神经纤维支配，收缩时使晶状体悬韧带松弛，晶状体借其本身的弹性导致凸度增加，从而加强屈光力，起调节作用；同时促进房水流通。睫状突一旦遭受病理性破坏，可引起眼球萎缩。

组织学上睫状体由外向内分五层，即睫状肌、血管层、Burch 氏膜、上皮层与内界膜。

3. 脉络膜

脉络膜为葡萄膜的最后部分，约占血管膜的 3/5。脉络膜前起锯齿缘与睫状环相接，后止于视神经周围，介于巩膜与视网膜之间。其含有丰富的血管和色素细胞，有营养视网膜外层的功能。眼球后壁的脉络膜内面有一片青绿色三角区，带有金属样光泽，叫作照膜，它能将进入眼中并已透过视网膜的光线反射回来以加强视网膜的作用。脉络膜的血液供应主要来自睫状后短动脉，脉络膜周边部则由睫状后长动脉的返回支供给。脉络膜的神经纤维来自睫状后短神经，其纤维末端与色素细胞和平滑肌接触，但其无感觉神经纤维，故无痛觉。

（三）内层

内层即视网膜，为眼球壁的最内层，分为视部（固有网膜）和盲部（睫状体和虹膜部）两部分。视网膜是眼的感光装置，它由大量各种各样的感光成分、神经细胞和支持细胞构成，其感光成分是视锥细胞和视杆细胞。在光照亮度很弱时，只有视杆细胞有感光作用，而在光照亮度很强时，视锥细胞却是主要的感光部分。因此，视杆细胞是晚间的感光装置，而视锥细胞则是白昼的感光装置。

视部占视网膜的大部分，在葡萄膜内面，由色素层和固有视网膜构成。色素层与脉络膜附着较紧，与固有视网膜易于分开。固有视网膜在活体呈透明淡粉红色，死后浑浊变成灰白色。在视网膜后的稍下方为视神经通过的部分，叫作视神经乳头。马的视神经乳头呈横卵圆形，宽 4.5～5.5 mm，高约 2 mm；牛的呈卵圆形，长 4～6 mm，宽约 5.5 mm，扁平而没有显著轮廓，有 4 个动脉分支。犬的视神经乳头恰好位于绿毡之下，偏靠鼻侧，略呈肾形或蚕豆形，常呈淡粉色；其周围有 3 束主要的血管分支，一束向背侧延伸，另两束分别向颞侧和鼻侧的下方延伸。视神经乳头为视网膜之视神经纤维集中成束处，向后穿出巩膜筛板再折向后方；其转折处略成低陷，属生理状凹陷，低于周围成杯状，又称生理杯。视神经处仅有视神经纤维，没有感光结构，生理上此处不能感光成像，称为盲点。视网膜中央动脉由此分支，呈放射状分布于视网膜。在眼球后端的视网膜中央区，集中了大量的视锥细胞，是感光最敏锐的地方，相当于人眼视网膜黄斑部，此部位的视功能即临床上所指的视力。

盲部：被覆在睫状体和虹膜的内面，没有感光作用。

犬的视力不是很发达，其睫状体调节力差。但犬有较大的双眼视野，视觉区较宽。犬的视觉的最大特征是色盲，其视网膜上视杆细胞占绝大多数，视锥细胞数量极少，对色觉敏感度低，区别彩色能力很差。其暗视力十分发达，对光觉敏感度强，远近感觉差，测距性差，视网膜上无黄斑，视力仅 20～30 m。

组织学上，视网膜由外向内分为十层：即色素上皮层、杆细胞和锥体细胞层、外界膜、外颗粒层、外丛状层、内颗粒层、内丛状层、节细胞层、神经纤维层以及内界膜。

二、眼球内容物

在眼球内充满透明的内容物，使眼球具有一定的张力，以维持眼球的正常形态，并保证了光线的通过和屈折。这些内容物包括房水、晶状体和玻璃体，它们和角膜共同组成眼球透明的屈光间质。

（一）房水

房水又叫眼房液，是透明的液体，由睫状体的无色素上皮以主动分泌的形式生成，充满眼前房和眼后房。眼房液不断地流动，以运送营养及代谢产物，故具有营养角膜、晶状体、玻璃体等的功能，同时也是维持和影响眼内压的主要因素。房水中蛋白质少，抗体少，而维生素 C、乳酸等含量高于血液，并含有透明质酸。碳酸酐酶抑制剂可减少房水生成。

晶状体和角膜之间的空隙叫作眼房，分为眼前房和眼后房两部分。眼前房是角膜后面、虹膜和晶状体前面之间的空隙，充满着房水，其周围以前房角为界。眼后房是虹膜后面、睫状体和晶状体赤道之间的环形间隙。

前房角：由角膜和巩膜、虹膜和睫状体的移行部分组成，此处有细致的网状结构，称为小梁网，为房水排出的主要通路。当前房角阻塞时，可导致眼内压的升高。

房水的流出途径：房水由睫状突产生后，先进入眼后房，经瞳孔进入眼前房，再经前房角小梁网、Schlemm 氏管和房水静脉，最后经睫状前静脉而进入血液循环（图 5-3、图 5-4）。当这种正常的循环通路被破坏时，眼房液积聚于眼内，引起眼内压增高。

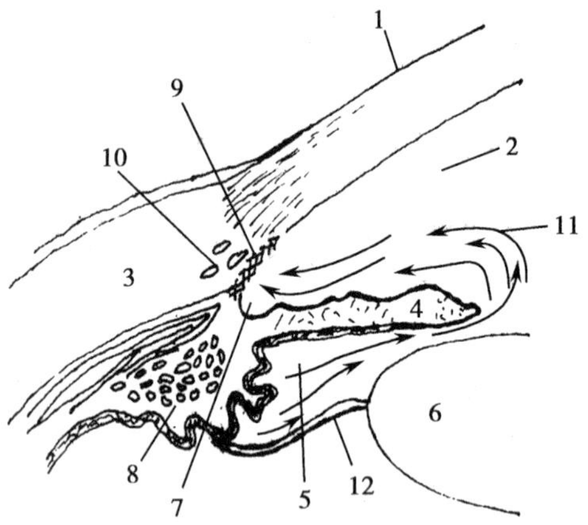

图 5-3　眼前、眼后房解剖及房水循环途径

1. 角膜　2. 眼前房　3. 巩膜　4. 虹膜　5. 眼后房　6. 晶状体　7. 前房角　8. 睫状体　9. 小梁网　10. 巩膜静脉丛　11. 房水流向　12. 晶状体悬韧带

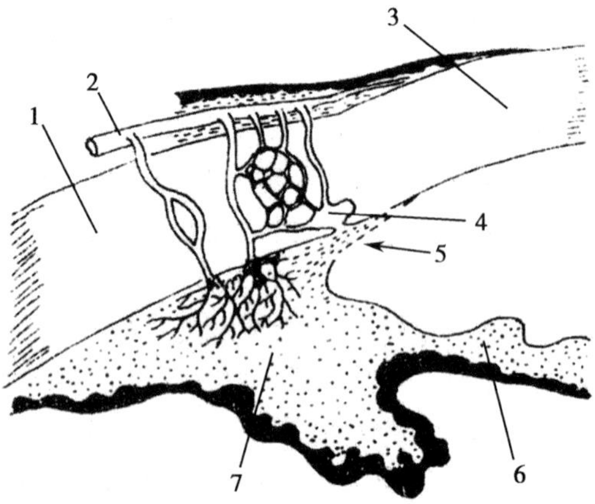

图 5-4　房水出路

1. 巩膜　2. 睫状前静脉　3. 角膜　4. Schlemm 氏管　5. 小梁网　6. 虹膜　7. 睫状体

（二）晶状体

晶状体位于虹膜、瞳孔之后，玻璃体碟状凹内，借晶状体悬韧带与睫状体联系以固定其位置。晶状体为富有弹性的透明体，形如双凸透镜，前面的凸度较小，后面的凸度较大。前面与后面的交接处称为赤道部。前曲面和后曲面的顶点分别称为前极和后极。

晶状体由晶状体囊和晶状体纤维所组成。晶状体囊是一层透明而具有高度弹性的薄膜，可分为前囊和后囊。

晶状体韧带是连接晶状体赤道部和睫状体的组织，其一部分起自睫状突，附着于晶状体赤道部后囊上，另一部分起自睫状环，附着于晶状体赤道部前囊上，还有一部分起自锯齿缘，止于后囊上。

晶状体无血管和神经，其营养主要来自房水，通过晶状体囊的扩散和渗透作用，汲取营养，排出代谢产物。

晶状体是屈光间质的重要组成部位，并和睫状体共同完成调节功能。哺乳动物的眼在看不同距离物体时，能改变眼的折光力，使物像恰好落在视网膜上。折光是借改变晶状体的曲率半径来完成的。当看近物时，睫状肌收缩，晶状体的曲率和折光力都增大；当看远物时，晶状体的曲率和折光力都减少。

（三）玻璃体

玻璃体为透明的胶质体，其主要成分为水，约占 99%。玻璃体充满在晶状体后面的眼球腔内，其前面有一凹面称碟状凹，以容纳晶状体。玻璃体的外面包覆一层很薄的透明膜，称为玻璃体膜。玻璃体无血管神经，其营养来自脉络膜、睫状体和房水，本身代谢作用极低，无再生能力，损失后留下的空间由房水填充。玻璃体的功能除有屈光作用外，主要是支撑视网膜的内面，使之与色素上皮层紧贴。玻璃体若脱失，其支撑作用大为减弱，易导致视网膜脱离。

三、眼附属器的解剖生理

眼附属器包括眼睑、结膜、泪器、眼外肌和眼眶。

（一）眼睑

眼睑分上眼睑和下眼睑，覆盖于眼球前面，有保护眼球、防止外伤和干燥的功能。两眼睑之间的间隙叫睑裂。上、下眼睑连接处称眦部。外侧称外眦，呈锐角；内侧称内眦，呈钝圆形。眼睑的游离边缘称为睑缘。在眼内眦部有一半月状结膜褶，褶内有一弯曲的透明软骨，称第三眼睑（通称瞬膜）。眼睑有两种横纹肌，一是眼轮匝肌，由面神经支配主管眼睑的闭合；另一是上睑提肌，由动眼神经支配，主管上睑提起。近睑缘外有一排腺体称睑板腺，又称 Meibom 氏腺，其导管开口于睑缘，分泌脂性物，可湿润睑缘。

眼睑组织分为五层，由外向内分别为皮肤、皮下疏松结缔组织、肌层、纤维层（睑板）和睑结膜。眼睑皮下注射即是将药液注射在皮下结缔组织内。

（二）结膜

结膜是一层薄而透明的黏膜，覆盖在眼睑后面和眼球前面。结膜按其不同的解剖部位可分为睑结膜、球结膜和穹窿结膜。睑结膜和球结膜的折转处形成结膜囊。

副泪腺（Harder 氏腺）不是所有动物都具有，只有相当少的动物才具有。犬、猫均无副泪腺，但有分泌浆液的瞬膜腺，和泪腺的分泌物共同形成泪液，协助保持眼睑和角膜的润滑。

在上、下眼睑均有胶原性结缔组织构成的睑板，可维持眼睑的外形。上、下睑板内均含有高度发达的睑板腺，开口于眼睑缘，是变态的皮脂腺，分泌的油脂状物可滑润眼睑与结膜，防止外界液体进入结膜囊。猫的睑板腺最发达，猪的睑板腺最不发达。

结膜的血管来自眼睑动脉弓和睫状前动脉。静脉大致与动脉伴行。来自睫状前动脉的分支称为结膜前动脉，分布于角膜缘附近的球结膜，并和结膜后动脉吻合。结膜的感觉受三叉神经支配。

（三）泪器

泪器包括泪腺和泪道。泪腺位于眼眶处上方的泪腺窝内，为一扁平椭圆形腺体，有12～16条很小的排泄管，开口于上眼睑结膜。泪腺分泌泪液，湿润眼球表面，大量的泪液有冲除细小异物的作用，泪液中的溶菌酶有杀菌作用。犬的泪液61.7%由泪腺分泌，第三眼睑腺分泌35.2%，其他3.1%由睑板腺及黏液细胞产生。

泪道包括泪点、泪小管、泪囊和鼻泪管。泪点上下各一。泪小管接连泪点与泪囊。泪囊呈漏斗状，位于泪骨的泪囊窝内。其顶端闭合成一盲端，两泪小管从盲端下方侧面与泪囊相通。泪囊的下端与鼻泪管相通。鼻泪管位于鼻腔外侧壁的额窦内，向下走，开口于鼻腔的下鼻道。约有50%的犬有两个鼻泪管开口。长吻犬的鼻泪管较直；短吻犬的鼻泪管有折转，易发生堵塞。

（四）眼外肌

眼外肌是使眼球运动的肌肉，附着在眼球周围，包括眼球直肌（4条）、眼球斜肌（2条）和眼球退缩肌（1条）。

眼球直肌起始于视神经孔周围，包围在眼球退缩肌的外周，向前以腱质抵于巩膜，分上直肌、下直肌、内直肌和外直肌。眼球直肌的作用是使眼球环绕眼的横轴或垂直轴运动。

眼球斜肌分为上斜肌和下斜肌。眼球上斜肌起始于筛孔附近，沿眼球内直肌的内侧前走，抵于巩膜表面。眼球下斜肌起始于泪骨眶面、泪囊窝后方的小凹陷内，向外斜走，靠近眼球外直肌抵于巩膜上。眼球斜肌的作用是使眼球沿眼轴转动。

眼球退缩肌包围在视神经周围，起始于视神经孔周缘，向前固着于巩膜周围，可牵引眼球向后。

除了外直肌受外展神经、上斜肌受滑车神经支配外，其余眼外肌皆受动眼神经支配。眼睑部尚有眼轮匝肌和上睑提肌。

（五）眼眶

眼眶是一空腔，由上、下、内、外四壁构成，底向前、尖朝后。眼眶四壁除外侧壁较坚固外，其他三壁骨质菲薄，并与鼻旁窦相邻。故一侧鼻旁窦有病变时，可累及同侧的眶内组织。

四、眼的血液供应和神经支配

（一）血液供应及淋巴

眼球及其附属器的血液供应，除眼睑浅组织和泪囊一部分是来自颈外动脉系统的面动脉外，几乎全是由颈内动脉系统的眼动脉供应。

眼部静脉有以下三个回流途径。

（1）视网膜中央静脉和同名动脉伴行，或经眼上静脉或直接回流至海绵窦。

（2）涡静脉共4～6条，收集虹膜和睫状体的部分血液以及全部脉络膜的血液，均在眼球赤道部后方四条直肌之间，穿出巩膜，经眼上静脉、眼下静脉而进入海绵窦。

（3）睫状前静脉收集虹膜、睫状体和巩膜的血液，经眼上、下静脉而进入海绵窦。眼下静脉通过眶下裂与翼状静脉丛相交通。

淋巴：眼球有前、后淋巴管，在睫状体境界部相交通。

(二) 神经支配

1. 眼球的神经支配

眼球受睫状神经支配,该神经含有感觉、交感和副交感纤维。

2. 眼附属器的神经支配

(1) 运动神经

①动眼神经支配上睑提肌、上直肌、下直肌、内直肌、下斜肌、瞳孔括约肌和睫状肌。

②滑车神经支配上斜肌。

③外展神经支配外直肌。

④面神经支配睑轮匝肌。

(2) 感觉神经

①眼神经为三叉神经第 1 支,支配眼睑、结膜、泪腺和泪囊。

②上颌神经为三叉神经第 2 支,支配下眼睑、泪囊、鼻泪管。

五、眼的感光作用

动物对外界物体的形状、光亮、色彩、大小、方向和距离的感觉,主要依靠视分析器,将进入眼内的光线借特殊的屈光装置,使焦点集合在视网膜上。实际上无论是人还是动物,都只能感受到电磁波光谱中极小一部分(波长为 380～760 nm)的光线。

眼的屈光装置有两部分:首先靠眼的调节,晶状体将外来的平行光线屈光聚在视网膜上,形成真实的倒像;其次是瞳孔反射,外来光线都得经角膜、眼前房,再通过瞳孔而射入,如果角膜失去透明性,即使后面的组织都正常,也不能感光。瞳孔好比照相机上的光圈,可以改变大小。当强光射来时,瞳孔就收缩,以限制进入眼内的光线量,因而带有保护性的功能。除光线外,其他刺激(如疼痛、激怒、惊恐等)引起中枢神经系统的强烈兴奋时,或交感神经系统发生兴奋时,瞳孔均可散大。动物窒息或临死前眼神经中枢麻痹,瞳孔可极度散大。

任务二　眼的检查法

给宠物检查眼病,除应询问了解病史外,还要进行视诊、触诊及眼科器械的检查来观察确定眼的各部分功能是否正常。

一、眼的一般检查法

1. 视诊

视诊时,应将动物安置或牵至安静场所,使其头部向着自然光线,由外向内逐步进行。

(1) 眼睑　应检查眼球与眼睑、眼眶的关系,眼裂大小,眼睑开闭情况,眼睑有无外伤、肿胀、蜂窝织炎和新生物。上眼睑出现凹陷,是眼压低的表现。

(2) 结膜　应检查结膜色彩,有无肿胀、溃疡、异物、创伤和分泌物。

(3) 角膜　应检查角膜有无外伤,表面光滑还是粗糙,浑浊程度,有无新生血管或赘生物。正常情况下角膜本身没有可见的血管,一旦在角膜上出现树枝状新生血管则为浅层炎症之征,若呈毛刷状则为深层炎症之征。

(4) 巩膜　注意血管变化。

(5) 眼前房　注意透明度与深度,有无炎性渗出物、血液或寄生虫。

(6) 虹膜　应注意虹膜色彩和纹理。

(7) 瞳孔　注意其大小、形状和对光反应。瞳孔反射并不能证明视力存在与否。正常眼的瞳孔遇强光而缩小,黑暗处放大。

(8) 晶状体　注意其位置,有无浑浊和色素斑点存在,可使用散瞳药以便观察。

2. 触诊

触诊主要检查眼睑的肿胀、温热程度和眼的敏感度以及眼内压的增减。

二、眼的器械检查

1. 用光源检查

应用凹面反光镜检查时,检查者拿反光镜站于被检动物眼的前方,收集照射光源再反射到被检动物眼内,然后由反光镜的中央孔观察眼前部。用电筒光源从侧方直接照射,也可进行眼前部的检查。

2. 角膜镜检查法

角膜镜是一个直径 25 cm 的带有手柄的圆板,板面绘有黑白相间的同心圆,中心有一小圆孔(图 5-5)。检查时让被检动物背光站立,打开眼睑并将角膜盘放在眼前活动,通过小圆孔,观察角膜所映照的同心圆影像。同心圆规则,表示角膜平整透明,弯曲度正常,角膜无异常;同心圆为椭圆形,表示角膜不平;同心圆呈梨状,乃圆锥角膜之征。如角膜表面有溃疡或不平滑时,反映的图像则成波纹样、锯齿状,而不是同心形,甚至呈现间断残缺图像,此乃角膜浑浊或有伤痕之特征。

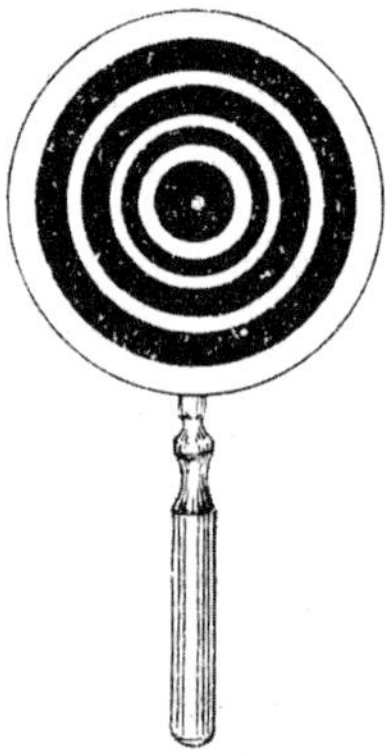

图 5-5　角膜镜

3. 检眼镜法

检眼镜种类很多,可分为直接检眼镜和间接检眼镜。用直接检眼镜所看到的眼底像是较原眼底放大约 16 倍的正像,用间接检眼镜所看到的眼底是放大 4～5 倍的倒像。不论何种检眼镜,都具有照明系统和观测系统。常用的 May 氏检眼镜为直接检眼镜(图 5-6),是由反射镜和回转圆板组成。圆板上装有一些小透光镜,若旋转该圆板,则各透光镜交换对向反射镜镜孔。各小透光镜均记有正(+)、负(-)符号:正号多用于检查晶状体和玻璃体,负号用于检查眼底。

检查玻璃体和眼底之前 30～60 min,应当向被检眼滴入 1%硫酸阿托品 2～3 次,用以散瞳。检查者接近动物,持检眼镜靠近动物右眼 1～2 cm,使光源对准瞳孔,打开开关让光线射入患眼,调整好转盘,检查者的眼由镜孔通过瞳孔观察眼内及眼底情况,一般很难一次查清,应上、下、左、右移动检眼镜比较观察。

(1) 玻璃体与眼底检查　玻璃体是一种透明的胶质样物质,位于晶状体后面,其容量为眼总容量的 4/5。玻璃体是眼屈光结构之一,其异常包括出血、细胞浸润和出现不规则的线条。大多数纤维性线条的出现与老年动物玻璃体的退行性变性有关。

(2) 犬的眼底　犬的视神经乳头略呈蚕豆状,偏靠鼻侧。绿毡一般终止于视神经乳头上缘水平处。根据动物的年龄、品种和毛色不同,绿毡呈现黄色(金黄色、杂色被毛)、绿色(黑色被毛)、灰绿色(红色被毛)等各种颜色。黑毡部的颜色也与被毛颜色有关,呈黑色、淡红色或褐色不等。三束动静脉血管自视盘中央几乎呈 120° 向三个方向延伸,其中一束向上、向颞侧延伸，其他两束向黑毡部延伸。

(3) 猫的眼底　猫的视神经乳头几乎为圆形，颜色多为乳白色或淡粉色。由于毛色不同，猫绿毡的颜色为黄色、淡黄色、黄绿色或天青色不等。猫的黑毡部面积较小，颜色为蓝色、黑褐色不等。猫眼底的血管分布不像犬那样有规律，较大的血管一般为3～4束，视网膜中央区位于视盘的颞侧，周围血管较多。

4. 眼底照相技术

在1930年首先报道了动物的眼底照片，20世纪60年代以后眼底照相技术才得以较快的发展。目前动物的眼底照相以手提式眼底照相机较为适用，其既有照明光源，又附有闪光灯，且光源可调节，操作方便，易于掌握。

照相前应先进行眼底观察，先做柱栏保定，并使用静松灵等镇静剂，同时以1%阿托品扩瞳，然后进行照相。

眼底照相可用于正确判断眼底病变以及通过观察眼底病变来诊断家畜的疾病。

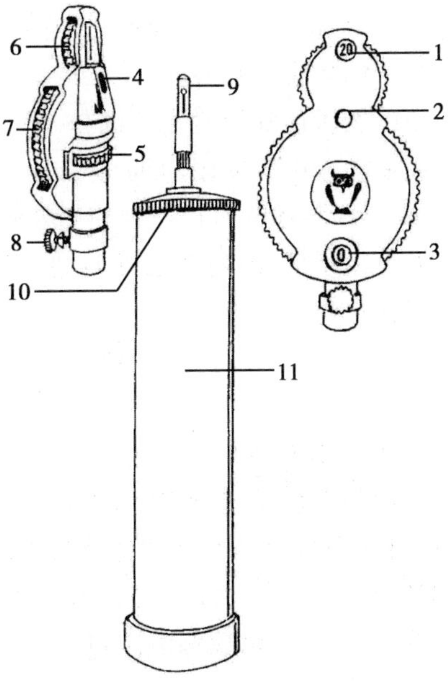

图5-6　直接检眼镜

1. 屈光度副盘镜片读数观察孔　2. 窥视孔　3. 屈光度镜片读数观察孔　4. 平面反射　5. 光斑转换盘　6. 屈光镜片副盘　7. 屈光镜片主盘　8. 固定螺丝　9. 光源　10. 开关　11. 镜柄

5. 裂隙灯显微镜

裂隙灯显微镜是裂隙灯与显微镜合并装置的一种仪器，其强烈的聚焦光线可将透明的眼组织作成“光学切面”，从而在显微镜下比较精确地观察一些小的病变。

6. 眼内压测定法

眼内压是眼内容物对眼球壁产生的压力，可用眼压计测量。目前比较先进的眼压计为压平式眼压计(图5-7)，这种眼压计误差小，重复性好，可直接读取眼内压的测定值。犬的眼压为15～25 mmHg，猫的眼压为14～26 mmHg。当患青光眼时，眼内压升高，因此眼内压的测定对诊断青光眼有重要意义。

图5-7　压平式眼压计

7. 荧光素法

荧光素是兽医眼科上最常用的染料，它的水溶液能滞留在角膜溃疡部，能在溃疡处出现着色的荧光素，因而可测出角膜溃疡的所在。但当溃疡深达后弹力层时，溃疡处不着色。荧光素也可用于检查鼻泪管系统的畅通性能。静脉内注射荧光素钠10 mL就可检验血液—眼房液屏障状态。前部葡萄膜炎时，荧光素迅速地进入眼房，并在瞳孔缘周围出现一圈弥漫的强荧光或一圈荧光素晕。在注射后5秒，用眼底照相机进行摄影，可以检查视网膜血管的病变。

8. Schirmer氏泪液试验(STT)

本方法是将Schirmer氏试纸条的一端置于被检眼的下结膜囊内，观察试纸条被浸湿的长度以估测泪液产生的量。犬的STT正常值＞(21±4.2) mm/min。猫的STT正常值＞

(16.2±3.8)mm/min。若 STT 值低、有黏液脓性眼分泌物和结膜炎，则提示泪液分泌量少，已发生干性角膜结膜炎。

除以上所述眼的检查方法外，还有细菌培养、鼻泪管造影等诊断方法。

鼻泪管造影有助于诊断先天性和后天性鼻泪管阻塞，其方法是：注入造影剂 40%碘油 2～3 mL，立即行鼻泪管外侧和斜外侧的拍照。

近十几年来，国内外已将 B 超、视网膜电图、CT 和磁共振成像用于动物眼病的诊断。

任务三　眼科用药和治疗技术

一、眼科用药

（1）洗眼液　2%～4%硼酸溶液，0.9%生理食盐水及 0.5%～1%明矾溶液。

（2）收敛药和腐蚀药　0.5%～2%硫酸锌溶液，0.5%～2%硝酸银溶液，2%～10%蛋白银溶液，1%～2%硫酸铜溶液，1%～2%黄降汞眼膏以及硝酸银棒和硫酸铜棒。

（3）磺胺与抗生素　3%～5%磺胺嘧啶溶液，10%～30%乙酰磺胺钠溶液，4%磺胺异唑溶液以及 10%乙酰磺胺钠眼膏，0.5%氯霉素溶液，0.5%～1%新霉素溶液，0.5%～1%金霉素溶液，3%庆大霉素溶液，1%卡那霉素溶液，甲哌利福霉素眼药水(利福平眼药水)。

抗生素眼膏：氯霉素—多黏菌素眼膏，新霉素—多黏菌素眼膏，3%庆大霉素眼膏，1%～2%四环素、红霉素、金霉素眼膏。

（4）皮质类固醇类　这类药除可局部使用和结膜下注射外，还可与抗生素联合一起使用。常用的滴眼用的皮质类固醇类药物有：0.1%氟甲龙液，0.1%～0.2%氢化可的松液或 0.1%～1%强的松龙液。结膜下注射时，可选用：每毫升含 4 mg 的地塞米松，每毫升含 20 mg、40 mg 或 80 mg 的甲强龙，每毫升含 25 mg 的强的松龙或每毫升含 10 mg 的去炎松。

皮质类固醇可与抗生素联合使用。例如，新霉素、多黏菌素与 0.1%氟美松；10%乙酰磺胺钠与 0.2%强的松龙；氯霉素与 0.2%强的松龙；12.5 mg 氯霉素与 25 mg 氢化可的松；1.5%新霉素与 0.5%氢化可的松；以及新霉素、多黏菌素、杆菌肽和氢化可的松，青霉素和氟美松磷酸钠(地塞米松)合用等。

（5）散瞳药　0.5%～3%硫酸阿托品溶液或 1%硫酸阿托品眼膏，0.5%～2%盐酸环戊通溶液，0.25%东莨菪碱溶液等。

（6）缩瞳药　1%～6%毛果芸香碱溶液或 1%～3%眼膏，0.25%～0.5%毒扁豆碱溶液或眼膏，1%乙酰胆碱溶液，1%～6%毛果芸香碱与 1%肾上腺素溶液等。

（7）麻醉药　给小动物做角膜和眼内手术时，普遍采用全身麻醉。用于表面麻醉的药有：0.5%～2%盐酸可卡因溶液，0.5%盐酸丁卡因溶液，0.5%盐酸丙美卡因溶液，以及 0.4%丁氧鲁卡因。

（8）其他药品　降眼压的药品可选用 0.25%倍他洛尔(betaxolol)、0.25%噻吗洛尔(timolol)以及 1%卡替洛尔(karteolol)滴眼液。治疗白内障的药品有吡诺克辛(pirenoxine)滴眼液(0.75 mg/15 mL 的白内停滴眼液)以及 0.015%法可林(phacolin)滴眼液(消白灵)。促进角膜上皮生长的药物有小牛血清提取物眼膏和重组牛碱性成纤维细胞生长因子，1%阿昔洛韦、0.1%利巴韦林以及 4%吗啉双胍等滴眼液可用于病毒性角膜炎、结膜炎。0.5%多黏菌素

B眼膏对铜绿假单胞菌所致的角膜溃疡有显著疗效。0.2%氟康唑和0.2%两性霉素B滴眼液可用于眼的真菌感染。0.5%依地酸二钠滴眼液能抑制胶原酶的活性，可用于角膜溃疡、角膜钙质沉着及角膜带状变性。

二、治疗技术

(1) 洗眼　给动物的患眼治疗前，必须用2%硼酸溶液或生理盐水洗眼，以便随后的用药能深透眼组织内，加强疗效。可以利用人用的洗眼壶，将上述溶液盛入壶内，冲洗患眼。也可以利用不带针头的注射器冲洗患眼，大动物经鼻泪管冲洗更充分。

(2) 点眼　冲洗患眼后，立即选用恰当的眼药水或眼药软膏点眼。为此，可用点眼管（或不带针头的注射器）吸取眼药水滴于患眼的结膜囊内，再用手轻轻按摩患眼。锌管装的眼软膏可直接挤点于患眼的结膜囊内，亦可用眼科专用的细玻棒蘸上眼药软膏，涂于结膜囊内。用眼药软膏后给患眼按摩的时间应稍延长。

(3) 结膜下注射　确实保定动物的头部，将药液注射于结膜下。针头由眼外眦眼睑结膜处刺入，并使之与眼球方向平行。注完药液后应压迫注射点。

(4) 球后麻醉　又称为眼神经传导麻醉，多用于眼球手术（如眼球摘除术）。操作时应注意不要误伤眼球。若注射正确，会出现眼球突出的症状。

任务四　眼 睑 疾 病

一、麦粒肿

麦粒肿是由葡萄球菌感染所引起的睑腺组织的急性化脓性炎症。由睫毛囊所属的皮脂腺发生感染的称为外麦粒肿（外睑腺炎），由睑板腺发生急性化脓性炎症的称为内麦粒肿（内睑腺炎）。

1. 症状

眼睑缘的皮肤或睑结膜呈局限性红肿，触之有硬结及压痛，一般在4～7 d后，脓肿成熟，出现黄白色脓头，可自溃流脓，严重者可引起眼睑蜂窝织炎。

2. 治疗

麦粒肿初期可应用热敷，使用抗生素眼药水或眼药膏，如伴有淋巴结肿大、体温升高时可加用抗生素；脓肿成熟时必须切开排脓。注意，在脓肿尚未形成之前，切不可过早切开或任意用力挤压，以免感染扩散导致眶蜂窝织炎或败血症。

二、眼睑内翻

眼睑内翻是指眼睑缘向眼球方向内卷，包括上眼睑缘内翻和下眼睑缘内翻，可一侧或两侧眼发病，其中下眼睑最常发病。内翻后，睑缘的睫毛对角膜和结膜有很大的刺激性，可引起流泪与结膜炎，如不去除刺激，则可以发生角膜炎和角膜溃疡。

1. 病因

眼睑内翻多半是先天性的。遗传性的眼睑内翻疾病最常见，面部皮肤松弛的犬，如沙皮犬发病较多，偶见于幼驹，猫也可发病。后天性的眼睑内翻主要是由于睑结膜、睑板瘢痕性收缩所致。眼睑的撕裂创和愈合不良以及结膜炎与角膜炎刺激，使睑部眼轮匝肌痉挛性收缩时可发生痉挛性眼睑内翻，老年动物皮肤松弛、眶脂肪减少、眼球内陷、眼睑失去正常支撑作用时也可发生本病。

2. 症状

睫毛排列不整齐，向内向外歪斜，向内倾斜的睫毛刺激结膜及角膜，致使结膜充血潮红，角膜表层发生浑浊甚至溃疡，患眼疼痛、流泪、畏光、眼睑痉挛。

3. 治疗

治疗的目的是保持眼睑边缘于正常位置。羔羊眼睑内翻可采取简单的治疗方法，用镊子夹起眼睑的皮肤皱襞，使眼睑边缘能保持在正常位置，并在皮肤皱襞处缝合 1～2 针；也可用金属的创伤夹来保持皮肤皱襞，夹子保持数日后方除去，使该组织受到足够的刺激来保持眼睑于正常位置；也可用细针头在眼睑边缘皮肤与结膜之间注射一定量灭菌液体石蜡，使眼睑肿胀，从而将眼睑拉至正常位置，在肿胀逐渐消失后，眼睑将恢复正常。

对痉挛性的眼睑内翻，应积极治疗结膜炎和角膜炎，给予镇痛剂，在结膜下注射 0.5%普鲁卡因青霉素溶液。

手术治疗：术部剃毛消毒，在局部麻醉后，在离眼睑边缘 0.6～0.8 cm 处做切口，切去圆形或椭圆形皮片，去除皮片的数量应使睑缘能够覆盖到附近的角膜缘为度。然后做水平纽扣状缝合，矫正眼睑至正常位置。严重的应施行与眼睑患部同长的横长椭圆皮肤切片，剪除一条眼轮匝肌，以可吸收缝线做结节缝合或水平纽扣状缝合，使创缘紧密靠拢，7 d 后拆线。手术中不应损伤结膜(图 5-8)。

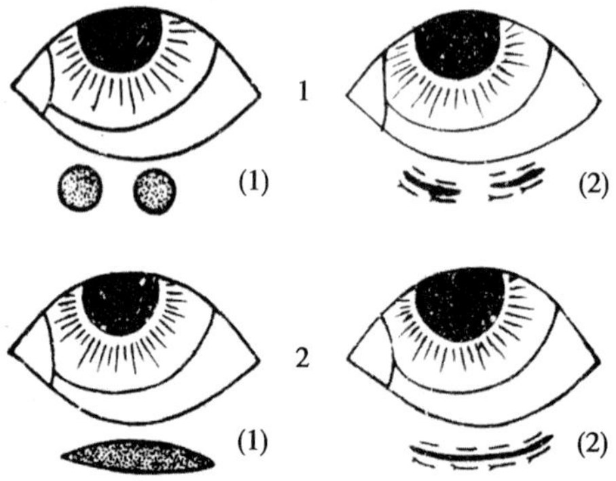

图 5-8 眼睑内翻矫正手术

1. 圆形皮片切除法 2. 椭圆形皮片切除法

(1)切除皮片 (2)水平纽扣状缝合皮片

对于年轻犬(小于 6 月龄)，因其头部还未达到成年犬的构型，发生暂时性眼睑内翻时，可在全身或局部麻醉下，将眼睑皮肤折成皱襞，用不吸收缝线做 2～3 个褥式缝合，使睑缘位置恢复正常。以后在适当的时候拆除缝线。

三、眼睑外翻

眼睑外翻是眼睑缘离开眼球向外翻转的异常状态，常见于下眼睑。

1. 病因

本病可能是先天性的遗传性缺陷(犬)或继发于眼睑的损伤，如慢性眼睑炎、眼睑溃疡或眼睑手术时切去皮肤过多，皮肤形成瘢痕收缩所引起。老年犬肌肉紧张力丧失，也可引起眼睑外翻。在眼睑皮肤紧张而眶内容又充盈的情况下，眶部眼轮匝肌痉挛时可发生痉挛性眼睑外翻。

2. 症状

眼睑缘离开眼球表面，呈不同程度的向外翻转，结膜因暴露而充血、潮红、肿胀、流泪，结膜内有渗出液积聚。病程长的结膜变得粗糙及肥厚，也可因眼睑闭合不全而发生色素性结膜炎、角膜炎。

3. 治疗

可使用各种眼药膏以保护角膜。

手术：有两种方法，如图 5-9 所示。一是在下眼睑皮肤做“V”形切口，然后向上推移“V”形两臂间的皮瓣，将其缝成“Y”形，从而使下睑组织上推以矫正外翻。二是在外眼眦手术，先用两把镊子折叠下睑，估计需要切除多少下睑皮肤组织，然后在外眦将睑板及睑结膜做一三角形切除，尖端朝向穹窿部，分离欲牵引的皮肤瓣，再将三角形的两边对齐缝合（缝前应剪去皮肤瓣上带睫毛的睑缘），然后缝合三角形创口，使外翻的眼睑复位。

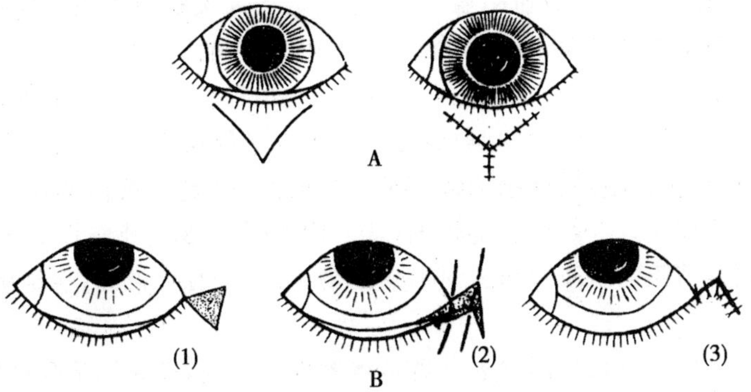

图 5-9　眼睑外翻矫正手术

A. “V”形切口，“Y”形缝合法　B. 三角形切口缝合法　（1）三角形切口，分离皮肤瓣　（2）剪去下方皮肤瓣上带睫毛的睑缘，对齐切口　（3）缝合切口，矫正外翻眼睑

任务五　结膜和角膜疾病

一、结膜炎

结膜炎是指眼结膜受外界刺激和感染而引起的炎症，是最常见的一种眼病，各种动物都可发生。结膜炎有卡他性、化脓性、滤泡性、伪膜性及水泡性等类型。

1. 病因

结膜对各种刺激敏感，常由于外来的或内在的轻微刺激而引起炎症。结膜炎的病因可分为以下几种。

（1）机械性因素　结膜外伤、各种异物落入结膜囊内或黏在结膜面上，导致眼睑位置改变（如内翻、外翻、睫毛倒长等）。

（2）化学性因素　如各种化学药品误入眼内。

（3）温热性因素　如热伤。

（4）光学性因素　眼睛未加保护，遭受夏季日光的长期直射或紫外线或 X 线照射等。

（5）传染性因素　多种微生物经常潜伏在结膜囊内，如犬瘟热病毒可引发结膜炎。

（6）免疫介导性因素　如过敏、嗜酸细胞性结膜等。

（7）继发性因素　本病常继发于邻近组织的疾病（如泪囊炎、角膜炎等）、重剧的消化器官疾病及多种传染病经过中（如流行性感冒、犬瘟热等）。眼感觉神经（三叉神经）麻痹也可引起结膜炎。

2. 症状

结膜炎的共同症状是畏光、流泪、结膜充血、结膜浮肿、眼睑痉挛、渗出物及白细胞浸润。

(1) 卡他性结膜炎　卡他性结膜炎是临床上最常见的病型，结膜潮红、肿胀、充血，流浆液、黏液或黏液脓性分泌物。卡他性结膜炎可分为急性型和慢性型两种类型。

①急性型。轻时结膜及穹窿部稍肿胀，呈鲜红色，分泌物较少，初似水，继则变为黏液性。重度时，眼睑肿胀带热痛、畏光、充血明显，甚至见出血斑。炎症可波及球结膜，有时角膜面也见轻微的浑浊。若炎症侵及结膜下时，则结膜高度肿胀，疼痛剧烈。

②慢性型。常由急性转来，症状往往不明显，畏光很轻或见不到。充血轻微，结膜呈暗赤色、黄红色或黄色。经久病例，结膜变厚呈丝绒状，有少量分泌物。

(2) 化脓性结膜炎　因感染化脓菌或在某种传染病(特别是犬瘟热)经过中发生，也可以是卡他性结膜炎的并发症。一般症状都较重，常由眼内流出多量纯脓性分泌物，上、下眼睑常被黏在一起。化脓性结膜炎常波及角膜而形成溃疡，且常带有传染性。

3. 治疗

(1) 除去原因　应设法将病因除去。若是症候性结膜炎，则应以治疗原发病为主。

(2) 遮断光线　应将患病动物放在暗室内或装眼绷带。当分泌物量多时，以不装眼绷带为宜。

(3) 清洗患眼　用3%硼酸溶液清洗患眼。

(4) 对症疗法　用药物改善相应症状。

①急性卡他性结膜炎。充血显著时，初期冷敷；分泌物变为黏液时，则改为温敷，再用0.5%～1%硝酸银溶液点眼(每日1～2次)。用药后经30 min，就可将结膜表层的细菌杀灭，同时还能在结膜表面上形成一层很薄的膜，从而对结膜面呈现保护作用。但用过本品后10 min，要用生理盐水冲洗，以避免过剩的硝酸银的分解刺激，且可预防银沉着。若分泌物已见减少或趋于吸收过程时，可用收敛药，其中以0.5%～2%硫酸锌溶液(每日2～3次)较好。此外，还可用2%～5%蛋白银溶液、0.5%～1%明矾溶液或2%黄降汞眼膏。

②球结膜下注射青霉素和氢化可的松(并发角膜溃疡时，不可用皮质类固醇类药物)。用0.5%盐酸普鲁卡因液2～3 mL溶解青霉素5万～10万IU，再加入氢化可的松2 mL(10 mg)，做球结膜下注射，一日或隔日一次。或以0.5%盐酸普鲁卡因液2～4 mL溶解氨苄西林10万IU，再加入地塞米松磷酸钠注射液1 mL(5 mg)，做眼睑皮下注射，上、下眼睑皮下各注射0.5～1 mL。用上述药物加入自家血2 mL做眼睑皮下注射，效果更好。

③慢性结膜炎。其治疗以刺激温敷为主。局部可用较浓的硫酸锌或硝酸银溶液，或用硫酸铜棒轻擦上、下眼睑，擦后立即用硼酸水冲洗，然后再进行温敷。也可用2%黄降汞眼膏涂于结膜囊内。中药川连1.5 g、枯矾6 g、防风9 g，煎后过滤，洗眼效果良好。

④病毒性结膜炎。可用5%乙酰磺胺钠眼膏涂布眼内。

⑤其他。某些病例可能与机体的全身营养或维生素缺乏有关，因此，应改善患病动物的营养并给予维生素。

二、角膜炎

角膜炎是最常发生的眼病，可分为外伤性、表层性、深层性(实质性)及化脓性角膜炎数种。

1. 病因

角膜炎多由于外伤或异物误入眼内而引起。角膜暴露、细菌感染、营养障碍、邻近组织病变的蔓延等均可诱发本病。此外，在某些传染病（如犬传染性肝炎）和浑睛虫病时，能并发角膜炎。眶窝浅、眼球比较突出的犬本病发病率高。

2. 症状

角膜炎的共同症状是畏光、流泪、疼痛、眼睑闭合、角膜浑浊、角膜缺损或溃疡。轻的角膜炎常不容易直接发现，只有在阳光斜照下可见到角膜表面粗糙不平。

外伤性角膜炎常可找到伤痕，透明的表面变为淡蓝色或蓝褐色。由于致伤物体的种类和力量不同，外伤性角膜炎可出现角膜浅创、深创或贯通创。

由于化学物质所引起的热伤，轻的仅见角膜上皮被破坏，形成银灰色浑浊；深层受伤时则出现溃疡；重剧时发生坏疽，呈明显的灰白色。

角膜面上形成不透明的白色瘢痕时称为角膜浑浊或角膜翳。角膜浑浊是角膜水肿和细胞（如多形核白细胞、单核细胞和浆细胞等）浸润的结果，致使角膜表层或深层变暗而浑浊。浑浊可能为局限性或弥漫性，也有呈点状或线状的。角膜浑浊一般呈乳白色或橙黄色。

新的角膜浑浊有炎症症状，境界不明显，表面粗糙稍隆起；陈旧的角膜浑浊没有炎症症状，境界明显。深层浑浊时，由侧面视诊，可见到在浑浊的表面被有薄的透明层；浅层浑浊时则见不到薄的透明层，多呈淡蓝色云雾状。

角膜炎均出现角膜周围充血，然后再新生血管。表层性角膜炎的血管来自结膜，呈树枝状分布于角膜面上，可看到其来源；深层性角膜炎的血管来自角膜缘的毛细血管网，呈刷状，自角膜缘伸入角膜内，看不到其来源。

因角膜外伤或角膜上皮抵抗力降低，致使细菌侵入（包括内源性）时，角膜的一处或数处呈暗灰色或灰黄色浸润，后即形成脓肿，脓肿破溃后便形成溃疡。用萤光素点眼可确定溃疡的存在及其范围，但当溃疡深达后弹力膜时不着色，应注意辨别。

犬传染性肝炎恢复期，常见单侧性间质性角膜炎和水肿，呈蓝白色角膜翳。

角膜损伤严重的可发生穿孔，眼房液流出。由于眼前房内压力降低，虹膜常常前移与角膜粘连，或后移与晶状体粘连，从而丧失视力。

3. 治疗

角膜炎急性期的冲洗和用药与结膜炎的治疗大致相同。

为了促进角膜浑浊的吸收，可向患眼吹入等份的甘汞和乳糖；或 40％葡萄糖溶液或自家血点眼；也可用自家血眼睑皮下注射；1％～2％黄降汞眼膏涂于患眼内。

角膜穿孔时，应严密消毒，防止感染。对于直径小于 2～3 mm 的角膜破裂，可用眼科无损伤缝针和可吸收缝线进行缝合。对新发的虹膜脱出病例，可将虹膜还纳展平；脱出久的病例，可用灭菌的虹膜剪剪去脱出部，再用第三眼睑覆盖固定予以保护；溃疡较深或后弹力膜膨出时，可用附近的球结膜作成结膜瓣，覆盖固定在溃疡处，这时移植物既可起生物绷带的作用，又有完整的血液供应。经验证明，虹膜一旦脱出，即使治愈，也会严重影响视力。若不能控制感染，就应行眼球摘除术。

1％三七液煮沸灭菌，冷却后点眼，对角膜创伤的愈合有促进作用，且能使角膜浑浊减退。

用 5％氯化钠溶液点眼 3～5 次/d，有利于角膜和结膜水肿的消退。

可用青霉素、普鲁卡因、氢化可的松或地塞米松做结膜下或做患眼上、下眼睑皮下注射，对外伤性角膜炎引起的角膜翳效果良好。

中药成药如拨云散、决明散、明目散等对慢性角膜炎有一定疗效。

症候性、传染病性角膜炎，应注意治疗原发病。

三、瞬膜腺突出

瞬膜腺突出又称樱桃眼，多发于小型犬，如北京犬、西施犬、沙皮犬、哈巴犬及以上各种犬的杂交后代，性别不限，年龄为 2 月龄至 1 岁半，个别有 2 岁的。缅甸猫也有发病的报道。

1. 病因

本病病因较为复杂，可能有遗传易感性，多数犬在没有明显促发条件下自然发病，有人怀疑腺体与眶周筋膜或其他眶组织的联系存在解剖学缺陷。发生本病的犬多以高蛋白、高能量动物性饲料为主，如多喂牛肉、牛肝，有的喂以卤鸭肉、卤鸭肝，个别病例发现，在饲喂猪油渣（新鲜）后 2～3 d 即发病，尚未查知有明显的生物性、物理性、化学性的原因。

2. 症状

本病呈散发性，未见明显传染性，病程短的在 1 周左右长成 0.6 cm×0.8 cm 的增生物，病程长的拖延达 1 年方进行治疗。

本病发生在两个部位：多数增生物位于内侧眼角，增生物长有薄的纤维膜状蒂与第三眼睑相连；有的发生在下眼睑结膜的正中央，纤维膜状蒂与下眼睑结膜相连，如图 5-10 所示。增生物为粉红色椭圆形肿物，外有包膜，呈游离状，大小（0.8～1）cm×0.8 cm，厚度为 0.3～0.4 cm。增生物多为单侧性，也有先发生于一侧，间隔 3～7 d 另一侧也同样发生而成为双侧性。有的病例在一侧手术切除后的 3～5 d，另一侧也同样发生。

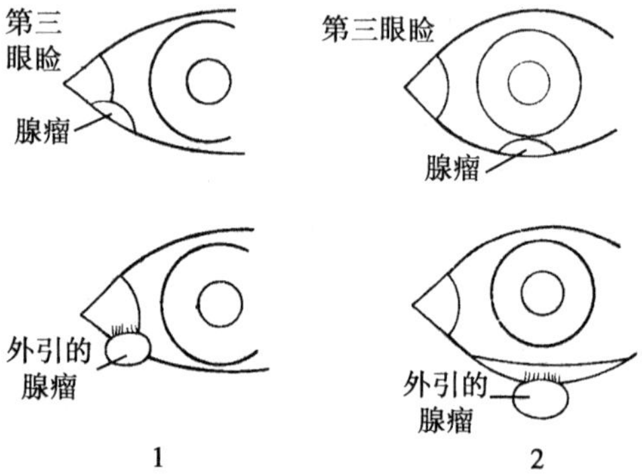

图 5-10 瞬膜腺突出

1. 发生于第三眼睑 2. 发生于下眼睑

发生本病的一侧眼睑结膜潮红，部分球结膜充血，眼分泌物增加，有的流泪。病犬不安，常因眼揉触笼栏或家具而引起继发感染，造成不同程度的角膜炎症、损伤，甚至化脓。也有眼部其他症状不明显的。一般无全身症状。

3. 治疗

瞬膜腺突出的主要治疗方法是：以外科手术切除增生物。

以加有青霉素溶液的注射用水（每 10 mL 加青霉素 10 万 IU）冲洗眼结膜，再以组织钳夹住增生物包膜外引使之充分暴露，以小型弯止血钳钳夹蒂部，然后以小剪刀或外科刀剪除或切除，手术中尽量不损伤结膜及瞬膜。切除增生物后再以青霉素水溶液冲洗创口，3～5 min 后去除夹钳，以灭菌干棉球压迫局部止血。也可剪除增生物后立即烧烙止血，但要用湿灭菌纱布保护眼球，以免灼伤。以青霉素 40 万 IU 肌内注射抗感染。术后也可用氯霉素眼药水点眼 2～3 d。

任务六 晶体和眼房疾病

一、白内障

晶状体囊或晶状体发生浑浊时称为白内障。各种动物都可发生白内障。

白内障的分类方法尚未统一。按其病因可分为局部原因和全身原因所致的白内障。先天性、外伤性、继发性及老年动物眼的退行性变化是局部原因所引起的白内障;新陈代谢障碍,如甲状旁腺功能不全、严重的营养不良等是全身原因所引起的白内障。此外,临床上对白内障还有真性和假性之分。

1. 病因

先天性白内障:由于晶状体及其囊在母体内发育异常,出生后所表现的白内障。现已证实某些犬的先天性白内障为遗传性,但其遗传方式多数未被确定。

外伤性白内障:由于各种机械性损伤致晶状体营养发生障碍时所表现的白内障,例如,晶状体前囊的损伤、晶状体悬韧带断裂、晶状体移位等。

症候性白内障:多继发于睫状体炎和视网膜炎,如周期性眼炎经常能见到晶状体浑浊。

中毒性白内障:二碘硝基酚和二甲亚砜可引起犬的白内障。

糖尿病性白内障:犬患糖尿病时,常并发本病。

老年性白内障:主要见于8～12岁的老年犬。

幼年性白内障:见于犬,动物年龄小于2岁,多由于代谢障碍(维生素缺乏症、佝偻病)所致。

2. 症状

本病的特征是晶状体或晶状体及其囊浑浊,瞳孔变色,视力消失或减退。浑浊明显时,肉眼检查即可确诊,眼呈白色或蓝白色;否则,需要做烛光成像检查或检眼镜检查。当晶状体全浑浊时,烛光成像看不见第三个影像,第二个影像反而比正常时更清楚。检眼镜检查时,可见到的眼底反射强度是判断晶状体浑浊度的良好指标,眼底反射下降得越多,晶状体的浑浊越完全。浑浊部位呈黑色斑点。白内障不影响瞳孔正常反应。

3. 治疗

本病在早期就应控制病变的发生和发展,针对原因进行对症治疗。晶状体一旦浑浊就不能被吸收,只能进行晶状体摘除术或晶状体乳化白内障摘除术。

(1) 晶状体摘除术　是在全身和局部麻醉良好的状态下,在角膜缘或巩膜边缘做一个较大的切口(15 mm),将晶状体从眼内摘出。此类手术报道的成功率有差异,但术后70%～85%的犬有视力。与晶状体乳化白内障摘除术相比,其优点是需要较少的器械且术野暴露良好;缺点是手术时发生眼球塌陷,晶状体周围的皮质摘除困难和角膜切口较大。

(2) 晶状体乳化白内障摘除术　是用高频率声波使晶状体破裂乳化,然后将其吸出。在整个手术过程中,用液体向眼内灌洗以避免眼球塌陷。这种方法的优点是角膜切口小,术后可保持眼球形状,晶状体较易摘出,术后炎症较轻;缺点是晶体乳化的器械比较昂贵。

术后治疗包括:局部应用醋酸泼尼松,每4～6 h一次,炎症消退后,减少用药次数,连续用药数周或数月;按每千克体重2～5 mg,口投阿司匹林2次/d,用药7～10 d;局部应用抗菌药物 7～14 d；若术后瞳孔缩小，可用散瞳剂。

目前国外已有用于动物马、犬、猫的人工晶状体，可在白内障摘除后将其植入空的晶状体囊内。这种人工晶状体是塑料制成的，耐受性良好，可提供近乎正常的视力。

单纯用药物治疗白内障的疗效不确实，尚未证实药物治疗在白内障逆转方面有临床疗效。

晶状体摘除术可使病眼对光反射与视力得到不同程度的恢复和改善，但是必须选择玻璃体、视网膜、视神经乳头基本正常的病眼进行手术，才能达到预期效果。凡经 1％硫酸阿托品点眼散瞳而无虹膜粘连，并存在对光反射阳性的白内障，手术后有希望恢复视力，否则手术预后不良。

二、青光眼

青光眼是由于眼房角阻塞，眼房液排出受阻致眼内压增高所致的疾病，可发生于一眼或两眼。青光眼多见于家兔、犬、猫。

1. 病因

青光眼的病因尚未最后肯定。下列因素可导致发生青光眼。

(1) 原发性青光眼　具有品种易感性，目前已确定至少有 13 种犬和 2 种猫发生原发性青光眼。

(2) 继发性青光眼　所有能造成眼房液循环或外流障碍的眼病均可引起继发性青光眼。但至今尚无由于睫状上皮产生房液过多而引发青光眼的报道。

(3) 维生素缺乏　维生素 A 缺乏是引起幼畜发生青光眼的主要原因。

(4) 近亲繁殖　近亲繁殖的后代，除出现畸形、死胎、发育不良以及生长缓慢、抵抗力弱外，也可发生青光眼。

(5) 晶状体脱位　是犬继发性青光眼最主要的原因。

(6) 其他　急性失血、性激素代谢紊乱和碘缺乏可能与青光眼的发生有一定关系。

2. 症状

初视病眼无异常，但无视觉，检查时不见炎症病状，眼内压增高，眼球增大，视力大为减弱，虹膜及晶状体向前突出，从侧面观察可见到角膜向前突出，眼前房缩小，瞳孔散大，失去对光反射能力。滴入缩瞳剂(如 1％～2％毛果芸香碱溶液)时，瞳孔仍保持散大，或者收缩缓慢，但晶状体没有变化。在暗处或阳光下，常可见患眼表现为绿色或淡青绿色。最初角膜可能是透明的，后则变为毛玻璃状，并比正常的角膜要凸出些。用检眼镜检查时，可见视神经乳头萎缩和凹陷，血管偏向鼻侧，较晚期病例的视神经乳头呈苍白色。指测眼压呈坚实感。当两眼失明时，两耳不停地转向，运步时，高抬头，步态蹒跚，牵行乱走，甚至撞壁冲墙。

3. 预后

本病预后不良。

4. 治疗

本病目前还没有特效的治疗方法，可采用下述措施。

(1) 高渗疗法　通过使血液渗透压升高，以减少眼房液，从而降低眼内压。为此，可静脉内注射 40％～50％葡萄糖溶液，或静脉内滴注 20％甘露醇(每千克体重 1 g 甘露醇)。应限制饮水，并尽可能给予无盐的食物。

用 β 受体阻滞剂噻吗洛尔滴眼液点眼，可减少房水生成，20 min 后即可使眼压降低，对青光眼治疗有一定效果。

(2) 缩瞳药的应用　针对虹膜根部堵塞前房角致使眼内压升高，可用1%～2%毛果芸香碱溶液频频点眼。也可用0.5%毒扁豆碱溶液滴于结膜囊内，10～15 min开始缩瞳，30～50 min作用最强，3.5 h后作用消失。

(3) 内服碳酸酐酶抑制剂　内服碳酸酐酶抑制剂可减少房液产生，如乙酰唑胺(乙酰脞胺，醋氮酰胺)，每千克体重3～5 mg，每日3次，症状控制后可逐渐减量。另有一种长效的乙酰唑胺可延长降压时间达22～30 h，但长期服用效果可逐渐减低，而停药一阶段后再用则又恢复其效力。内服氯化铵可加强乙酰唑胺的作用。同时应用槟榔抗青光眼药水滴眼，每10 min滴一次，共6次，再改为每30 min滴1次，共3次，然后再按病情，每2 h滴一次，以控制眼内压。

(4) 手术疗法　角膜穿刺排液可作为治疗急性青光眼病例的一种临时性措施。若用药后48 h尚不能降低眼内压，就应当考虑做周边虹膜切除术。另侧健眼也应考虑做预防性周边虹膜切除术。

患病动物做全身浅麻醉，以1%可卡因滴眼，使角膜失去感觉，然后在眼的12点处(正上方)球结膜下，注射2%普鲁卡因液，在距角膜边缘向上1～1.5 cm处，横行切开球结膜并下翻。在距角膜2 mm左右的巩膜上先轻轻做一条4 mm左右的切口(不切破巩膜)，然后用针在酒精灯上烧红，把针尖在切口上点状烧烙连成一条线(目的是防止术后愈合)，然后切开巩膜放出眼房水。用眼科镊从切口中轻轻伸入，将部分虹膜拉出，在虹膜和睫状体的交界处，剪破虹膜(3 mm左右)，将虹膜纳入切口，缝合球结膜。术后要适当应用抗菌消炎药物，以防止感染。

本手术主要是沟通前后房，使眼后房水通过虹膜上的切口流入眼前房，眼房水便由巩膜上的切口溢出而进入球结膜下，通过球结膜的吸收，从而保持眼房内的一定压力，可使视力得以恢复。一旦出现神经萎缩、血管膜变性等，则治疗困难。

(5) 巩膜周边冷冻术　用冷冻探针(2～25 mm)在角膜缘后5 mm处的眼球表面做2次冻融，使睫状上皮冷却到－15 ℃。操作时可选6个点进行冷冻，避开3点钟和9点钟的位置。每一个点的两次冻融应在2 min内完成。这种方法可使部分睫状体遭到破坏，从而减少房液产生。本手术属于非侵入性手术，操作简便快捷，但手术的作用可能不持久，6～12个月后可能需要再次手术。

三、犬视网膜疾病

1. 病因

多数犬的视网膜萎缩、脱落疾病是由视网膜发育不良引起的。视网膜发育不良是一种先天性遗传性疾病，但创伤、病毒感染(如疱疹病毒、细小病毒等)也可造成视网膜的局部或广泛性的发育不良，极少数犬视网膜疾病由外伤所致。伯灵顿更、希利哈姆更、秋田犬、比格犬、拉布拉多、英卡、美卡、约克夏、阿富汗猎犬、杜宾、英国老式牧羊犬、罗威纳等犬易发本病。

2. 诊断

视网膜发育不良属于视网膜的发育异常。一般通过检眼镜都可清楚地观察到视网膜的病变。局限性的视网膜发育不良一般不会明显的影响视力，但是如果病变位置广泛，则将损害动物视力，甚至造成视网膜脱落，最终导致失明。

3. 治疗

本病通过手术治疗难度很大，主要是通过早期用药缓解症状及通过控制遗传育种（让健康犬与健康犬进行交配）来预防。

【病案分析 9】北京犬眼球全脱出

1. 病例简介

北京犬，3 岁，体重 3.5 kg，从高处失落于地面，致使左眼球脱出。半小时内到医院就诊。

2. 诊断

（1）临床检查　病犬极度不安，嚎叫不停，并不时地用前肢抓挠患眼。检查发现约 2/3 左眼球脱出眼眶外，眼睑周围和眼球表面被血液污染，眼睫毛黏在眼球表面，眼结膜严重充血，角膜灰白色混浊。

（2）诊断　初步诊断为眼球脱出，是否需要进行眼球摘除需麻醉后进一步检查。

3. 治疗

（1）清洗患眼　肌内注射全身麻醉药，用 2%硼酸溶液充分清洗患眼周围和眼球表面，并剪去眼睫毛和上下眼睑上的被毛。检查并未发现眼球相连肌肉断裂，角膜完整，未见眼房液流出。

（2）整复眼球　助手用两把无齿镊分别将上下眼睑拉开，术者用脱脂棉浸以生理盐水轻轻压迫还纳眼球，使其复位。

（3）消炎镇痛　用 1%盐酸普鲁卡因青霉素溶液点眼，球结膜注射氢化可的松，金霉素眼膏涂布于患眼内。

（4）固定眼球　用小三棱针穿以 1 号丝线，先于上眼睑外皮肤距眼睑缘 0.3 cm 处分别作 2 针结节缝合，不剪断线头；然后同样在下眼睑外皮肤上做 2 针结节缝合；再将叠成宽 1 cm 左右、长于眼裂并浸以温生理盐水后的 2 层灭菌纱布块置于患眼上；最后分别用上下眼睑皮肤上所置留的线头打结固定。

（5）术后护理　每日用 0.5%盐酸普鲁卡因青霉素溶液冲洗患眼 2 次，洗后涂以金霉素眼膏；每隔 1 日球结膜注射氢化可的松；口服鱼肝油；为防止继发虹膜炎而引起瞳孔粘连，每日可用 1%硫酸阿托品点眼。

治疗 7 d 后拆除绷带，角膜浑浊基本吸收，眼内干净无分泌物。每日继续用眼药水点眼，涂布眼药膏，经 15 d 追访，病犬完全治愈。

4. 病例分析

（1）眼球脱出病因　多由外力造成，如相互撕咬、撞伤、摔伤等。另外，本病与犬的品种也有直接关系，有些犬（如京巴犬、八哥犬）眼眶较浅，眼球突出于眼眶，如受外力作用则较易脱出。

（2）手术治疗原则　眼球脱出整复前，必须清洗干净眼球上污物及眼内的分泌物，检查眼球状态是否完整，彻底消毒。术中，如眼球水肿过于严重，可以切开内、外侧眼裂，眼球复位后，缝合切开刀口。

（3）术后护理　止痛消炎可用眼药水（盐酸普鲁卡因青霉素溶液）点眼或冲洗，必要时可装置眼绷带，避免强光刺激，保持眼球湿润。

（4）预后判断　如眼球本身严重受伤，或固定眼球的肌肉多数断裂，或眼神经断裂，则实行眼球摘除术。如固定眼球的肌肉有断裂且手术过程中不能很好校正，则术后患犬可能斜视。

【病案分析 10】犬“樱桃眼”

1. 病例简介

犬，4 岁，体重 5 kg，右下眼睑内侧存在一粉红色增生物，已有月余，呈增大趋势。

2. 诊断

（1）临床检查　该犬食欲、饮水、体温、脉搏、呼吸均表现正常，右眼睑下方长出一个粉红色、大豆粒样的肉瘤。触诊肿物柔软、敏感。翻开眼睑，可见结膜充血，畏光，流泪。由于增生物遮挡，犬视力弱，常出现不时摇头摆尾，昂头望天，有时用爪抓眼。

（2）诊断　确诊为犬第三眼睑腺增生，俗称“樱桃眼”病。

3. 治疗方法

（1）手术治疗　麻醉保定；将肉瘤样增生物轻轻向上提起，使其增生物与瞬膜之间的根部充分显露，止血钳将根部夹住，沿止血钳上面再用手术刀切除增生物；然后用无菌纱布轻轻按压几下，再点 3～4 滴肾上腺素，使其毛细血管收缩止血，止血钳继续夹约 10 min，使其达到充分止血的目的。

（2）术后护理　避开强光的刺激；术后使用抗炎眼药水进行点眼，3～4 次/d，连用 5 d。

4. 病例分析

（1）发病特点　此病为常见眼科疾病，常有双侧同时发病，或一侧发病术后不久另一侧发病的现象，原因不详。此病可造成眼部机械性损伤，影响视力及美观，目前尚无特效外用药物，需及时手术治疗，以防由于机械压力造成眼部不适而引起患犬抓坏眼球导致失明。大多数病犬术后均无复发现象。

（2）预后情况　第三眼睑腺是重要的泪腺，故不应将瞬膜腺彻底切除，以免影响泪液分泌。目前也有进行第三眼睑腺体包埋术来代替切除术治疗。

（3）手术技巧　在本病的治疗上，摘除“樱桃眼”止血是关键。如手术采用钳夹法不能有效止血，可配合烧烙止血法，止血效果较好。

【病案分析 11】虹膜嵌顿术治疗犬青光眼

1. 病例简介

法国斗牛犬，4 岁，体重 12.5 kg。曾因左眼外伤性眼球脱出接受过治疗，由于延误了治疗时机，结果虽保持了眼球正常形状，但左眼失明伴角膜混浊。两年后，再次前来就诊。主诉：该犬常用前肢抓挠眼睛，比较烦躁，眼睛更为模糊，身体偶尔会与物品相撞，但食欲正常。

2. 诊断

（1）临床检查　体温 38.8 ℃，右眼球明显突出，结膜严重充血，角膜没有发现外伤或眼球脱出迹象。经检查发现，瞳孔散大，对光失去反射，滴入 1%硝酸毛果芸香碱滴眼液后，瞳孔不见缩小。

（2）诊断　依据病史及临床检查，初步诊断为急性青光眼。进一步检查需配合眼压测定进行确诊。

3. 治疗

(1) 治疗过程　静脉滴注20%甘露醇50 mL,皮下注射呋塞米10 mg,并于给药3 h内限制患犬饮水。同时佩戴伊丽莎白圈,防止患犬继续抓挠眼部。第2天上、下午继续滴注甘露醇各50 mL,并用1%硝酸毛果芸香碱,1次/h。第3天上午发现患犬更加烦躁,从侧面观察右眼角膜明显向前突出,表明药物降压效果很不理想。随即采取手术降眼压治疗。

(2) 手术治疗　麻醉保定,患犬取俯卧位保定。术眼周围皮肤3 cm范围常规无菌准备,0.01%新洁尔灭溶液清洗结膜囊。使用开睑器撑开眼睑,在相当于时钟12点方位、距角膜缘8 mm处,平行于角膜缘切开球结膜,切口长约18 mm,用钝头弯剪沿巩膜面分离至角膜缘,用微型电烙器烧烙止血。接着用刀尖沿角膜缘垂直刺入前房,前后延长切口使其长约10 mm,并沿切口后界切除约2 mm的巩膜。切开角膜缘后,房水大量流出,因虹膜未自行脱出切口,所以用自制虹膜钩经切口钩出虹膜,再用两把手术镊各夹持脱出的虹膜一端呈放射型展开,使之形成两股虹膜柱,然后将每股虹膜柱翻转,使色素上皮朝上,分别用6#0可吸收缝线缝合固定于切口两侧的巩膜上。角膜缘切口不缝合,清洗眼前房,最后用6#0可吸收缝线连续缝合球结膜切口。术毕,使用1%盐酸普鲁卡因0.5 mL、庆大霉素4万单位、地塞米松3 mg混合后于上、下眼睑注射。

(3) 术后护理　术后护理以控制葡萄膜炎症、预防感染、保持瞳孔活动和抑制切口瘢痕组织形成为重点,防止新建立的房水排泄通道被堵塞,以利于结膜下功能性滤过泡的形成。具体措施如下:全身应用抗生素;交替使用1%硝酸毛果芸香碱缩瞳剂和1%阿托品,间隔2 h以上,每次2滴,2次/d,连用1周;使用抗生素-糖皮质激素眼药水。

(4) 疗效观察　术后,球结膜缝合处无渗漏,眼球突出与结膜充血症状有所减轻,但光照瞳孔反应缓慢,收缩幅度较小,患犬没有视力。术后第5天,眼球突出症状消除,结膜亦无充血现象,瞳孔反射正常,仍然没有视力。术后第15天回访,患犬精神、食欲正常,亦不见眼内压升高,无眼球突出变化;瞳孔反射正常,但视力仍然没有恢复。

4. 病例分析

(1) 虹膜嵌顿术的手术原理　在角膜缘新建一条房水外流途径(造瘘),把虹膜嵌顿入巩膜切口两侧,将房水自前房引流至球结膜下间隙,依靠球结膜淋巴管、毛细血管、上皮细胞和结缔组织等,经新形成的功能性滤过泡而被吸收入血液循环。此手术降压效果确切,有较高的成功率,且手术操作相对简单,所需设备和器械较少。若配备微型电烙器、眼科手术显微镜则更为理想。

(2) 尽早诊断,尽快治疗　由于诊断青光眼需依靠一定仪器,给确诊带来困难,所以一旦发现眼压增高时,需尽早尽快诊断治疗。往往患犬就诊时,已发展为眼内压明显升高、视力障碍、行为改变等疾病的中后期。尝试使用药物降低眼内压效果很难达到预期,在用药48 h后仍不能使眼压降低时,就应考虑尽快实施手术,否则可引起动物失明。

在本例中,手术虽然达到了降低眼内压的效果,有效地消除了患眼突出症状,但因术前病情延误,视神经于术前由于高眼压可能已经造成了不可逆性损害,以致患犬视力无法恢复。因此,早期诊断和早期施行手术对于青光眼的治疗非常重要。

(3) 手术治疗关键技术分析　当切开角膜缘虹膜不能自行脱出时,使用虹膜钩牵拉虹膜时务必小心,避免伤及晶体而引起外伤性白内障或晶体脱位等并发症。闭合球结膜切口时,应当选用圆弯针,因为三角针容易切割结膜,极有可能发生缝合处房水泄露,导致眼压过低。

(4) 止血　在整个手术过程中止血十分重要，渗入眼内的血液可能引起新造瘘口的堵塞，导致球结膜下组织的炎症及瘢痕组织的形成，进而影响房水顺利排泄。所以要充分止血，并在冲洗后确认无出血、渗血的前提下，再闭合球结膜切口。

(5) 抗生素-糖皮质激素的应用　通过全身及局部使用抗生素-糖皮质激素，以预防手术感染和阻止瘢痕形成，避免角膜缘切口组织过度增生、瘢痕组织形成以及球结膜下组织瘢痕化，确保房水能够通过新建的通道排泄，从而提高手术成功率。

项目六

头部疾病

【学习目标】

学习耳、颌面部、舌和齿等组织和器官的病变、病因，掌握宠物常见颈部疾病的诊断及治疗原则。

【技能目标】

能够对宠物耳血肿、耳道增生、外耳炎等常见疾病进行诊断和治疗，对颌面部疾病进行深入了解和诊断。齿病作为老年动物的常发病，掌握对龋齿、牙周炎、齿石等常见病的诊断和治疗工作。

宠物发生的头部疾病包括耳部疾病、咽喉部疾病、口腔疾病以及鼻病。受犬猫品种差异的影响，耳部疾病发生也呈现其固有特点，如外耳道增生、耳血肿等疾病，都是临床常见疾病，其发病原因也具有相应的种属差异性。颌面部疾病中，面神经麻痹、深部腺体囊肿和腭裂等疾病的诊断治疗也成为行业热点。随着宠物传染病逐步得到控制，宠物年龄也随之增加，口腔疾病在宠物临床中的发病率呈上升趋势，尤其齿病临床诊疗已成为不可或缺的项目。

任务一 耳的疾病

一、耳血肿

耳血肿是耳部较大血管破裂，血液流至耳软骨与皮肤之间形成的血肿。本病多发生于耳郭内面，也见于耳郭外面或两侧。耳血肿各种动物均可发生，但多见于犬和猫。

1. 病因

机械性损伤，如对耳壳的压迫、挫伤、抓伤、咬伤等均可导致耳血肿；耳部疾患，如外耳道炎等引起耳部瘙痒，动物剧烈摇头甩耳也能损伤血管而发病。

2. 症状

耳郭内面的耳前动脉损伤时，于耳郭内面迅速形成肿胀，触之有波动及疼痛反应；后因出血凝固，析出纤维蛋白，触诊有捻发音。沿耳郭软骨外面行走的耳内动脉损伤时，可在耳郭外面形成相似的肿胀。血肿形成后，耳增厚数倍，下垂。耳部皮肤色白者，变成暗紫色。穿刺可见有血液或血色液体流出。肿胀阻塞耳道时，可引起听觉障碍。血肿感染后可形成脓肿。

3. 治疗

小血肿不经治疗也能自愈。血肿形成的第1天宜用干性冷敷并结合压迫绷带制止出血。

大血肿不宜过早手术，因术后出血较多。一般在肿胀形成数日后，可于肿胀最明显处切开，排出积血和凝血块后密闭缝合(图 6-1)，装置压迫绷带。耳部保持清洁，必要时使用止血剂。

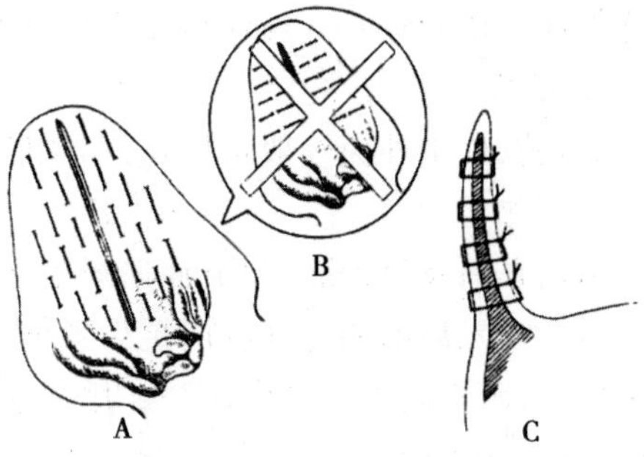

图 6-1 耳血肿切除及缝合方法

A. 正确的缝合方法 B. 不正确的缝合方法
C. 缝线全层通过耳郭，结打在耳外面

二、外耳炎

外耳炎指发生于外耳道的炎症。本病犬、猫多发，且垂耳或外耳道多毛品种的犬更易发生。

1. 病因

外耳道内有异物进入(如泥土、昆虫、带刺的植物种子等)、存在有较多耳垢、进水或有寄生虫寄生(如疥螨)，垂耳或耳郭内被毛较多时使水分不易蒸发而导致外耳道内长期湿润，湿疹、耳根皮炎的蔓延等诸多因素均可刺激外耳道皮肤引起炎症。

2. 症状

由外耳道内排出不同颜色带臭味的分泌物，其量不等。大量分泌物流出时，可黏着耳郭周边被毛，并浸渍皮肤发炎，甚至形成溃疡。耳内分泌物的刺激可引起耳部瘙痒，小动物常用后爪搔耳抓痒。由于炎症引起疼痛，指压耳根部，动物较敏感。慢性外耳炎时，分泌物浓稠，外耳道上皮肥大、增生，可堵塞外耳道，使动物听力减弱。

3. 治疗

对因耳部疼痛而高度敏感的动物，可在处置前向外耳道内注入可卡因油(可卡因 0.1 g 加甘油 10 mL)。用 3%过氧化氢溶液充分清洗外耳道，再用灭菌棉球擦干，涂以 1%～2%龙胆紫溶液或 1∶4 碘甘油溶液，促进患区干燥、结痂，兼有止痒效果。也可涂布氧化锌软膏。细菌性感染时，用抗生素溶液滴耳。寄生虫感染时，可用伊维菌素进行治疗。

中兽医学认为本病多为外因风湿热邪的侵袭，内因肝胆二经郁热，外邪内热邪毒壅塞耳窍所致；治疗当以清热解毒燥湿为主。因此，对化脓性外耳炎的治疗，经外科处理后，可滴入洁尔阴洗液原液 3～5 滴，1～2 次/d。洁尔阴洗液的主要成分有蛇床子、黄檗、苦参、苍术等，其中黄檗、苦参、蛇床子清热解毒、燥湿，苍术健脾燥湿，用于治疗本病，正中病机。

三、中耳炎

中耳炎是指鼓室及耳咽管的炎症。本病各种动物均可发生，但以犬和兔多发。

1. 病因

中耳炎常继发于上呼吸道感染，其炎症蔓延至耳咽管，再蔓延至中耳而引起。此外，外耳炎、鼓膜穿孔也可引起中耳炎。链球菌和葡萄球菌是中耳炎常见的病原菌。

2. 症状

单侧性中耳炎时，动物将头倾向患侧，患耳下垂，有时出现回转运动。两侧性中耳炎时，动物头颈伸长，以鼻触地。化脓性中耳炎时，动物体温升高，食欲缺乏，精神沉郁，有时横卧或出现阵发性痉挛等症状。炎症蔓延至内耳时,动物表现耳聋和平衡失调、转圈、头颈倾斜而倒地。

3. 预后

非化脓性中耳炎一般预后良好,化脓性中耳炎常因继发内耳炎和败血症而预后不良。

4. 治疗

本病必须及早诊断,趁炎症还局限在欧氏管或中耳时,采用下列方法进行治疗。

(1) 首先局部和全身应用抗生素治疗　充分清洗外耳后,滴入抗生素药水,并配合全身应用抗生素,以使药物进入中耳腔。用药前,应对耳分泌物做细菌培养和药敏试验,抗生素治疗至少连用 7～10 d。

(2) 中耳腔冲洗　上述治疗临床症状未改善时,可行鼓室冲洗治疗。动物全身麻醉。术者头戴额镜,先用灭菌生理盐水冲洗外耳道,再用耳镜检查鼓膜。如鼓膜已穿孔或无鼓膜,可将细吸管插入中耳深部进行冲洗;如鼓膜未破,可先施行鼓膜切开术或直接用吸管穿破鼓膜,伸入鼓室锤骨后方注液冲洗。冲洗时,细管不可移动,以防撕破鼓膜。

(3) 中耳腔刮除　严重慢性中耳炎,上述方法无效时,可施行中耳腔刮除治疗。先施行外耳道切除术和冲洗水平外耳道,用耳匙经鼓膜插入鼓室进行广泛的刮除。其组织碎片用灭菌生理盐水清除掉。术后几周,全身应用抗生素和皮质类固醇药物。

四、犬耳耵聍腺癌

耵聍腺肿瘤是指发生在外耳道的具有腺样结构的肿瘤,肿瘤起源于外耳道软骨部耵聍腺导管上皮和肌上皮。近年来,犬耳耵聍腺癌的发病率有所提高。

1. 病因

本病病因还不十分明确,一般认为与犬的年龄、品种及遗传基因关系密切。犬的外耳道软骨长期受外界不良因素(如耳螨、中耳炎等)刺激是造成本病发生的重要因素。

2. 症状

患犬听力严重下降,耳痛,甩耳,挠耳,常惊叫、不安,食欲下降,呕吐,可见外耳道被肿物堵塞。

3. 治疗

本病保守治疗常无效,需要进行手术治疗。进行外耳道的部分切除或全切除。良性肿瘤常预后良好。

五、犬耳道增生

1. 病因

严重的外耳炎长期得不到有效的治疗时,常会使犬的耳道内产生大量的增生物。

2. 症状

犬有摇头搔耳的异常行为,耳道内偶有恶臭出现。犬有时因耳部疼痛而改变行为,如脾气暴躁、对家人具攻击性或哀鸣哭泣;因瘙痒导致自我伤害、耳翼表皮剥落与耳翼脱毛。当上述情况又伴随细菌或霉菌感染时,耳道排出物成为脓性且潮湿,其气味令人有不愉快之感。肉眼可见犬耳道内有大量的污秽的增生物。

3. 治疗与护理

本病应积极预防并加强护理:经常用灭菌干棉球清除耳垢和保持犬耳道清洁,尤其注意给犬洗澡时不要让水流入耳道内。如不小心流入，必须及时清除干净。特别是在犬患有皮肤病期间，要格外注意耳道的变化。

症状较轻的犬可保守治疗，首先用药棉干球轻轻地彻底清除耳内分泌物，然后用宠物专用耳油将增生物软化，最后用棉球将污物彻底清理干净，并涂抹抗生素药膏或消炎膏或滴耳油等。

严重的外耳道增生物会与外耳道软骨广泛粘连，此时建议进行手术治疗，做外耳道的部分切除，或全切除。

任务二　颌面部疾病

一、颌骨骨折

颌骨骨折一般分为颌前骨骨折、上颌骨骨折和下颌骨骨折。本病犬、猫等小动物常有发生。

（一）颌前骨骨折

1. 症状

颌前骨骨折多数为骨体横骨折，与上切齿相连的那段断骨即折断下垂，受伤的同时常伤及切齿，故有时并发切齿脱落。折断的颌前骨只能靠硬腭及齿龈等软组织相连，因此出现咬合不正、口腔失去闭合能力等症状。颌前骨骨折伴发大出血，主要来自切齿的血管、硬腭的静脉丛或腭唇动脉等。

2. 治疗

在全身麻醉下进行整复固定。术前应首先处理外伤，查清颌前骨的骨折线。术者一手按住鼻梁部，另一手将下弯的断骨拉出来，用适当的力量使骨折断端对合，若上下齿咬合一致则表示已整复到位。固定方法较多，可选用金属缝线缠绕于一排上切齿上，并牢牢地箍紧；同时做口腔外的固定。另外，也可用内固定的方法进行治疗。

（二）上颌骨骨折

1. 症状

上颌骨骨折的部位多在硬腭及齿槽间隙的边缘，有时波及前臼齿。常可见动物口、鼻流血或流涎，丧失咀嚼功能。由于组织炎症及断骨移位而使上颌部变形，用手按压骨折处出现骨摩擦音，齿咬合不一致。

2. 治疗

对封闭性骨折又无断骨片转位病例，不必进行外科手术，仅使动物保持安静，全身使用抗生素预防感染即可。对开放性骨折又有断骨片转位病例，应在全身麻醉下整复固定，可用接骨板或骨螺丝做内固定。

（三）下颌骨骨折

下颌骨骨折是最常见的一类颌骨骨折，发生部位以沿正中矢面骨折或齿槽间隙边缘一侧或两侧较为多见。犬、猫等常因车辆撞击等意外而发生此类骨折。

1. 症状

此类骨折的症状因受伤部位不同而异。开放性骨折患部变形，骨端外露、出血与肿胀、疼痛，并出现异常活动，采食和咀嚼困难，一般经数日后由破口处流出脓性渗出物。如果正中联合发生骨折，则两侧的骨体和下颌支活动，切齿不能保持在一条线上；如果在齿槽间隙发生骨折，则下颌骨体切齿部下垂；如果下颌骨体臼齿部骨折，则局部变形并伴有碎骨片造成的舌、颊组织的损伤。此外，下颌骨后角折断时常伤及颈部血管，下颌骨关节突和冠状突骨折时常伤及颌关节、舌根及咽。口腔检查常可见到残留饲料，并有酸臭气味，日久动物消瘦。

2. 治疗

根据骨折的部位选择治疗方法。为了确保复位固定过程的可靠性，最好采取病侧在上的侧卧保定，全身麻醉。首先应对创伤进行彻底的外科处理。下颌骨体正中联合骨折时，可在口腔内用金属丝套住两侧的隅齿加以固定；横骨折则分别套住两侧的犬齿和隅齿进行固定；其他情况的骨折可按同理选择相应的牙齿用金属丝固定，必要时可在骨上钻孔后再环扎；或者采用接骨板或骨髓钉加不锈钢钢丝做内固定。

国外有用卷轴绷带固定疗法治疗齿槽间隙处骨折的成功经验：先将折断的颌骨用绷带从齿龈部搂住，绷带一端绕过两耳后之枕部达对侧之面嵴与绷带另一端相遇，然后两绷带端相扭，一端从背部（鼻梁部），另一端从腹部（经过颌凹部）缠绕到另一侧面嵴相遇而打结。

二、颌关节炎

1. 病因

创伤、打击、关节韧带牵张（粗暴地使用开口器等）以及关节内骨折等是引起颌关节炎的主要原因。颌关节附近蜂窝织炎的蔓延，脓毒症的转移及牙齿疾病、面神经或三叉神经麻痹造成的偏侧咀嚼等也易引起本病的发生。

2. 症状

颌关节炎的主要特征是咀嚼障碍和颌关节部肿胀。急性浆液性颌关节炎时，局部肿胀并有轻微波动，触诊及开张口腔时动物疼痛显著，采食时咀嚼缓慢，仅以一侧咀嚼。慢性颌关节炎时，仅有局部肿胀及关节强拘，有时可能因颌关节粘连而表现牙关紧闭，患侧咬肌逐渐萎缩，动物瘦弱。

3. 治疗

本病急性期以消炎、镇痛、制止渗出、促进吸收、防止感染为原则。病初用冷疗，以后用温热疗法。局部涂擦鱼石脂软膏、消炎软膏等，也可用红外线照射，每日 2 次，每次 25～30 min。慢性颌关节炎时，可局部使用强刺激剂，如 CO_2 激光照射，感应电流刺激、离子透入等电疗法。对化脓性颌关节炎则应充分排出脓汁，用消毒液洗涤，充分引流。本病局部和全身应用抗生素疗法。

三、面神经麻痹

面神经麻痹中兽医称“歪嘴风”，多发于 6～7 岁的西班牙长耳犬和拳狮犬。面神经控制面部肌肉的活动、感觉和唾液分泌等，面神经麻痹临床上以单侧性多见。本病根据损伤程度分为全麻痹和不全麻痹，根据损伤部位分为中枢性麻痹和末梢性麻痹。

1. 病因

中枢性面神经麻痹多半是因脑部神经受压，如脑的肿瘤、血肿、挫伤、脓肿、结核病灶、微丝蚴进入脑内的迷路感染等；其次是传染病，如流行性感冒、传染性脑炎、乙型脑炎、李氏杆菌病等均可出现面神经麻痹。此外，犬患犬瘟热、中耳炎及内耳炎、甲状腺功能减退、糖尿病等时，可伴发本病。

2. 症状

由于神经损伤的部位和程度不同，功能障碍的情况和麻痹区的分布、范围各异，症状上也不完全一样。

犬患病后，患侧上唇下垂，鼻歪向健侧，耳自主活动消失。

单侧性上颊支神经麻痹时，耳及眼睑功能正常，仅患侧上唇麻痹、鼻孔下陷且歪向健侧。单侧性下颊支神经麻痹时，患侧下唇下垂并歪向健侧。

两侧性面神经全麻痹多是中枢病变的结果，除呈现两侧性的上述症状外，因两侧鼻孔塌陷，导致通气不畅，呼吸困难。由于唇麻痹，动物将嘴伸入饲料中用齿采食，伸入水中用舌舀水，咀嚼音低、流涎，两颊部残留大量饲料，并有吞咽困难等症状。

3. 治疗

由中枢性或全身性疾病所引起的面神经麻痹应积极治疗原发病，预后视原发病的转归而异。凡由于外伤、受压等引起的末梢性面神经麻痹，在消除致病因素后可选择下列方法治疗。

(1) 在神经通路上进行按摩，温热疗法　在神经通路附近或相应穴位交替注射硝酸士的宁(或藜芦碱)和樟脑油，隔日一次，3～5 次为一疗程。

(2) 电针疗法，以开关、锁口为主穴，分水、抱腮为配穴　也可根据临床症状判断发生神经麻痹的部位，在神经通路上选穴。电针刺激 20～30 min，每日一次，6～10 次为一疗程。

(3) 采用红外线疗法、感应电疗法或硝酸士的宁离子透入疗法，也有一定效果。

四、犬下颌关节脱位

1. 病因

本病大多由于外力作用引起，如相互撕咬，撞伤、摔伤或挤伤等。

2. 症状

患犬突然下颌麻痹，不能咬合，张口流涎、嚎叫，焦躁不安。

3. 诊断

通过临床症状、触诊及 X 线检查可迅速确诊。

4. 治疗

行下颌关节复位术。将患犬全身麻醉，患犬俯卧；术者右手拇指用 3～4 层无菌纱布包裹，站于患犬前方，助手将患犬口拉开，将拇指指腹放于左侧臼齿，食指放于下颌前方，同时要将患犬口再拉大；当术者手指感到向下移动时，应顺势下按并向前拉，有下颌向前下滑动的感觉，此时拇指轻用力向后推，食指向上顶，下颌骨会自动向后上滑动，可听到入臼声。在指下有向后上滑动感觉时，拇指应立刻离开臼齿，以免影响复位。对侧再操作一次，注意此次复位时不要使犬张口太大，拇指和食指要稍向患侧牵拉，以免对侧脱位。

五、犬口腔乳头状瘤

犬口腔乳头状瘤是由犬口腔乳头状瘤病毒引起的接触性传染病，幼犬多发。本病为自限性疾病，患犬多于数周乃至数月内自然康复。但本病在口腔黏膜形成的大量瘤体可直接影响动物的采食，而瘤体表面的破损，可继发细菌感染，导致口腔炎症、异臭等不良后果，因此早期手术治疗是较好的选择。

1. 病因

多数由病毒感染引起，多见于患犬之间的相互传染。

2. 症状

患犬一般精神状况良好，犬唇上有异样突起，口腔检查可见唇、颊、腭等处分布有多量直径0.1 cm、高0.5～1 cm细长突起状及菜花状小瘤，口腔分泌液增多，有轻度异味。

3. 诊断

根据发病特征（幼犬发生）及典型症状可确诊本病。

4. 治疗

在发病早期进行手术治疗一般预后良好。术前应使用抗生素，术前15 min注射阿托品，防止术中大量流涎，并应对口腔进行冲洗消毒。术中应将肿瘤从根部彻底切除，采用电烙止血。术后应用抗生素防止继发感染，应用干扰素等抗病毒药物。术后一周内给予流食，静脉输液，补充体液和营养。

任务三 舌 损 伤

犬、猫舌损伤是由骨碎片、鱼刺等引起的，工作犬训练衔物时也可能误伤舌部。

1. 症状

初期表现为口炎症状，流涎并混有血液，虽有食欲，但进食困难或不能进食。口腔检查可见多种形式的损伤，轻的仅擦伤黏膜，但大部分病例伤及肌肉，发生舌的撕裂、缺损或断离。时间较久后，损伤的舌面坏死，颜色发白，有恶臭和缺乏弹性。刺创常在舌组织深部残留有异物。

2. 治疗

首先除去病因。对损伤面小的可用0.1%高锰酸钾液冲洗，再涂布碘甘油或撒布青黛散（青黛、黄檗、儿茶各30 g，冰片3 g，明矾15 g，研末过细箩筛）。一般采用口衔纱布条法，由一块大纱布包裹足量的青黛散卷成条状，将其衔于口内，两边各一条纱布通过颊部绕到耳后打结固定。随着舌的不断活动，使青黛散与舌损伤处接触。

若创口裂开较大，包括舌尖部断裂时，不要轻易将其剪除，应力争进行舌缝合。

动物取站立保定，全身麻醉或舌神经传导麻醉。对新鲜创伤，除去口腔内的异物，用0.1%高锰酸钾等消毒液彻底清洗口腔。将舌经口角缓缓引出，用消毒绷带在舌体后方系紧，起止血与固定作用；清洗舌创面后做水平钮扣状缝合，并在创缘对合处补充以间断缝合（如图6-2所示）。对陈旧性严重舌损伤应首先做适当的修整术，造成新鲜创面；发生舌坏死时，应将坏死部分切除，创面做成楔状，清洗消毒后施行缝合。

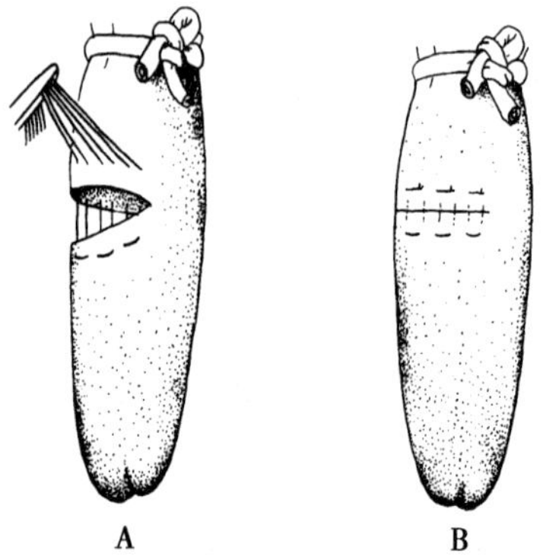

图6-2 舌缝合术

A. 做2～4个水平钮扣状缝合

B. 在创缘做补充间断缝合

缝合时应在舌背侧打结，缝线穿过舌组织时要距舌腹侧黏膜2 mm以上，不宜穿透舌腹侧黏膜，以免缝线刺激口腔底的黏膜。

3. 护理

术后5日内禁止动物采食，但可饮水。饲喂后要用温盐水或0.1%高锰酸钾冲洗口腔。经10～12 d后可拆线。

任务四　舌下囊肿

舌下囊肿是指舌下腺或腺管损伤，唾液积聚其周围组织，引起口腔底部舌下组织的囊性肿胀。舌下囊肿是犬、猫唾液黏液囊肿中最易发生的一种，多发生于犬。

1. 病因

本病最常见的原因是犬在咀嚼时，舌下腺腺体及导管被食物中的骨骼或鱼刺或草籽等刺破，诱发炎症，导致黏液或唾液排出受阻而发病。由于舌下腺一部分与颌下腺紧密相连，共同被一结缔组织囊所包裹，共用一输出管开口于口腔，故舌下腺和颌下腺常同时受侵害。

2. 症状

在舌下或颌下出现无炎症、逐渐增大，有波动的肿块，大量流涎；舌下囊肿有时可被牙磨破，此时有血液进入口腔或饮水时血液滴入饮水盘中。囊肿的穿刺液黏稠，呈淡黄色或黄褐色，呈线状从针孔流出。可用糖原染色法(PAS)试验与因异物所致的浆液血液囊肿相区别。

3. 治疗

对舌下囊肿定期抽吸可促使囊肿瘢痕组织形成，阻止唾液漏出，但多数病例6～8周后复发。也可在麻醉条件下，大量切除囊肿壁，排出内容物，用硝酸盐、氯化铁酊剂或5%碘酊等腐蚀其内壁；或者施行造袋术，即切除舌下囊肿前壁，用金属线将其边缘与舌基部口腔黏膜缝合，以建立永久性引流通道。

上述疗法无效时，可采用腺体摘除术，临床上较常采用颌下腺-舌下腺摘除术。单纯做舌下腺切除是困难的，往往同时切除颌下腺和舌下腺。

动物全身麻醉，半仰卧保定，下颌间隙和颈前部做无菌准备。在位于下颌支后缘、颈外静脉前方的颌外静脉与舌静脉间的三角区内，对准颌下腺切开皮肤4～6 cm，如图6-3A所示；钝性分离皮下组织和薄层颈阔肌，再向深层分离，显露颌下腺纤维囊(正常囊壁为银灰色，腺体橙红色，呈分叶状)；切开纤维囊，暴露腺体；用组织钳夹持腺体向外牵引，同时用钝性和锐性分离方法使腺体与囊壁分离，直至整个腺体和腺管进入二腹肌下方；在腺体内侧有动、静脉进入腺体，分离到二腹肌时，有一舌动脉弯向后方行至于腺体，将这些血管结扎并切断；用剪刀或手指继续向前分离，在二腹肌下分出一通道或将二腹肌切断，以便尽可能多地暴露舌下腺；用止血钳夹住游离舌下腺的最前部并向后拉，再用另一把止血钳钳住刚露出的舌下腺，两把止血钳按此方法交替钳夹向后拉，直至舌下腺及其腺管拉断为止，不必再结扎腺体和导管；在纤维囊内安置一引流管，引出体外，如图6-3B所示；连续缝合腺体囊壁和皮下组织；最后结节闭合皮肤和固定引流管。

4. 护理

术后局部轻度肿胀，一般不必使用抗生素治疗。术后3～5 d拆除引流管。并发症包括局部血肿、感染或再发生唾液腺囊肿。

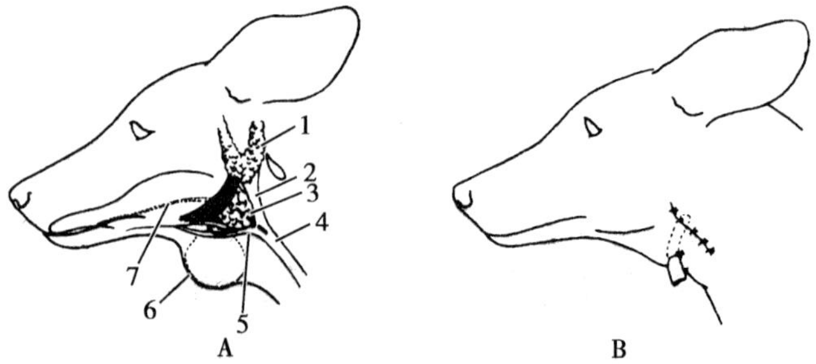

图 6-3 颌下腺-舌下腺摘除术

A. 术前示意图，粗虚线表示皮肤切口位置 B. 术后示意图，引流管从皮肤切口下方引出

1. 腮腺 2. 颌外静脉 3. 颌下腺 4. 颈外静脉 5. 舌面静脉 6. 黏液囊肿 7. 颌下腺导管

任务五 齿的疾病

一、牙齿异常

动物的牙齿异常是指乳齿或恒齿数目的减少或增加，齿的排列、大小、形状和结构的改变，以及生齿、换齿、齿磨灭异常。临床上多见的牙齿异常是齿发育异常和牙齿磨灭不正。牙齿异常的发病率，臼齿比切齿高。

1. 牙齿发育异常

(1) 赘生齿 在动物齿数定额以外所新生的牙齿均称为赘生齿(但牙齿更换推迟而有乳齿残留者不属此范围)。赘生的牙齿常位于正常牙齿的侧方，也有臼齿赘生位于其后方的，此时均能引起该侧的口腔黏膜、齿龈等发生机械性损伤。

(2) 牙齿更换不正常 除后臼齿外，在切齿和前臼齿都是首先生乳齿，然后在一定的生长发育期间再更换为恒齿，同时乳齿脱落。在更换牙齿的时候，常有门齿的乳齿遗留而恒齿并列地发生于乳门齿的内侧。在前臼齿也可能有同样的情况发生。

(3) 牙齿失位 颌骨发育不良，齿列不整齐，牙齿齿面不能正确相对。凡先天性的上门齿过长，突出于下颌者称为鲤口；相反，下门齿突出前方者称为鲛口。若下颌骨各向一方捻转，或向侧方移位，称为交叉齿。

(4) 齿间隙过大 多因先天性牙齿发育不良造成，易留食物或造成机械性损伤。特别是相对应的齿过长时，往往伤及齿龈和齿槽骨。

2. 牙齿磨灭不正

(1) 斜齿(锐齿) 下颌过度狭窄及经常限于一侧臼齿咀嚼而引起。上臼齿外缘及下臼齿内缘特别尖锐，故易伤及舌或颊部。

(2) 过长齿 臼齿中有一个特别长，突出至对侧，常发生在对侧臼齿短缺的部位。

(3) 波状齿 常以下颌第四臼齿为最低，上颌第四臼齿为最长，从整个齿列的咀嚼面来看就略呈凹凸不平的线条。凡是臼齿磨灭不正而造成的上下臼齿咀嚼面高低不平呈波浪状的，称为波状齿。一旦凹陷的臼齿磨成与齿龈相齐，则对侧臼齿将压迫齿龈而产生疼痛，甚至引起齿槽骨膜炎。

(4) 阶状齿 基本原理同波状齿，只是形成如同阶梯之病齿。

(5) 滑齿 指臼齿失去正常的咀嚼面，不利于食物的嚼碎，多见于老年动物。幼年动物发生本病是由于先天性牙齿釉质缺乏硬度所致。

3. 治疗

根据牙齿异常的病类及其情况分别选用下列疗法。

(1) 过长齿 用齿剪或齿刨打去过长的齿冠，再用粗、细齿锉进行修整。

(2) 锐齿 用齿剪或齿刨打去尖锐的齿尖，再用齿锉适当修整其残端。下臼齿的锐齿重点在内侧缘，上臼齿的重点在外侧缘，同时用0.1%高锰酸钾溶液，或2%氯酸钾溶液反复冲洗口腔。舌、颊黏膜的伤口或溃疡可用碘甘油合剂涂擦。用电动锉功效较高，可减轻繁重之体力劳动。

(3) 齿间隙过大 定时清洗口腔，出现严重感染症状的给予抗生素治疗。

二、龋齿

龋齿是部分牙釉质、牙本质和牙骨质的慢性、进行性破坏，同时伴有牙齿硬组织的缺损，各种动物均可发病。

1. 症状

随着龋齿的发展，逐渐由暗黑色小斑变为黑褐色，形成凹陷空洞，然而龋齿腔与齿髓腔之间仍有较厚的齿质相隔，称为二度龋齿或中度龋齿，再向深处发展两个腔相邻时，称为三度龋齿。凡是损害波及全部齿冠者则称为全龋齿，它常继发齿髓炎与齿槽骨膜炎。

犬的龋齿常从釉质开始，常发部位为第一上臼齿齿冠。猫则多见于露出的臼齿根或犬齿。

病初常易被忽视，待出现咀嚼障碍时，损害往往已波及齿髓腔或齿周围。当龋齿破坏范围变大时，则口臭显著，咀嚼无力或困难，经常呈偏侧咀嚼，流涎或将咀嚼过的食物由口角漏出，饮水缓慢。检查口腔时轻轻叩击病齿有痛感。牙齿松动，并易引起齿裂，且能并发齿槽骨膜炎或齿瘘。

2. 防治

平时宜多注意动物采食、咀嚼和饮水的状态，定期检查牙齿，力争早发现早治疗。一度龋齿可用硝酸银饱和溶液涂擦龋齿面，以阻止其继续向深处崩解。二度龋齿应彻底除去病变组织，消毒并充填固齿粉。三度龋齿实行拔牙术为好。

犬龋齿的治疗，对二度以上的龋齿用齿刮或齿锉除去病变组织，冲洗消毒，最后充填修补。如已累及齿髓腔，则应先治疗齿髓炎，症状缓解后再修补。严重龋齿可施拔牙术。

三、齿周炎

齿周炎是齿龈炎的进一步发展，累及牙周较深层组织，是牙周膜的炎症，多为慢性炎症。本病的主要特征是形成牙周袋，并伴有牙齿松动和不同程度的化脓，所以临床上也称齿槽脓溢。X线检查显示齿槽骨缓慢吸收。牙周袋是龈沟加深而形成的，大型犬正常的龈沟深约2 mm。

1. 病因

齿龈炎、口腔不卫生、齿石、食物塞的机械性刺激、菌斑的存在和细菌的侵入使炎症由牙龈向深部组织蔓延等因素是齿周炎产生的主要原因。在某些短头品种犬，齿形和齿位不正、闭合不全、软腭过长、下颌功能不全、缺乏咀嚼及齿周活动障碍等，可能是导致本病的因素。不适当饲养和全身疾病，如甲状腺功能亢进，慢性肾炎，钙磷代谢失调和糖尿病等都易继发齿周炎。

2. 症状

本病急性期齿龈红肿、变软，转为慢性时，齿龈萎缩、增生。由于炎症的刺激，牙周韧带破坏，使正常的齿沟加深破坏，形成蓄脓的牙周袋，轻压齿龈，牙周有脓汁排出。由于牙周组织的破坏，出现牙齿松动，影响咀嚼。本病突出的临床症状是口腔恶臭，其他症状包括口腔出血、厌食、不能咀嚼硬质食物、体重减轻等。X 线检查可见牙齿间隙增宽，齿槽骨吸收。

3. 治疗

齿周炎的治疗原则是除去病因，防止病程进展，恢复组织健康。局部治疗主要应刮除齿石，除去菌斑，充填龋齿和矫治食物塞。无法救治的松动牙齿应拔除。用生理盐水冲洗齿周，涂以碘甘油。切除或用电烙器除去肥大的齿龈组织，消除牙周袋。如牙周形成脓肿，则应切开引流。术后全身给予抗生素、维生素 B、烟酸等治疗。数日内喂给软食。

四、齿石

1. 分类

齿石系由牙菌斑矿化而成、黏附于牙齿表面的钙化团块，常见于犬和猫。根据其形成部位，齿石可分为龈上齿石和龈下齿石。前者位于龈缘上方牙面上，直接可见，通常为黄白色并有一定硬度；后者位于龈沟或牙周袋内，牢固附着于牙面，质地坚硬致密。齿石是齿周病持续和发展的重要原因。

2. 防治

除去齿石主要采用刮治法。可用刮石器或超声波除石器除去齿石。清除龈下齿石不宜使用超声波除石器，以防损伤牙周组织。齿石的预防主要是定期清洁牙齿，喂给犬含糖较多的食物（饼干、糕点等）后应清洗口腔。

五、齿槽骨膜炎

齿槽骨膜炎是齿根和齿槽壁之间软组织的炎症，是齿周病发展的另一种形式。

1. 病因

凡能引起牙齿、齿龈、齿槽、颌骨等损伤或炎症的各种原因，包括齿病处理不当时的机械性损伤，均是导致本病的直接原因。另外，由于溃疡性口炎时发生的齿龈疾病、牙齿疾病（如齿裂、龋齿、齿髓炎等）、颌骨骨折、放线菌病，以及粗饲料、异物、齿石入齿龈与齿槽之间而使齿龈与齿分离等，均可继发本病。

2. 症状

非化脓性齿槽骨膜炎时，动物只发生暂时性采食障碍，咀嚼异常，经 6～8 d 症状减轻或消失，但多数转为慢性。继发骨膜炎时，齿根部的骨质增生而形成骨赘，由此而发生齿根与齿槽完全粘连。

弥散性齿槽骨膜炎可见食物和坏死组织混合，发出奇臭气味，病齿在齿槽中松动，严重者甚至可用手拔出，有时病齿失位。

患化脓性齿槽骨膜炎时，齿龈水肿、出血、剧痛，并有恶臭，病齿四周还有化脓性瘘管，并由此排出少量脓汁。下颌臼齿瘘管开口于下颌间隙、下颌骨边缘或外壁；上颌齿瘘管则通向上颌窦，引起化脓性窦炎及同侧鼻孔流出脓汁。齿根部化脓用X线检查时，可见到齿根部与齿槽间透光区增大呈椭圆形或梨形。若欲判断瘘管的通道，可先用造影剂碘油灌注瘘管，再进行X线拍摄。

3. 治疗

对非化脓性齿槽骨膜炎，可给予柔软食物，每次饲喂后可用0.1%高锰酸钾溶液冲洗口腔，齿龈部涂布碘甘油。

对弥散性齿槽骨膜炎，则宜尽早拔齿，术后冲洗，填塞抗生素纱布条于齿槽内，直至生长肉芽为止。

对化脓性齿槽骨膜炎，应在齿龈部刺破或切开排脓，对已松动的病齿则应拔除，但不应单纯考虑拔牙，应注意其瘘管波及的范围。发生在上臼齿时往往因为从口腔来的食物进入上颌窦而造成上颌窦蓄脓。发生在下颌骨骨髓炎的瘘管则应扩大瘘管孔，尤其是骨的部分，剔出死骨，用锐匙刮净腔内感染物，骨腔内用消毒药冲洗后填上油质纱布条引流，或用干纱布外压以吸脓，消毒后用火棉胶封闭，这样可防止杂菌感染。随着脓汁的逐渐减少而延长换药时间，直至伤口愈合为止。当有全身症状时，应配合全身性应用抗生素。

【病案分析12】猫耳血肿

1. 病例简介

猫，4岁，雌性。右侧耳朵靠近耳郭外侧有一肿胀物，大小约为3 cm×4 cm，在耳郭边缘有一小裂口，同时左侧耳郭有小的伤口，如擦伤样。此前该猫在出现耳郭肿胀前经常搔抓耳朵，耳道和耳郭有黑色痂皮样分泌物。肿胀物形成已经有5 d，逐渐增大。

2. 临床诊断

(1) 临床检查　精神状态正常，无全身症状。右耳郭内侧有一个3 cm×4 cm大的肿胀物，自耳根开始到达耳尖下约2 cm，外达耳郭边缘。触诊坚实，无热，有痛感，肿块呈暗紫色。左耳郭外侧有抓伤，两耳道都有大量棕黑色痂皮样分泌物。

(2) 实验室检查　为了确诊血肿形成原因，做耳道分泌物的镜检：棉拭子分别掏取双侧耳道分泌物，在载玻片上均匀抹平，在显微镜低倍镜下观察。镜下均见到有耳螨存在。故初步诊断为耳螨感染后搔抓耳朵，造成耳郭内面的血管破裂而形成血肿。

(3) 诊断　穿刺肿胀内容物为血液和组织渗出液，故确诊为耳血肿。

3. 治疗

(1) 手术治疗血肿　清洗耳郭和耳道，清除棕黑色分泌物。耳血肿部位剃毛，麻醉保定。在肿胀最明显处切开血肿，排出积血和血凝块，纱布压迫，充分挤出肿胀部的内容物，清理干净耳郭。再进行肿胀部位的密闭缝合，按照自耳尖到耳根的方向做水平穿透性纽扣褥式缝合，即缝针由耳郭外侧入针，穿透耳郭后由内侧传出，打结于耳郭外侧，相同的术式缝合全部肿胀及周围部位。尽量密闭血肿腔，防止新的渗出液潴留。术部碘酊消毒。

(2) 耳螨病治疗　多拉菌素皮下注射每千克体重0.1 mL，每次间隔7～10 d，局部外用螨虫杀剂。术后注射抗生素防止继发感染。8 d后拆线，血肿未见复发。耳痒螨经过4个疗程后治愈。

4. 病例分析

(1) 宠物耳血肿发病原因　耳血肿多由于外伤引起。耳壳瘙痒或外耳炎时，猫会搔抓耳朵，频频摇头、甩耳，导致耳壳皮下出血是常见的原因。猫与其他动物打架咬伤耳壳也可直接引起血肿。同时猫还见于因为耳痒螨、蜱等叮咬引起的耳壳血肿。耳壳血肿形成迅速，根据耳壳迅速出现的肿胀及穿刺结果，能较容易地确诊本病。

（2）对原发病的治疗不可忽视　治疗血肿的同时需要治疗原发病，如外耳炎、耳部寄生虫等，以防止反复发作，同时也可以防止继发脓肿。术后动物摇头抓耳、烦躁不安时，可以适当给予镇静剂，以防血肿复发。

（3）手术治疗的时机选择　小的局限性耳血肿，猫可自行吸收，也可以用细的针头皮下穿刺抽出积血，配合支持疗法治疗；较严重的血肿可用手术切开缝合法进行治疗。但是，如果血肿发生时间较短，可暂不急于手术，待血肿形成较大或10～14 d后再手术治疗。因为过早手术治疗，术后容易出血较多。

【病案分析13】犬外耳道肿瘤

1. 病例简介

犬，4岁，18 kg，感染螨虫（包括耳道）。经皮下注射伊维菌素，双甲脒水浴后，螨虫得到有效控制，但耳垢逐渐呈棕色，恶臭，且左耳内有一半米粒大小的增生物，其逐渐增生到玉米籽大小，经局部涂擦三氯醋酸和红霉素软膏，一月后，外耳道增生物看似消失，其壁越来越厚，其内间隙越来越小。

2. 诊断

（1）临床检查　该犬体温、呼吸、脉搏、精神、食欲均正常。病变主要集中在左侧耳根部，垂直外耳道壁充血、严重增生，外耳道严重阻塞，要用耳镊用力开张才勉强可见一条缝隙。触诊耳根部外围比对侧明显增粗变硬。

（2）病理组织学检查　取耳道病变组织进行病理切片检查，显示皮下组织大量淋巴细胞聚集，出现炎症反应灶，大量充血、出血；皮下组织内见多量异形耵聍腺浸润，腺腔大小不一，腺细胞核小深染。

（3）诊断　通过以上检查确诊此犬患有耵聍腺癌，需实施垂直外耳道切除术治疗。

3. 治疗

（1）术前准备　全身应用抗生素，5%葡萄糖氯化钠200 mL、头孢哌酮钠舒巴坦钠每千克体重25 mg，静脉滴注，连用5 d彻底控制炎症。全身麻醉后做右侧卧保定，患耳内外及耳根四周剃毛消毒。

（2）手术切除　用球头探针插入患侧外耳道探明其深度，并在垂直与水平外耳道交界处的皮肤上做一标记；于耳屏近缘做一“T”形皮肤切口，垂直切口延伸至标记处；沿着皮肤切口将皮肤向两侧翻转，分离皮下组织，显露垂直外耳道软骨的外侧面；再用组织剪钝性分离垂直外耳道软骨周围的组织，使整个垂直外耳道软骨游离；在水平外耳道上方1～2 cm处切断垂直外耳道，然后将上段垂直外耳道切除；从上向下将剩余的垂直外耳道劈开，形成内、外侧两个软骨瓣，术部冲洗和彻底止血，外侧软骨瓣向下翻折后，将两个软骨瓣分别缝合于修剪好的皮肤上，形成一个与外界相通的孔，在外耳道远端安置引流管，固定在皮肤上，最后按“T”形常规法闭合各层组织。

（3）术后护理　术后控制炎症，防止继发感染。局部清洗，再涂擦碘酒、金霉素软膏；术后第10天拔除引流管，第14天拆线，愈后良好。

4. 病例分析

(1) 发病原因　耳道软骨长期受外界不良因素(如耳螨、中耳炎等)刺激是造成本病发生的重要因素。

(2) 发病机制　外耳道自耳膜延伸而出,由两块软骨支撑,在软骨的表面覆有皮肤,皮肤含有丰富的毛囊、皮脂腺和耵聍腺,后两者分泌耳蜡。如果引流不畅,耳道空气流动性差,则耳道内环境改变且易积聚耳垢,耳垢成分改变,刺激外耳道皮肤,容易引起炎症。

(3) 关键技术　外耳道结构复杂,因此耵聍腺癌手术需确实掌握犬外耳道正常解剖结构和对病变组织的识别,这是手术成功的关键。

【病案分析 14】犬口腔乳头状瘤

1. 病例简介

犬,雄性,6 月龄,体重 23 kg。据主人介绍,该犬是 3 个月前从犬市购得,最近两周寄养仓库内,与其他成年工作犬合养在一起,回来后发现犬唇上有异样突起,而其他犬均未发病。

2. 诊断

(1) 临床检查　动物一般状况良好,口腔检查可见唇、颊、腭等处分布有多量直径 0.1 cm、高 0.5～1 cm 细长突起状及菜花状小瘤,口腔分泌液增多,有轻度异味。

(2) 诊断　根据发病特征(幼犬发生)及典型症状,临床诊断为犬口腔乳头状瘤。

3. 治疗

(1) 手术过程　全身麻醉保定,术部准备。打开患犬口腔,以 0.01%高锰酸钾水溶液清洗消毒。夹住肿瘤基部,再用手术刀从瘤的根部将其切除,立即用电烙铁烧烙创面止血,直到将所有肿瘤全部切除。

(2) 术后护理　防止术后感染,全身应用抗生素治疗一周。配合抗病毒治疗,注射犬用干扰素,连续用药 3～5 d。

经过上述治疗后,患犬恢复良好,3 个月后随访,未再有新的肿瘤出现。

4. 病例分析

(1) 发病原因　该病幼犬多发,多为病毒感染所致,多为良性瘤。术后在给予抗生素的同时要给予干扰素等抗病毒药物,防止其复发。

(2) 治疗原则　切除肿瘤过程中,一定要切除肿瘤根蒂,否则易复发,刚开始生长的肿瘤必须一并切掉。

项目七

颈部疾病

【学习目标】

通过学习宠物颈部常见的食道狭窄、食道损伤、颈椎间盘脱位和斜颈等内容，掌握颈部常见疾病的诊断和治疗。

【技能目标】

通过学习常见颈部疾病的诊断和治疗，能够采取适当的诊疗方法对疾病及其所导致的并发症进行及时有效的治疗和预防。

任务一　食道疾病

一、食道狭窄

食道的管腔变窄而影响吞咽，称食道狭窄。

1. 病因

(1) 食道创伤　由于食道受机械性、物理性、化学性、寄生虫等致伤因子的作用，其黏膜发生增生性炎症形成瘢痕，瘢痕老化收缩后引起食道狭窄。食道切开术后缝合过紧也可导致本病。

(2) 食道管腔受压　如食道壁内外肿瘤、脓肿、颈部肌炎、甲状腺肿大、犬永久性右位主动脉弓等都可由压迫食道而致食道狭窄。

2. 症状

食道狭窄的主要临床表现为吞咽困难，水的吞咽无影响。动物不能连续大量采食，采食过程中可能突然出现停食现象。有时可出现食物反流，如果是颈部食道狭窄，常可在患病动物采食时见到狭窄部前方有团块状物膨出。反复阻塞可使食道弹力变弱，可能导致食道扩张或憩室。病程长时，患病动物日趋衰弱。

3. 诊断

选用大小合适的胃管插入。到达狭窄部时，可感觉阻力变大，甚至插入困难。X线检查时，常可发现在狭窄部前有大量气体。如灌入硫酸钡混悬液，透视下可见钡柱到达狭窄部时流速趋缓，随后食道黏膜皱褶的影像发生改变（瘢痕性狭窄）。如果是因食道内外的压迫所致狭窄，则压迫处可见充盈缺损，而显示压迫物的轮廓。

4. 治疗

由压迫所致的食管狭窄应尽早除去压迫物，如肿瘤摘除、治疗颈部肌炎等。

瘢痕性狭窄，可在食管内镜的引导下做膨胀导管扩张术。动物全身麻醉后，先用食管镜插入狭窄部吸入积聚的食物或黏液，食管扩张器上涂润滑剂，经口腔插入食管至狭窄部。随着探条逐步插入，狭窄部直径逐步扩大，直至探条不能插入。保持食管扩张状态 10～15 min，然后拔出探条。1～2 周重复 1 次，持续 3 个月。扩张术后使用皮质激素以防止组织纤维化的形成。

狭窄严重时，可进行狭窄部食道全切除和断端吻合术。在颈静脉沟背侧，沿颈静脉沟切开皮肤，其长度视阻塞物大小而定，一般 4～8 cm。钝性分离颈静脉和臂头肌或胸头肌之间的筋膜。用手探查狭窄食管并向其分离。将狭窄部食管分离后，在其前后用肠钳夹住做横切断。两断端对合，用可吸收线做全层水平纽扣状缝合，使创缘外翻。常规闭合颈部肌肉、皮下组织和皮肤。术后通过胃管给予食物，7～10 d 后拔出胃管。

犬永久性右主动脉弓病例，可通过切断遗迹进行治疗。

二、食道损伤

食道损伤在临床上最常见的是食道创伤，各种动物均可发生。

1. 病因

大多数食道损伤是由于尖锐异物（如铁丝、骨片、碎玻璃等）随食物误咽入食道，而从食道黏膜面往外刺伤，造成食道损伤。此外，粗暴地操作胃镜、插胃导管，也易损伤食道黏膜。

2. 症状

根据皮肤的完整与否，食道创伤可分为开放性和闭合性两类。

（1）开放性食道损伤　通常是锐性异物伤及颈部皮肤的同时伤及食道，往往是贯通创，故动物在采食或饮水时，常会漏出皮肤外。

（2）闭合性创伤　常因误咽异物造成，一般颈部皮肤保持完整，但采食时，食糜和水可通过食道的创口溢出食道，而在皮下积聚。胸部食道的闭合性创伤较为罕见。溢出食道的食物在结缔组织内可导致感染，进而出现一系列感染症状。

如果食道仅为黏膜层损伤，则症状较轻。间或出现颈部僵硬、吞咽困难。由于食道黏膜的再生能力较强，所以较轻的损伤在临床上不易被察觉。

3. 诊断

颈部食道创伤可根据病史结合临床症状做出初步诊断。

闭合性食道创伤及胸部食道创伤，可用硫酸钡混悬剂灌喂，并进行 X 线透视或摄影检查，可见钡剂在创伤处溢出，并有食道黏膜影像的改变。也可用胃镜直接检查，能确定损伤的部位和程度。

4. 治疗

（1）对闭合性食道非贯通创，通常采取保守疗法，可饲以流食，并给予含碳酸氢钠的饮水。如果异物仍存在，则需手术或用内境取出异物。

（2）对外伤引起的开放性食道创伤，可根据创伤的新鲜程度，按创伤的治疗原则进行处理。①对新鲜创,在严格的消毒处理后,可行食道修补术,密闭创口,但要防止缝合过紧而致食道狭窄;皮肤创口按常规缝合。②对陈旧创,特别是有唾液及食物漏出而污染创口时,需用防腐药物彻底清洗后,关闭食道,并做创部引流,如食道感染严重,则可待感染消退后再做缝合;皮肤创口做假缝合并引流。无论食道缝合与否,最好留置胃导管,胃导管可固定于头部,并保留 6 d。经胃导管鼻饲流食,以维持畜体营养需要。开放性食道创伤治疗期间都需进行全身抗菌疗法,并视病情予以支持疗法。

(3) 对闭合性食道贯通创,处理原则基本同陈旧性开放性食道创伤。注意彻底清除异物和消毒。

(4) 对胸部食道的贯通创,视其机体情况,考虑是否有必要行开胸术进行处理。

任务二 颈 椎 疾 病

一、颈椎间盘脱位

颈椎间盘脱位又称颈椎间盘脱出,是指由于颈椎间盘变性、纤维环破裂、髓核向背侧突出压迫脊髓而引起的以运动障碍为主要特征的一种脊椎疾病。本病多见于体形小、年龄不大的犬,猫亦可发生,其他动物发病很少。颈椎间盘脱位可分为两种类型:一种是椎间盘的纤维环和背侧韧带向颈椎的背侧隆起,髓核物质未断裂,一般称之为椎间盘突出;另一种是纤维环破裂,变性的髓核脱落,进入椎管,一般称之为椎间盘脱出。颈椎间盘脱位约占脊椎椎间盘脱位病例的 15%。

1. 病因

本病主要是由于椎间盘退行性变化所致,而退变的诱因目前尚无定论。

(1) 品种和年龄　很多品种犬都可发病,不过德国猎犬、北京犬、法国斗牛犬等品种发病率较高。3～6 岁犬发病率最高。

(2) 遗传因素　有人通过对德国猎犬犬系谱分析,发现椎间盘脱位的遗传模式一致,既无显性也无连锁性,有易受环境影响的多基因累积效应。

(3) 激素因素　某些激素,如雌激素、雄激素、甲状腺素和皮质类固醇等可能影响椎间盘的退变。有报道在 100 例患椎间盘脱位病犬的 T3(3,5,3′-三碘甲腺原氨酸)和 T4(3,5,3′,5′-四碘甲腺原氨酸)测定后,甲状腺功能减退病例占 39%～59%,可疑犬占 10%～20%。

(4) 外伤　一般不会导致椎间盘脱出,但可作为诱因。

2. 症状

颈椎间盘突出的好发部位为第 2～3 节和第 3～4 节椎间盘。

由于椎间盘突出而压迫神经根、脊髓或椎间盘本身,故颈部疼痛十分明显,患病动物拒绝触摸颈部,疼痛常呈持续性,也可呈间歇性。头颈运动或抱着头颈时,疼痛明显加剧。触诊时颈部肌肉高度紧张,颈部、前肢过度敏感。患病动物低头,常以鼻触地。耳竖立,腰背弓起。多数患病动物出现前肢跛行,不愿行走。重者可出现四肢轻瘫或共济失调。

3. 诊断

根据病史和症状可做出初步诊断,确诊则需进行 X 线脊髓造影检查或 CT 等影像学检查。

4. 治疗

(1) 保守疗法　病初时适用保守疗法。主要方法是强制休息。可用夹板、制动绷带等限制颈部活动 2～3 周，并配合应用肾上腺皮质激素、消炎镇痛药物。有神经麻痹者可选用 B 族维生素口服或注射。保守疗法可使患病动物症状改善，但也有一半左右可能复发。

（2）手术疗法　在保守疗法无效、病情复发、症状恶化时可考虑手术疗法。

颈椎间盘脱位手术治疗常用颈椎腹侧开窗术和减压术。前者指通过在椎间盘上钻孔，刮取突出物，以防髓核再度突入椎管；后者指通过椎板切除术，从椎管内去除椎间盘组织，以减轻或解除对脊髓的压迫。

下面以犬为例，介绍颈椎腹侧开窗术的手术方法。动物全身麻醉，仰卧保定。头部用绷带固定，两前肢后方转位。病变颈椎腹侧切开皮肤。钝性分离两对胸锁乳突肌和胸骨舌骨肌，暴露气管。用牵引器将靠近术者一侧的颈动脉鞘拉向术者一侧，食道及对侧颈动脉牵向术者对侧，暴露颈长肌。根据影像学检查对病变椎间盘定位，分离覆盖在其腹侧纤维环上的颈长肌。用手术刀切开腹纵韧带和腹纤维环，切口呈小窗口状，暴露髓核。然后用小刮牙器将其刮出。为尽量刮出髓核组织，刮牙器在窗内应向前、背侧方向刮取。具体方位和深度应依据影像学的表现来确定。另外，邻近椎间盘也可考虑做开窗术，以预防椎间盘脱位。

也有在颈背侧、稍偏于一侧做切口，行减压术的报道。

近年来，医学上有在脱出的椎间盘内注射髓核溶解酶，并用手术创伤轻微的椎间盘镜取出髓核等新技术报道。

二、斜颈

斜颈是颈部向一侧偏斜或扭转的一类症候群，包括骨骼、肌肉、神经等软组织的损伤或功能障碍，至少是一侧性异常。

1. 病因

斜颈病因非常复杂，但以机械性损伤最为常见。颈肌麻痹也可引起斜颈。先天性斜颈、神经性斜颈在临床中少见。此外，某些动物耳部疾病也有斜颈的症状，如宠物的中耳炎等。

2. 症状

本病的主要症状就是发生颈部偏斜，但具体表现差异较大。

仅是颈部肌肉损伤导致的斜颈，症状较轻，患部肌肉肿胀，病初局部增温、疼痛，常常出现运动障碍。

如果颈椎椎体或椎弓骨折或颈椎脱位，则症状明显，常在发病后即由于脊髓的损伤而倒地不起，视其损伤程度，严重时可致高位截瘫。

如为颈部肌肉风湿病，则表现出风湿病的一般症状，可参阅本书有关章节。

3. 预后

颈椎脱位和骨折所致斜颈，预后不良。肌肉及软组织单纯性挫伤、拉伤、断裂等所致斜颈，预后良好。

4. 诊断

颈椎脱位、颈椎骨折所致斜颈需通过 X 线诊断或 CT 诊断。

颈部软组织损伤所致斜颈要根据病史、症状综合分析。颈肌肉风湿所致者，可参照风湿病诊断。

耳病所致斜颈可根据病史、症状及病原检查进行诊断。

5. 治疗

由于斜颈的病因较为复杂，故治疗时要针对病性，采取相应的疗法。

对颈椎脱位、骨折及风湿病、耳病所致斜颈的治疗参阅本书有关章节。

对颈部肌肉、韧带、肌腱等软组织损伤所致的斜颈，如动物卧地不起，则应尽可能使其站立，并限制其头颈部运动。在早期，颈部可用夹板或石膏绷带加以固定，并注意整复。对充血性水肿可将头部抬高，并使用刺激性擦剂，如樟脑酒精、樟脑鱼石脂软膏等，或行物理疗法，以促进炎症的消散。

对耳疥癣所致斜颈，可用相应的杀螨剂以杀灭病原，疥癣痊愈后，斜颈症状即消失。

【病案分析 15】犬食管异物

1. 病例简介

犬，3 月龄，体重 5 kg，该犬前一日将鸡胸骨吞入。精神沉郁，偶有干咳，口腔分泌较多黏液，无食欲，鼻镜发干，咽喉下部有一肿物。

2. 诊断

(1) 临床检查　触诊颈部下段有一块状异物，X 线片显示咽喉下部有明显大密度异物，决定马上实施手术治疗。

(2) 诊断　结合临床检查和影像学检查初步诊断为食管异物，需手术治疗。

3. 治疗

(1) 手术过程　对该犬进行全身麻醉，取左侧卧保定。选取左侧咽喉下约 1.5 cm 处，切开皮肤和浅筋膜，钝性分离肌肉层，轻轻拉出食管，用带胶管的肠钳夹住梗塞物的下端，选取食管背侧异物突出部位纵行切开食管全层约 4 cm 后取出一块约 4 cm 宽不规则的鸡胸骨，冲洗创口，可吸收缝线连续缝合食道黏膜层及浆膜层，丝线缝合皮层，创口消毒。

(2) 术后护理　术后静脉滴注抗生素，补液强心，并嘱咐畜主对该犬 72 h 禁食禁水。以后给予流食，适时试探性地饮水和饮食以助判断伤口愈合情况。

4. 病例分析

(1) 诊断要点　食管异物发病急，往往有特殊的致病因素，可见吞食异物或者由于抢食造成。

(2) 鉴别诊断　食管异物应区别于食管憩室或巨食道症。食管异物发生在胸段以前的，可经触诊进行初步诊断，触诊异物不易变形，且发病急。X 线片诊断可立即得出结论。

(3) 治疗原则　尽早取出异物。如果异物阻塞食管位置浅且异物体积小，可考虑麻醉后不经食管切开取出；如果食管异物不规则且体积大，则不宜强行取出，应立即采取食管切开术。

(4) 术后护理　术后 5～7 d 禁食固体食物，最好手术之后的 15 d 内不要正常饲喂，之后每日适量的增加固体食物的饲喂量，直到恢复正常。

【病案分析 16】犬前胸部食道阻塞的颈部手术诊治

1. 病例简介

犬，2 岁，体重 7.5 kg。一日前摄入鸭骨，之后流涎、哽噎、不吃食。

2. 诊断

(1) 临床检查　患犬体温正常，呼吸音略粗，湿性啰音。颈部触诊结合 X 线检查，排除了颈部食道阻塞的可能；进行胸部侧位 X 线检查，均在纵隔内食道的行径上发现有高密度的不规则影像，而且位置均在基部或略前。疑为纵隔内炎症所致，且肺纹理明显增强。

（2）诊断　结合病史和影像学检查，确诊为胸段食管阻塞，需手术治疗。

3. 治疗

（1）术前准备　因本手术既有无菌操作又有一般常规操作，故需两套常规手术器械。视手术犬的大小和 X 线片上的阻塞物位置，选择长度适宜的弯止血钳或带咬齿的肠钳，以便能从切口处够到阻塞物。灭菌后烘干备用。

（2）麻醉保定　均为右侧倒卧保定，头颈部后仰，以充分暴露胸腔入口处。

（3）手术通路　第一左肋前 2 cm 左右，左颈静脉沟下 1 cm，向前切开 7 cm，切口平行于颈静脉。术部常规剪毛、消毒，此切口最接近于胸腔。

（4）术式　皱襞切开皮肤，钝性分离皮下组织、颈静脉和胸头肌，直至气管，该部食道位于气管左侧偏上，如不能确定食道，可用食道探子辅助判断；钝性分离食道周围组织，直至其游离。用生理盐水湿润的两根纱布条绕过食道将其兜住，在食道左侧壁剪开 2～3 cm，通过此切口向近心端注入少量液体石蜡后，将细长的弯止血钳或带咬齿的肠钳伸入，碰到阻塞物后，张开钳的前端，试探着去夹阻塞物。夹住后，往食道内灌注少量液体石蜡后再向外拉出，清洗整理食道及其切口。重新消毒后，用另一套灭菌过的器械进行食道全层连续缝合，继之以连续的内翻缝合，术部整理清洗后，关闭皮肤切口。

（5）术后护理与治疗　术后 72 h 内禁食，3 d 后可饮少量温糖盐水，5 d 后可进流食。一周后正常饲喂，但食物中不应有粗大、坚硬的块状物。术后的最初几天中，进行支持疗法，并应用抗菌消炎药物和维生素类营养剂，术后 8 d 左右拆除皮肤缝线。患犬恢复正常。

4. 病例分析

（1）诊断要点　胸部食道异物阻塞的 X 线检查是非常重要的。根据摄影检查的结果，可以较为准确地判断阻塞物的性质、大小和位置，对于是否决定手术、手术方案的确定、器械的选择都有重要的意义。

（2）治疗措施　只有用手术方法排除阻塞。开胸对大动物而言是适宜的，进行开胸不仅需要较高的手术设施，手术本身的要求也很高，对动物的操作也大。因此对于犬、猫等小动物，由于其胸腔的长度小，如异物在前胸部食道，则通过胸前口的手术，切开食道，以长的止血钳或肠钳即可以直接夹住异物，拉出而治愈。

（3）手术通路选择　以前胸口处作为手术切口，对于犬前胸部食道阻塞有较好的疗效，对其他小型动物的类似情况也值得借鉴应用。对于体形小的犬、猫，即使胸后部食道发生异物阻塞，只要止血钳或肠钳能伸得进、够得着，可能也是较好的治疗方法。因为在保守疗法无效时，此法比胃切开术从贲门拉出异物的方法要简单。如为大型犬，则可行开胸术取出异物。

项目八

胸腹壁疾病

【学习目标】

通过学习肋骨骨折、胸壁透创及并发症和腹壁透创等知识内容，掌握胸部损伤的诊断、治疗原则和方法。

【技能目标】

通过学习胸部疾病，能够对肋骨骨折、胸壁透创和腹壁透创采取适当的急救手段，对各种形式的损伤进行处置，对损伤所导致的并发症能够进行及时有效的治疗和预防。

宠物胸腹壁疾病中以胸腹壁创伤和肋骨骨折为主，一旦发生可通过临床视诊和触诊进行初步判定，发病多为外界因素所诱发，故临床相对容易确诊，必要时可借助放射性或超声影像学手段进行辅助诊断，以判定发生损伤部位是否伴有内脏等实质器官的损伤，因此临床诊疗时应引起兽医师的足够重视。本项目重点介绍肋骨骨折的症状及治疗；胸壁透创及其并发症的病因、症状及治疗；以及腹壁透创的症状及治疗。

任务一　肋骨骨折

肋骨骨折是由于在直接暴力的作用下，如打击、角抵、冲撞、跌倒、坠落、压轧等，肋骨的完整性或连续性遭受破坏。根据皮肤是否完整，肋骨骨折可分为闭合性和开放性两种类型。由于作用力的方向不同，肋骨可向内或向外折断转位。

（一）症状

胸侧壁的前部由于被肩胛骨、肩关节及肩臂部肌肉遮盖，不易发生肋骨骨折。肋骨骨折常发生于易遭受外伤的第6～11肋骨。骨折时，由于外力作用的不同，可出现不完全骨折、单纯性骨折、复杂性骨折或粉碎性骨折。

不完全骨折或不发生转位的单纯性皮下骨折仅出现局部炎性肿胀。多数完全骨折断端向内弯曲，出现凹陷，呼吸浅表、疼痛，触诊可感知骨折断端的摩擦音、骨变形和肋骨断端的活动感。当骨折断端刺破胸膜、大血管和肺脏时，可并发肺出血、气胸、血胸，出现呼吸困难。外向性骨折较少发生，患部呈疼痛性隆起。开放性骨折局部有感染、坏死骨片停留时，则可形成化脓性窦道。

（二）治疗

单纯闭合性肋骨骨折，因有前后肋骨及肋间肌的支持，一般移位小，不需要特殊的治疗。让患病动物安静休息，患部可按挫伤进行处置。

对于开放复杂性骨折，应清除异物，挫灭组织及游离的碎骨片，锉平骨折尖端。肋间血管损伤时，应做钳夹或结扎止血，注意不要引起气胸和创伤感染。对于深陷于胸膜腔内的肋骨断端，须牵引复位。伴有胸壁透创的开放性肋骨骨折，经上述处理后可按胸壁透创进行处置。

任务二　胸壁透创及其并发症

胸壁透创是穿透胸膜的胸壁创伤。发生胸壁透创时，胸腔内的脏器往往同时遭受损伤，可继发气胸、血胸、脓胸、胸膜炎、肺炎及心脏损伤等。

（一）病因

胸壁透创多由尖锐物体（如叉、刀、树枝或木桩）刺入、打击及大型犬相互撕咬等造成。

（二）症状

由于受伤的情况不同，创口的大小也不一样。创口大的，可见胸腔内面，甚至部分脱出创口的肺脏；创口狭小的，可听到空气进入胸腔的"嗞嗞"声，如以手背靠近创口，可感知轻微气流。

创缘的状态与致伤物体的种类有关。由锐性器械所引起的切创或刺创，创缘整齐清洁；由撕咬所引起的创伤，有时创口很小，并由于被毛的覆盖而难以认出，且常被被毛等污染，极易感染化脓和坏死。

患病动物不安、沉郁，一般都有程度不等的呼吸、循环功能紊乱，出现呼吸困难，脉快而弱。

胸壁透创大多数能引起或多或少的并发症。

1. 气胸

气胸是由于胸壁及胸膜破裂，空气经创口进入胸腔所引起的。根据发生的情况不同，气胸可分为以下三种。

（1）闭合性气胸　胸壁伤口较小，创道因皮肤与肌肉交错、血凝块或软组织填塞而迅速闭合，空气不再进入胸膜腔者称为闭合性气胸。空气进入胸膜内的多少，伤侧的肺发生萎陷的程度也不同。少量气体进入时，患病动物仅有短时间的不安，已进入胸腔的空气，日后逐渐被吸收，胸腔的负压也日趋恢复。多量气体进入时，有显著的呼吸困难和循环功能紊乱症状。伤侧胸部叩诊呈鼓音，听诊可闻呼吸音减弱。

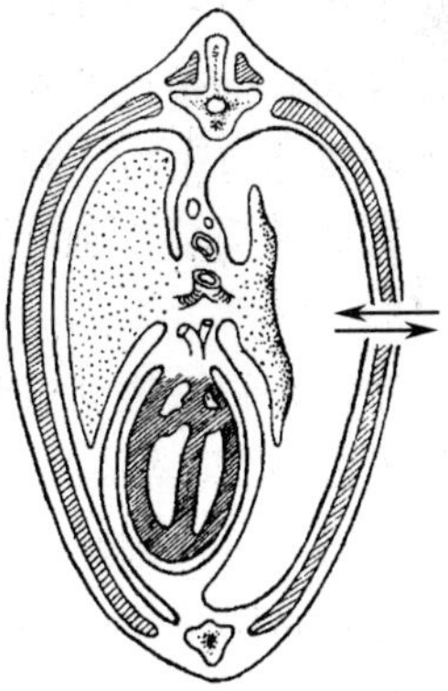
图 8-1　开放性气胸

（2）开放性气胸　胸壁创口较大，空气随呼吸自由出入胸腔者为开放性气胸，如图 8-1 所示。开放性气胸时，胸腔负压消失，肺组织被压缩，进入肺组织的空气量明显减少。吸气时，胸廓扩大，空气经创口进入胸腔。由于两侧胸腔的压力不等，纵隔被推向健侧，健侧肺脏也受到一定程度的压缩。呼气时，胸廓缩小，气体经创口排出，纵隔也随之向损伤一侧移动。如此一呼一吸，纵隔左右移动，称纵隔摆动。

由于肺脏被压缩，肺通气量和气体交换量显著减少；胸腔负压消失，影响血液回流，使心排血量减少；空气反复进出胸腔和纵隔摆动，不断刺激肺脏、胸膜和肺门神经丛。因此，患病动物表现严重的呼吸困难、不安、心跳加快、可视黏膜发绀和休克症状。胸壁创口处可听到“呼呼”的声音。伤口越大,症状则越严重。

气胸的发生可能是一侧性的或者两侧性的。开放性或严重闭合性两侧气胸,由于大部分或整个肺脏萎缩,患病动物常因急性窒息而死亡。肺部叩诊或听诊可以确定是一侧性或两侧性气胸。

(3) 张力性气胸(活瓣性气胸) 胸壁创口呈活瓣状,吸气时空气进入胸腔,呼气时不能排出,胸腔内压力不断增加者称为张力性气胸,如图 8-2 所示。另外,肺组织或支气管损伤也能发生张力性气胸。

由于胸壁或肺脏、支气管损伤,创口呈活瓣状,吸气时空气进入胸腔,而呼气时不能排出,致使胸腔压力不断增大,受伤侧肺脏被压缩,纵隔被推向健侧,健侧肺也受压;同时前、后腔静脉受到压迫,严重地影响静脉血的回流,导致呼吸和循环系统功能严重障碍。临床表现极度的呼吸困难、心跳加快、心音弱、颈静脉怒张、可视黏膜发绀,有的出现休克症状。受伤侧气体过多时,患侧胸廓膨隆,叩诊呈鼓音,呼吸时胸廓运动减弱或消失,不易听到呼吸音,常并发皮下或纵隔气肿。

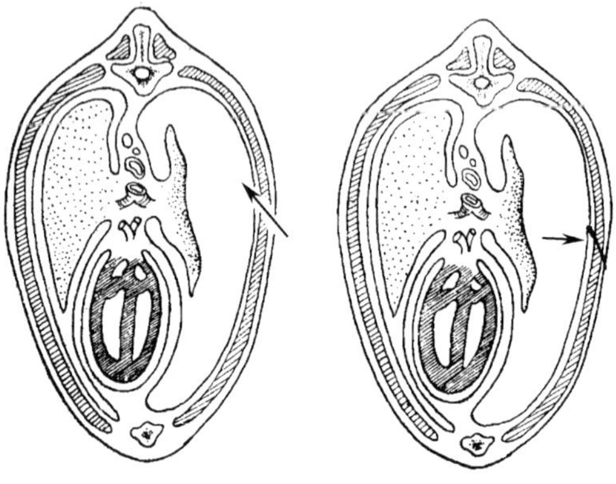

图 8-2 张力性气胸

2. 血胸

胸部大血管受损,血液积于胸腔内的称为血胸,若与气胸同时发生则称为血气胸。肺裂伤出血时,因肺循环血压低,且肺脏组织又有弹性回缩力,一般出血不多,并能自行停止,裂口不大时还可自行愈合;子弹、弹片、骨片等进入肺内,在患病动物体况良好的情况下也可为结缔组织包围而形成包囊;肺脏或心脏的大血管、肋间动脉、胸内动脉、膈动脉受损后破裂,出血十分严重,患病动物表现出贫血和呼吸困难等症状,常出现死亡。

血胸主要根据胸壁下部叩诊出现水平浊音、X 线检查在胸膈三角区呈现水平的浓密阴影、胸腔穿刺获得带血的胸腔积液以及在胸下部可听拍水音等做出诊断。血胸严重时出现贫血、呼吸困难等与失血、呼吸障碍有关的相应症状。并发气胸时兼有上述气胸的特点。

胸腔内少量积血可被吸收,但通常易于感染而继发脓胸或肺坏疽。

3. 脓胸

脓胸是胸壁透创后胸膜腔发生的严重化脓性感染,常在胸壁透创后 3～5 d 出现。患病动物体温升高,食欲减退,心跳加快,呼吸浅表、频数,可视黏膜发绀或黄染,有短、弱带痛的咳嗽。血液检查可见白细胞总数增加,核左移。在慢性经过的病例,可见到营养不良,顽固性的贫血,血红蛋白可降至 40%～50%。脓胸时,叩诊胸廓下部呈浊音,听诊肺泡呼吸音减弱或消失,穿刺可抽出脓汁。

4. 胸膜炎

胸膜炎指壁层和脏层胸膜的炎症,是胸壁透创常见的并发症。本病愈后不良,常导致死亡。

(三) 治疗

对胸壁透创的治疗,主要是及时维持动物的正常呼吸,闭合创口,制止内出血,排出胸腔内的积气与积血，恢复胸腔内负压，维持心脏功能，防治休克和感染。

1. 抢救措施

对开放性气胸及张力性气胸的抢救，主要是尽快利用呼吸机维持动物的正常呼吸，闭合胸壁创口使其转变为闭合性气胸，然后排出胸腔积气。在创伤周围涂布碘酊，除去可见的异物；然后，在用呼吸机之前的呼吸间歇期，迅速用急救包或清洁的大块厚敷料（如数层大块纱布、毛巾、塑料布、橡皮）紧紧堵塞创口，其大小应超过创口边缘 5 cm 以上。在外面再盖以大块敷料压紧，用腹带、扁带、卷轴带等包扎固定，以达到不漏气为原则。

经上述处理之后，如有条件可进行强心、镇痛、止血、抗感染等治疗。为防止休克，可按伤情给予补液、输血、给氧及抗休克药物，随后尽快进行手术。

2. 手术方法

(1) 保定与麻醉　采用吸入麻醉，患侧朝上。

(2) 清创处理　创围剪毛消毒，取下包扎的绷带。除去异物、破碎的组织及游离的骨片。对出血的血管进行结扎，对下陷的肋骨予以整复，并锉去骨折端尖缘。骨折端污染时，用刮匙将其刮净。对胸腔内易找到的异物应立即取出，但不宜进行较长时间的探摸。

(3) 闭合　首先从创口上角自上而下对肋间肌和胸膜做一层缝合，边缝边取出部分敷料，待缝合仅剩最后 1～2 针时，将敷料全部撤离创口，关闭胸腔。然后对胸壁肌肉和筋膜做一层缝合。最后缝合皮肤。缝合要严密，以保证不漏气为度。对于较大的胸壁缺损创，闭合困难时可用手术刀分离周围的皮肌及筋膜，造成游离的筋膜肌瓣，将其转移，以堵塞胸壁缺损部，并缝合以修补肌肉创口。

(4) 排出积气　在病侧第 7、8 肋间的胸壁中部（侧卧时）或胸壁中 1/3 与背侧 1/3 交界处，用带胶管的针头刺入，接注射器或胸腔抽气器，不断抽出胸腔内气体，以恢复胸内负压。

对脓胸的动物，穿刺排出胸腔内的脓液，然后用温的生理盐水或林格液反复冲洗，还可在冲洗液中加入胰凝乳蛋白酶以分离脓性产物，最后注入抗生素溶液。

胸部透创在术后应密切注意全身状况的变化，让动物安静休息，注意保温，多饮水，增加易消化和富有营养的饲料。应全身使用足量抗菌药物控制感染，并根据每日病情的变化进行对症治疗。

任务三　腹壁透创

腹壁透创是指穿透腹膜的腹壁创伤。本病多伤及腹腔脏器，严重者可导致内脏脱出，继发内脏坏死、腹膜炎或败血症，甚至死亡。

（一）病因

本病病因基本同胸壁透创。此外，还可见于剖腹术后的并发症。

（二）症状

腹壁透创有各种不同情况，主要分为四种类型。

(1) 单纯性腹壁透创　指不并发腹腔脏器损伤或脱出的腹壁透创。在刺创、弹创时，单纯性腹壁透创因创口小而周围有炎性肿胀及异物的覆盖，有时不易确诊。大的创口，内脏容易暴露，较容易做出诊断。

(2) 并发腹腔脏器损伤的腹壁透创　最常见的为胃、肠穿孔，其内容物流入腹腔而引起腹膜炎；肝、脾和肾实质器官受损时易发生长时间的、大量的间歇性出血，或急性大失血，引起死亡；肾和膀胱受损时，可发生血尿；膀胱破裂时，尿液流入腹腔，排尿减少或停止。

（3）并发肠管部分脱出的腹壁透创　小肠的管径小、蠕动强，易脱出，脱出的肠管受到不同程度的污染。当发生腹壁斜创时，脱出肠管可进入肌间，有时可进入腹膜与深层肌肉之间。

（4）脱垂肠管已有损伤的腹壁透创　脱垂肠管时间较长且有损伤，是一种较严重的腹壁透创。此时肠管及网膜有严重污染、破损、断裂，甚至坏死。

腹壁透创的主要并发症是腹膜炎和败血症，若伴随实质性器官或大血管损伤时，可出现内出血、急性贫血，引起休克、心力衰竭，甚至死亡。

（三）治疗

腹壁透创的急救主要根据全身性变化决定，预防或制止腹腔脏器脱出，采取止血措施，如有严重内出血症状还应立即输血或补液，防止失血性休克。

对单纯性腹壁透创，应严密消毒创围，彻底清理创腔，分层缝合腹壁。

对肠管脱出的腹壁透创，应根据其脱出的时间和损伤的程度而选择治疗方法。若肠管没有损伤，色彩接近正常，仍能蠕动，则可用温灭菌生理盐水或含有抗生素的溶液冲洗后送回腹腔。若肠管因充气或积液而整复困难时，可穿刺放气、排液。对坏死肠管或已暴露时间较长、缺乏蠕动力且即使用灭菌生理盐水纱布温敷后也不能恢复蠕动者，则应考虑做肠部分切除术，再进行肠管断端吻合。

对胃、肠破裂，胃、肠内容物已流入腹腔的病例，应在缝合破损后，用温生理盐水反复冲洗腹腔，然后采用电动吸引器抽出或用消毒纱布块吸出冲洗液。

肝、脾及肾等实质脏器出血时，应使患病动物保持安静，静脉或肌内注射止血药物。若发现继续出血或有大出血时，对相应脏器进行缝合止血，必要时采取输血、补液及抗休克措施。

腹壁闭合前，为了预防腹膜炎及脏器间粘连的形成，可于腹腔内注入抗生素。必要时安置引流管。

【病案分析 17】气胸

1. 病例简介

犬，3 岁，雌性。与其他犬打架时胸部右侧受伤后，发现犬呼吸困难，精神不振。

2. 诊断

（1）临床检查　该犬精神沉郁，体表右侧胸部有创口。经检查，创口与胸腔贯通，形成不严重的气胸。犬呼吸困难，表现为明显的腹式呼吸，呼吸时表情痛苦，可视黏膜发绀，体温稍高（39.6 ℃）。右侧胸廓运动性差，肋间隙张开，胸廓扩大。

（2）影像学检查　气胸部分透明度增强。肺纹理消失，肺向肺门收缩，其边缘可见线状阴影的脏层胸膜。气管、心脏明显移位现象。其外围透明度增加。如胸壁透创或肋骨骨折引起空气大量进入胸腔，胸膜腔内压超过大气压，则肺将萎缩。

（3）诊断与鉴别诊断　依据临床症状和发病史可以做出诊断。本病的主要临床特点是突发性呼吸困难，胸壁外伤是造成创伤性气胸的主要原因。X 线检查可确诊为气胸。

3. 治疗

（1）外伤性气胸　外科清创，并严密缝合，用无菌纱布覆盖伤口，外用胶布及绷带扎紧，使外界空气不再进入胸膜腔，然后做胸膜腔穿刺，抽气减压。

(2) 术后护理　外伤性气胸大多同时有血胸，应及时对患犬进行补液和应用抗生素控制感染。对少量胸腔积气的轻病例，无须特殊处理，让其休息，保持安静，一般1～2 d可自行痊愈。

4. 病例分析

(1) 发病原因　强烈外力作用在胸壁造成开放性损失，多发于动物之间撕咬、锐性物体刺伤和车祸等。根据病史，该犬与其他犬打架胸部右侧受伤后，发现犬呼吸困难，精神不振。

(2) 气胸分类　根据犬胸部右侧受伤，并发生呼吸困难，可能有两种情况，一种是气胸，一种是血胸。从临床症状看，该犬精神沉郁，体表右侧胸部有创口，经检查创口与胸腔贯通。犬呼吸困难，表现为明显的腹式呼吸，呼吸时表情痛苦，可视黏膜发绀，体温稍高(39.6 ℃)。右侧胸廓运动性差，肋间隙张开，胸廓扩大，凭此临床症状，尚不能诊断是气胸还是血胸。

(3) 进一步诊断　对病犬进行胸部听诊和叩诊。听诊时发现呼吸音减低或消失，叩诊呈鼓音。表明气胸的可能性大。为了验证，需对其进行X线检查。结果发现X线片主要表现为肺部分透明度增强，肺纹理消失，肺向肺门收缩，其边缘可见线状阴影的脏层胸膜。气管、心脏明显移位现象，其外围透明度增加。表明胸腔内存在大量气体。空气大量进入胸腔后，胸膜腔内压超过大气压，肺发生萎缩。

(4) 气胸治疗　气胸修补术实施需谨慎，有条件时最好应用呼吸机，以确保手术治疗确实，降低动物由于在治疗阶段带来的风险，否则可能造成呼吸困难而发生死亡。

【病案分析18】犬腹壁透创

1. 病例简介

犬，黑色，体重20 kg，4岁。该犬半月前与其他猎犬围追野猪，在奔跑时被地上的竹茬刺穿腹壁，犬当即发出尖叫，腹部大量出血，并有3～4 cm的肠管脱出。当地兽医师将脱出肠管送回并做腹部包扎，肌内注射青霉素3 d，并喂服阿莫西林等抗生素。起初食欲好转，并见有粪便排出。但近日来精神沉郁，食欲减退，未见排粪，伤口附近肿胀。

2. 诊断

(1) 临床检查　病犬精神沉郁，饮食欲废绝，体温39.8 ℃，心跳143次/min，呼吸40次/min。根据病史，检查腹部，见右腹壁距阴茎中部2 cm处有一圆弧形伤口，裂开的伤口内充满泥土等污物，伤口周围腹壁膨隆，阴茎及阴囊异常肿大。因患犬疼痛，拒绝进一步检查，遂实施全身麻醉，将其仰卧保定，用球头探针探查伤口深部，见伤口内有混有骨渣的粪便充满腹部皮下。

(2) 诊断　结合临床检查和探查结果，初步诊断为腹壁透创并发肠管破裂。

(3) 进一步检查　实施剖腹探查术。

3. 治疗

(1) 手术治疗

①寻找创口。将伤口周围剃毛，创缘内污物清理干净，常规消毒。沿着创口切开皮肤，剪除异常增生的皮下结缔组织，清除蓄积于皮下的粪便，用手指探查被结缔组织包埋的骨渣，将包埋骨渣的增生组织剪除。切开肌肉，并清除腹外斜肌及腹内斜肌之间蓄积的粪便。经进一步探查，发现有2 cm左右的肠管由腹膜破裂口脱出，肠管一侧有横行伤口。切开腹膜，分离与腹膜粘连的肠管并牵引到腹腔外，可见破裂肠管为回肠，破裂口周围肠组织已坏死。

②坏死肠管切除吻合术。将坏死肠管牵引至腹外，盐水纱布隔离，以距坏死段两侧约3 cm的健康肠管处作为预定切除线，在切除范围内对相应肠系膜血管进行结扎，分别剪除肠

系膜和坏死肠段。肠钳夹住断端进行肠管对端吻合术。检查吻合部的通透性和活性，肠系膜做连续缝合后，将肠管还纳腹腔。

③创口处理。仔细清理腹外斜肌和腹内斜肌之间的粪渣，适当剪除增生组织。用生理盐水冲洗干净，安置引流纱布条，分层缝合腹壁。

（2）术后护理

术后禁食 72 h，以后给予口服补液盐溶液，然后给予流质、半流质食物。全身应用抗生素，并给予营养支持疗法。为增进肠蠕动，防止肠粘连，肌内注射甲基硫酸新斯的明 0.25 mg，1 次/d，连用 2 d。术后前 3 d 禁止剧烈运动，但做适当的活动，以促进肠管蠕动和正常复位。

（3）手术效果

至术后第 6 天，心率、呼吸数、体温值恢复正常，可吃易消化食物，排粪正常。15 d 后追访，该犬精神良好，食欲大增，痊愈。

4. 病例分析

（1）检查需全面彻底　因腹壁透创可能伤及腹腔脏器，导致大失血而发生严重后果，因此对腹壁外伤，应仔细检查是否为透创。确定为透创的，应灵活运用各种诊断方法，全面检查发现和排除其他系统的合并伤，避免漏诊和误诊。

（2）应重视病史调查　根据机体对外力的接受方式、腹部受伤部位及伤后病情演变，可初步判定是否有腹内器官损伤。腹腔透创引起内脏损伤以肠道的破裂多见，检查时应注意肠音及腹部肌肉紧张程度的变化，以确定是否有肠破裂征象。

（3）剖腹探查的必要性　对怀疑为内脏器官损伤的动物应剖腹探查寻找伤口。根据对多例病犬的处理经验认为，有下列情况之一者，建议进行剖腹探查：①伤口有肠管或大网膜脱出或有混浊液体及食物残渣；②有发生腹膜炎的症状；③腹腔穿刺见腹水混有血液或粪便；④腹部创伤后出现休克并排除腹部以外损伤引起者。

（4）注意发现活动性出血　应先止血，然后再进行检查。发现创伤后仍要仔细全面寻找，遗漏任何一处创伤都会给动物带来生命危险。

（5）预后及护理　未伤及主要脏器（如肝脏、脾脏、肾脏和大血管）的病例，通常预后良好。手术处理后要应用足量的抗生素，禁食，补液，维持水电解质平衡，加强支持治疗，促进伤口的愈合。

项目九

疝

【学习目标】

通过学习疝的概念、分类及并发症等内容，对疝的成因、症状表现、临床诊断和治疗原则深入理解。

【技能目标】

能够对各种形式的疝与其他形式的增生进行鉴别，掌握疝的诊断和治疗方法。

疝是指腹部的内脏器官从自然孔道或病理性破裂孔脱至皮下或其他解剖腔的一种常见病，是宠物常发的外科疾病之一，往往与先天性自然孔道闭合不全和年龄增长有关。疝的组成与病因比较复杂，因此对疝的分类、症状、诊断和治疗需要与体表肿物进行鉴别诊断。常见疝的分为膈疝、腹壁疝、脐疝、会阴疝、腹股沟疝以及阴囊疝。疝的症状与诊断、治疗与护理，需要根据机体发病情况进行慎重考虑和分析。此外，对危及生命的膈疝的诊断与治疗更要做到及时准确，必要时可借助影像学检查手段进行确诊，临床检查和治疗需引起足够重视。

任务一　概　　述

疝是腹部的内脏器官从自然孔道或病理性破裂孔脱至皮下或其他解剖腔的一种常见病，各种动物均可发生。疝分为先天性和后天性两类。

一、疝的分类

根据向体表突出与否，疝可分为外疝和内疝。凡突出体表者叫外疝，不突出体表者叫内疝（如膈疝）。根据发生的解剖部位，疝可分为脐疝、腹股沟阴囊疝、腹壁疝、会阴疝等。

二、疝的组成

疝由疝孔（疝轮）、疝囊和疝内容物组成，如图 9-1 所示。

1．疝孔（疝轮）

疝孔又称疝轮，系自然孔的异常扩大（如脐孔、腹股沟环）或是腹壁上任何部位病理性的破裂孔（如钝性暴力造成的腹肌撕裂），内脏可由此而脱出。疝孔是圆形、卵圆形或狭窄的通道，由于解剖部位不同和病理过程的时间长短不一，疝孔的结构也不一样。初发的新疝孔，多数因断裂的肌纤维收缩，使疝孔变薄，且常被血液浸润。陈旧性的疝多因局部结缔组织增生，使疝孔增厚，边缘变钝。

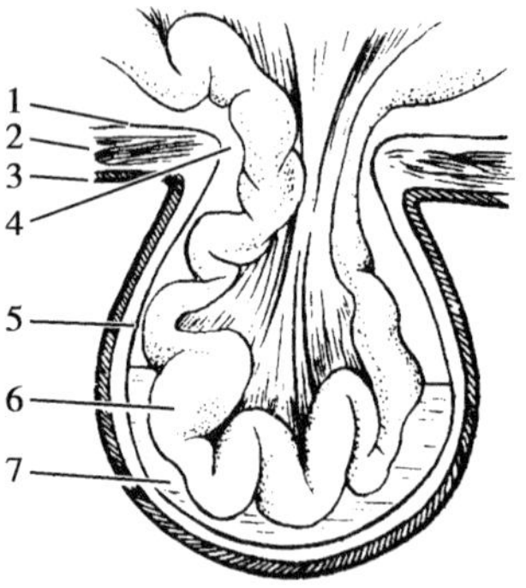

图 9-1　疝的模式图

1. 腹膜　2. 肌肉　3. 皮肤　4. 疝轮　5. 疝囊　6. 疝内容物　7. 疝液

2. 疝囊

疝囊由腹膜及腹壁的筋膜、皮肤等构成，腹壁疝的最外层常为皮肤。根据各地通过手术治疗的病例，发现腹壁疝的腹膜也常破裂。典型的疝囊应包括囊口（囊孔）、囊颈、囊体及囊底。疝囊的大小及形状取决于发生部位的局部解剖结构，可呈鸡卵形、扁平形或圆球形。小的疝囊常被忽视，大的疝囊可达人头大或更大，在慢性外伤性疝囊的底部有时发生脱毛和皮肤擦伤等。

3. 疝内容物

疝内容物为通过疝孔脱出到疝囊内的一些可移动的内脏器官，常见的有小肠、网膜、子宫、膀胱等，几乎所有病例疝囊内都含有数量不等的浆液，即疝液。这种液体常在腹腔与疝囊之间互相流通。在可复性的疝囊内，此种疝液常为透明、微带乳白色的浆液性液体。当为嵌闭性疝时，起初由于血液循环受阻，血管渗透性增强，疝液增多，然后肠壁的渗透性被破坏，疝液变为混浊，呈紫红色，并带有恶臭腐败气味。在正常的腹腔液中仅含有少量的嗜中性细胞和浆细胞。当发生疝时，如果血管和肠壁的渗透性发生改变，则在疝液中可以见到大量崩解阶段的嗜中性细胞，而几乎看不到浆细胞，依此可作为疝是否有嵌闭现象存在的一个参考指征。当疝液减少或消失后，脱到疝囊的肠管等内脏器官就和疝囊发生部分或广泛性粘连。

根据疝内容物的活动性不同，又可将疝分为可复性疝与不可复性疝。前者当改变动物体位或压迫疝囊时，疝内容物可通过疝孔而还纳腹腔。后者是指用压迫或改变体位的方法疝内容物依然不能回到腹腔内，故称为不可复性疝。疝内容物不能回到腹腔的原因有：疝孔比较狭窄或者疝道长而狭；疝内容物与疝囊发生粘连；肠管之间互相粘连；肠管内充满过多的粪块或气体。如果疝内容物嵌闭在疝孔内，脏器受到压迫，因血液循环受阻而发生淤血、炎症甚至坏死等统称为嵌闭性疝。

嵌闭性疝又可分为粪性、弹力性及逆行性等数种。粪性嵌闭是由于脱出的肠管充满大量粪块而引起，增大的肠管不能回入腹腔。弹力性嵌闭是由于腹内压增高而发生，腹膜与肠系膜被高度牵张，引起形成疝孔的肌肉反射性痉挛，孔口显著缩小。以上两种嵌闭性疝均使肠壁血管受到压迫而引起循环障碍、淤血，甚至引起肠管坏死。逆行性嵌闭是由于游离于疝囊的肠管的一部分又通过疝孔钻回腹腔中而引起，二者可都受到疝孔的弹力压迫，造成血液循环障碍，如图 9-2 所示。

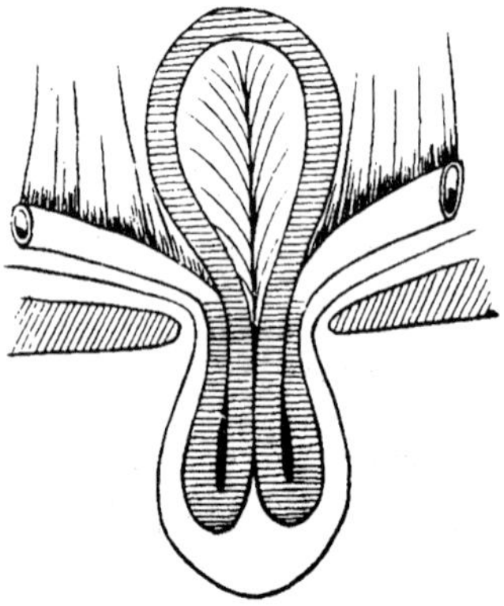
图 9-2　逆行性箝闭疝

三、疝的症状

外疝中除腹壁疝外，其他各种疝如脐疝、腹股沟阴囊疝、会阴疝等的发病处都有其固定的解剖部位。腹壁疝可发生在腹壁的任何部位。非箝闭性疝一般不引起动物的任何全身性障碍，而只是在局部突然呈现一处或多处柔软性隆起，当改变动物体位或用力压迫疝部时有可能使隆起消失，可触摸到疝孔。当患病动物强烈努责或咳嗽时，隆起变得更大，这表明疝囊内容物随时有增减的变化。外伤性腹壁疝由于腹壁的组织受伤程度不同，扁平的炎性肿胀范围也往往不同，严重的可从疝孔开始逐步向下向前蔓延，有时甚至可一直延伸到胸壁的底部或向前达到胸骨下方处，压之有水肿指痕。箝闭性疝则突然出现剧烈的腹痛，局部肿胀增大、变硬、紧张，排粪、排尿受到影响，或发生继发性臌气。

四、疝的诊断

腹壁疝诊断并不困难，应注意了解病史，并从全身性、局部性症状中加以分析，同时要注意与血肿、脓肿、淋巴外渗、蜂窝织炎、精索静脉肿、阴囊积水及肿瘤等作鉴别诊断。

任务二 脐 疝

脐疝各种动物均可发生，一般以先天性原因为主，可见于动物初生时，或者出生后数天或数周内。犬、猫在 2～4 月龄以内常有小脐疝，多数在 5～6 月龄后逐渐消失。其发生原因是脐孔发育不全、没有闭锁、脐部化脓或腹壁发育缺陷等。

（一）症状

脐疝的脐部呈现局限性球形肿胀，质地柔软，也有的紧张，但缺乏红、痛、热等炎性反应。病初多数能在挤压疝囊或改变体位时疝内容物还纳腹腔，并可摸到疝轮，仔犬在饱腹或挣扎时脐疝可增大。听诊可听到肠蠕动音。由于结缔组织增生及腹压大，往往摸不清疝轮。脱出的网膜常与疝轮粘连，或肠壁与疝囊粘连，也有疝囊与皮肤发生粘连的。箝闭性脐疝虽不多见，但一旦发生就有显著的全身症状，患病动物极度不安，出现程度不等的疝痛，食欲废绝，在犬还可以见到呕吐，呕吐物常常有粪臭。患病动物可很快发生腹膜炎，体温升高，脉搏加快，如不及时进行手术则常引起死亡。

（二）诊断

本病应注意与脐部脓肿和肿瘤等相区别，必要时可慎重地作诊断性穿刺。

（三）预后

可复性脐疝预后良好，在幼年动物经保守疗法常能痊愈，疝孔由瘢痕组织填充，疝囊腔闭塞，而疝内容物自行还纳于腹腔内。箝闭性疝预后可疑，如能及时手术治疗，则预后良好。

（四）治疗

1. 非手术疗法

非手术疗法（保守疗法）适用于疝轮较小、年龄小的动物。可用疝带（皮带或复绷带）、强刺激剂等促使局部炎性增生闭合疝口。但强刺激剂常能使炎症扩展至疝囊壁以及其中的肠管，引起粘连性腹膜炎。国内有人用 95％酒精（碘液或 10％～15％氯化钠溶液代替酒精），在疝轮四周分点注射，每点 3～5 mL，取得了一定效果。

幼年动物可用一大于脐环的、外包纱布的小木片抵住脐环，然后用绷带加以固定，以防移动。若同时配合疝轮四周分点注射 10％氯化钠溶液，效果更佳。

2. 手术疗法

手术疗法比较可靠。术前禁食。按常规无菌技术施行手术。全身麻醉或局部浸润麻醉，仰卧保定或半仰卧保定，切口在疝囊底部，呈梭形。皱襞切开疝囊皮肤，仔细切开疝囊壁，以防伤及疝囊内的脏器。认真检查疝内容物有无粘连和变性、坏死。若有粘连，则仔细剥离粘连的肠管，若有肠管坏死，需行肠部分切除术。若无粘连和坏死，可将疝内容物直接还纳腹腔内，然后缝合疝轮。若疝轮较小，可做荷包缝合或纽扣状缝合，但缝合前需将疝轮光滑面做轻微切割，形成新鲜创面，以利于术后愈合。如果病程较长，疝轮的边缘变厚变硬，此时一方面需要切割疝轮，形成新鲜创面，进行纽扣状缝合，另一方面在闭合疝轮后，需要分离囊壁形成左、右两个纤维组织瓣，将一侧纤维组织瓣缝在对侧疝轮外缘上，然后将另一侧的组织瓣缝合在对侧组织瓣的表面上。修整皮肤创缘，皮肤做结节缝合。

（五）术后护理

术后不宜喂得过饱，限制剧烈活动，防止腹压增高。术部包扎绷带，保持 7～10 d，可减少复发。连续应用抗生素 5～7 d。

任务三　腹股沟阴囊疝

（一）症状

临床上腹股沟疝常在内容物被箝闭、出现腹痛时才发现，或只有当疝内容物下坠至阴囊，发生腹股沟阴囊疝时才引起畜主的注意。疝内容物可能是网膜、膀胱、小肠、子宫或大肠等。

当发生腹股沟疝时，疝内容物由单侧或双侧腹股沟裂口直接脱至腹股沟外侧的皮下，位于耻骨前腱腹白线两侧，局部膨胀突起，肿胀物大小随腹内压及疝内容物的性质和多少而定。触之柔软，无热、无痛，常可还纳于腹腔内。若脱出时间过长可发生箝闭，触诊有热痛，疝囊紧张，动物出现腹痛或因粪便不通而腹胀，肠管淤血，坏死，出现全身症状。

发生腹股沟阴囊疝时，一侧性阴囊增大，皮肤张紧发亮，触诊时柔软有弹性，多半不痛；也有的呈现发硬、紧张、敏感。听诊时可听到肠蠕动音。先天性及可复性疝时，直肠检查可触知腹股沟内环扩大，落入阴囊的肠管即使在站立保定下也可以轻轻牵引，并有回至腹腔的可能。箝闭性腹股沟疝的全身症状明显，若不能及时发现并采取紧急措施，往往因耽误治疗而发生死亡。患病动物剧烈的腹痛，一侧（或两侧）阴囊变得紧张，出现浮肿、皮肤发凉（少数病例发热），阴囊的皮肤因汗液而变湿润。患畜不愿走动，并在运步时开张后肢，步态紧张，表示显著疼痛；脉搏及呼吸数增加。随着炎症现象的发生，全身症状加重，体温增高。当箝闭的肠管坏死时，表现为箝闭疝综合征，进行急救手术切除坏死肠段，有可能免于死亡。

（二）诊断

根据临床症状较易做出诊断。要注意与附囊积水、睾丸炎与附睾炎相区别。前者触诊柔软，直肠检查触摸不到疝内容物；后两者局部触诊肿胀稍硬，在急性炎症阶段有热痛反应。本病还应与阴囊肿瘤相区分。

（三）治疗

箝闭性疝具有剧烈腹痛等全身性症状，只有立即进行手术治疗（根治疗法）才可能挽救其生命。可复性腹股沟阴囊疝，尤其是先天性的，有可能随着年龄的增长而逐渐缩小其腹股沟环而达到自愈，但本病的治疗还是以早期进行手术为宜。

修补腹股沟疝时，平行于腹皱褶，在外环处疝囊的中间切开皮肤，钝性分离，暴露疝囊，向腹腔挤压疝内容物，或抓起疝囊扭转迫使内容物通过腹股沟管整复到腹腔。若不易整复，可切开疝囊，扩大腹股沟管。紧贴疝囊内缘结扎疝囊后，切除疝囊。然后，用结节缝合法将围成内环的腹内斜肌和腹直肌缝到腹股沟韧带（即腹外斜肌腱膜的后缘）上，闭合内环；将腹外斜肌腱膜的裂隙对合在一起，闭合外环；闭合皮肤切口。

本手术也可采用脐后腹中线切口。自耻骨前缘向前切至越过疝囊后为止。切开皮肤前将疝囊上被覆的皮肤向腹中线方向牵拉，使皮肤切开后切口接近疝囊。钝性分离皮下组织和乳腺组织，暴露疝囊及腹股沟外环。该切口可避开正在泌乳的乳腺组织；利用一个切口，可同时修复左右两侧腹股沟疝。

任务四 外伤性腹壁疝

外伤性腹壁疝约占疝病的3/4，由于腹肌或腱膜受到钝性外力的作用而形成腹壁疝的较为多见。腹壁的任何部位均可发生腹壁疝。腹壁由腹外斜肌、腹内斜肌和腹横肌的腱膜所构成，肌肉纤维很少，对于外伤的抵抗能力很低，这一特点是其易形成腹壁疝的诱因。

（一）病因

外伤性腹壁疝主要是强大的钝性暴力所引起。由于皮肤的韧性及弹性大，故仍能保持其完整性，但皮下的腹肌或腱膜直至腹膜易被钝性暴力造成损伤。

（二）症状

外伤性腹壁疝的主要症状是腹壁受伤后局部突然出现一个局限性扁平、柔软的肿胀（形状、大小不同），触诊时有疼痛，常为可复性，多数可摸到疝轮。伤后2 d，炎性症状逐渐发展，形成越来越大的扁平肿胀并逐渐向下、向前蔓延。外伤性腹壁疝可伴发淋巴管断裂，淋巴液流出是浮肿的原因之一。浮肿的另一原因是受伤后腹膜炎所引起的大量腹水，这些腹水经破裂的腹膜流至肌间或皮下疏松结缔组织中间而形成腹下水肿，此时原发部位变得稍硬。在腹下的水肿常偏于病侧，一般仅达中线或稍过中线，其厚度可达10 cm。发病2周内常因大面积炎症反应而不易摸清疝轮。疝囊的大小与疝轮的大小有密切关系，疝轮越大则脱出的内容物也越多，结果疝囊也就越大。但也有疝轮很小而脱出大量小肠的，此情况多是因腹内压过大所致。有人研究腹膜破裂与疝囊的大小有关，腹膜破裂的腹壁疝其疝囊总是相对较大。在腹壁疝患病动物肿胀部位听诊时可听到皮下的肠蠕动音。

箝闭型腹壁疝虽发病比例不高，但一旦发生粪性箝闭则将出现程度不一的腹痛。患病动物的表现可由轻度不安、前肢刨地到时卧时起、急剧翻滚，有的甚至因未及时抢救继发肠坏死而死亡。

腹壁疝内容物多为肠管（小肠），但也有网膜、真胃、瘤胃、膀胱、怀孕子宫等各种脏器，并经常与相近的腹膜或皮肤粘连，尤其是在伤后急性炎症阶段更为多见。

（三）治疗

手术是治疗本病最可靠的方法且手术宜早不宜迟，最好在发病后立即手术。术前应做好确诊和手术准备，手术要求无菌操作。

任务五　会　阴　疝

会阴疝是由于盆腔肌组织缺陷，腹膜及腹腔脏器向骨盆腔后结缔组织凹陷内突出，以致向会阴部皮下脱出。会阴疝的疝内容物常为膀胱、肠管或子宫等。

会阴是体壁的一部分，覆盖于骨盆后口，环绕肛门与尿生殖道周围。盆腔由肛提肌、尾肌、荐坐韧带、臀浅肌、闭孔内肌及肛外括约肌等组成，形成一管口向后的、漏斗形管道，供直肠和肛门通过。

（一）病因

本病的病因较复杂，包括先天性或各种原因引起的盆腔肌无力和激素失调等。妊娠后期、难产、严重便秘、强烈努责或脱肛等情况下，常诱发本病。脱出通道可以为腹膜的直肠凹陷（雄性）、直肠子宫凹陷（雌性）或直肠周围的疏松结缔组织间隙。公犬前列腺肿大与会阴疝的发生有一定关系。瘦弱的犬，特别是发生习惯性阴道脱的犬易发生本病。

（二）症状

在肛门、阴门近旁或其下方出现无热、无痛、柔软的肿胀，常为一侧性的，肿胀对侧的肌肉松弛。犬的疝内容物常为直肠囊（或直肠袋），其次为膀胱或前列腺。

（三）治疗

本病采用保守疗法基本无效，采取手术修补的效果良好。

手术方法如下：全身麻醉；手术径路在肛门外侧，自尾根外侧向下至坐骨结节内侧做一弧形切口；钝性分离打开疝囊，避免损伤疝内容物；辨清盆腔及腹腔内容物后，将疝内容物送回原位；在漏斗状凹陷部可见到直肠壁终止于括约肌，可利用肛门括约肌来封闭此凹陷窝；在漏斗状凹陷的上部是软而平的尾肌，从尾肌到肛门括约肌上部用可吸收缝线做 2～3 针缝合，暂不打结，然后再由侧面的荐坐韧带到肛门括约肌做 1～3 针荷包缝合。漏斗状凹陷的下壁是软而平的闭锁肌，由此肌到肛门括约肌做 2～3 针结节缝合；由于位置深而造成操作困难时，可利用人工辅助光源进行照明；疏松而多余的皮肤应做成梭形切口，皮肤创做结节缝合，覆以胶绷带。经过 7～10 d 拆线。公犬一般同时施行去势术。

（四）术后护理

保持术部清洁干燥，遇有粪便污染时应随时清除并消毒或换绷带。术后应避免腹压过大或强烈努责，对并发直肠或阴道脱的病例亦应采取相应措施，以减少会阴疝的复发。

任务六　膈　　疝

膈疝是腹腔内一种或几种内脏器官通过膈的破裂孔进入胸腔的一种病变。在膈的腱质部或肌质部遭到意外损伤的裂孔或膈先天性缺损时可导致本病。由于本病有些病例表现症状较轻，故临床上不易发现。

（一）病因

犬的膈疝多由外伤引起，先天性膈疝较为少见。

（二）症状

外伤性膈疝，有外伤病史。

犬膈肌破裂后涌入胸腔的腹内脏器以胃、小肠和肝较多见，其症状与膈破裂的程度、疝内容物的类别及其量的多少有关。例如，心脏受压则引起呼吸困难、心力衰竭、黏膜发绀，肺音、心音听诊不清；胃肠脱入可听到肠音；箝闭后可引起急性腹痛，肝脏箝闭可引起急性胸腔积液和黄疸。

患病动物喜欢站立或站在斜坡上呈前高后低姿势，犬呈坐式呼吸，一般而言，腹腔器官突入胸腔越多，对呼吸和循环的影响越大。患先天性膈疝的仔犬，常在奔跑或挣扎中突然倒地，呈现高度呼吸困难，可视黏膜发绀，安静后症状逐渐消失，也有的发生急性死亡。犬常有呕吐和厌食。患轻度膈疝的犬，不能耐受运动，易发生呼吸道疾病；采食减少，腹泻或便秘交替出现，机体消瘦，生长发育不良。

（三）诊断

先天性膈疝在出生后有明显的呼吸困难，常在几小时或几周内死亡。X线检查和B超检查常作为犬膈疝的重要诊断方法。

（四）治疗

手术修补膈疝时，要使用呼吸机。施行人工呼吸。犬可行脐前腹中线剖腹径路做腹壁切开。安装腹腔牵开器，放出过多的胸腔积液和腹水。仔细寻找膈肌破裂孔，轻轻拉出脱入胸腔的脏器。若为肝脏或脾脏脱入，因充血、质脆，应特别小心，以防破裂。缝合时先在裂孔最深处进针，用简单连续锁边缝合法闭合膈破裂孔。闭合后抽出胸腔内气体。检查膈破裂孔处是否漏气。若漏气，做结节缝合即可。常规关闭腹腔。

手术应注意纠正水盐代谢紊乱，适当补充电解质与水，膈疝主要出现呼吸性酸中毒，应特别注意加以纠正。抗生素连用 7～10 d，其他治疗可根据术后情况决定，皮肤缝线在术后 10～14 d 拆除。

【病案分析 19】猫腹壁疝

1. 病例简介

本地猫，雄性，5岁，于3个月前发现腹下有鸭蛋大的囊状突出物，当时猫已出现拒食、喜卧，随后食欲一直不佳，曾以绷带压迫固定但无效。

2. 诊断

（1）临床检查：病猫体温、呼吸、心跳均正常，精神沉郁，身体瘦弱，腹下囊状物拖至地面。触诊时有游离感，压迫回腹、松手复出，听诊有小肠蠕动音，能清楚地感觉到疝环、疝孔的存在。

（2）诊断：可复性腹壁疝，其疝轮呈椭圆形，大小为 4 cm×3 cm，需手术治疗。

3. 治疗

（1）术前准备　将猫麻醉，仰卧固定四肢及头部，后躯稍微抬高，疝轮周围常规剪毛消毒。

（2）手术过程　皱襞切开皮肤 4～5 cm，将疝囊的皮下纤维组织壁用外科刀从皮肤囊分离，然后切开疝囊，检查发现疝轮已瘢痕化，于是用外科刀将瘢痕化的结缔组织切削成新鲜创面，将一侧的纤维组织瓣用纽扣状缝合，然后将另一侧组织瓣用纽扣状缝合法覆盖在上面，最后间断结节缝合闭腹。

（3）术后护理　创口周围涂以碘酊，肌内注射抗生素。保持术部清洁、干燥，切忌过多喂给食物，防止摔跌。术后 10 d 痊愈。

4. 病例分析

（1）发病原因　腹壁疝是指腹腔内脏器官经腹壁破裂孔脱至皮下的一种病变。本病多见于腹壁外伤，如车祸、摔跌、动物相互撕咬等情况下，往往可能出现腹壁肌肉层或腹膜破裂，而表层皮肤仍保留完整，从而形成腹壁疝。有时候在腹腔手术后，腹壁切口内层缝线断开，切口开裂，而皮肤层愈合良好，内脏器官脱至皮下，也能形成腹壁疝。

（2）诊断要点　触诊时有游离感，压迫回腹、松手复出，听诊有小肠蠕动音，能感觉到疝环、疝孔的存在。

（3）疝的并发症　内容物的质地随脱出的脏器不同而异，早期腹壁疝其内容物一般可以还纳，但如发生局部炎症，则触摸时可感知疝的轮廓不清，如发生箝闭，则疝内容物不能还纳，囊壁紧张，会出现急腹症症状，猫腹痛不安，食欲废绝，呕吐，发烧，严重者出现休克。

（4）鉴别诊断　当触诊时感觉到疝环，同时触及内容物时，就可以确诊是本病。但是当疝孔偏小且内容物与疝孔缘及皮下纤维结缔组织发生粘连而不可复时，则往往难以摸到疝孔。诊断本病需要与腹壁脓肿、血肿及淋巴外渗等相区别。

【病案分析 20】犬腹股沟阴囊疝引起肠坏死

1. 病例简介

犬，雄性，8 岁，体重 6 kg。大约半年前出现过一次阴囊突发性肿大，几天后自行消肿。4 d 前又发现腹股沟和阴囊处肿大，该犬一直不停地舔肿大部位，不让触摸，不喜欢走路，次日出现呕吐，按胃肠炎治疗后无效，呕吐更为严重，已经有十多次，趴在地上走不动了。4 d 未排便。

2. 诊断

（1）临床检查　呼吸 40 次/min，精神极度沉郁，卧地，鼻盘干燥，牙龈泛白，喘气。腹胀明显，左侧阴囊红肿并有隆起，部分阴囊发紫、发黑，左侧腹股沟隆起。体温 40.6 ℃，心率 140 次/min，皮肤弹性下降，触诊隆起部时全身肌肉紧张、疼痛明显，痛叫，拒触。胸部听诊心音弱，呼吸稍粗，腹部听诊无肠音。

（2）实验室检查　血液常规白细胞 21.6×10^9/L，粒细胞 15.3×10^9/L，均为升高。

（3）诊断　根据临床症状及实验室检查，初步确定该犬患腹股沟阴囊疝，需手术治疗。

（4）进一步检查　血液生化丙氨酸氨基转氨酶 115 IU/L，尿素氮 29 mg/d。

3. 治疗

与犬主沟通后，决定手术修补腹股沟阴囊疝，如果肠管坏死则需要切除坏死肠管并行肠管吻合，考虑阴囊红肿严重、睾丸受到压迫，遂同时行去势术。

（1）术前准备　麻醉肌肉后仰卧保定。在腹部、腹股沟内侧、阴囊及阴囊周围大面积剃毛，备皮干净后进行术部常规消毒。

（2）去势术　皱褶切开左侧阴囊皮肤、鞘膜，发现鞘膜内有肠系膜及脂肪，细心分开肠系膜，左侧睾丸稍肿大，游离睾丸，结扎精索、睾丸动脉和睾丸静脉，摘除左侧睾丸，由开口处切开中隔，摘除右侧睾丸，右侧鞘膜内无异常。

（3）腹股沟阴囊疝修补术　包括腹股沟阴囊疝修补、坏死肠段切除、肠断端吻合。减张切开疝体表皮，细心分离并减张切开疝囊，先是显现肠系膜，肠系膜上血管怒张、色暗，其中一处肠系膜已粘连发黑坏死。结扎部分坏死肠系膜根部，切除坏死肠系膜。分开肠系膜，露出一段约 15 cm 长肠管(该段肠管已有 3 cm 左右出现发黑坏死)。拉出坏死肠管于创口外，于疝囊垫适量灭菌敷料，双重结扎坏死段肠管肠系膜上的血管并用组织剪分离肠系膜，于两结扎点中间剪断血管。用 2 个套上灭菌橡胶管的肠钳，分别距离坏死肠段两端约 2 cm 处健康肠段钳夹固定，将肠管拉出尽量离创口远一些，于健康肠管离坏死肠管 5 mm 左右斜行剪除坏死肠管。先用 0.1%新洁尔灭溶液充分冲洗消毒，然后用氯化钠溶液冲洗。

确定断端肠管肠系膜无扭转时，实施断端吻合术。吻合完毕后向两肠钳间吻合好的肠管内稍加压注入生理盐水检查是否有渗漏，必要时向漏液处补针，确保吻合处不漏液。在保证肠管通畅、严密、无出血后，再次冲洗肠管和创腔，将肠管还纳回腹腔，常规关闭疝创。脐后腹中线及阴茎旁常规开腹约 4 cm，探出肠管吻合段，用大网膜覆盖，并做 2～3 个结节缝合固定于肠系膜上，还纳肠管，按常规关腹。

(4) 术后护理 术后用药静脉滴注乳酸钠林格液（补充电解质）、葡萄糖和氨基酸（补充营养）、5%碳酸氢钠溶液（纠正酸中毒），并注射 5 d 抗生素防继发感染。

术后当天该犬停止呕吐，并排出大量酱油色腥臭宿便。一周后伤口拆线，一次性愈合。

4. 病例分析

(1) 诊断要点 腹股沟和睾丸特定解剖位置是检查疝的重点部位，二者存在一定联系。内脏从腹股沟管脱出后向阴囊内继续游离，一旦患犬腹压由于某种因素突然增大，也就容易造成阴囊疝，所以诊断时考虑二者之间联系很关键。

(2) 进一步诊断 必要时结合患病动物的全身症状进行系列实验室检查，以便掌握动物机体状态变化程度。如果体液变化较大程度时、需纠正后再采取进一步治疗。

(3) 鉴别诊断 本病关键要与睾丸炎进行区别。睾丸炎发生时，双侧睾丸均可能出现肿胀，并伴有明显的炎症反应，如红、肿、热和痛；触诊睾丸肿大但整体性较好，区别于阴囊疝（阴囊内可触及肠管，同时腹股沟管也出现异常）。

(4) 手术关键技术 腹股沟处疝孔张力较大，若修补不牢，容易复发。切除疝环极少量边缘组织便于缝合后的愈合，先用 4 号丝线将疝孔等分做 3～4 个水平褥式缝合，然后用 2/0 可吸收缝线连续缝合，前者抗张力结实，后者便于愈合，是行之有效的“双保险”。

肠管吻合手术为污染手术，术中冲洗消毒、更换器械对预防术后感染尤为重要。切除坏死肠管时，应保留尽量多的肠系膜，这样既能保留更多的血管，又可避免肠管吻合后有肠系膜牵拉的张力，牵引肠管受力再次套叠。大网膜上有丰富的毛细血管，覆盖在肠管和肠系膜后能很快与之粘连，能起到固定肠管、防漏和为吻合处创口提供营养等作用，有利于肠管的吻合。

【病案分析 21】犬膈疝

1. 病例简介

杂种犬，雌性，4 月龄，体重为 3 kg。由于受到打击，该犬呼吸困难，消瘦，食欲缺乏，眼分泌物增多。曾被诊断为上呼吸道感染，应用抗生素进行治疗，治疗 4 d 后该犬眼、鼻分泌物减少，食欲好转，但呼吸困难的症状并未见明显改善。

2. 诊断

(1) 临床检查 体温 38.5 ℃，心率 155 次/min，呼吸 65 次/min，眼、鼻有少量脓性分泌物，咳嗽，吸气困难。血常规检查、血液生化检查、粪便寄生虫检查均未见异常。听诊胸腔内有肠管蠕动音，触诊后腹部空虚。初步诊断为膈疝。

(2) 影像学检查 X 线平片检查可见，几乎整个胸腔密度均升高，膈的轮廓消失，心脏的轮廓、形态不清楚。胸腔中后部密度升高，心膈角消失，膈的轮廓消失，腹腔内充气肠管的位置前移。用 25%硫酸钡胶浆做胃小肠联合造影，造影后 30 min 可见膈线消失，肋膈角消失，心膈角消失，部分消化道进入胸腔。

（3）诊断　综合以上检查可以确诊该犬患有膈疝，决定进行手术治疗。

3. 治疗

（1）手术治疗　诱导麻醉后气管内插管，采用异氟烷全身吸入麻醉，建立静脉通路。病犬仰卧保定，手术部位消毒，准备手术。沿胸骨后缘切开皮肤，分离皮肤和皮下组织，充分暴露腹腔前侧。打开腹腔后，很容易看到该犬膈的腹侧破裂，整个肝脏通过破裂孔完全进入胸腔，压迫肺和心脏。小心将肝脏后移，由于肝脏受到压迫，肝肿大、淤血。为了方便肝脏从胸腔取出，沿右侧肋弓扩创。为了增加肝的游离性，结扎后剪断肝右侧腹壁的韧带，肝脏从胸腔取出后可以暴露膈的破裂孔，透过破裂孔可以看到肺和心脏。从胸腔内充分吸出渗出液后开始缝合疝气孔，采用丝线将膈的疝气孔边缘缝合在对应胸壁的肌肉上。先缝合右侧疝气孔边缘与胸壁肌肉，为了缝合紧密，采用先埋线后打结的方法。缝合好一侧后，再缝合另一侧。关闭胸腔前，安置引流管，充分吸出胸腔积液后，在胸膜腔内压最大时，迅速拔除引流管的同时，打结闭合胸腔。常规闭合腹腔，最终切口呈"T"形。

（2）术后护理　手术后次日该犬的呼吸明显改善，X线片显示膈线清楚，心脏轮廓清晰，肺野正常。术后前4 d禁食，静脉输液；每日给予止疼剂；每日创部清理、消毒；全身应用广谱抗生素；第4天后，停止静脉输液，口服流食。10 d后伤口愈合良好，拆线后出院。

4. 病例分析

（1）发病原因　从本病的病史不难看出，发病原因是外力冲击导致的。

（2）特殊诊断　呼吸困难的病例诊断时，使用X线检查可以更好地对疾病做出正确判断，充分鉴别诊断疾病。

（3）诊断要点　触诊和听诊是两种常见而有效的诊断方法，通常以胸腔听诊肠蠕动音增强，部分病例还可能存在触诊后腹部空虚的情况。

（4）治疗注意事项　膈疝修复必须在麻醉呼吸机的条件下实施。闭合胸腔时，一定要将胸腔内的液体充分吸出后，在患犬吸气的末端闭合。

（5）术后护理　术后有效护理对于本病例成功恢复也有非常重要的作用。

项目十

直肠及肛门疾病

【学习目标】

通过学习直肠及肛门的解剖生理学，对直肠肛门畸形、脱垂和直肠损伤以及肛门常见疾病的病因、症状、临床诊断和治疗原则深入理解。

【技能目标】

掌握直肠和肛门疾病的诊断和治疗方法，尤其是临床常见的直肠和肛门脱垂、肛门囊炎。

宠物的直肠和肛门疾病随年龄增长而具有较高发病率，由于其解剖位置隐蔽，故造成诊疗难度相对较大。从消化道末端由外到内，疾病见于先天巨结肠症、先天直肠及肛门闭锁、肛门囊炎、肛周瘘以及直肠黏膜的损失和脱出等。为此，学习过程中必须掌握这一部位的解剖学特点，才能更清楚地对各种疾病进行鉴别诊断，准确把握各种疾病的诊疗要点、发病原因、发病症状、诊断方法以及治疗原则，最终提高疾病预后良好的概率。本项目重点介绍锁肛的病因、症状与治疗，猫、犬巨结肠症的症状与诊断，直肠脱的症状及治疗原则，犬肛门囊炎的病因、症状与治疗，直肠破裂的诊断与治疗。

任务一　直肠及肛门解剖生理

一、直肠的解剖生理

直肠是结肠的延续部分，与结肠之间无明显分界。直肠自骨盆腔前口起至肛门止，近似于自最后腰椎横断面或耻骨缘，沿骶骨（荐椎）腹面后行，在第 2 尾椎横断面上终止于肛门，方向成一直线，或稍倾斜。直肠分前、后两部分。

（一）直肠前部

直肠前部又称腹膜部，此处有腹膜覆盖，与结肠相连接。由于此部狭窄，故在直肠检查时称为直肠狭窄部。直肠腹膜部背侧由直肠系膜（相当于结肠系膜的延续部分）固定于荐椎腹侧。直肠腹膜部常位于骨盆腔正中矢状面的左侧，有时位于正中，偶尔见于右侧；腹侧面的位置则变动较大，膀胱或子宫充满时，可与直肠腹侧面相接。

腹膜在直肠背侧系膜的两侧向后延续，形成直肠旁窝（直肠旁凹陷）；自直肠翻转延展到骨盆腔顶壁和侧壁；在直肠下方构成生殖褶。腹膜在直肠与子宫或前列腺之间形成直肠生殖凹陷，再延续到膀胱背面，覆盖膀胱的前部，继而向侧壁和腹侧壁翻转，构成膀胱的侧韧带和正中韧带。母畜的生殖褶相当于子宫阔韧带。犬直肠几乎全部有腹膜被盖，腹膜的翻转线在第 2～3 尾椎的横断面，如图 10-1 所示。

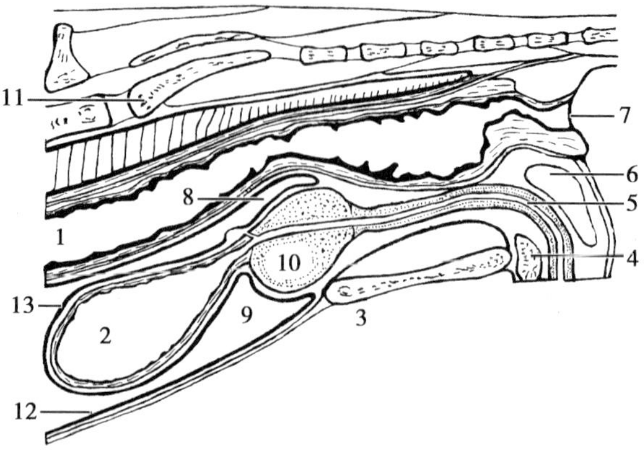

图 10-1 公犬腹腔后部腹膜覆盖

1. 降结肠 2. 膀胱 3. 耻骨及骨盆联合 4. 阴茎根 5. 尿道 6. 球海绵体肌 7. 肛门外口 8. 直肠生殖凹陷 9. 耻骨膀胱凹陷 10. 前列腺 11. 荐骨 12. 腹膜壁层 13. 腹膜脏层

（二）直肠后部

直肠后部又称腹膜外部，即位于腹膜反折垂直线以后的部分，无腹膜覆盖。此部肠腔膨大，故又称直肠壶腹部或直肠膨大部。直肠后部借疏松结缔组织、脂肪和肌肉（内侧肛提肌和外侧尾骨肌）附着于盆腔周壁；两侧及背面接骨盆壁，腹侧面在公畜邻接膀胱、输精管末端、精囊、前列腺、尿道球腺和尿道，在母畜则与子宫、阴道及阴门相邻接；周围有大量疏松结缔组织。

（三）直肠壁的构造

直肠腹膜部由黏膜层、黏膜下层、肌层和浆膜层组成，腹膜后部缺乏浆膜层。肌层由纵行肌和环行肌组成，直肠膨大部肌层构造稍特殊，其中纵走纤维很厚，构成大肌束，束间的连接比较疏松。直肠的两侧各有一条大的斜行带（直肠尾骨肌），向后上方抵于第 4、5 尾椎。直肠的黏膜下组织很发达，黏膜与肌层之间连接比较疏松，当直肠空虚时，黏膜形成许多皱褶。

二、肛门的解剖生理

肛门前接直肠，是消化道的末端，位于尾根下方，呈圆锥形突出，外面被覆薄的皮肤，无被毛生长，富有皮脂腺和汗腺。当收缩时，肛门中央凹入。肛门向前为肛管，肛管由三部分组成：内部为柱带，黏膜为皱褶状，皱褶脊称为肛柱；中间部为中间带或肛皮线，肛柱之间的小袋称为窦；外部为肛管皮带，有细毛和肛周腺，犬、猫等动物的肛管皮带部两侧有肛门囊（副肛窦）的腹外侧开口。肛管周围有两层肛门括约肌围绕。由于括约肌的收缩，除排粪期外，黏膜形成褶状闭锁；黏膜呈灰白色，缺腺体，被覆厚的复层扁平上皮。肛管的外口是肛门。

肛门内括约肌为直肠环行肌的末端部，肌肉发达，为平滑肌。肛门外括约肌为环行横纹肌，环绕前者的外围，有一些肌纤维向背侧方向走，附着于尾筋膜；还有一些附着于腹侧的会阴部筋膜。肛门括约肌起闭锁肛门的作用。

在肛门两侧有肛提肌（或肛缩肌），位于直肠与荐坐韧带之间，尾骨肌的内侧，宽而薄，肌纤维向后行，起自坐骨棘和荐坐韧带，止于肛门外括约肌的深侧面，其作用是排粪时可牵缩肛门。犬肛提肌较发达，自髂骨体、耻骨及骨盆联合起向后上方走，终止于第 2～7 尾椎及肛门外括约肌；本肌与尾骨肌相合形成一种类盆膈样结构，封闭盆腔后口，如图 10-2、图 10-3 所示。

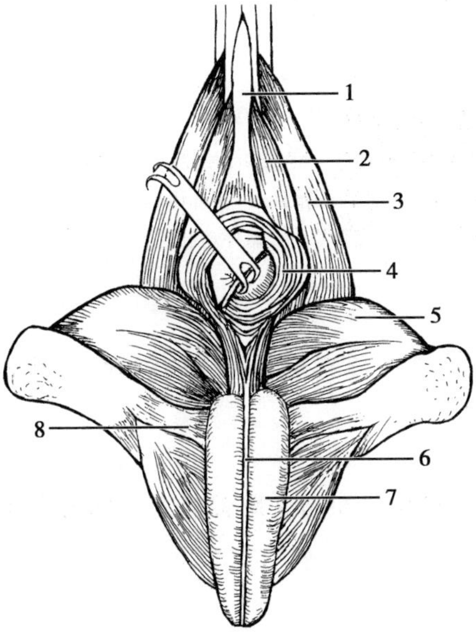

图 10-2　公畜直肠肛门肌肉（后面观）

1. 直肠尾骨肌　2. 肛提肌　3. 尾骨肌　4. 肛门外括约肌　5. 闭孔内肌　6. 阴茎缩肌　7. 球海绵体肌　8. 坐骨尿道肌

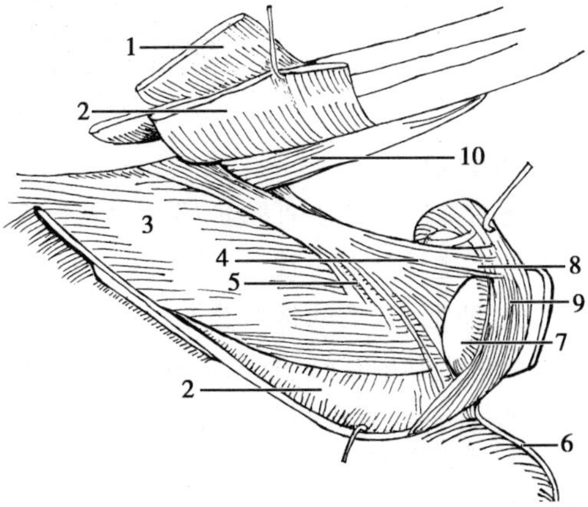

图 10-3　直肠肛门肌肉（侧面观）

1. 尾骨肌　2. 肛提肌　3. 直肠　4. 阴茎缩肌肛门部　5. 阴茎缩肌直肠部　6. 阴茎缩肌　7. 肛门囊　8. 肛门内括约肌　9. 肛门外括约肌　10. 直肠尾骨肌

尾骨肌位于肛提肌的内侧，短而厚，起自坐骨棘，止于 2～4 尾椎横突。

直肠尾骨肌是直肠纵行肌层向尾骨腹侧面的延续，起自括约肌前方，直肠背侧面，止于尾椎。

肛门囊又称副肛窦，位于肛门内、外括约肌之间（近似于时钟的 4—5 点和 7—8 点处），开口于肛管皮带部；囊壁内含有皮脂腺，分泌灰色不洁的皮脂样物质，呈黏液状、恶臭味，肛门括约肌的张力控制囊内物质的排放。当排便时或受到刺激时，肛门外括约肌收缩，使囊内容物通过管道排出。

三、直肠及肛门的血液供应与神经分布

（一）动脉

直肠由阴部内动脉系统的直肠中动脉和直肠后动脉，以及由肠系膜系统的直肠前动脉获得血液，如图 10-4 所示。

阴部内动脉起初沿荐坐韧带的内面向后走，以后穿过荐坐韧带，在其外面向后行，进入骨盆腔，分布于直肠、肛门、膀胱、输尿管、副性腺、阴茎、子宫、阴道及阴门。直肠前动脉起源于肠系膜后动脉，由脊柱向下沿肠系膜上部及直肠系膜向后行，分布于直肠与肛门。

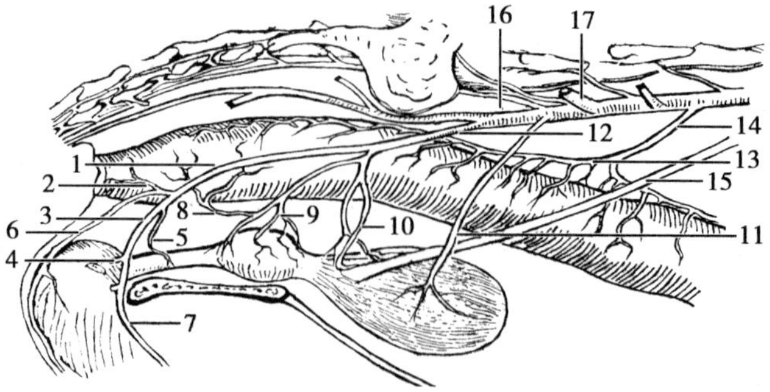

图 10-4 公犬直肠肛门部血液供应(动脉)

1. 阴部内动脉 2. 直肠后动脉 3. 阴茎动脉 4. 阴茎球动脉 5. 尿道动脉 6. 会阴腹动脉 7. 阴茎背动脉 8. 直肠中动脉 9. 前列腺动脉 10. 膀胱后动脉 11. 脐动脉 12. 阴部内动脉 13. 直肠前动脉 14. 肠系膜动脉 15. 输尿管 16. 髂内动脉 17. 髂外动脉

(二) 静脉

直肠的静脉由位于直肠各层内的大量静脉支形成。这些分支构成较大的静脉干，其名称和位置与上述动脉管一致。

(三) 直肠、肛门的神经分布

直肠由直肠中神经、直肠后神经以及交感神经腹下神经节和副交感神经系统的骨盆神经分布，肛门的神经来自阴部神经。

任务二 先天性直肠肛门畸形

一、锁肛

锁肛是肛门被皮肤所封闭而无肛门孔的先天性畸形。

(一) 病因及病理

在胚胎早期，尿生殖窦后部和后肠相连接共同形成一空腔称泄殖腔；在胚胎发育第 7 周时，由中胚层向下生长，将尿生殖窦与后肠完全隔开，前者发育为膀胱、尿道或阴道等，后肠则向会阴部延伸发育成直肠。在第 7 周末，会阴部出现一凹陷称原始肛，遂向体内凹入与直肠盲端相遇，中间仅有一膜状膈称肛膜，以后肛膜破裂即成肛门。但其中有个别的胚胎发育不全，即后肠、原始肛发育不全，或后肠和原始肛发育异常或发育不全，则可出现锁肛或肛门与直肠之间被一层薄膜所分隔的直肠与肛门的畸形。

(二) 症状与诊断

锁肛通常发生于初生动物，一时不易发现，数天后患病动物腹围逐渐增大，频频做排粪动作，发出刺耳的叫声，拒绝吸吮母乳，此时可见到在肛门处的皮肤向外突出，触诊可摸到胎粪。如在发生锁肛的同时并发直肠、肛门之间的膜状闭锁，则可感觉到薄膜前面有胎粪积存所致的波动。若并发直肠、阴道瘘或直肠尿道瘘，则稀粪可从阴道或尿道排出。如排泄孔道被粪块堵塞，则出现肠闭结症状，最后以死亡告终。肛门直肠闭合的畸形类型，如图 10-5 所示。

(三) 鉴别诊断

锁肛主要同直肠闭锁相鉴别。直肠闭锁是直肠盲端与肛门之间有一定距离,因胎儿时期的原始肛发育不全所致,症状比锁肛严重,努责时肛门周围膨胀程度比锁肛小。

锁肛和直肠闭锁可通过X线检查确定。抬高患病动物后躯,根据肠内气体聚集于直肠末端的部位来判断。

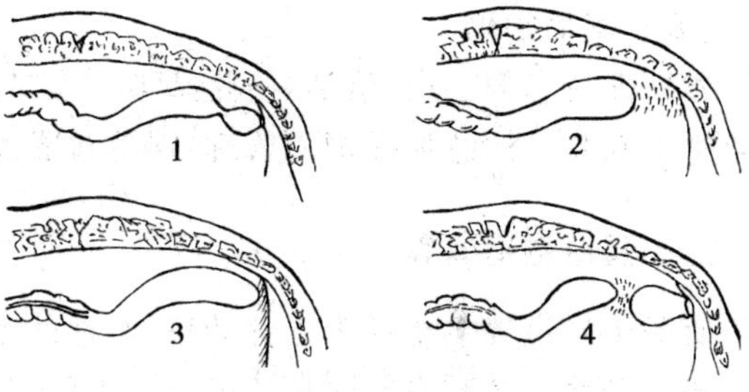

图 10-5　肛门直肠闭合畸形类型

1. 肛门与直肠狭窄(肛门与直肠相通)　2. 肛门直肠闭锁(多见;直肠盲端远离肛门皮肤)　3. 肛门膜状闭锁(肛门口处有一膜状覆盖)　4. 直肠后端闭锁(少见;肛门正常,直肠盲端远离肛管并无肠壁连接)

(四) 治疗

本病治疗为施行锁肛造孔术(人造肛门术)。可行局部浸润麻醉,倒立或侧卧保定。在肛门突出部或相当于正常肛门的部位,按正常仔畜肛门孔的大小做一圆形皮肤切口,仔细分离、显露直肠盲端并在盲端切开直肠(图10-6)。将肠壁的黏膜层与皮肤创缘做结节缝合,使直肠盲端固定到皮肤上,然后在切口周围涂以抗生素软膏。若直肠盲端未到达会阴部皮肤下,可在切开皮肤后,仔细向骨盆腔方向分离皮下组织达直肠盲端;在直肠盲端上缝一根牵引线,一边向外牵引一边充分剥离直肠壁,使直肠盲端超出肛门口2~3 cm。然后,用细丝线将直肠壁肌层与四周皮下组织行固定缝合,用纱布隔离直肠与皮下组织,环切直肠盲端,取出胎粪;用抗生素生理盐水冲洗后,将直肠断端黏膜层与皮肤切口边缘行结节缝合。对直肠盲端过于靠前的病例,需要同时做腹壁切开,经结肠侧壁切开排出蓄粪后分离直肠盲端并向后牵引至会阴部皮肤切口处。对体型小的动物,可以先做结肠造瘘术,半年至一年后再进行锁肛造孔术。

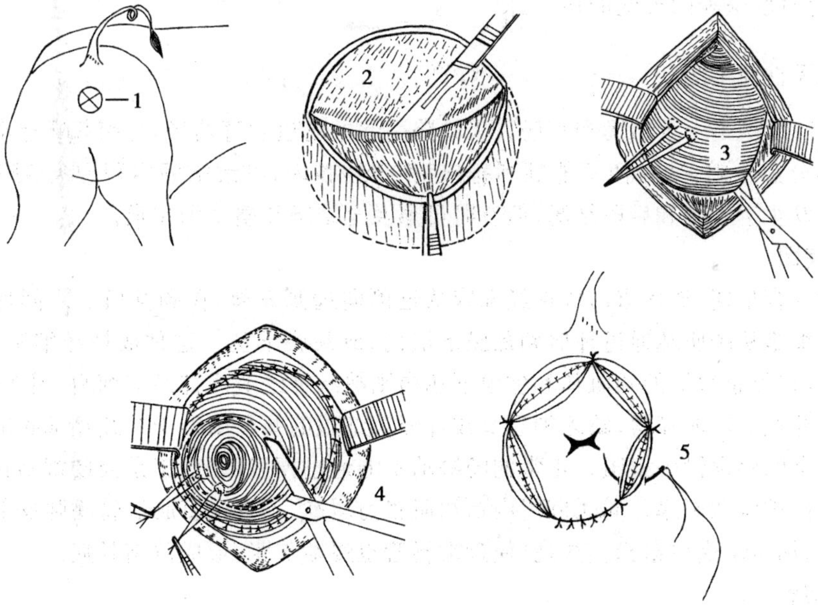

图 10-6　人造肛门孔手术(锁肛造孔术)

1. 仔猪锁肛　2. 在正常肛门口位置做圆形皮肤切口　3. 分离直肠盲端并拉至切口外　4. 直肠壁肌层与皮下组织间断缝合,在盲端剪开直肠壁　5. 直肠壁黏膜或全层与皮肤间断缝合

（五）术后护理

术后保持术部干燥、清洁，防止感染。伤口愈合前，在排粪后用防腐液洗涤会阴部，擦干后涂抗生素软膏。注意加强饲养管理，保持排粪通畅，防止干粪或便秘。

二、直肠生殖道裂

直肠生殖道裂主要见于雄性幼畜，雌性幼畜偶有发生，是在尿道和肛门处形成一明显的裂隙。雄性动物在胚胎发育时从后肠分离出的尿生殖道薄膜缺乏，形成尿道裂；同时，肛门和肛门括约肌腹侧发育不完整，使粪便和尿液经同一个孔排出，故又称尿道直肠瘘。

雄性幼畜尿道直肠瘘病情较复杂，不同病例往往需要采取不同的治疗方法。

若不存在尿道狭窄且瘘管较细，则可以直接做尿道修补术。术前做清肠处理（应用泻剂与灌肠）或做结肠造瘘术。患病动物俯卧，后躯垫高，两后肢置台面外，尾向背侧牵引固定。尿道冲洗消毒后，经尿道向膀胱内插入带气囊的双腔导尿管。用直角拉钩牵开肛门，见直肠内瘘管口。若瘘管口不清晰，可事先向尿道内注入亚甲蓝，使直肠部瘘管口着色。直肠前段放置碘伏纱布球隔离肠内容物。环形切除瘘管口，游离尿道黏膜，分别缝合尿道黏膜、直肠壁，取出直肠内纱布球。术后给予肠外营养，禁食 1 周，术后 3～4 周取出膀胱内的导尿管。若瘘管口靠直肠的前部，可在肛门背侧做一弧形切口，切开直肠背侧壁（小型动物可同时切开肛门括约肌），充分显露直肠内的瘘管口；处理后，直肠壁做内翻缝合，肛门内、外括约肌分别做对接缝合。

若存在尿道狭窄或尿道裂口较长，则常需要做尿道截除吻合术和膀胱插管造瘘术；术后 2～3 周取出膀胱导管，3～4 周取出尿道导管。

雌性幼畜发生的直肠生殖道裂，主要通过手术矫形，进行肛门整形或肛门再造术；若是直肠阴道瘘管，则可采取闭合手术，在肛门和阴门之间横向切开，分离显露瘘管并进行瘘管切除术，分别闭合直肠壁和阴道壁的切口。

三、先天性巨结肠

先天性巨结肠是一种结肠和直肠先天缺陷引起的肠道发育畸形，可引起肠运动功能紊乱，形成慢性部分肠梗阻，使粪便不能顺利排出，积于结肠内，以致结肠容积增大、肠壁扩张和肥厚。本病多发生于直肠和后段结肠，但有时可累及全结肠和整个消化道。

（一）病因

在胚胎发育早期，消化道内成神经细胞从近侧向远侧发展，在肠壁肌层之间形成肠肌丛。然后成神经细胞从肠肌丛通过环肌到黏膜下层内，成黏膜下丛。这种成神经细胞在发展过程中如果停止，在停止远端的肠肌丛和黏膜下丛内则缺乏神经节或神经节细胞，因而引起交感神经和副交感神经的功能障碍，缺乏神经节或神经节细胞的肠段则处于持续痉挛收缩状态，造成部分的或完全的痉挛性肠梗阻。正常的肠蠕动不能通过梗阻部分，于是粪便蓄结在结肠内，结肠出现代偿性扩张和肥厚。同时肛门内括约肌张力增高，不发生直肠肛管松弛反射，失去正常的排便机制，加重了粪便蓄积。久之，使近端肠管也逐渐扩张，形成巨结肠症。

（二）症状

患先天性巨结肠的病犬在出生后 2～3 周出现症状。症状轻重依结肠阻塞程度而异，有的数月或常年持续便秘。便秘时仅能排出少量浆液性或带血丝的黏液性粪便。病犬腹围膨隆似桶状，有些病例因粪便蓄积，刺激结肠黏膜发炎，引起腹泻。

（三）诊断

主要依据腹部触诊摸到集结粪便的粗大结肠。直肠探诊触到硬的粪块或扩张的结肠。钡剂灌肠后，X线检查可确定结肠扩张的程度和范围。用直肠镜可直接检查直肠、结肠有无先天性狭窄、阻塞性肿瘤及异物等，进行确诊。

（四）治疗

对病情严重的病畜首先进行药物治疗，如输液、纠正电解质和酸碱平衡紊乱、补充能量等。结肠内应用软便剂、灌肠或手指来排空蓄积的粪便，例如应用液体石蜡、植物油、温肥皂水等灌肠，软化粪便。用手指或器械取出粪便时，易导致黏膜损伤，需要配合应用抗生素；若病畜不安，则需要应用镇静剂或做全身麻醉。排出粪便后，应长期饲喂高纤维素食物，并应用少量泄剂。对用上述方法不能排出结肠蓄粪或异物的病例，可采用结肠侧壁切开术取出蓄粪。对顽固性便秘、需要经常进行粪便排空、结肠壁有膨出性病变的病例，应进行结肠截除手术（图10-7），或实施安乐死。

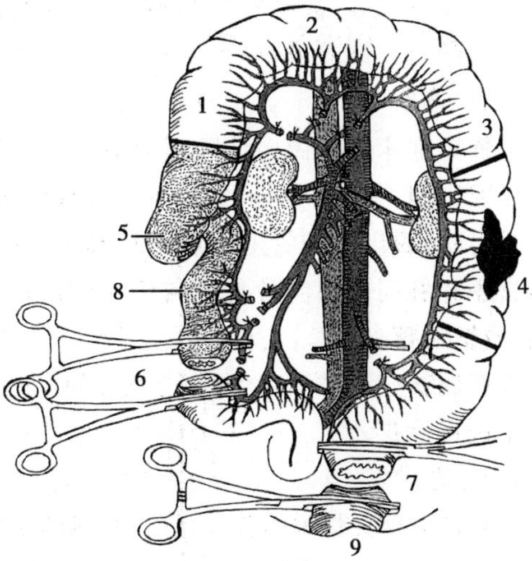

图10-7　结肠截除范围示意图

1. 升结肠　2. 横结肠　3. 降结肠　4. 结肠病灶　5. 盲肠　6. 回肠结肠吻合切口　7. 结肠末端切口　8. 回肠　9. 肛门

任务三　直肠疾病

一、直肠和肛门脱垂

直肠和肛门脱垂是指直肠末端的黏膜层脱出肛门（脱肛）或直肠一部分，甚至大部分向外翻转脱出肛门（直肠脱），如图10-8所示。严重的病例在发生直肠脱的同时并发肠套叠或直肠疝。

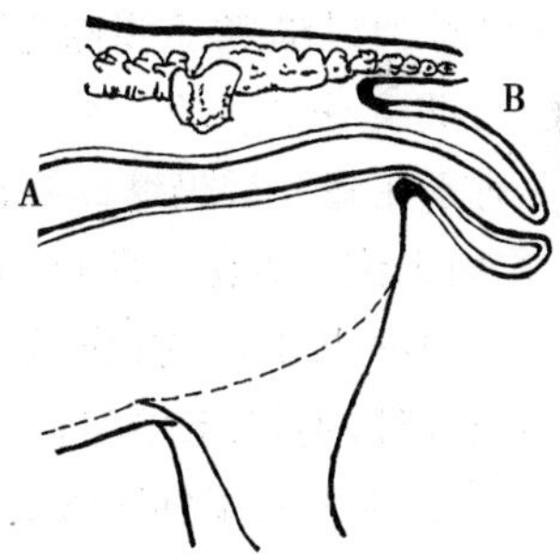

图10-8　直肠脱出模式图

A. 结肠　B. 脱出的直肠

（一）病因

直肠脱是由多种原因综合的结果，但主要原因是直肠韧带松弛，直肠黏膜下层组织和肛门括约肌松弛和功能不全。而直肠全层肠壁脱垂，则是由于直肠发育不全、萎缩或神经营养不良、松弛无力，不能保持直肠正常位置所引起。直肠脱的诱因为长时间泻痢、便秘、病后瘦弱、病理性分娩，或用刺激性药物灌肠后引起强烈努责，腹内压增高促使直肠向外突出。

（二）症状

轻者直肠在患病动物卧地或排粪后部分脱出，即直肠部分性或黏膜性脱垂。在发生黏膜性脱垂时，直肠黏膜的皱襞往往在一定的时间内不能自行复位，若此现象经常出现，则脱出的黏膜发炎，很快地在黏膜下层形成高度水肿，失去自行复原的能力。临床诊断可在肛门口处见到圆球形、颜色淡红或暗红的肿胀。随着炎症和水肿的发展，则直肠壁全层脱出，即直肠完全脱垂。诊断时可见到由肛门内突出呈圆筒状下垂的肿胀物。由于脱出的肠管被肛门括约肌箍压，故而导致血液循环障碍，水肿更加严重；同时因受外界的污染，脱出的肠管表面污秽不洁，沾有泥土和草屑等，甚至发生黏膜出血、糜烂、坏死和继发损伤。此时，患病动物常伴有全身症状，体温升高，食欲减退，精神沉郁，并且频频努责，做排粪姿势。

（三）诊断

可依据临床症状做出诊断。但应注意判断有无并发套叠和直肠疝。单纯性直肠脱，圆筒状肿胀脱出向下弯曲下垂，手指不能沿脱出的直肠和肛门之间向盆腔的方向插入；而伴有肠套叠的脱出时，脱出的肠管由于后肠系膜的牵引，而脱出的圆筒状肿胀向上弯曲，坚硬而厚，手指可沿直肠和肛门之间向骨盆方向插入，不遇障碍。

（四）治疗

本病病初应及时治疗便秘、下痢、阴道脱等。对脱出的直肠，则根据具体情况，参照下述方法及早进行治疗。

1. 整复

整复是治疗直肠脱的首要任务，其目的是使脱出的肠管恢复到原位，适用于发病初期或黏膜性脱垂的病例。整复应尽可能在直肠壁及肠周围蜂窝组织未发生水肿以前施行。方法是先用0.25%温热的高锰酸钾溶液或1%明矾溶液清洗患部，除去污物或坏死黏膜，然后用手指谨慎地将脱出的肠管还纳原位。为了保证顺利地整复，在肠管还纳复原后，可在肛门处给予温敷以防再脱。

2. 剪黏膜法

本法适用于脱出时间较长、水肿严重、黏膜干裂或坏死的病例。其操作方法是按“洗、剪、擦、送、温敷”五个步骤进行。先用温水洗净患部，继以温防风汤（防风、荆芥、薄荷、苦参、黄檗各12.0 g，花椒3.0 g，加适量水煎两沸，去渣，候温待用）冲洗患部；之后用剪刀剪除或用手指剥除干裂坏死的黏膜，再用消毒纱布兜住肠管，撒上适量明矾粉末揉擦，挤出水肿液，用温生理盐水冲洗后，涂1%～2%的碘石蜡油润滑；然后从肠腔口开始，谨慎地将脱出的肠管向内翻入肛门内，在送入肠管时，术者应将手指随之伸入肛门内，使直肠完全复位；最后在肛门外进行温敷。

3. 固定法

对于在整复后仍继续脱出的病例，则需考虑将肛门周围予以缝合，缩小肛门孔，防止再脱出，称固定法。方法是距肛门孔1～3 cm处，做一肛门周围的荷包缝合，收紧缝线，保留0.5～2 cm大小的排粪口，打成活结，以便根据具体情况调整肛门口的松紧度，经7～10 d患病动物不再努责时，则将缝线拆除。

4. 直肠周围注射酒精或明矾液

本法是在整复的基础上进行的，其目的是利用药物使直肠周围结缔组织增生，借以固定直肠。临床上常用70%酒精溶液或10%明矾溶液注入直肠周围结缔组织中。方法是在距肛门孔2～3 cm处，肛门上方和左、右两侧直肠旁组织内分点注射70%酒精3～5 mL或10%明矾溶液5～10 mL，另加2%盐酸普鲁卡因溶液3～5 mL。注射的针头沿直肠侧直前方刺入3～10 cm。为了使进针方向与直肠平行，避免针头远离直肠或刺破直肠，在进针时应将食指插入直肠内引导进针方向，操作时应边进针边用食指触知针尖位置并随时纠正方向。

5. 直肠部分截除术

手术切除用于脱出过多、整复有困难、脱出的直肠发生坏死、穿孔或有套叠而不能复位的病例。

二、直肠损伤

直肠损伤包括两类：一类是直肠黏膜和肌层的损伤，但浆膜完整无损，称直肠不全破裂；另一类为直肠壁各层完全破损，称直肠全破裂或直肠穿孔，如图 10-9 所示。根据破裂的部位，直肠全破裂又分为腹膜内直肠破裂和腹膜外直肠破裂两种。腹膜内直肠破裂时，肠内容物流入腹腔，常造成患病动物死亡；腹膜外直肠破裂时，则粪便污染直肠周围蜂窝组织。

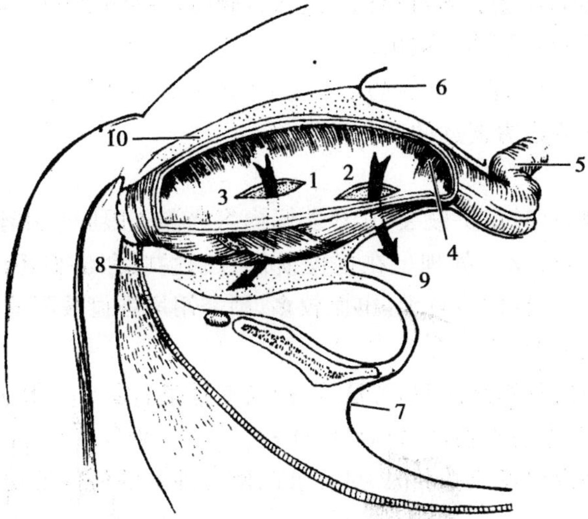

图 10-9　直肠破裂部位示意图

1. 腹膜外直肠全层破裂，箭头指污染直肠周围蜂窝组织　2. 腹膜内直肠全层破裂，肠内容物进入腹腔　3. 直肠膨大部　4. 直肠狭窄部　5. 小结肠　6. 直肠上腹膜部　7. 腹膜　8. 直肠下周围蜂窝组织　9. 直肠膀胱腹膜凹陷　10. 直肠上周围蜂窝组织

（一）病因

引起直肠损伤的原因大致有以下几方面。

1. 机械性损伤

如由于测体温时体温计破裂，粗暴地插入灌肠器引起机械性的完全或不完全破裂。也见于配种时阴茎误入直肠而引起。

2. 病理性损伤

如骨盆骨折、病理性分娩、肛门附近发生创伤而并发直肠损伤等。

（二）症状及诊断

直肠指检时手指染血是直肠损伤的明显指征，病初排粪时发现粪中混有新鲜血液也是诊断的依据。但由于损伤的部位、程度和范围的大小不同以及有无并发症等因素，直肠损伤的临床症状也有所不同。如果仅黏膜破损，则出血较少，如黏膜、肌层同时破损，特别是破损面积较大时，则出血较多，排出大量带血的粪便，动物表现不安。

直肠后无浆膜区的腹膜外直肠破损时，患病动物表现为排粪次数增加，努责现象频频出现。直检时，可见损伤的局部水肿，表面粗糙，但早期一般全身变化不大，预后也较好。由于该处无浆膜被覆，而是借助于疏松结缔组织、肌肉和邻近器官相连，所以当黏膜和肌层同时破裂时，容易使粪便污染直肠周围组织，从而引起直肠周围蜂窝织炎及脓肿。

直肠前部损伤时，直检可触知破损处粗糙，局部炎性水肿，且常形成创囊，囊内蓄积粪团和血块。由于大量粪便的蓄积，患病动物不安，排粪小心。这种仅黏膜和肌层的破损而浆膜仍保持完整性时，若能及时诊断和治疗，预后尚好。如若粪团将浆膜撑破，而造成直肠完全破裂时，则肠内容物进入腹腔，患病动物立即出现不安和不同程度的疝痛症状，呼吸迫促，肌肉震颤，腹壁紧张而敏感，频频做排粪姿势，直检时可清楚地摸到破裂口。此时动物往往出现弥漫性腹膜炎和败血症症状，从而陷于重剧休克，预后多为不良，常于1～2 d内死亡。

在直肠起始部破裂时，小肠肠襻可经创口进入直肠内，甚至可经肛门脱出。如因病理性分娩所致的直肠破裂，则粪便可从阴道中漏出。

（三）治疗

在治疗时可根据病情选用下述的某一种方法。

1. 一般处理

首先要使动物安静，及时保护破裂口，严防肠内容物漏进腹腔。小动物可使用丙嗪类药物等镇静药物，然后根据病情及时处理。在仅仅损伤直肠黏膜和出血不多的病例，可不予以治疗；如损伤直肠黏膜和肌层且创口较大，出血较多，则需用增强血液凝固性药物止血，并在轻微压力下向直肠内注入收敛剂。

直肠损伤部分可用白及糊剂涂敷，方法为：白及粉适量，用80 ℃热水冲成糊剂，候温至40 ℃时，用纱布蘸取涂敷于直肠损伤部，每日3～4次。

当直肠周围发生蜂窝织炎或脓肿时，可在肛门侧方肿胀的低位处切开排脓。

2. 保守疗法

保守疗法适用于无浆膜区的损伤和前部有浆膜区较小范围的损伤，目的在于保护局部创面，防止造成破裂孔。方法是在直肠破损处创面的创囊内，填塞浸有抗生素的脱脂棉，借以保护局部创面，防止粪便蓄积而将浆膜撑破。为了提高治疗效果，要及时地使直肠内的粪便排出，并给予少量流食和适量的盐类泻剂，以使粪便稀软而减少刺激。同时配合必要的对症疗法或全身抗生素的应用。在治疗过程中，应每日检查创口的变化情况，并根据病情的发展而采取相应的治疗措施。

3. 手术疗法

凡直肠全破裂的病例均应及早施行手术治疗，以提高疗效。

任务四　肛门疾病

一、肛囊炎

肛囊炎是肛门囊内的腺体分泌物蓄积于囊内，从而刺激黏膜引起的炎症。此病以犬多发，猫也时有发生。

（一）病因

在肛门的两侧，有成对的肛门囊，位于肛门内、外括约肌之间偏腹侧，以贮存肛门周围腺的分泌物。这些分泌物是黏液状、黑灰色、有难闻气味、带小颗粒的皮脂样物，当动物排便时由于肛门外括约肌的收缩，蓄积的分泌物排出。如果直肠积粪，引起肛门腺管阻塞、分泌物排出障碍，或肛门周围组织的炎症蔓延，均可引发本病。

（二）症状

轻症者出现排便困难，里急后重，甩尾，擦舔或咬肛门。重症者肛门呈明显肿胀、痉挛。有时出现肛周脓肿，还有的出血，从肛门囊流出脓汁，甚至已形成瘘管。在一些小的纯种犬，这种排泄瘘多在时钟 4 点和 8 点的位置上。

（三）诊断

根据临床症状、直肠探诊、触及瘘管可确诊。

（四）治疗

轻症者可用手反复挤压肛门囊开口处。若效果不佳，可戴上乳胶手套，食指涂上润滑油，插入肛门，拇指在外面配合挤压，排出肛门囊内容物。当内容物太浓稠时，应用盐水进行冲洗。一般隔 1～2 周应再挤压一次，但不能太频繁，以免人为造成感染。在治疗过程中不需要麻醉或镇静，但注意避免肛门囊管堵塞。

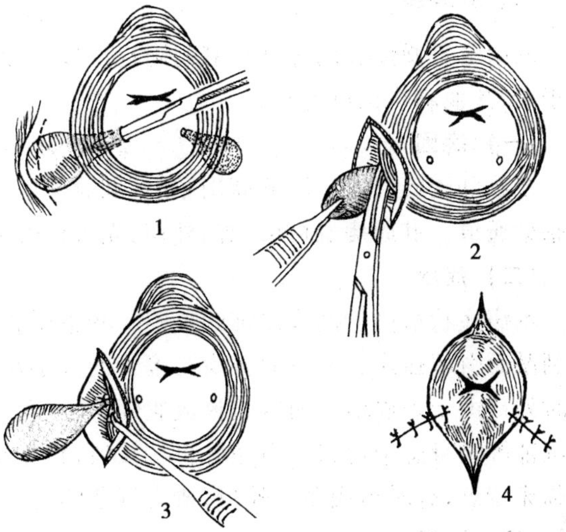

图 10-10　肛门囊摘除术

1. 用探针、胶管或止血钳确定肛门囊的位置　2. 在肛门囊的外侧做切口，分离肛门囊　3. 在靠近开口处结扎剪断肛门囊导管　4. 摘除两侧的肛门囊，间断缝合括约肌、皮下和皮肤

对肛门囊管闭合的患犬需要在镇静或浅麻的情况下进行套管插入术。对于严重的肛门囊炎，肛门溃烂，已形成瘘管或经保守治疗又复发者，宜手术切除肛门囊（图 10-10）。手术常规准备，禁食、灌肠，肛门周围剃毛消毒，采用噻胺酮麻醉。手术必须采取一定的标记，如向肛门囊内注入染料，或放入钝性探针，指示其界限以保证完全切除。然后进行常规缝合，必要时放置引流，经 2～3 d 取下。在手术过程中，最重要的是勿损伤肛门括约肌、直肠后动静脉和阴部神经的分支。

猫和雪貂虽然很少发生肛门囊炎，但其治疗方法和手术过程是相同的。

（五）手术并发症

肛门囊手术在很多书中都有介绍，但涉及手术并发症的并不多。然而该手术的并发症和后遗症很多，尤其是经验不足者更常发生。

术后肛门窦的持久性感染是最常见的并发症，主要原因是肛门囊未切尽的部分，可遗留肛门囊管的残端。为此要求手术时不宜做简单的结扎和横断肛门囊管，而必须将其全部切除，否则还需二次手术。此外，若一侧肛门囊发炎，最好将对侧的也一并切除，以免几个月后也感染发病。

术后形成肛门瘘的也不少见，这是因为手术时肛门囊管没彻底切除和闭合，或结扎缝合不好，在肛门一侧形成脓肿腔，一个或多个瘘管开口于皮肤。处置的方法是切开瘘管至肛门，暴露和清除脓肿腔，并采取开放疗法，逐渐愈合并形成上皮。另一种方法是采取感染组织全部切除，缝合并引流 3～4 d。

在肛门囊手术时，肛门括约肌功能失调也是并发症之一，有些病例括约肌功能轻度失常，其收缩能力减低或消失，也可通过肌电图检查。这种情况有可能与阴部神经的肛门支受损伤有关，若 3 个月后功能仍未能恢复，则愈后不良，应在饮食和饲养管理上加以注意。有些病例术后大便失禁，但肛门括约肌功能基本正常，只是在刺激肛门和肛门孔时敏感性下降，这种现象是由于在进行肛门囊手术时切除范围较大，把肛门的浅神经纤维一同切除，肛门括约肌的主要神经受损。神经再生需3～4个月时间，在此过程中，应很好地选择饲料，以便形成相对的干便，避免大便失禁。

此外，肛门囊手术也常继发排便困难、里急后重等症状，术后轻度感染，直肠检查发现轻度瘢痕都不少见。应采取相应的措施，如感染可探诊排脓和应用抗生素，若瘢痕影响功能，则应将其切除。

二、肛周瘘

肛周瘘是慢性肛周感染在肛门附近形成的瘘管，一端通入肛管，另一端通于皮外。本病多发于犬，其他动物也可见到。

(一) 病因

多数肛周瘘继发于肛管周围脓肿、肛囊炎等。由于脓肿破溃或切开排脓后，伤口不愈合形成感染通道。肛周瘘也可由肛门外伤、先天性发育畸形所致。

(二) 症状

本病症状取决于瘘管侵害的范围。其主要临床表现为肛瘘的外口有脓汁流出，局部皮肤受刺激而引起瘙痒。流脓的多少与瘘管的大小及其形成时间有关，较长的新生瘘管排脓量多。有时外口由于表皮增生而覆盖形成假性愈合，管内脓液蓄积，局部肿胀疼痛，甚至出现发热、精神沉郁等全身感染症状。当脓肿再次破溃，积脓排出后症状消失。上述表现反复发作是瘘管的临床特点，有时形成多个外口，成为复杂瘘管。

(三) 诊断

根据临床表现，若肛周脓肿破溃或切开引流久不愈合，并不断流出脓液，即可确诊为肛周瘘。根据瘘管外口的大小、数目、位置推断肛瘘的类型。诊断时应检查瘘管的走向，找到瘘管内口，一般采用下面几种方法。

1. 探针检查

宜用软质探针，从外口插入，沿管道轻轻向肛管方向探入，用手指伸入肛门感知探针是否进入，以确定内口。但若是弯瘘或外口封闭，则探针无法探诊。

2. 注入色素

常用5%亚甲蓝溶液。首先在肛管和直肠内放入一块湿纱布，然后将亚甲蓝溶液由外口缓缓注入瘘管，若纱布染成蓝色，表示内口存在。但因有的瘘管弯曲，加之括约肌收缩，瘘管闭合，阻碍染料进入，所以纱布未染色也不能绝对排除瘘管的存在。

3. X线造影

于瘘管内注入30%～40%碘甘油或12.5%碘化钠溶液，或用碱式硝酸铋和凡士林1∶2做成糊剂，加温后注入瘘管，X线摄影可显示瘘管部位及走向。但此法与注入色素相似，上面所涉及的因素使显影液难以注入则不能显影。

4. 手术探查

经临床检查仍不能确定内口时，可在手术中边切开瘘管边探查寻找。

(四) 治疗

1. 非手术法

肛周瘘很少自然愈合，故手术是主要疗法。极个别不能手术的病例，可用非手术疗法，以减轻症状，防止瘘管蔓延，但不能治愈。非手术法包括：给予富含营养的饲料，安静休息；用温水洗涤肛门，洗后擦干，保持肛门部清洁，尽量避免腹泻和便秘；减少尾根、尾毛对肛门部的压迫和摩擦刺激；若有炎性肿胀、疼痛或脓汁较多，可用局部清洗、广谱抗生素及理疗等。

2. 肛瘘切开或切除

肛周瘘手术首先必须找到内口，并了解内口和瘘管与括约肌之间的关系。一般采用手指检查或注入染料的方法，然后用探针从外口向内口穿出留置，切开探针上部分的瘘管，并刮除其中的肉芽组织，压迫止血。剪去两侧多余的皮肤，不使创缘皮肤生长过快而影响愈合，创面敷以凡士林纱布。术后伤口开放，引流通畅，使肛管内部伤口小、外部伤口大，便于肛管内部伤口比外部伤口先行愈合，防止伤口浅部愈合过速，深部形成新的管道。如伤口较大，可先部分缝合以加速愈合，完全缝合伤口的方法多因感染而失败，故不主张用。

3. 冷冻疗法

冷冻疗法是通过冷冻使瘘管里感染的组织变性坏死以治疗瘘管的一种方法。此法曾被许多人认为是一种有潜力的方法，可以保护健康组织并促进病部肉芽加速愈合。然而临床实践证明，此法难以达到这一目的，因为冷冻的过程使周围健康组织损害的程度比外科手术或切除破坏更为严重，且术后肛门狭窄的发病率明显上升，故目前已很少有人应用。

4. 激光疗法

激光疗法是应用高能激光的热效应、压强效应将瘘管破坏、切开或切除，使之治愈的一种治疗方法。目前常用的有 CO_2 激光、Nd∶YAG 激光等。

(1) CO_2 激光肛瘘切开术　对于只有一个外口的肛瘘，用探针经外口插入瘘管，仔细寻找内口，探针经内口引出，并拖至肛门外，用 CO_2 激光聚焦光束，沿探针指引方向，将瘘管全层切开。陈旧的瘘管需用 CO_2 激光将管内炎性组织及管壁气化去除，同时将整个创面热凝处理，使其表面形成一层白色凝固保护膜，伤口用油质纱布条引流。前位瘘管采取外部激光切开引流、内部挂线的方法处理。有条件辅以 He-Ne 激光照射创口，照射时间 10～15min，1 次/d。若为两个以上的瘘管，应分期治疗为妥。

(2) Nd∶YAG 激光瘘管内壁凝固术　在用探针判断瘘管的方向和长度后，用一手的食指插入肛门或直肠内，另一手持握光导纤维，将光纤经外口插入内口（直肠内的手指可感触到光导纤头），再将光纤退离内口约 2 mm，踩动脚踏开关，用以调试好输出功率的 Nd∶YAG 激光来回在瘘管内凝固 3 次，彻底破坏瘘管内壁。

无论用 CO_2 激光行肛瘘切开术或肛瘘切除术，还是用 Nd∶YAG 激光进行瘘管内壁凝固术，均具有处理方法简便、失血少、病程短等特点，是一种行之有效的方法。

【病案分析 22】肠梗阻

1. 病例简介

犬，4 岁，雄性。7 d 出现持续性的腹泻，随后有严重呕吐症状，几乎吃了就吐，曾就诊于其他动物医院，给予治疗后症状不见好转，开始严重消瘦。现呕吐明显，食欲废绝。患犬有吞食石子等异物的习惯。

2. 诊断

(1) 临床检查　该犬精神高度沉郁，被毛蓬乱，严重脱水。体温 39 ℃，心音亢进，呼吸变化不明显。肷部凹陷严重，可视黏膜苍白。触诊，肝脏区域稍小，但质地触感柔软，不见异常。胃部质地柔软但体积明显减小，反复触诊无异常内容物。听诊，肠蠕动音明显减弱。触诊肠道前段异常，内有小石子状颗粒，触压无明显痛感。

（2）影像学检查　X线片可见肾阴影稍大，轮廓边缘不清晰，肠内有明显明亮区，肝脏区域投影亮度基本正常，膀胱位置及阴影正常。

（3）进一步实验室检查　WBC总数异常升高，达到$66.2 \times 10^9/L$。杆状中性粒细胞升高到76%。尿液检查蛋白+++，红细胞+++，酮体++。

（4）诊断　根据病史、临床症状及X线片的结果，可以诊断为肠梗阻。但确定肠梗阻的原因及部位，则比较困难。一般必须经过详细地分析病史、全面地进行临床检查所见（包括腹部触诊）、腹腔穿刺检查及X线检查，方能确诊。

3. 治疗方法

（1）治疗原则　除去梗阻原因，纠正肠功能失常和全身性代谢紊乱。

（2）治疗方法

①纠正水、电解质和酸碱平衡失调。当血压低、脉搏快、血细胞比容高时，须静脉补充适量复方氯化钠溶液、葡萄糖生理盐水或右旋糖酐、全血、血浆等，以补偿血容量的丧失。同时应以乳酸钠溶液、碳酸氢钠溶液或三羟甲基氨基甲烷纠正酸中毒。

②控制感染和毒血症。一般先应用青霉素、链霉素，出现明显感染或毒血症后，可静脉注射广谱抗生素。

③解除梗阻、恢复肠道功能。手术疗法在肠梗阻治疗中起着积极作用，其目的在于松解粘连、整复变位的肠管、除去局部病变，一般可行肠管切开术或肠管截出手术。

4. 病例分析

（1）病史回顾及诊断分析　从本病例来看，自一个星期前出现持续性的腹泻，随后有严重呕吐症状，几乎吃了就吐，曾就诊于其他动物医院，给予治疗后症状不见好转，开始严重消瘦；现呕吐明显，食欲废绝。患犬吃了就吐，表明该犬病的初期，应有食欲，只是胃肠内不通，可能患有胃内异物、肠梗阻或肠套叠等疾病。从临床检查来看，来就诊时，患犬精神高度沉郁，被毛蓬乱，严重脱水，说明患犬体内水吸收减少。体温不高，心音亢进，呼吸变化不明显，说明病变主要在消化道。肷部凹陷严重，可视黏膜苍白。触诊，肝脏区域稍小，但质地触感柔软，不见异常，胃部质地柔软但体积明显减小，反复触诊无异常内容物，排除胃内异物的可能。听诊肠蠕动音明显减弱，触诊肠道前段异常，内有硬结，怀疑肠内可能有异物发生了梗阻。临床上肠梗阻的症状和肠套叠有许多相同之处，主要表现为剧烈的呕吐、食欲废绝、排便减少和严重脱水，单凭临床症状很难区别，应进行下一步检查。

对于怀疑肠梗阻的病例，应仔细询问病史，一般都有吞食异物或有异食癖的犬容易发生。该犬据主人介绍，有吞食石子等异物的习惯。一个星期前出现持续性的腹泻，随后有严重呕吐症状，给予治疗后症状不见好转，开始严重消瘦。根据病史，因石子等异物刺激肠道，肠蠕动加剧，初期肠梗阻可能是不完全堵塞，导致腹泻，因此临床症状不明显。到完全堵塞后，症状才会急剧恶化。对于肠梗阻的特殊诊断与肠套叠一样，必要时可进行B超影像学诊断和单纯X线检查，或进行钡餐造影或破腹探查。详见肠套叠病。

（2）肠梗阻发生的原因

①机械性肠梗阻。是由于肠管本身、肠腔外、肠腔内等原因引起肠腔狭窄，影响肠内容物通过，主要有以下几种。

肠扭转和肠缠结。肠管以纵轴为中心发生旋转，称肠扭转；肠管与另一段肠管及其肠系膜缠在一起,称肠缠结。肠扭转和肠缠结主要由于急起、急卧、跳跃、滚转、剧烈运动和肠蠕动亢进等引起。

肠箝闭和肠绞窄。肠管堕入天然孔(腹股沟环)或破裂口(肠系膜、膈肌、腹肌的破裂口等)内,并卡在其中,使肠管闭塞不通时,称为肠箝闭;肠管被腹腔某些韧带、结缔组织条索、带蒂的肿瘤绞结时,称为肠绞窄。肠箝闭和肠绞窄多由于肠腔空虚、肠蠕动亢进、激烈运动而引起。此外,肠腔外的粘连、肿瘤,肠壁的炎症、赘生物,肠腔内的蛔虫、结石、异物和粪块所引起的肠腔闭塞,均可造成机械性肠梗阻。

②动力性肠梗阻(功能性肠梗阻)。是指由于肠壁肌肉运动紊乱而影响肠内容物的顺利通过。主要见于肠麻痹和肠痉挛,此外弥漫性腹膜炎、腹膜出血、肠管手术后等,均可造成麻痹性肠梗阻。肠管的炎症及神经系统功能紊乱等,可发生痉挛性肠梗阻。肠梗阻的典型症状有腹痛,呕吐,腹胀,肠蠕动音先亢进后减弱,排便停止。

机械性肠梗阻的症状与病程较动力性肠梗阻更剧烈和持久,感染和毒血症出现较早。麻痹性肠梗阻的腹痛轻微或消失。本病例属于第一类,主要是肠管内异物机械性发生肠管堵塞引起。

【病案分析 23】犬直肠脱

1. 病例介绍

犬,雌性,体重 21 kg,9 岁。排稀便,舔食肛门,见有一红色香肠状物脱出并出血,其他未见异常。

2. 诊断

(1) 临床检查　体温、脉搏、呼吸均正常,直肠及黏膜完全外翻呈圆柱状,从肛门突出约有 8 cm 长,直肠黏膜呈红色、有光泽,黏膜水肿较重,明显变粗,局部有轻度溃疡但无坏死。

(2) 进一步鉴别诊断　实施腹腔触诊时,未发现腹腔内肠管发生套叠。

(3) 诊断　初步诊断为慢性腹泻并发直肠脱。

3. 治疗方法

(1) 保守治疗　妥善保定病犬,用 5%明矾温水清洗脱出的肠管。由于水肿较重,用灭菌的细针轻刺水肿部挤出水肿液及淤血,冲洗干净再用手将脱出的直肠轻轻送入肛门内。为防止再脱出,在肛周围用 95%酒精分点封闭注射;并在肛门外施行荷包缝合。

该犬于 5 d 后发现直肠又脱出,长约 10 cm 弯曲下垂,脱出的黏膜发炎,在黏膜下层形成高度水肿,手指不能沿脱出由直肠和肛门之间向盆腔方向推入。由于肠管脱出的时间较长,肠管被肛门括约肌箍压,而血液循环障碍,水肿非常严重。脱出的肠管已出血坏死并有损伤。决定手术切除坏死肠管。

(2) 手术治疗　麻醉保定,术部常规消毒,清洗肛门周围和脱出肠管。

直肠固定并切除。因坏死肠管较多,小心地拉出脱出的肠管,使健康肠管尽量暴露。在靠近肛门处健康直肠黏膜处取两根灭菌兽用封闭针头在脱出的直肠刺穿肠管将其固定,上下一针,左右一针,两针呈十字交叉状。在固定针后约 2 cm 处将脱出的坏死肠管环形横切。充分止血(特别注意位于肠管背侧痔动脉的止血)。肠管断端的浆膜和肌层做结节缝合,然后用单纯缝合法缝合内、外两层黏膜层。

冲洗创缘缝合完毕后,涂以碘甘油或抗生素药物。将直肠还纳后,肛门做纽扣状缝合,留有排便缝隙。

（3）术后护理　术后 48 h 禁食，肠炎治疗并配合静脉补充营养物质。

（4）疾病预后　该犬于第 3 天喂少量流食，第 5 天精神基本正常，停止输液。第 9 天拆除肛门周围缝线，第 15 天痊愈。

4. 病案分析

（1）发病原因　直肠脱是由多种原因结合的结果，常见于长期慢性腹泻、便秘、病后瘦弱、病理性分娩等引起强烈努责，导致直肠韧带松弛、直肠黏膜下层组织和肛门括约肌松弛或功能不全，出现直肠脱出。

（2）诊断注意事项　本病往往合并肠套叠一同发病，大量病例中可见肠套叠并发直肠脱出，主要是由于肠套叠发生后肠管不通畅，机械性压力造成直肠脱出。本病需谨慎仔细检查，以免对原发病肠套叠的漏诊。

（3）手术原则　切除坏死肠管必须彻底，直到组织有生命力位置，以利于肠管的愈合。

（4）术后护理　胃肠道手术中对饮食的控制至关重要，进食过早可能导致肠道破裂或感染出现，因此需要经肠外途径补充营养成分。

【病案分析 24】猫肠便秘

1. 病例简介

本地猫，雄性，8 岁，体重 4.5 kg。精神沉郁，无食欲，小便困难，无大便。

2. 诊断

（1）临床检查　触诊腹部膀胱胀大如拳头状，结肠部位有较硬的粪结，肛门测温时也可感觉到直肠中有较硬的积粪，可视黏膜轻微发绀，轻度脱水，肠音消失，心肺音正常。

（2）影像学检查　X 线检查发现结肠段积粪严重，从横结肠开始一直到直肠段积满了较大、干硬的粪块。膀胱涨满，积尿相当严重。

（3）确诊与鉴别诊断　根据临床检查情况和 X 线检查，确诊为肠便秘。

3. 治疗

（1）保守疗法　灌肠处理，以软化粪便，但效果不理想，仅取出少许粪结。由于粪结过硬、过大，无法顺利取出，若强行取出，有撕破肠管的风险，因此决定手术治疗。

（2）手术疗法　手术按照常规腹腔探查手术操作，发现结肠状态比较完整，膀胱充盈，行膀胱穿刺，抽取出约 100 mL 淡红色的血尿。检查结肠段有坚硬物体存在，几乎塞满整个结肠，取梗阻肠管中段纵向剖开肠壁，取出积粪 9～10 块，冲洗并常规关闭腹腔。

（3）术后护理　补充能量和体液，应用抗生素防止肠道继发感染，每日更换创口纱布，防止创口感染。按摩膀胱部，促进尿液排出。48 h 给予少量饮水，72 h 给予流质食物。由于护理得当，该猫恢复效果良好，1 周后开始慢慢恢复食欲，精神和大小便均有好转。

4. 病例分析

（1）发病原因　猫便秘是一种常见病症，主要是由于肠内容物停滞、变干、变硬，致使排粪量过少或排粪困难。多数病例为一次性，少数为长期反复发作。猫便秘的原因很多，多因饲养管理不良、饲料单一、饮水不足、运动量小等引起。同时也可因猫后肢受损、某些药物刺激、继发于肠道梗阻等疾病引起。

（2）诊断要点　触诊为最直接诊断的方法，不应忽视，尤其是在猫的盲肠和结肠部位，应作为诊断肠管梗阻的重要检查部。有些严重病例在肛温测定过程中即可发现病症。初步诊断为便秘。

（3）特殊诊断　可采用X线检查，由于积粪段肠管密度增大，与周围组织形成鲜明对比，故方法特异性较强。

（4）治疗原则　该病应在治疗原发病的基础上采取对症治疗。隔着腹壁用手轻轻挤压阻塞部位，患病较轻的猫可将粪团捏碎，然后再灌肠，让猫自己排便。便秘初期或单纯性便秘，可用温肥皂水、液体石蜡灌肠。严重便秘的猫除反复灌肠外，还应补充体液和电解质。如果灌肠不能排出的顽固性便秘也可考虑手术治疗。为有效地防止慢性便秘，可以在饲料中增加植物纤维，定期或不定期地给猫用甘油或温肥皂水灌肠，或内服缓泻剂。

项目十一

泌尿生殖器官疾病

【学习目标】

通过学习泌尿器官和生殖器官疾病，对宠物膀胱破裂、泌尿道结石、隐睾以及前列腺疾病进行诊断和治疗。

【技能目标】

掌握泌尿生殖器官常见疾病的诊断和治疗方法。

宠物泌尿生殖器官的疾病是兽医临床中常见且较难诊疗的疾病，其种类繁多，不易诊断，往往难以治愈。本项目重点介绍膀胱破裂的症状、诊断与治疗原则；犬、猫膀胱结石和泌尿系统结石的症状、诊断及治疗；输尿管结石的症状特点，肾结石的症状特点；公犬前列腺肥大与炎症的病因、症状特点与治疗；睾丸炎的病因、症状特点与治疗；隐睾的病因、诊断与治疗。

任务一　泌尿器官疾病

一、膀胱破裂

膀胱破裂犬多发。本病发生后病情急，变化快，若确诊和治疗稍有拖延往往造成患犬死亡。

1. 病因

空虚的膀胱位于骨盆腔深部，受到周围组织良好的保护，一般不易破裂。引起膀胱破裂最常见的原因是继发于尿路的阻塞性疾病，特别是由尿道结石、砂性尿石或膀胱结石阻塞了尿道或膀胱颈；尿道炎引起的局部水肿、坏死或瘢痕增生；阴茎头损伤以及膀胱麻痹等造成膀胱积尿，均易引发膀胱破裂。膀胱内尿液充盈，容积增大，内压增高，膀胱壁变薄、紧张，此时任何可引起腹内压进一步增高的因素都可引起膀胱破裂。

2. 症状

犬的膀胱在骨盆腔和腹腔的腹膜部保留着较大的活动性。当尿液过度充满时，其大部或全部伸入腹腔，所以膀胱破裂几乎都属腹膜内破裂。破裂的部位可以发生在膀胱的顶部、背部、腹侧和侧壁。膀胱破裂后尿液立即进入腹腔，临床上根据破裂口的大小及破裂的时间不同，症状轻重不等，主要出现排尿障碍、腹膜炎、尿毒症和休克的综合征。

膀胱破裂后，凡因尿闭所引起的腹胀、努责、不安和腹痛等症状，随之突然消失，病犬暂时变为安静。发生完全破裂的病犬，虽然仍有尿意，如翘尾、体前倾、后肢伸直或稍下蹲、轻度努责、阴茎频频抽动等，但却无尿排出，或仅排出少量尿液。大量尿液进入腹腔，腹下部腹围迅速增大，1 d 后可呈圆形。在腹下部用拳短促推压，有明显的振水音。腹腔穿刺，有大量已被稀释的尿液从针孔冲出，一般呈棕黄色，透明，有尿味。置试管内沸煮时，尿味更浓。继发腹膜炎时，穿刺液呈淡红色，较混浊，且常有纤维蛋白凝块将针孔堵住。

随着尿液不断进入腹腔，腹膜炎和尿毒症的症状逐渐加重。患病动物精神沉郁，眼结膜高度弥漫性充血，体温升高，心率加快，呼吸困难，肌肉震颤，食欲消失。

3. 治疗

膀胱破裂的治疗应抓住三个环节：①对膀胱的破裂口及早修补；②控制感染和治疗腹膜炎、尿毒症；③积极治疗导致膀胱破裂的原发病。

做膀胱修补的病犬，一旦破裂口修补好，大量尿液引向体外后，腹膜炎和尿毒症通常在1～2 d 后即能缓解，全身症状很快好转，但此时在治疗上切勿放松，必须在治疗腹膜炎和尿毒症的同时，抓紧时间治疗原发病，使原尿路及早地通畅，恢复排尿功能。

经过治疗多天后，若导致膀胱排尿障碍的下尿路阻塞仍未解除，可考虑会阴部尿道造口术以重建尿路。

二、膀胱弛缓

膀胱弛缓是膀胱壁肌肉的紧张性消失，以致不能正常排尿的一种疾病。本病通常见于犬、猫，特别是雄性犬、猫。

1. 病因

膀胱弛缓常见于各种原因引起的尿潴留，发生急性或慢性膀胱扩张，而使膀胱壁肌肉收缩力呈不同程度的丧失，甚至永久失去收缩力。

发生尿潴留的主要原因是排尿障碍，各种机械性或损伤性、炎症性的尿道阻塞均可干扰排尿而引起尿潴留。脊髓损伤有时引起排尿反射丧失也能发生尿潴留。

2. 症状

新发生膀胱弛缓时，患病动物经常试图排尿，但是几乎无尿排出，或者仅滴出少量尿液。久病者，排尿动作也丧失，腹部膨大。

3. 诊断

本病应注意与膀胱炎鉴别。膀胱弛缓时，膀胱胀满，排空后似一空瘪的气球，膀胱壁呈弛缓状态。通过 X 线片可确诊本病。

4. 治疗

首先应清除引起膀胱弛缓的原因，如除去尿结石、消除尿路炎症、治疗尿路损伤和脊髓损伤等。其次，当尿路畅通后，应注意经常排空膀胱，防止膀胱扩张，尽早恢复膀胱张力。可试用氯化氨甲酰甲胆碱给犬口服，每次 5～15 mg，3 次/d。必要时，要进行人工按摩腹部，挤压出尿液。

三、犬、猫膀胱结石

膀胱结石是犬泌尿系统常发病，多发生于中老年犬、猫。

1. 病因

膀胱结石的病因较复杂，如日粮搭配不当，饮水不足，代谢紊乱，尿长期潴留，尿液中蛋白过多，甲状腺功能亢进导致血钙增加，尿液晶体浓度增高，尿液 pH 变化，血液钙磷比例失调，肾及尿路感染等诸多因素，均可促进尿石在肾脏内形成。小型尿结石可随尿排出体外，较大块的结石颗粒从尿道排出受阻，积聚在膀胱内，影响排尿。

2. 症状

患病动物常食欲缺乏、呕吐，长期伴有腹泻、尿少、尿淋漓，频频做排尿姿势，后期出现尿血、尿闭等症状。

3. 诊断

本病可通过临床症状，X 线及 B 超检查迅速确诊。

4. 治疗

早期发现可通过使用抗菌药物，引用排石引液药及改变饮食进行保守治疗。保守治疗无效时，必须进行手术，切开膀胱取出结石。当结石较大，或已经出现尿闭时，必须马上手术治疗。

四、犬、猫尿道结石

1. 病因

尿道结石的病因基本同膀胱结石，是由于膀胱内的结石进入并阻塞尿道引起。

2. 症状

尿道结石多数症状较重，表现尿淋漓、尿闭或尿血，治疗不及时可引起膀胱破裂。

3. 诊断

本病可通过临床症状，X 线及 B 超检查迅速确诊。

4. 治疗

若尿道结石保守治疗无效，建议马上采取手术治疗。一般采取将结石送入膀胱，再切开膀胱取出结石的办法。如果结石不能送入膀胱，则要进行尿道切开术取出结石(多见于公犬)。公猫尿道很细，导尿困难，且猫的结石一般为泥沙样，在膀胱中同样会有大量结石，不容易将结石完全冲洗干净，故手术的难度很大，且容易复发。

任务二　生殖器官疾病

一、隐睾

隐睾是一侧或两侧睾丸的不完全下降，滞留于腹腔或腹股沟管的一种疾病。

犬的隐睾常见为一侧性，且右侧比左侧多，也有两侧隐睾的。未下降的睾丸留置在腹腔内或已通过腹股沟环但未降至阴囊内。

1. 病因

睾丸下降异常的真正原因尚不清楚，一般认为有以下几种原因：下丘脑-垂体轴缺陷及黄体激素不足；机械性缺陷，如引带异常；遗传性原因；导致睾丸雄激素缺乏的睾丸自身缺陷，这种激素可影响输精管、附睾和引带；因异常睾丸染色体而导致的睾丸发育不全；在性腺发育早期促性腺激素刺激不足可能影响睾丸的下降。

2. 诊断

确诊隐睾的方法可行外部触诊阴囊和腹股沟外环、直肠内盆腔区触诊和实验室检查血浆雄激素浓度等。

注意，犬的睾丸提肌反射敏感度高，触摸睾丸能使其向腹股沟环回缩，因而易被误诊为隐睾。而一般情况下，正常小犬的睾丸可以推拿降至阴囊，但在隐睾犬则推拿不能使睾丸下降。犬的隐睾在 3 周龄以上较易诊断。

3. 治疗

隐睾应尽早行手术摘除术。

二、睾丸炎和附睾炎

睾丸炎是睾丸实质的炎症。由于睾丸和附睾紧密相连，睾丸炎易引起附睾炎，故两者常同时发生或互相继发。根据病程和病性，本病临床上可分为急性与慢性，非化脓性与化脓性。

1. 病因

睾丸炎常因直接损伤或由泌尿生殖道的化脓性感染蔓延而引起。直接损伤如打击、蹴踢、挤压，尖锐硬物的刺创或撕裂创和咬伤等，发病以一侧性为多。化脓性感染可由睾丸或附睾附近组织或鞘膜的炎症蔓延而来，病原菌常为葡萄球菌、链球菌、化脓棒状杆菌、大肠杆菌等。某些传染病，如布鲁氏菌病、结核病、放线菌病、鼻疽、腺疫、沙门氏杆菌病、媾疫等亦可继发睾丸炎和附睾炎，以两侧性为多。

2. 症状

急性睾丸炎时，一侧或两侧睾丸呈现不同程度的肿大、疼痛。患病动物站立时拱背，拒绝配种。有时肿胀很大，以致同侧的后肢外展。运步时两后肢开张前进，步态强拘，以避免碰触病睾。触诊睾丸体积增大、发热，疼痛明显，鞘膜腔内有浆液纤维素性渗出物，精索变粗，有压痛。外伤性睾丸炎常并发睾丸周围炎，引起睾丸与总鞘膜甚至阴囊的粘连，睾丸失去可动性。

病情较重的除局部症状外，患病动物出现体温增高、精神沉郁、食欲减退等全身症状。当并发化脓性感染时，局部和全身症状更为明显。整个阴囊肿得更大，皮肤紧张、发亮。随着睾丸的化脓、坏死、溶解，脓灶成熟软化，脓液蓄积于总鞘膜腔内，或向外破溃形成瘘管，或沿着鞘膜管蔓延上行进入腹腔，继发严重的弥漫性化脓性腹膜炎。

由结核病和放线菌病引起的睾丸炎，睾丸硬固隆起，结核病通常以附睾最常患病，继而发展到睾丸形成冷性脓肿。由布鲁氏菌和沙门氏杆菌引起的睾丸炎，睾丸和附睾常肿得很大，触诊硬固，鞘膜腔内有大量炎性渗出液，其后，部分或全部睾丸实质坏死、化脓，并破溃形成瘘管或转变为慢性。鼻疽性睾丸炎常取慢性经过，并伴发阴囊的慢性炎症，阴囊皮肤肥厚肿大，丧失可动性。由传染病引起的睾丸炎，除上述局部症状外，尚有其原发病所特有的临床症状。

慢性睾丸炎时，睾丸发生纤维变性，萎缩，坚实而缺乏弹性，无热痛症状。患病动物精子生成的功能减退，甚至完全丧失。

3. 治疗

本病治疗时主要应控制感染和预防并发症，防止转化为慢性，导致睾丸萎缩或附睾闭塞。

急性病例应停止使役，安静休息。24 h 内局部用冷敷，以后改用温敷、红外线照射等温热疗法。局部涂擦鱼石脂软膏，阴囊用绷带托起，使睾丸得以安静并改善血液循环，减轻疼痛。

疼痛严重的，可用盐酸普鲁卡因溶液加青霉素做精索内封闭。睾丸严重肿大的，可用少量雌性激素。全身应用抗菌药物。

进入亚急性期后，除温热疗法外，可行按摩，配合涂擦消炎止痛性软膏，无种用价值的患病动物宜去势。

已形成脓肿的，最好早期进行睾丸摘除。

由传染病引起的睾丸炎应先治疗原发病，再进行上述治疗，可收到预期效果。

三、前列腺炎

前列腺炎是前列腺的急性和慢性炎症，以犬发病较多。

1. 病因

急性前列腺炎主要由链球菌、葡萄球菌、革兰氏阴性杆菌感染所引起，多经尿道或经血行而感染。慢性前列腺炎多来自急性前列腺炎。

2. 症状

急性前列腺炎的发病较急，全身症状明显，有高热，可达 40 ℃以上，呕吐；常伴有急性膀胱炎和尿道炎，病犬有尿频、尿痛、血尿等症状；偶因膀胱颈水肿或痉挛而致尿闭。腹部及直肠触诊前列腺时表现疼痛。手指探查发炎的腺体时能感知增温、敏感与波动。血细胞检查，白细胞增多。尿液检查可见白细胞及细菌。直肠按摩前列腺能收集到渗出物，有助于判断炎症反应的部位和确定渗出物的性质。

慢性前列腺炎的症状基本与急性前列腺炎相同，但症状较轻微，病程较长。

3. 诊断

本病临床上极易与急性肾盂肾炎、膀胱炎、尿道炎相混淆。应用 B 超、X 线诊断较可靠。

4. 治疗

可根据微生物学检查及药敏试验采取相应的抗生素，如青霉素、链霉素、庆大霉素、卡那霉素、氨苄西林等抗生素进行治疗。慢性前列腺炎可对其进行按摩，以促进炎症的消散，同时配合抗生素疗法。

四、前列腺增大

前列腺增大(增生、肥大)是犬前列腺最常见的疾病，6 岁以上的犬约有 60％患某种程度的前列腺增大。本病大部分不显示临床症状，通常以囊肿性增生为多见。

1. 病因

前列腺增大的病因尚不十分清楚，一般认为可能与内分泌失调有关。

2. 症状

本病的主要症状是前列腺肿大呈囊状；出现里急后重、便秘、尿频、尿急或排尿困难，有时出现膀胱弛缓。患犬步样改变，后肢跛行，后躯明显纤弱。全身症状不明显。

3. 诊断

通过直肠指诊和腹部触诊可发现前列腺肿大，但确定其大小必须采用 B 超、X 线检查。

会阴疝也可能伴发前列腺增大，但二者之间关系并不能确定。临床检查中应予注意。

4. 治疗

本病最有效的方法是去势。大多数病例在去势后 2 个月内，前列腺的体积即可缩小。此外，周期性地、间断地给予少量的己烯雌酚(0.1 mg)能促进前列腺萎缩，但剂量应予控制。良性的、大的增生不可能对己烯雌酚有良好反应，应使用手术方法摘除或两者同时进行。

前列腺囊肿较大可手术摘除。一般认为结合去势有利于治愈。发生感染时，应根据细菌培养与药敏试验给予抗生素治疗。

【病案分析25】犬膀胱破裂

1. 病例简介

藏獒犬，雄性，10月龄，体重40 kg，从高处跌落后腹围迅速增大，无排尿动作，注射止血敏后转至动物医院就诊。

2. 诊断

(1) 临床检查　体温37.6 ℃，心率130次/min，呼吸40次/min。病犬能站立行走，四肢运动能力尚可。观察发现该犬可视黏膜为轻度贫血状态，腹部膨大，腹部皮肤和后肢有擦伤，呼吸较快，触诊腹部有冲击感。

(2) 影像学检查　B超检查发现该犬膀胱轮廓不清晰，腹内有大范围液性暗区，肝脏、脾脏和肾脏结构清楚，右侧肾脏出现轻微肿大。经腹腔穿刺发现有尿液流出。

(3) 诊断　初步诊断为膀胱破裂，开腹探查。

3. 治疗

(1) 手术治疗　逐层切口皮肤和各肌肉层，剪开腹膜后暴露腹腔。流出大量的暗红色液体，伴有大量血凝块，液体带有尿液气味。暴露膀胱，可见膀胱腹侧从膀胱底至膀胱颈方向有约7 cm长的裂口，破裂口边缘不整齐；膀胱壁截面有小的血窦，充血肿胀，增厚较严重；两侧输尿管结构完整，未发现膀胱体存在其他裂口，随即进行膀胱缝合。

缝合膀胱前对不完整的膀胱壁进行修剪，切除坏死组织，用可吸收缝线对膀胱进行修补缝合。用大量灭菌温生理盐水对腹腔内进行反复冲洗，排净腹腔内残留的尿液和血液，吸引出清洗液至颜色变淡，确定无出血后关闭腹腔。同时，留置导尿管进行膀胱减压。

(2) 术后护理　术后抗菌消炎，调节体液酸碱平衡，防止机体代谢紊乱。

(3) 治疗情况　术后该犬腹围未见增大，从导尿管中流出粉红色液体，肌内注射立止血；第2天尿液颜色变淡，体温为39.5 ℃；第3天体温恢复正常，食欲基本恢复；术后第4天尿液颜色正常，尿量正常。留置导尿管，降低膀胱压力，以利于创口愈合。术后第5天取出导尿管，发现该犬可以进行自主排尿，尿常规检查未见红细胞出现。9 d后痊愈，手术切口愈合良好，拆除缝合线。

4. 病案分析

(1) 发病原因　膀胱破裂的发生多是在膀胱充盈状态下受到巨大撞击力作用，此时腹压较大，膀胱壁变薄，收缩性降低，在失去骨盆保护的条件下外力作用传至膀胱，从而引发破裂，常见于车祸、殴打、高空跌落等情况，因此对于上述条件下造成犬受伤时，一定要考虑膀胱是否完整。

(2) 手术关键技术　膀胱破裂缝合本身难度并不大，但可能出现不规则缺损，缝合时应仔细检查是否渗漏。此外，膀胱颈处有破裂时，要考虑到两侧输尿管的解剖位置，不能把输尿管闭合上，以免误结扎后产生闭尿，导致急性肾衰和尿毒症的发生。

(3) 体液调节　术后应注意纠正犬的体液平衡，防止酸中毒的发生，尽快带走体内毒素。

另外，由于犬大量失血可能导致血钙、钾和血红蛋白的大量流失，应注意在术后补充相应的离子，维持晶体和胶体渗透压的平衡。

【病案分析 26】犬膀胱结石

1. 病例简介

犬，6 岁，雌性。精神沉郁，食欲减退，腹部紧缩，排尿困难而且尿呈点滴状，尿频，排尿时呈蹲坐式呻吟，有时尿中带血，使用抗生素治疗无效。

2. 诊断

（1）临床检查　该犬精神沉郁，食欲减退，腹部膨满，有排尿动作但尿不出来，排尿时病犬呈蹲坐式呻吟，触诊到膀胱区域，敏感，有疼痛反应。体温正常，脉搏、呼吸无明显变化。

（2）影像学检查　对病犬做 B 超检查发现在膀胱超声图像液性暗区的一侧有一个大的回声极强的灰白色区域，可以移动。X 线检查膀胱内有圆形不透光石块。

（3）诊断　根据病史、临床症状辅以 X 线、B 超检查可确诊为膀胱结石。

（4）鉴别诊断　注意与以下几种疾病相区别。

①肾膨结线虫病。两者类似处为血尿，尿频；不同处为后者脓尿、贫血、腹痛、呕吐、便秘或腹泻，尿中有虫卵。

②肾炎。两者类似处为尿血、尿少、肾区敏感、步态强拘；不同处为后者可视黏膜苍白、口臭、间或呕吐或腹泻，严重时痉挛，昏睡。

③肾功能衰竭。两者类似处为尿少或无尿；不同处为后者少尿、无尿期出现水肿，多尿期水肿消退，恢复期排尿正常，但出现肌无力。

3. 治疗方法

（1）手术治疗　参照膀胱切开术。

当有结石形成时，应给予矿物质少而富含维生素 A 的食物，并给大量清洁饮水，以形成大量稀释尿，借以冲淡尿液晶体浓度和防止沉淀；同时可以冲洗尿路，使体积细小的结石随尿排出。对体积较大的结石，无法通过尿路并阻塞尿路时，需及时施行尿道切开术或膀胱切开术。为预防感染，可应用抗生素。对磷酸盐和草酸盐结石，可给予酸性食物或酸制剂，使尿液酸化，对结石有溶解作用。对尿酸盐结石可内服异嘌呤醇，每千克体重 4 mg/d，使其成为可溶性胱氨酸复合物，由尿排出。

（2）术后护理　抗生素治疗，注意饮水，改善饮食。

4. 病案分析

（1）诊断要点　该犬常有排尿动作但排尿困难而且尿呈点滴状，尿频，有时尿中带血，使用抗生素治疗无效，因为是母犬，首先怀疑可能是膀胱疾病，包括膀胱结石、膀胱肿瘤、膀胱炎。但因使用抗生素治疗一段不见好转，故可以排除膀胱炎症的可能。临床进一步检查发现该犬精神沉郁，食欲减退，表明全身症状明显，膀胱局部病变的可能性较小。通过腹部触诊，发现腹部膨满，排尿时病犬呈蹲坐式呻吟，触诊膀胱区域敏感，有疼痛反应。从上述临床表现，可以判定该犬主要病变在膀胱，有结石或有肿瘤的可能性都有。

（2）进一步确诊　B 超检查发现在膀胱中超声图像液性暗区的一侧有一个大的回声极强的灰白色区域，可以移动。X 线检查膀胱内有圆形不透光石块。因此，根据病史、临床症状辅以 X 线、B 超检查可确诊为膀胱结石。

（3）鉴别诊断　膀胱结石与膀胱肿瘤两者共同发病特点为尿频、血尿及尿淋漓症状。若为膀胱肿瘤，需进行 X 线阴性造影或阳性造影，看膀胱有没有占位性病变，才能确诊。

【病案分析 27】犬尿道结石

1．病例简介

犬，雄性，8 岁。半月前出现排尿困难，近日逐渐发展成尿量减少，排尿次数增加，频频出现排尿动作，无尿或排出少量尿液。

2．诊断

（1）临床检查　体温正常，呼吸和心跳略有增加；尿呈淋漓状，呈淡红色，后腹部膨胀，B 超检查膀胱充盈，呈低回声区；X 线检查见尿道处有 0.3 cm×0.3 cm 大小的强回声区。

（2）诊断　根据临床症状、尿道探诊、B 超和 X 线造影检查，确诊为尿道结石（有些病例可伴发膀胱息肉或膀胱肿瘤）。

（3）鉴别诊断　注意与以下疾病相鉴别。

①磷酸盐尿结石。呈白或灰白色，生成迅速，可形成鹿角状结石，常发生于碱性尿液中；X 线片显影较淡。

②草酸盐尿结石。呈棕褐色，表面粗糙有刺，质坚硬，易于损伤尿路而引起血尿，发生于碱性尿液内；X 线片特征为尿石中有较深的斑纹，呈桑葚状，边缘呈针刺状，并向外放射。

③尿酸盐尿石。呈浅黄色，表面光滑，质坚硬，常发生于酸性尿液中；X 线片显影较淡。

④胱氨酸盐尿石。表面光滑，能透过 X 射线，在 X 线片上不易显影，故称为“透光性结石”，发生于酸性尿液中。

⑤碳酸盐尿石。呈白色，质地松脆；发生于碱性尿液中。

3．治疗

（1）治疗原则　对于尿石症的治疗，以排除结石为主，对症治疗为辅。

（2）治疗方法　采用膀胱切开配合尿道逆行冲洗方法，术式同膀胱切开手术。雄性犬尿道狭窄，小颗粒结石易在尿道坐骨段和阴茎骨段发生积累。尿道插管后，术中应用大量生理盐水从阴茎头端向切开膀胱内冲洗尿道结石。冲洗结束后探查膀胱颈处未发现结石，遂缝合膀胱和腹膜，常规关腹，导尿管留置。

（3）术后护理　应用抗生素，纠正体液平衡，同膀胱结石。

4．病例分析

（1）病史分析　该犬从半月前出现排尿困难，近日逐渐发展成尿量减少，排尿次数增加，频频出现排尿动作，无尿或排出少量尿液。这些症状首先表明该犬泌尿系统存在问题。一个可能是结石，另一个可能是尿路炎症。尿频、尿急是炎症的表现，排尿困难或尿闭是尿道堵塞的表现。尿道堵塞有时可能是炎症引起，也可能是肿瘤或尿路结石。要进行区别，必须进行下一步诊断。

（2）特殊诊断的重要性　要确切诊断尿结石，必须做尿道探诊、B 超和 X 线检查。必要时要进行膀胱造影，以便于和患有膀胱结石同时伴发膀胱息肉或膀胱肿瘤的鉴别。从本病例看，犬营养良好，精神状态一般，体温正常，呼吸和心跳略有增加，全身症状并不明显，表明炎症反应不重，可以初步排除尿路感染、肿瘤的可能。B 超检查发现，该犬膀胱充盈，呈低回声区，膀胱内未见有结石。因此进行了 X 线检查，在尿道内见有米饭粒大小不等的多个石头。通过 X

线诊断，可以确诊。

（3）术后排石治疗　对于尿结石的治疗一般比较容易，不管是膀胱内还是尿道内的，多采用手术治疗。但尿结石的复发率很高，尿结石形成的原因也比较复杂，目前尚未完全清楚。一般认为与食物单调或矿物质含量过高、饮水不足、矿物质代谢紊乱、尿液 pH 改变、尿路感染和病变等因素有关。所以临床上建议，术后多采用排石药配合尿石症处方粮疗法。

（4）尿结石的病因分析　尿结石病因有下列不同的分析。

①胶体和晶体平衡失调。在正常尿液中含有多种溶解状态的晶体盐类（如磷酸盐、尿酸盐、草酸钙等）和一定量的胶体物质（如黏蛋白、核酸、黏多糖、胱氨酸等），它们之间保持着相对的平衡状态。此平衡一旦失调，即晶体超过正常的饱和浓度时，或胶体物质不断地丧失分子间的稳定性结构时，则尿液中即会发生盐类析出和胶体沉着，进而凝结成为结石。

②体内代谢紊乱。如甲状旁腺功能亢进、甲状旁腺激素分泌过多等，使体内矿物质代谢紊乱，可出现尿钙过高现象，以及体内雌性激素水平过高等因素，都可促进尿结石的形成。

③尿路病变。尿路病变是结石形成的重要条件。当尿路感染时，尿路炎症可引起组织坏死，加上炎性渗出物、细菌的积聚，可形成结石的核心。其外周由矿物质盐类和胶体物质环绕凝结而形成结石。

④尿结石主要在肾脏（肾小管、肾盏、肾盂）中形成，后移行至膀胱，并在膀胱中继续增大，故认为膀胱是犬、猫尿结石最常见的场所。肾小管内的尿石多固定不动，但肾盂或膀胱内的结石则可移动，有的移行至输尿管和尿道时，可发生阻塞。结石的阻塞部位刺激尿路黏膜，引起局部黏膜损伤、发炎、出血，致使尿路平滑肌发生痉挛收缩，呈现肾性腹痛。由于尿路阻塞引起排尿困难或尿闭，膀胱积尿，膀胱麻痹甚至破裂。尿石症的临床症状因其阻塞部位、体积大小、对组织损害程度不同而异。

项目十二

四肢及骨骼疾病

【学习目标】

通过学习骨病和关节疾病等内容，掌握不同类型骨病的症状表现、临床诊断和治疗原则，对脊椎和骨肿瘤等疾病深入理解。

【技能目标】

掌握骨病的发病原因，熟练骨病诊断方法，对复杂骨病要做到了解病因、症状，熟悉治疗原则和方法。

由于宠物在不同生长时期机体受到内因和外因的作用，可导致多种骨和关节疾病，所以四肢疾病在宠物疾病临床诊疗中占有较大比重。近年来饲养宠物犬和猫的品种不断增多，个别品种受到饲养管理和遗传等因素影响，导致骨科疾病（如骨折、骨营养不良和骨髓炎等）的发生。此外，关节疾病也是宠物临床常见多发病，如软骨发育异常、髋关节发育异常、累-卡-佩氏病及骨肿瘤。学习宠物有关骨和关节病发病原因、机制和临床症状，有助于掌握宠物四肢疾病的诊断和治疗原则。

任务一　骨 的 疾 病

一、骨膜炎

骨膜炎是由于骨膜及骨膜血管扩张、充血、水肿或骨膜下出血，血肿机化，骨膜增生及炎症性改变造成的应力性骨膜损伤或化脓性细菌侵袭造成的感染性骨膜损伤。临床上骨膜炎可分为非化脓性与化脓性骨膜炎、急性与慢性骨膜炎。

骨膜由致密结缔组织构成，被覆于除关节面以外的骨质表面，并有许多纤维束伸入骨质内。骨膜富含血管、神经，通过骨质的滋养孔分布于骨质和骨髓。骨髓腔和骨松质的网眼也衬着一层菲薄的结缔组织膜，称为骨内膜。骨膜的内层和骨内膜有分化成骨细胞和破骨细胞的能力，以形成新骨质和破坏、改造已生成的骨质，所以对骨的发生、生长、修复等具有重要意义。

动物幼年时期，骨膜内的成骨细胞能不断地产生新的骨组织，使骨的表面增厚，使骨长粗；骨折后的愈合则依靠骨膜的成骨细胞完成。骨膜损伤过多时，可导致骨营养和再生发生障碍，从而影响骨折的愈合，甚至引起骨坏死。动物进入老年后，骨膜变薄，成骨细胞和破骨细胞的分化能力减弱，因而骨的修复功能减退。

（一）非化脓性骨膜炎

1. 病因

（1）骨膜直接遭受机械性损伤，如打击、跌倒、冲撞等引起。最常发生在四肢下部没有软组织覆盖而浅在的骨上。

（2）肌腱、韧带等在快速运动中过度的牵张，或长期受到反复的刺激，致使其附着部位的骨膜发生炎症。

（3）有些病例的发生由骨膜附近关节及软组织的慢性炎症蔓延而来。

2. 症状

（1）急性骨膜炎　病初以骨膜的急性浆液性浸润为特征。病变部充血、渗出，痛性扁平肿胀，皮下组织出现水肿。触诊有痛感，伴有指压痕。四肢的骨膜炎可发生明显跛行，跛行随运动而增重，病犬常不愿站立。骨膜炎发生在腰部的病犬出现弓腰。一般无全身症状，10～15 d后炎症逐渐平息。

（2）慢性骨膜炎　由急性骨膜炎转变而来，或因骨膜长期遭到频繁、反复的刺激而发生，包括纤维性骨膜炎和骨化性骨膜炎两种病理过程。

①纤维性骨膜炎。以骨膜的结缔组织增生为特征；病患部出现坚实而有弹性的局限性肿胀，触诊有轻微热痛。

②骨化性骨膜炎。病理过程由骨膜的表层向深层蔓延。由于成骨细胞的有效活动，首先在骨表面形成骨样组织，以后钙盐沉积，形成新生的骨组织。视诊病部突出于骨面的肿胀。触诊硬固坚实，没有疼痛，表面呈凹凸不平的结节状。大多数患犬无功能障碍，只有当骨赘发生于关节的韧带部或肌腱的附着点时，可发生跛行。

3. 治疗

急性浆液性骨膜炎时，令患病动物安静休息。发病 24 h 以内，可用冷疗法。以后改用温热疗法和消炎剂，如外敷用醋或酒精调制的复方醋酸铅散、10％碘酊或碘软膏、10％～20％鱼石脂软膏等。用盐酸普鲁卡因溶液加皮质激素制剂局部封闭，可获良好效果。局部可装着压迫绷带，以限制关节活动，使患病动物能有较长的时间充分休息，对病的恢复很重要。

纤维性骨膜炎和骨化性骨膜炎的治疗，主要是消除跛行以达到功能性治愈的目的。早期可用温热疗法及按摩。跛行较重的病例可应用刺激剂。犬的腰部骨膜炎可以配合中药治疗，有良好的临床效果。

骨化性骨膜炎在上述治疗无效时，可在无菌条件下进行骨膜切除术。将骨赘周围 2～3 mm 宽的骨膜环形切除，摘除骨赘，骨赘底部用锐匙或锐环刮平，最后撒布抗生素粉剂，密闭缝合皮肤。

（二）化脓性骨膜炎

1. 病因

化脓性骨膜炎是因化脓性病原菌（多为葡萄球菌、坏死杆菌、链球菌）感染而引起，常发生于骨膜附近的软组织损伤、开放性骨折、骨折内固定手术以及化脓性骨髓炎时。化脓菌侵入骨膜后，在骨膜上形成很多脓灶或骨膜下脓肿。脓肿破溃，脓汁进入周围软组织，或继续蔓延至皮下而发生蜂窝织炎。由于骨膜与骨的分离，骨质失去了营养和神经分布，在脓汁作用下发生坏死、分解，呈砂粒状脱落于脓腔内，骨表面形成粗糙的溃疡缺损。弥漫性骨膜炎时，可发生大块骨片坏死。

2. 症状

炎症初期皮肤紧张、肿胀，触诊有热痛，局部淋巴结肿大。皮下组织形成脓性窦道，严重时按压患处可见混有骨屑的脓汁。四肢化脓性骨膜炎时，患病动物出现跛行，不能负重。体温升高，精神沉郁，饮食欲废绝。严重的可继发败血症。

3. 治疗

首先对动物镇静。局部应用盐酸普鲁卡因溶液封闭，全身应用抗生素。脓肿、窦道形成后，需对患处清创排脓，去除骨损伤表面的坏死骨组织，导入中性盐类高渗液引流及装着吸收绷带。急性化脓期过后，改用10%磺胺鱼肝油、青霉素鱼肝油等纱布引流条。密切注意全身变化，防止败血症的发生。

二、全骨炎

全骨炎是一种自发性、自限性骨质硬化病。该病主要发生在幼年、大型品种犬，如德国牧羊犬、大丹犬等。全骨炎病变集中在长骨的骨干和干骺端，以髓腔内骨质增生为特征，兼有骨膜下新骨形成。本病又称为内生骨疣或嗜酸性全骨炎。

1. 病因

本病病因不详，可能与遗传有关。一过性骨局部供血异常、变态反应、代谢异常、寄生虫迁徙和病毒感染后的身体免疫反应可能是本病的诱因。

2. 发病机制

本病主要在长骨骨干和骨骺的骨内膜新骨增生，有多个局灶性不成熟骨小梁从骨内膜伸向髓腔。通常这些骨小梁衬有成骨细胞。此外，出现骨髓不同程度纤维变性或成骨细胞增生。骨髓纤维变性由疏松结缔组织构成，与不成熟的骨小梁紧密相连。骨(外)膜增厚，伴有骨的吸收和新骨生成(外生骨疣)。由此可见，本病主要影响骨内膜、骨膜及骨髓细胞，刺激这些细胞分化成成骨细胞或成纤维细胞。

3. 症状

患畜突然发生跛行，无外伤史。跛行一般先发生在某一肢上，其中前肢较后肢多发，也可多肢同时发病。一肢严重跛行，可持续一周或数周。然后跛行消失，间隔几周，跛行转移到另一肢。患犬一般无发热等全身反应，可出现不适，喜卧地，但体温正常，也无其他全身疾病。触诊患肢骨骼疼痛明显，但无肿胀和增温。一般肌肉不萎缩，也无其他软组织异常变化。

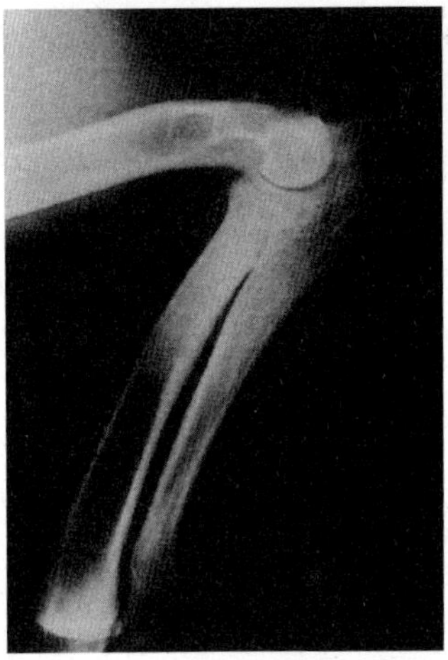

图 12-1　桡骨和尺骨近端骨髓腔骨密度增高

4. 诊断

本病X线检查见骨质呈周期性增生变化。早期，营养孔附近的髓腔密度增高，小梁模糊，如图12-1所示。中期，骨髓腔内出现单个或多个斑片状致密骨影，多个阴影有融合趋势，骨皮质内侧粗糙，骨外膜下骨呈平滑均质型或层面变化。后期，即数周后髓腔内致密骨影渐渐消退。X线征象与跛行程度无相关性。

本病应与肥大性骨营养不良相区别。后者压痛一般是在两前肢桡骨、尺骨远侧骺端，X 线检查仅骺端增厚；而全骨炎其压痛仅在骨干部，以一肢为多见(偶见有两肢)。

5. 治疗

全骨炎无特异性治疗方法，可选用消炎镇痛剂。因本病是自限的，故可自行恢复，但时间较长。本病以对症治疗为主，限制动物活动，严重疼痛时，可应用阿司匹林，按每千克体重 10～20 mg 给药，口服，每日 2～3 次；也可用强的松龙，用量为每千克体重 0.5 mg，口服，每日 1～2 次。

三、骨折

由于外力的作用，骨的完整性或连续性受到破坏，常伴有周围软组织不同程度的损伤，一般以疼痛、肿胀、功能障碍、畸形及骨擦音等为主要表现的疾病，称为骨折。车祸、高空跌落常造成犬和猫的四肢骨骨折，尤其是股骨的骨折。相对来讲，未成年中小型犬前肢的桡骨、尺骨的骨折比较常见。

(一) 骨折的病因

造成动物骨折主要为外伤性或病理性因素等原因，表现为骨质部分或完全断裂。

1. 外伤性骨折

(1) 直接外力　各种机械外力直接作用在发生骨折的部位。实际饲养环境中，汽车撞伤或压伤、打击、奔跑、高处摔跌及枪击等都是引起宠物发生骨折的主要因素。

(2) 间接外力　指外力通过杠杆、传导或旋转作用而使远处发生骨折。如导致四肢长骨、髋骨或腰椎的骨折，可见于奔跑中转弯急停、滑倒等；偶尔见于肢体常因急旋转而发生骨折。

(3) 肌肉过度牵引　肌肉突然强烈收缩，可导致肌肉附着部位骨的撕裂。

2. 病理性骨折

病理性骨折不同于一般的外伤性骨折，其特点是在发生骨折以前，骨本身即已存在着影响其结构坚固性的内在因素，这些内在因素使骨结构变得薄弱，以致在不足以引起正常骨骼发生骨折的轻微外力作用下，即可造成骨折。如患有骨髓炎、骨疽、佝偻病、骨软病等疾病，或是处于衰老、妊娠后期、营养神经性骨萎缩、慢性氟中毒等状态的动物，易发生病理性骨折。又如，长期以肝、火腿肠、肉为主食的犬，由于食物中缺钙而极易出现病理性骨折。

(二) 骨折的分类

1. 依据骨折是否和外界相通的分类

(1) 开放性骨折　骨折附近的皮肤和黏膜破裂，骨折处与外界相通。如耻骨骨折引起的膀胱或尿道破裂，尾骨骨折引起的直肠破裂，均为开放性骨折。因与外界相通，此类骨折处受到污染。

(2) 闭合性骨折　骨折处皮肤或黏膜完整，不与外界相通。此类骨折没有污染。

2. 依据骨折的程度分类

(1) 完全性骨折　骨的完整性或连续性全部中断，管状骨骨折后形成远、近两个或两个以上的骨折段。横形、斜形、螺旋形及粉碎性骨折均属完全性骨折。

(2) 不完全性骨折　骨的完整性或连续性仅有部分中断，如颅骨、肩胛骨及长骨的裂缝骨折等均属不完全性骨折。

3. 按有无合并损伤分类

(1) 单纯性骨折　骨折部不伴有主要神经、血管、关节或器官的损伤。

（2）复杂性骨折　骨折时并发邻近重要神经、血管、关节或器官的损伤。如股骨骨折并发股动脉损伤，骨盆骨折并发膀胱或尿道损伤等。

4. 依据骨折的形态分类

（1）横形、斜形及螺旋形骨折　多发生在骨干部。

（2）粉碎性骨折　骨碎裂成两块以上，称粉碎性骨折。骨折线呈“T”形或“Y”形时，又称“T”形骨折或“Y”形骨折。

（3）压缩骨折　松质骨因压缩而变形，如椎体和跟骨。

（4）星状骨折　多因暴力直接着力于骨面所致，如颅骨及髌骨可发生星状骨折。

（5）凹陷骨折　如颅骨因外力使之发生部分凹陷。

（6）嵌入骨折　发生在长管骨干骺端皮质骨和松质骨交界处。骨折后，皮质骨嵌插入松质骨内，可发生在股骨颈和肱骨外科颈等处。

（7）裂纹骨折　如长骨干或颅骨伤后可有骨折线，但未通过全部骨质。

（8）骨骺分离　通过骨骺的骨折，骨骺的断面可带有数量不等的骨组织，是骨折的一种。

5. 按骨折发生的解剖部位分类

（1）骨干骨折　临床上最为常见的骨折形式，发生部位位于骨干。

（2）骨骺骨折　多指幼年动物骨骺的骨折，成年动物多发干骺端骨折。

6. 依据骨折前骨组织是否正常分类

（1）外伤性骨折　骨结构正常，因暴力引起的骨折，称为外伤性骨折。

（2）病理性骨折　因原发的或转移的疾病，引起骨骼本身的病变。

7. 依据骨折稳定程度分类

（1）稳定性骨折　骨折复位后经适当的外固定不易发生再移位者，称稳定性骨折，如裂缝骨折、嵌插骨折、长骨横形骨折、压缩骨折等。

（2）不稳定性骨折　骨折复位后易于发生再移位者，称不稳定骨性骨折，如斜形骨折，螺旋骨折，粉碎性骨折。股骨干既是横骨折，又因受肌肉强大的牵拉力而不能保持良好对应，故也属于不稳定骨折。

8. 依据骨折后的时间分类

（1）新鲜骨折　指新发生的骨折和尚未充分地纤维连接，还可能进行复位者，2～3 周以内的骨折。

（2）陈旧性骨折　指伤后 3 周以上的骨折。3 周的时限并非恒定，例如儿童肘部骨折，超过 10 d 就很难整复。

（三）骨折的症状

（1）功能障碍　由疾病和机械支持力丧失或减弱引起，是骨折最突出的症状。例如，四肢骨折引起跛行，椎体骨折引起外周神经麻痹，颅骨骨折引起意识障碍，颌骨骨折引起咀嚼障碍等。

（2）疼痛　自动或被动运动时，动物不安、痛叫，局部敏感及顽抗。直接触痛不易区别软组织痛和骨痛，间接触痛（即握住骨长轴两端向中央压迫引起的疼痛）表明是骨痛。

（3）局部肿胀　骨折时骨膜、骨髓及周围软组织的血管破裂出血，经创口流出或在局部发生淤血或血肿。由于软组织损伤、水肿，使局部肿胀更明显。但在四肢远端骨折时，局部肿胀不甚明显。

（4）骨变形　完全骨折后骨断端发生成角、旋转、延长、重叠等移位，使患肢弯曲、扭转、伸长或缩短。

(5) 骨摩擦音　活动骨折断端可听到断端间摩擦声响，但不全骨折或骨折端分离较远时无骨摩擦音。

(6) 活动异常　四肢长骨全骨折后，骨干可在骨折点异常伸屈扭转。

(7) 其他症状　包括骨折 1～2 d 后血肿分解引起体温升高、失血性贫血、休克、骨折远端外周神经麻痹、骨折点局部组织缺血性坏死等。

(四) 骨折的诊断

X 线检查是诊断犬、猫骨折最常见且确实的诊断方法。可根据 X 线检查对骨折的形状、方位、骨折后愈合情况及鉴别其他骨骼疾病做出准确判断。通常对患肢取正位和侧位的 X 线摄影，必要时可对健侧相应位置摄影作为对照。

宠物发生开放性骨折时，可见骨折部位的皮肤及软组织伴有明显的创伤；可形成创囊，骨折断端暴露于外，囊内含有血凝块、碎骨片或异物等，容易继发感染化脓。

(五) 骨折的愈合

1. 骨折愈合过程

骨折愈合是骨组织破坏后修复的过程，可分为三个阶段。

(1) 血肿机化演进期　骨折后，断端髓腔内、骨膜下和周围软组织内出血形成血肿，并凝成血块，引起无菌性炎症，形成肉芽组织并转化为纤维组织；与此同时，骨折断端附近骨内、外膜深层的成骨细胞在伤后短期内即活跃增生，约 1 周后即开始形成与骨干平行的骨样组织，由远离骨折处逐渐向骨折处延伸增厚。骨内膜出现较晚。

(2) 原始骨痂形成期　骨内、外膜形成内、外骨痂，即膜内化骨；而断端间的纤维组织则逐渐转化为软骨组织，然后钙化、骨化，形成环状骨痂和腔内骨痂，即软骨内化骨；骨痂不断加强，达到临床愈合阶段。

(3) 骨痂改造塑形期　在应力作用下，骨痂改建塑形，骨髓腔再通，恢复骨的原形。

2. 骨折愈合标准

局部无压痛；病肢肢轴端正或稍有变形，无成角畸形；局部无异常活动，能自行起卧，运步正常或仅有轻度或中度跛行；X 线片显示骨折线模糊或消失，有连续性骨痂通过骨折线；动物经过内、外固定后，肢体应当无明显跛行症状。

3. 影响骨折愈合的因素

(1) 全身因素　发生骨折的动物的健康状况和年龄与骨折愈合速度关系紧密。营养不良、老年犬、猫和骨组织代谢紊乱等，都是造成骨折愈合延迟的主要因素。

(2) 局部因素　包括以下几点。

①固定复位不良。过早负重，可能导致骨折端发生扭转、成角移位等不利于愈合的活动，使断端的愈合停留于纤维组织或软骨而不能正常骨化，造成畸形愈合或延迟愈合。

②血液供应。骨膜在骨折愈合过程中起决定性作用，由于骨膜与其周围肌肉共受同一血管支配，故为了保证形成骨痂的血液供应，软组织的完整非常重要。广泛和严重的软组织创伤，复位或外固定、内固定装置不良，操作粗暴等，均可加重软组织、骨髓腔和骨膜的损伤，影响或破坏血液供给，使骨折愈合延迟甚至不愈合。

③感染。开放性骨折、粉碎性骨折或使用内固定均容易继发感染，若处理不及时，可发展为蜂窝织炎、化脓性骨髓炎、骨坏死等，导致骨折延迟愈合或不愈合。

④骨折断端的接触面。接触面越大、愈合时间越短。如发生粉碎性骨折，骨折移位严重而间隙过大，骨折间有软组织嵌入，以及出血和肿胀严重等，均影响骨折的愈合，有时可以出现病理性愈合。

4. 骨折修复中的并发症

骨折后处理不当或治疗不及时，动物就可表现出压痛、伤口或骨折处感染、愈合延迟、畸形愈合或者不愈合等多种并发症。

（六）治疗

1. 急救

首先止血，防止出血性休克　出血处使用压迫绷带、布条或直接压迫股动脉、臂动脉。如膝关节以下和桡骨中、下部骨折，同时可做夹板临时固定骨折部。动物出现休克症状时，应及时输液，补充血容量。对于危及生命的损伤，如膈疝、气胸、颅骨和脊柱损伤，必须采取相应急救措施。可应用镇静剂，降低动物疼痛剧烈和兴奋，防止造成动物二次损失。

2. 整复与固定

根据骨折的严重程度，选择适宜的整复固定时间。对于中、轻度骨折，手术应在骨折1～2日、肿胀减轻后进行。手术不宜过迟，否则血肿机化，骨痂形成，易造成术部严重出血、术野模糊、继发感染。

(1) 闭合性整复与固定　适应证为新鲜较稳定的四肢闭合性骨折。闭合性整复应尽早实施，一般不晚于骨折后24 h，以免血肿及水肿过大影响整复。整复前动物应全身麻醉或局部麻醉配合镇痛或镇静，确保肌肉松弛和减少疼痛。整复时，术者手持近侧骨折段，助手纵轴牵引远侧段，保持一定的对抗牵引力，使骨断端对合复位，有条件者，可在X线透视监视下进行整复。整复完成后立即进行外固定。常用夹板、罗伯特·琼斯绷带、石膏绷带、金属支架等。固定部位剪毛，衬垫棉花。固定范围一般应包括骨折部上、下两个关节。

(2) 开放性整复与固定法　包括开放性骨折或某些复杂闭合性骨折的切开整复。以内固定为主，并配合外固定。切开整复与固定是在直视下进行，确保骨折达到解剖复位和固定。根据骨折性质及其不同部位，选用髓内针、接骨板、螺钉、钢丝等将其内固定。理论上讲，严重粉碎性骨折及骨缺损大时，需进行骨组织移植，以促进骨组织增生。

3. 术后护理

宠物犬、猫在术后2周内禁止大范围走动。随病程进展而逐步加大运动量直至能自由活动。骨折治疗后需注意以下情况：①全身应用抗生素预防或控制感染；②适当应用消炎止痛药，加强营养，饮食中补充维生素A、维生素C、鱼肝油及钙剂等；③限制动物活动，保持内、外固定材料牢固固定；④医嘱主人适当对患肢进行功能恢复锻炼，防止肌肉萎缩、关节僵硬及骨质疏松等；⑤外固定时，术后及时观察固定远端，如有肿胀、变凉，应解除绷带，重新包扎固定；⑥定期进行X线检查，掌握骨折愈合情况，适时拆除内、外固定材料。

外固定拆除时间应根据X线检查骨愈合情况而定，一般为6～7周。内固定物如接骨板和髓内针的拆除视动物年龄而定；3个月龄以下，拆除时间为术后4周；3～6月龄为2～3个月；6～12月龄为3～5个月；1岁以上为5～14个月时拆除。

四、骨髓炎

骨髓炎是骨髓和周围骨受到感染而发生的炎症，临床上以化脓性骨髓炎为多见。细菌侵入骨内可造成化脓性骨髓炎。该病可由创伤(外伤性的或手术性的)感染引起,也可能是血源性感染。如果防御反应能将其封闭,则骨髓炎可局限于某一部位,但在炎症处置不当时,骨髓炎可能在骨中扩散。死骨是坏死的骨质区,因骨小梁塌陷使骨密度增高。骨包鞘是骨中低密度的凹窝或隐窝,由内部存在死骨片的肉芽组织形成。骨髓炎按病情发展可分为急性和慢性两类。

(一) 病因

化脓性骨髓炎主要因骨髓感染葡萄球菌、链球菌或其他化脓菌而引起。

(1) 外伤性骨髓炎　由于穿刺创、开放性骨折、粉碎性骨折或在骨折治疗中应用内固定术等外因存在下,病原菌可直接经由创口进入骨折端、骨碎片间以及骨髓内而发生。临床上,犬、猫多以外源性感染为主。

(2) 蔓延性骨髓炎　系由附近软组织的化脓过程直接蔓延到骨膜后,侵入骨髓内而发病。

(3) 血源性骨髓炎　发生于蜂窝织炎、败血症等情况下,病原菌经由血液循环进入骨髓内引起发病。

(二) 发病机制

病原菌侵入骨髓后发生急性化脓性炎症,其后可能形成局限性的骨髓内脓肿,也可能发展为弥漫性骨髓的蜂窝织炎。

血源性骨髓炎时,脓肿在骨髓腔内迅速增大,病原菌在骨膜下形成脓肿,造成骨膜剥离,从而使骨组织失去血液供给,造成部分骨质和骨膜坏死。脓肿穿破骨膜进入周围软组织,形成软组织内蜂窝织炎或脓肿。由于死骨的存在,即转入慢性骨髓炎阶段。

在化脓性骨髓炎时,骨髓、骨质、骨膜遭到破坏,随后骨膜增生为骨痂,形成死骨腔。死骨腔如果被肉芽组织所填充,则可钙化为软骨内化骨,但其不具有正常的骨结构。如果死腔内的死骨片未能排出,则长期处于化脓状态,变为久不愈合的窦道。

(三) 症状与诊断

急性化脓性骨髓炎发病急,患病动物精神沉郁,体温突然升高。触诊病灶区发热疼痛显著、硬固、肿胀、局部淋巴结肿大。发生骨髓炎的动物,在病变部位表现出功能障碍,例如下颌骨髓炎时表现为咀嚼障碍及流涎,四肢的骨髓炎呈现重度跛行等。

血常规检查白细胞增多,血培养常为阳性,病情发展迅速的病例可能出现败血症。

急性骨髓炎常在骨折整复后 3 周内发生,慢性骨髓炎一般由急性骨髓炎演变而来。脓肿成熟后触诊局部有波动感,自溃或切开排脓后,形成化脓性窦道,局部冲洗时,脓汁中常混有碎骨屑。窦道周围肉芽组织增生,组织坚实、疼痛,不易愈合,出现肌肉萎缩,机体消瘦。X 线检查可以确定病变范围、性质及治疗效果(图 12-2)。

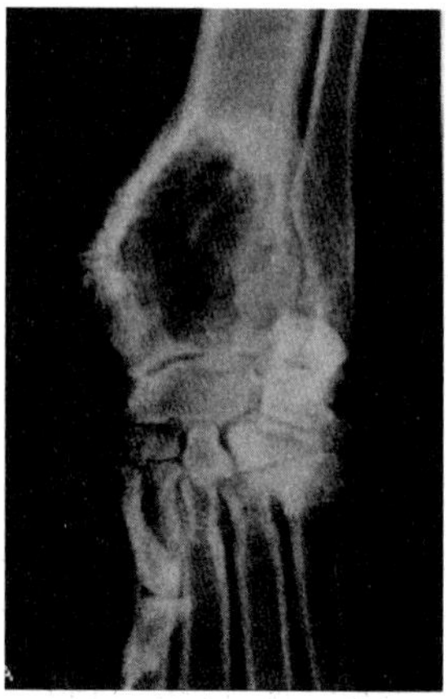

图 12-2　桡骨远端前、后位和侧位显示骨髓炎

(四) 治疗

骨髓炎的治疗原则为保持动物安静,控制炎症和败血症。

早期应运用大剂量敏感的抗生素以控制感染。必要时进行补液和输血以增强抵抗力,控制病变的发展。对开放性骨折、创伤所致的急性化脓性骨髓炎,应及时做清创术,清除坏死组织和死骨，并用消毒液冲洗创腔。对慢性骨髓炎，需长期治疗。有窦道者，探明其方向和内容物，剔除异常肉芽组织和坏死组织，并配合抗生素治疗，为愈合创造条件。久治不愈者应做截肢术。

五、肥大性骨营养不良

肥大性骨营养不良是引起犬长骨干骺端骨小梁破坏的一种疾病，常见于幼年（3～7 月龄）、体型大、生长快的犬种，如大丹犬、拳师犬和德国牧羊犬等。本病的临床特征为长骨远侧骨端（桡尺骨、胫骨多见）肿胀、温热和疼痛。

（一）病因及发病机制

本病病因尚不确定，但有研究认为本病与维生素 C 和钙的缺乏有关。另一种理论认为营养过度、矿物质过剩可能是本病的致病因素，因为给动物试验性饲喂高蛋白质、热卡及钙的食物可引起本病的骨骼病变。

本病的发病机制还不清楚，但骨骺端血液供应障碍导致长骨体生长板和邻近的干骺端骨化推迟，干骺端伴随软组织肿胀而加宽，干骺端骨小梁分离线多平行于生长板。组织学检查中，骨小梁的细微骨折很容易见到，且被炎性细胞和坏死组织包围，干骺端有明显的钙化软骨骨化障碍。

（二）症状

本病临床症状变异大。病犬不愿站立或行走跛行，两肢可对称性发病。常见长骨远端骨骺肿大、增温，触诊疼痛，且伴有不同程度的体温升高、沉郁、厌食及体重减轻等全身症状。一周后，其症状可自行减轻，但可再发。

（三）诊断

除根据临床症状及体检外，X 线检查对诊断本病很重要。X 线摄影显示骺端硬化，多个 X 射线可透区域与一条低密度线状区相连，并接近和平行于生长板，但不与其接触。

初期，骨骺板附近可见一条致密线；后期，骺端过度肿大，在其周围，骨外膜软组织新骨沉积，呈串珠样。本病应与全骨炎、化脓性骨髓炎和骨软骨病相区别。

（四）治疗

由于本病病因不清楚，故很难制订确切的治疗措施。常采用对症疗法。动物疼痛明显、行走困难的，可关在笼内休息，限制其活动，同时应用解热镇痛剂，如口服阿司匹林每千克体重 10～25 mg，每日 2～3 次。动物厌食或脱水时，应强迫喂食或补液，并配合应用抗生素控制感染；同时要调换饲料或纠正日粮的不平衡。

本病预后谨慎。不少犬可自行恢复，但也有病犬发展成为永久性骨骼变化，进而发生畸形。遗憾的是，许多犬治疗后并不能达到治疗目的。

六、肥大性骨关节病

肥大性骨关节病是指弥漫性骨膜反应，引起四肢骨膜增生和新骨生产的一种疾病。本病可继发于肺部肿瘤疾病，故又称肥大性肺性骨关节病。本病见于各种犬，猫也可见于各种年龄。

（一）病因及发病机制

本病常与原发性和继发性（转移）肺肿瘤有关，也可继发于肺炎、肺脓肿、支气管扩张、犬恶丝虫病及细菌性心内膜炎等。

本病的发病机制不完全了解。可能由于肺功能的改变导致外周血流量增加，从而引起相连组织充血。过多的血因氧不足，进而造成局部组织氧化不全，刺激骨膜增生，并逐步向上发展，引起爪和长骨新骨形成。组织病理学检查时，发病区有新皮质骨形成。

（二）症状

动物不愿行走，伴有跛行，病肢远端可发生急性或进行性增粗。早期，局部肿大、增温，用力触压疼痛，有动脉搏动感。转为慢性时，疼痛不明显，但行走强直，呈高跷步态。有些病例长期伴有咳嗽、轻度呼吸困难（尤其在运动后更甚）的症状。本病患畜一般食欲、大、小便正常。

（三）诊断

根据X线检查和临床症状可确诊。X线检查可发现四肢长骨干（两侧）有广泛性骨膜增生和新骨形成。最早发现第2和第5掌/跖骨远侧端新骨增生，随后向近侧扩延。本病常为两侧对称性发生。本病结合骨皮质无实质性病变，可与骨瘤相区别。另外，胸部X线摄影发现肺脏原发性或继发性损害，有助于诊断本病。

（四）治疗

本病治疗目的是去除肺原发性病因。切除肺原发性病变，可缓解临床症状。为使骨膜炎症消退，也可做迷走神经切除术，阻碍胆碱酯能的传出冲动和神经传入冲动，对治疗本病有一定价值。其手术部位常在颈部或纵隔上方进行。但患肺转移性肿瘤时常难以治愈，可施安乐死术。

任务二 关节疾病

一、关节脱位

关节骨端正常的位置关系，因受力学的、病理的以及其他某些作用而失去其原来状态，称关节脱位。关节脱位多因外伤所致，或继发于某些疾病，也见于某些先天性关节疾病所致的关节脱位。犬、猫常发生髋关节、肩关节、肘关节和髌骨脱位，临床以关节变形、异常固定、肿胀、肢势改变和功能障碍（跛行）为特征。

1. 分类

关节脱位按病因可分为：先天性脱位、外伤性脱位、病理性脱位、习惯性脱位；按程度可分为：完全脱位、不全脱位、单纯脱位、复杂脱位。

2. 病因

关节脱位以外伤性脱位最常见。外伤性脱位以间接外力作用为主，如关节强烈伸曲。直接外力使关节活动处于超生理范围的状态下，关节韧带和关节囊受到破坏，使关节脱位。

病理性脱位是指关节与附属器官处于非正常生理状态，如关节损伤、关节炎及关节液增多、关节囊扩张和有关肌肉弛缓性麻痹或痉挛等，此时受到外力作用后导致脱位。

3. 症状及诊断

关节脱位的共同症状包括：关节变形、异常固定、关节肿胀、肢势改变和功能障碍。

（1）关节变形　因构成关节的骨端位置改变，使正常的关节部位出现隆起或凹陷。

（2）异常固定　因构成关节的骨端离开原来的位置被卡住，使相应的肌肉和韧带高度紧张，关节被固定不动或者活动不灵活，他动运动后又恢复异常的固定状态，带有弹拨性。

（3）关节肿胀　由于关节的异常变化，造成关节周围组织受到破坏，因出血、形成血肿及比较剧烈的局部急性炎症反应，引起关节的肿胀。

（4）肢势改变　呈现内收、外展、屈曲或者伸张的状态。

（5）功能障碍　伤后立即出现。由于关节骨端变位和疼痛，患肢发生程度不同的运动障碍，甚至不能运动。

诊断时结合上述临床表现，同时根据视诊、触诊、双侧肢体的比较不难做出初步诊断。关节肿胀严重时，通过X线检查可以做出正确的诊断(图 12-3)。

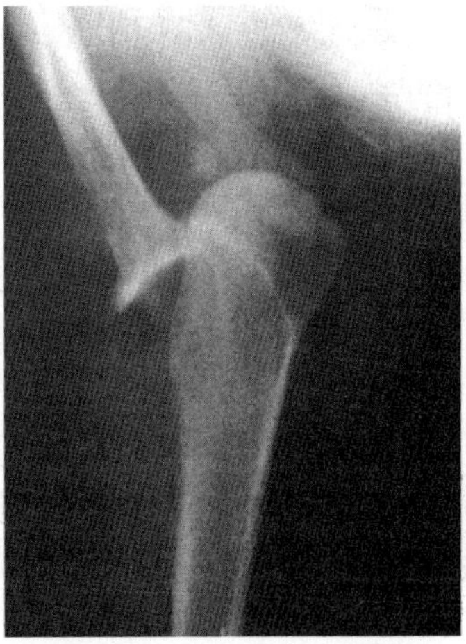

图 12-3　猫肩关节脱位图

4．治疗

关节脱位的治疗原则是：整复，固定，功能锻炼。

整复就是复位，是使关节的骨端回到正常的位置。整复越早越好，当炎症出现后会影响复位。整复应当在麻醉状态下实施，以减少阻力，易达到复位的效果。为了达到整复的效果，整复后应当让动物安静1～2周。

整复后必要时可配合固定措施。可选用石膏或者夹板绷带固定，经过3～4周后去掉绷带，并适当运动让患病动物恢复。犬、猫在麻醉状态下整复关节脱位相对容易一些，整复后应当拍X片检查复位是否确实。对于一般整复措施整复无效的病例，可以进行手术复位治疗。

（一）髋关节脱位

髋关节脱位为犬、猫最常见的关节脱位，多因骨盆部受到间接暴力所致。犬髋关节发育异常也可发生髋关节脱位。髋关节脱位多数为髋关节前、上方脱位，仅10%为下方或后方脱位。

1．临床表现及诊断

有明显的外伤史，如被汽车撞伤。动物患肢不能负重。股骨头前上方脱位时，患肢呈外展、外旋姿势，大转子与坐骨结节间距离变长。拇指试验可用于诊断前、上方脱位：动物侧卧保定，患肢在上；检查者站在动物背后，一手紧贴脊椎，其拇指抵压大转子与坐骨结节间的凹陷处，另一手抓住膝关节，并向外旋转；如拇指不被移动，则表明股骨头前方脱位。另一种方法即为动物仰卧或侧卧位保定，两后肢向后牵引，如前方脱位，患肢短于健肢；如下方脱位，则患肢长于健肢。确诊需施X线检查(图 12-4)。

另外，X线检查可了解脱位方位、股骨头骨折、骨盆其他部位骨折和髋关节发育异常等情况。

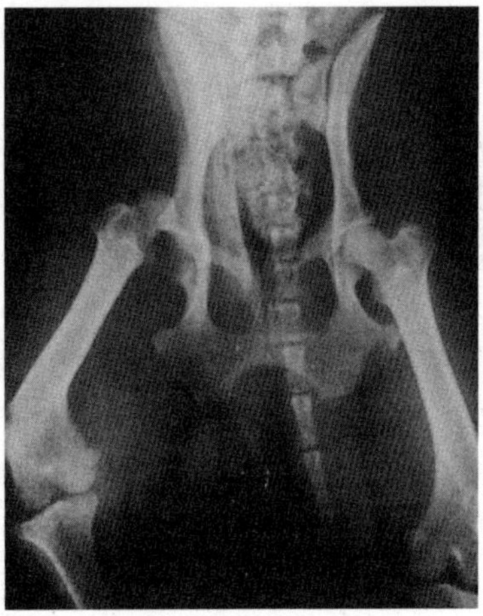

图 12-4　猫髋关节脱位

2．治疗

（1）闭合性复位固定法　适用于最急性髋关节脱位。动物侧卧保定，患肢在上。如左髋关节脱位，术者右手抓住膝部，左手拇指或食指按压大转子。先外旋、外展和伸直患肢，使股骨头整复到髋臼水平位置；再内旋、外展股骨，使股骨头滑入髋臼内。如复位成功，可听到复位声，患肢可做大范围的转动。术后应用后肢悬系法（又称“8”字形吊带）将患肢悬吊，使髋关节免负体重，连用 7 d。动物限制活动 2 周以上。但是，多数病例复位后可再发生脱位。

在闭合性复位后，也可采用髓内针外固定。此法是用一根长的髓内针经坐骨腹外侧越过股骨头和颈的上方插至髂骨翼。这样可限制股骨头向前、向上或向后移位。动物应在全身麻醉和股骨头整复后，在坐骨结节腹外侧做一小的皮肤切口。髓内针经此切口刺入，沿坐骨腹外侧缘缓慢向前旋动抵股骨颈。在此径路有坐骨神经，注意不要刺伤此神经。继续沿股骨颈和股骨头的背缘和髋臼的背外侧向前刺入臀部肌肉。当到达髂骨翼时，用力旋转骨钻柄，使针刺入骨骼。紧贴皮肤切缘剪断过长的针杆，结节缝合皮肤，将针杆后端包在皮下。2 周后拔除髓内针。此法主要缺陷是术后髓内针易移动。

（2）开放性复位固定法　闭合性复位固定不成功、长期脱位或脱位并发骨折者，应施开放性复位固定。开放性复位固定多选择背侧手术径路，此径路优点是最易接近髋关节，同时适用于急性或慢性髋关节脱位。

在暴露髋关节后，彻底清洗关节内血凝块、组织碎片。除去股骨头、髋臼内圆韧带的残留部分。将股骨头的头窝转向外侧。选一根两头均是尖的髓内针，其直径为头窝的 2/3～3/4。先从头窝斜向下钻入，于大转子下方钻出，并从外侧调整髓内针使其针尖与头窝持平；然后股骨头整复至髋臼内，使股骨平行于手术台，与脊柱呈 90°；再将髓内针钻入臼窝，并穿过髋臼入骨盆腔约 1 cm（一般大小的犬）。助手可经直肠触摸针进入骨盆腔长度。注意不要刺破结肠。最后弯曲髓内针外侧末端，将其剪断，常规闭合关节囊、肌肉及皮肤等。

术后患肢系上“8”字形吊带，禁止活动 2 周，并于术后 14～21 d 拔除髓内针和拆除绷带。术后可能发生髓内针移位、弯曲和折断。故髋关节脱位也可用钢丝内固定。

（二）髌骨脱位

1. 病因

髌骨脱位是犬常见的一种关节疾病，有先天性和外伤性两种。先天性髌骨脱位与遗传有关，出生时就已发生股骨结构异常，其特征为髋内翻和股骨颈前倾减小，多见于玩具犬、小型品种犬，75%～80%为髌骨内方脱位。外伤性髌骨脱位多因髌骨直接受到撞击，引起髌骨骨折，或其周围软组织损伤所致。小型品种犬也以髌骨内方脱位多见，大型品种犬则多发生髌骨外方脱位。患髋关节发育异常的犬也可伴发髌骨脱位，又称膝外翻。髌骨脱位一般为两侧性，5～6 月龄时多发。

2. 症状

（1）髌骨内方脱位时，动物行走跛行，有时呈三脚跳步样，这是因髌骨卡在内侧滑车嵴上之故。驻立时患肢呈弓形腿，膝关节屈曲，趾尖向内，后肢呈不同程度的扭曲性畸形，小腿向内旋转，股四头肌群向内移位。触摸髌骨或伸屈膝关节时可发生髌骨脱位，一般可自行复位或易整复复位。重者，不能复位或髌骨与股骨髁相连接。髌骨内方脱位严重程度，可根据 Singleton 将其划分为 4 级。

（2）髌骨外方脱位时，动物表现跛行，偶尔呈三脚跳步样。患肢膝外翻，膝关节屈曲，趾尖向外，小腿向外旋转。伸展膝关节，或向外移动髌骨时可引起髌骨外方脱位，但一般可自行复位。X 线检查可发现股骨或胫骨呈现不同程度的扭转样畸形。

3. 诊断

根据临床症状、触诊和 X 线检查可做出诊断。本病症状与股神经麻痹、十字韧带断裂或膝关节炎、骨软骨炎相似，临床上应注意鉴别诊断。

4. 治疗

(1) 髌内方脱位　有保守疗法和手术疗法两种。对于偶发性髌骨内方脱位、临床症状轻微或无临床症状、1岁以上者适宜保守疗法。其治疗方法包括减轻体重(少给富含营养类食物)、限制活动、必要时给予非固醇类抗炎药物，如阿司匹林或保泰松等。髌内方脱位一旦影响运步，则应及早施行手术。

手术方法有多种。应根据髌骨内方脱位程度，选择适宜的手术方法。

①一级脱位。为防止髌骨向内脱位，可在髌骨外侧加强其支持带作用。较简易的方法是在外侧关节囊做一排伦勃特缝合(间断内翻缝合)，缝线仅穿过其纤维层。从接近髌骨远端1 cm处开始缝合，向下缝至胫结节。对于大型品种犬，也可从腓骨外侧穿一根线，经髌骨近端四头肌腱穿至髌骨内侧，再沿其内侧缘向下穿出于髌骨远端的髌韧带，在外侧收紧打结。此法同样可达到限制髌骨内方脱位的作用。

②二级脱位。如滑车沟变浅，可采用滑车成形术。切开关节囊，髌骨向外移位，暴露滑车。测量髌骨的宽度，确定滑车成形术的范围。滑车软骨可用手术刀(幼年动物)、骨钻、骨钳或骨锉去除。其深度达至骨松质足以容纳50%的髌骨。新的两滑车嵴应彼此平行，并垂直于新的滑车沟床。成形术完成后，将髌骨复位，伸屈关节，以估计其稳定性。如胫结节向内旋转，可施胫结节外侧移位术，以使附着于胫结节的髌骨韧带矫正到正常的位置。先用骨凿在胫前肌下做胫结节切除术，向外侧移位，再用1～2根钢针将其固定。伸屈膝关节，如仍有髌骨内方脱位的倾向，可进一步将胫结节外移，或外侧关节囊做间断内翻缝合。如必要，可做内侧松弛术。

③三级脱位。其手术方法同二级脱位。如仍脱位，表明内侧松弛不够或存在胫骨内旋不稳定。需在原内侧切口的基础上继续向近端切开部分缝匠肌和股内直肌，增加内松弛的作用，再在腓骨外侧与胫结节间安置一根粗的缝线，收紧打结，使髌骨向外扭转，以矫正因内旋造成的不稳定。

④四级脱位。由于严重骨的变形，上述手术方法难以矫正髌骨脱位。一般需做胫骨和股骨的切除术。

(2) 髌外方脱位　髌外方脱位划分四级，可按髌内方脱位选择适宜的手术疗法。因髌外方脱位手术目的是加强内侧支持带和松弛外侧支持带，故可对选用某些矫正髌内方脱位的手术做相应的改进。

(3) 术后护理　手术修补髌内、外方脱位，其患肢应包扎绷带2周，限制活动至少也要3周。多数病例预后良好。对两肢患有髌骨脱位者，应先选最严重的一肢做手术，间隔4周后再做另一肢手术。

(三) 肘关节脱位

1. 病因

肘关节脱位的病因有先天性和后天性两种。先天性肘关节脱位因肘关节内侧韧带、肘突及滑车等发育不全或发育异常而诱发肘关节脱位，常见于小型品种犬，可能与遗传有关。后天性肘关节脱位多因外伤所致。

2. 症状与诊断

先天性肘关节脱位者，多在3～6月龄时一侧或两侧前肢发病，患肢显著不稳定，不同程度跛行；患肢萎缩，肘关节屈曲，不能伸展，触摸疼痛。外伤性肘关节脱位时，突然跛行，伴有轻度和中度软组织肿胀；患肢轻度屈曲，肘关节外展，前臂和前爪内旋和内收；触诊疼痛，活动范围大大减小；常无骨摩擦音，桡骨头向外突出，位于臂骨的后方；臂骨内侧髁易触摸，但外侧髁难摸到。

由于局部骨骼解剖之缘故，实际上所有的肘关节脱位多为外侧性的。如为内侧脱位，一般伴有严重的韧带损伤。

本病根据临床症状和触诊易诊断，但判断关节畸形程度和有无骨折，需施X线检查，常做前位、后位和侧位X线摄影。

3. 治疗

治疗肘关节脱位有闭合性复位和开放性复位两种。对于先天性肘关节脱位犬，小于4月龄时适宜闭合性复位。慢性脱位或严重变形时需开放性复位。但外伤性肘关节脱位约95%可施闭合性复位。

(1) 闭合性复位　动物应全身麻醉，侧卧保定，患肢在上。肘关节屈曲100°～110°。右手拇指向内压迫鹰嘴突，使其锁在臂骨外上髁嵴内面(鹰嘴窝)；然后左手拇指向内推压桡骨头使其滑过臂骨小头而复位。如向内压迫桡骨头难以复位，可先稍伸展关节使鹰嘴突卡在鹰嘴窝内，并以此作为固定的支点，再向内旋转和内收前臂骨，可使桡骨头向内滑动复位。

如果肘突位于外上髁外侧面，则可用另一种整复方法。肘关节屈曲100°～110°，向内旋转前臂迫使鹰嘴突卡在鹰嘴窝。在连续向内推压桡骨头的同时，先稍伸展、后屈曲肘关节，并内收前臂部，就迫使桡骨头越过臂骨小头而复位。

肘关节复位后，检查关节的稳定效果。患肢应包扎“人”字形绷带2周，限制活动6周，以减少关节的屈曲。绷带拆除后可进行物理疗法，包括被动伸屈关节。

(2) 开放性复位　一般选择肘关节外侧手术径路。切开关节囊，显露关节。可用一钝头器械(如骨膜剥离器)插入桡骨头内侧面与臂骨外髁间，在完全屈曲肘关节的同时，向前外方撬动臂骨外髁，使其复位。如外侧韧带断裂，应施韧带再造术。可用缝线将两断端缝合或分别在臂骨外髁和桡骨头钻入一根螺钉，再用缝线“8”字形缠绕在两螺钉上。

(四) 肩关节脱位

犬肩关节脱位较少见，多因外伤所致，但小型玩具犬则无任何外伤史而易发生肩关节内方脱位。肩关节脱位多数为内方脱位(约75%)，剩余多数为外方脱位，前方或后方脱位偶见。

1. 症状与诊断

肩关节内方脱位者，肩关节屈曲、内收，下肢则外展或外旋；外方脱位时，肩关节屈曲，下肢内旋。伸展肩关节两者均有疼痛表现。触摸肩峰和肱骨大结节是确定肱骨头是否在肩臼内的关键，常与对侧健肢做比较。内方脱位时，其大结节偏向内侧；外方脱位时，则偏于外侧。

本病根据临床症状和触诊一般可诊断，确定局部骨骼有无损伤(如骨折或损伤程度)，可进行X线检查。

2. 治疗

(1) 保守疗法　急性肩关节脱位可采用保守疗法，即闭合性整复、笼养限制活动，或整复后用前肢悬系法或“人”字形夹板绷带法，限制患肢活动2～3周。动物应在镇静或全身麻醉条件下伸展病肢，将肱骨头整复至肩臼内，再用绷带或夹板外固定。

(2) 手术疗法　经常发生肩关节脱位和关节面骨折者适宜手术疗法。

肩关节内方脱位时，可施肩关节前内侧手术径路，切断肱横韧带，移出臂二头肌腱，在肱骨小结节做一月牙形骨瓣和骨槽。将臂二头肌腱移至此槽内，覆盖骨瓣，用钢针将骨瓣和臂二头肌腱固定。切开内侧关节囊，将其做重叠缝合。通过臂二头肌腱移至小结节处和关节囊重叠缝合，使肱骨头恢复至正常肩臼内。

肩关节外方脱位时，可施肩关节前方手术径路。切断肱横韧带，移出臂二头肌腱，凿开肱骨大结节，并在该处做一骨槽，容纳臂二头肌腱，再将大结节用钢针固定。切开外侧关节囊，并将其叠加缝合。通过臂二头肌腱移至大结节处和外侧关节囊重叠缝合，防止肱骨头外移。

术后前肢悬吊或用“人”字形夹板绷带固定 2 周，动物限制活动 4 周。

二、骨关节炎

骨关节炎是关节骨系统的慢性增生性炎症，又称慢性骨关节炎。本病在关节软骨、骨骺、骨膜及关节韧带发生慢性关节变形，并有功能障碍的破坏性、增殖性的慢性炎症，所以又称慢性变形性骨关节炎。本病最后导致关节变形、关节僵直与关节粘连。

骨关节炎与骨关节病是两种不同的慢性经过的骨关节疾病。两者的不同点是：第一，骨关节炎系来自急性炎症过程（包括原发性慢性型）的慢性骨关节炎，而骨关节病是骨关节的慢性变性疾病；第二，按病因、病理发生、病理解剖以及 X 线诊断上的某些点是完全不同的，骨关节炎最终引起关节骨性粘连，骨关节病却不发生粘连。

骨关节炎常单发于某个关节，偶有对称性发病，多见于肩、膝、跗及系关节。

1. 病因

骨关节炎是急性关节炎症过程的晚期阶段，各种关节损伤，如关节的扭伤、挫伤、关节骨折及骨裂等，都是发生骨关节炎的基本原因。甚至关节骨组织的轻微损伤，如骨小梁破坏、骨内出血及韧带附着部的微小断裂等引起轻微的或几乎不易见到临床症状的病理过程，最后也可发展为骨关节炎。此外，骨关节炎也可能继发于风湿病。

2. 发病机制

骨关节炎是由关节各组织急性炎症过程发展而来的，病理发生决定于原发性炎症的部位，有的可能由关节软骨、骨骺或骨膜先开始发病；有时是单一组织发病，有时是几种组织同时发病。骨膜的炎症过程，由急性炎症转为慢性骨化性骨膜炎，形成骨赘或外生骨疣。当关节软骨受损伤时，软骨迅速破坏，发生于骨的变化是骨质损伤及骨关节面的破坏，随后出现骨性肉芽组织；骨关节粘连，骨质硬化，关节滑液量减少。有的可能开始于关节囊的纤维层、滑膜层以及关节韧带和周围的软组织慢性增生性炎症，引起结缔组织增生。

骨关节炎常发生于关节的内侧面，与肢体的负重和承受压力有关，在肩关节和跗关节更为显著。

3. 症状

骨关节炎的主要临床症状是跛行和关节变形（畸形）。骨关节炎原发于急性关节炎时有关节急性炎症病史，转为慢性炎症过程表现骨关节炎的特有症状。关节骨化性骨膜炎时，形成骨赘或外生骨疣，关节周围结缔组织增生，关节变形以及关节粘连。因此，骨关节炎表现为跛行，跛行的特点随运动而加重，休息后减轻。这些病状较为明显。发生于反复微小的损伤时，只在病的晚期逐渐呈现临床症状，病初不明显。

4. 诊断

本病病初诊断有一定困难，当发展为慢性变形性骨关节炎时，容易诊断。为了与骨关节病、关节周围炎的鉴别诊断及查明病程阶段，必须进行 X 线检查，判断有无外生骨赘和关节粘连。但在骨关节病时，可见骨质增生，无关节粘连。

5. 治疗

合理地治疗早期的急性炎症，可以在初病阶段控制与消除炎症，有利于防止本病的发生。当在临床上已发现慢性渐进性骨关节炎症状时，必须给患病动物 45～60 d 的休息；患部涂刺激性药物，或用离子透入疗法。为了消除跛行，促进患关节粘连，可用关节穿刺烧烙法(在跗关节骨关节炎)。顽固性跛行，可进行截神经术。

6. 预后

跗关节骨关节炎发生于活动性较小的关节(中央跗骨与第三跗骨间)时，最终关节粘连，跛行减轻或消失，预后尚可。胫跗关节骨关节炎常伴发顽固性难以消除的跛行，预后不良。

三、滑膜炎

滑膜炎是以关节囊滑膜层的病理变化为主的渗出性炎症，是由于微循环不畅造成的无菌性炎症，主要症状是产生积液。关节滑膜是包绕在关节周围的一层膜性组织，它不仅是一层保护关节的组织，而且还会产生关节液，为关节的活动提供“润滑液”，同时具有吸收和吞噬作用。由于关节滑膜为组成关节的主要结构之一，因此，所有的滑膜病变都发生于关节部位。

1. 分类

滑膜炎按病原性质可分为无菌性和感染性滑膜炎；按渗出物性质可分为浆液性、浆液纤维素性、纤维素性、化脓性及化脓腐败性滑膜炎；按临床经过可分为急性、亚急性和慢性滑膜炎。

2. 病因及发病机制

引起浆液性滑膜炎的主要原因是损伤，如关节的捩伤、挫伤和关节脱位等都能并发滑膜炎。化脓性滑膜炎主要是化脓菌引起的关节内感染，多经关节创伤感染、邻近软组织或由骨的感染所波及。病原菌多为葡萄球菌、链球菌、大肠杆菌、坏死杆菌等。除细菌性感染外，还有霉形体、病毒和真菌性感染。

关节滑膜损伤后，滑膜呈现充血、水肿和中性粒细胞浸润。滑膜血管扩张，血浆和细胞外渗，产生大量渗出液；同时滑膜细胞活跃，产生大量黏液素。渗出液中含有红细胞、白细胞、黏液素和纤维素等。严重者关节积液呈血性。

化脓性滑膜炎时，渗出液增多混浊，内含大量白细胞，滑膜下层白细胞浸润，滑膜肿胀粗糙，绒毛增生肥厚，脓性渗出物大量积聚。关节周围蜂窝组织出现炎性水肿和脓性浸润，脓液中含有各种分叶核白细胞、变性的滑膜细胞、黏液及大量的细菌。化脓性渗出物侵入关节旁组织，形成脓肿或关节旁蜂窝织炎。化脓性炎症的最后阶段，造成软骨破坏和剥离，关节面的破坏，并引起骨髓的化脓性炎症，甚至出现脓毒败血症。

3. 症状及诊断

关节穿刺和滑液检查，对滑膜炎的诊断和鉴别诊断均有重要参考价值。滑液检查可识别滑膜炎类型、病原体、病的发展阶段及组织的受害程度。

出现浆液性滑膜炎时，关节周围水肿，患关节肿大，热痛，指压关节憩室突出部位明显波动，关节腔积聚大量浆液性炎性渗出物，或伴有捻发音。站立时患关节屈曲，免负体重；两肢同时发病时交替负重。

发展为化脓性滑膜炎时，表现为剧烈疼痛。全身症状可见体温升高，精神沉郁，食欲减少或废绝。触诊患关节热痛，肿胀，关节囊高度紧张，有波动感。站立时患肢屈曲，严重时卧地不起，穿刺检查容易确诊。延误治疗时，可发展为化脓性关节囊炎，感染发展至侵害纤维层和韧带，在关节软组织中形成脓肿或蜂窝织炎。

最后发展为化脓性全关节炎。化脓性滑膜炎病经 2～3 周后，如病势过重或治疗不当，有时发展到关节的所有组织滑膜层、关节囊、软骨、骺端及关节周围组织都引起发病；且并发关节周围炎及蜂窝织炎。由于关节腔脓液蓄留过多，关节囊扩大，易引起扩延性关节脱位。关节囊、软骨及骺端的破坏是引起破坏性关节脱位的原因。患关节热痛，肿胀硬固，关节旁组织形成脓肿或瘘管。患肢炎性水肿。患病动物站立提屈患肢，常卧地不起；重度跛行。患肢肌肉表现萎缩。患病动物精神沉郁，无食欲，体温 39～41 ℃。慢性病例表现间歇热型，患病动物逐渐消瘦。

4. 治疗

滑膜炎的治疗原则：制止渗出，促进吸收，排出积液，恢复功能；有感染发生时应早期控制与消灭感染，排出脓液减少吸收，提高抗感染能力。

（1）浆液性滑膜炎　急性发作期首先采取适当治疗措施以制止渗出。可采用冷敷疗法，包扎压迫绷带，尽可能限制动物活动，同时配合镇痛和促进炎症转化。可根据关节腔大小注入适量的 2％利多卡因溶液，或 0.5％利多卡因青霉素。

急性炎症得到控制以后，则必须促进渗出物吸收。可应用各种温热疗法，如干温热疗法或饱和盐水、饱和硫酸镁溶液湿绷带，或用樟脑酒精、鱼石脂酒精湿敷。

对慢性滑膜炎，可用碘樟脑醚涂擦后结合用温敷；或应用理疗，如碘离子透入疗法、透热疗法等；还可用低功率 He-Ne 激光患关节照射或 CO_2 激光扩焦患部照射。

关节积液过多，药治无效时，可穿刺抽液，同时向关节腔注入盐酸利多卡因青霉素溶液，包扎压迫绷带。

可的松疗法效果较好，可用于急、慢性滑膜炎。常用醋酸氢化可的松 2.5～5 mL 加青霉素 20 万 IU，用前以 0.5％盐酸利多卡因溶液 1∶1 稀释，患关节内注射，隔日一次，连用 3～4 次。在注药前先抽出渗出液适量(40～50 mL)，然后注药。也可以使用强的松龙。

（2）化脓性滑膜炎　原发性关节创伤发生时，是导致化脓性滑膜炎的主要因素，需对关节清创处置。

为了控制与消灭感染，参照滑液检查反应，全身应用大剂量的抗生素和磺胺制剂，患关节包扎制动绷带。局部外科处理后，穿刺排脓，然后用 0.5％盐酸利多卡因溶液洗至滑液透明为止，再向关节内注入利多卡因青霉素和链霉素。

伴发关节囊蜂窝织炎时，组织切开范围要加大，以便排出关节囊内的渗出物和脓汁，配合抗生素溶液清洗处置。全身疗法时需全方面给药，原则为抗菌、强心、利尿和促进食欲。

四、骨软骨炎

骨软骨炎是动物局部或全身性的软骨内骨化障碍，即骨发育不良所致。骨软骨炎常危害关节骨骺和干骺端软骨，以肩关节、肘关节、系关节、髋关节和膝关节多发。

本病最常见的有分离性骨软骨炎和软骨下囊状损伤(骨囊肿)两种。

1. 病因及发病机制

（1）营养和生长速度关系　喂饲高价营养饲料和处于生长时期的动物发病率高。生长快的雄性犬比雌性犬发病率高 2 倍，且主要发生于大型犬，20 kg 以下的小型犬和玩具犬几乎不发生本病。

（2）外伤　广泛的压迫可影响成熟过程中软骨细胞的正常生长，反复的外伤可能造成软骨骨折以及骨的离断。

（3）遗传因素　目前认为归因于动物遗传性生长速度过快。

（4）激素代谢失调　骨钙化过程是在激素控制下进行的。雌性激素和睾酮抑制软骨细胞的增殖，糖皮质激素抑制骨骼生长，生长激素调节软骨细胞的有丝分裂，甲状腺素是软骨细胞成熟和增殖所必需的。已知激素代谢可调可引起骨生长紊乱。但激素在本病发生中的作用机制尚未完全清楚。

本病的发生一般认为主要因外伤引起软骨下骨缺血性坏死所造成。从临床形态和 X 线片所见，其早期变化是软骨内骨化异常。软骨内骨化包括软骨增殖、成熟和钙化，最后形成骨。软骨基质的钙化导致软骨细胞的死亡，结局形成新的骨质。

在本病发生时，软骨细胞正常增殖，但其成熟和分化过程异常。随着软骨细胞继续增殖，其被保留于周围的软骨下骨内。接着，较深层的软骨发生坏死，于是在坏死软骨内出现许多裂隙。如若发病面积大，这些裂隙可延伸到关节表面，导致分离性骨关节炎；反之，若发病面积局限较小，则坏死软骨就成了软骨下骨内的一个局部缺损——软骨囊状损伤。

2. 症状及诊断

本病的临床特点是：分离性骨软骨炎多发于 2 岁以下幼年动物的股膝关节和胫跗关节。股骨远端发病往往跛行，而胫跗关节则无跛行，关节渗出性病变明显。

患关节滑液检查，一般正常或有轻度炎症反应。有核细胞总数在 1 000/mm^3 以下，蛋白质水平一般在 1.5～3.0 g/100 mL。

病理学检查和 X 线检查所见，胫骨正中嵴远端常出现一块以上的碎片，附于胫骨上。患部在股骨远端侧滑车嵴时，出现疏松骨片，或在关节内呈游离小体。患部周围的软骨出现皱缩和变软。X 线片上显示软骨下骨轮廓不规则并有断裂。

镜检可见软骨退化、裂隙、软骨下骨小梁变粗，骨髓间隙出现纤维组织增生。

3. 治疗

（1）保守疗法　保守疗法主要针对症状轻微、发病时间短的患病动物。一般让患畜休息静养，应用非甾体抗炎药物，在犬主张用阿司匹林，剂量为每千克体重 10 mg，3 次/d，连用 1 周，最多不超过 10 d。

（2）手术疗法　手术疗法主要针对症状严重、病程持续 2 个月以上的患病动物。若 X 线摄影有明显的分离性骨软骨炎和脱落的软骨片者，必须采取手术治疗。

①常规关节手术：首先切开关节，暴露患部，取出游离软骨片，用钻或匙刮除损伤部的软骨达骨实质；然后闭合关节。

②关节镜手术：有条件的可借助关节镜完成手术过程。

不同部位的骨软骨炎，有不同的治疗方法。

股膝关节骨软骨炎。X 线检查证明存在骨碎片和疏松小体，适宜手术，效果较好。若膝盖骨滑车侧嵴有明显缺损，则不宜手术。膝盖骨远端损伤也可以手术。

肩部骨软骨炎。很少见到游离骨碎片，但一般都出现第二次退行性关节病，以保守疗法为主。

指(趾)关节骨软骨炎。若一肢发病存有骨碎片时可行手术,多肢则不可。

软骨下囊状损伤的治疗。过去很多人主张保守疗法,加大患病动物的运动量,可使病情好转,囊消失,但不排除手术的疗效,要根据患部、病情酌情决定治疗方法。

五、髋部发育异常

髋部发育异常是髋关节的异常发育,以青年犬关节不完全或完全脱位为特征的一种疾病。本病临床上以髋关节发育不良和不稳定为特征,股骨头从关节窝半脱位到完全脱位,最后引起髋关节变性性关节病。本病多见于大型、快速生长的品种犬,如圣伯纳犬、德国牧羊犬等发病率较高,在小型犬和猫发病较少。

1. 病因

髋关节发育异常是多因素疾病,常认为在骨和软组织发育异常过程中有遗传和环境两方面因素,也与骨盆部肌肉状态、髋关节的生物力学、滑液量等有关。过量进食引发体重增加,超过关节负重能力,使得支撑软组织发育不一致,也可导致髋关节发育异常。

2. 症状

发育异常犬常在5～10月龄出现临床症状,症状可见于休息后的起立困难、不愿运动、间歇性或持续性跛行。发育异常犬成年后,表现为髋关节疼痛,发生进行性退行性关节病后导致起立困难、跛行、骨盆肌肉萎缩和后躯摇摆步态。

临床检查时,股骨头外转对疼痛敏感,触摸髋关节松弛。负重时出现跛行,髋关节活动范围受限制。病犬髋关节受损,出现炎症、乏力等表现;最终骨关节炎加重,滑液增多,环状韧带水肿、变长,可能断裂;关节软骨被磨损,关节囊增厚,髋关节肌肉萎缩、无力。

X线检查,轻度时变化不明显;中度以上时可见髋臼变浅,股骨头半脱位到脱位(这是本病的特征),关节间隙消失,骨硬化,股骨头扁平,髋变形,有骨赘,如图12-5所示。X线检查所见不一定与临床征候成正相关。

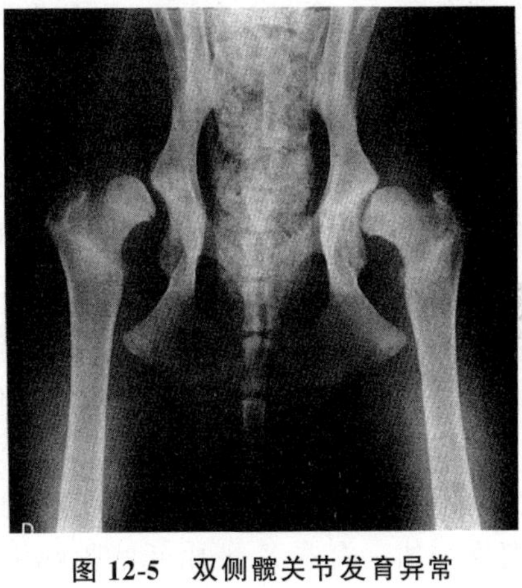

图12-5　双侧髋关节发育异常

该病确诊需综合年龄、品种、病史、身体检查和X线检查等。

3. 治疗

本病的治疗原则是控制运动,减少体重,给镇痛药。限制小犬的生长速度,避免高能量的食物是预防本病发生的基础。本病有遗传性。

对于药物治疗无效的动物,可对其实施手术治疗。对未成年犬,必须尽早实施骨盆部分切开,有助于髋臼轴向转动和横向移动,以增加股骨头背侧的面积。

此外,全髋骨修复术也常应用于保守治疗无效的病犬。股骨头和股骨颈切除术减少了股骨头与髋臼之间的接触,使得纤维性的假关节能够形成,但这种治疗方法会随着病犬年龄的增长和发育而增加病犬的体重,导致纤维性假关节形成不稳定,因而使其临床功能无法预知。

六、累-卡-佩氏病

累-卡-佩氏病也称股骨头缺血性坏死，即股骨头非炎症无菌性坏死，是以股骨头血液供应中断和骨细胞死亡为特征的综合征。在综合征修复期间，股骨头的一部分可能出现萎缩，引起关节面不相称和变性性关节病。机体试图用肉芽组织和新骨形成去取代死骨，但通常不会成功，这时股骨头塌陷，造成不同程度的畸形和继发性变性性关节疾病。此病最常见于4～11月龄小型犬，5～8月龄发病率最高。玩赏犬和梗类犬种最易发病，无性别之差异。本病多为单侧性，少数为双侧性（仅占12%～16.5%）。猫很少发病。

小型犬幼犬可发生股骨头无菌性坏死。该病是一种变性性疾病，而非炎性疾病。部分股骨头骨骺失去血液供应，受侵袭区坏死，但关节软骨未受影响。

1. 病因

本病的确切病因不清楚，包括激素的影响、遗传因素、结构形态、关节囊内压力及股骨头不全骨折等各种因素。由于损伤和炎症，关节腔内渗出增多而导致关节内压力增加，骨髓血流减少；骨骺血管脂肪栓塞、毒血症、代谢和遗传等因素均可发生本病。此外，滑膜炎或长期体位异常可能使关节外的压力增大，造成毛细血管塌陷，抑制血液循环，也会导致股骨头缺血而导致本病发生。

2. 发病机制

股骨头骨骺缺血，其骨细胞和骨髓细胞坏死，骨化中心停止生长，但关节软骨深层继续生长，导致关节软骨增厚。关节负重引起骨小梁碎裂、变形和缺损。同时，关节软组织及骨骺充血，血管开始侵入，然后富含血管的肉芽组织通过迂行运动，替代坏死组织。血管的侵入时间与生长板闭合一致，故血管重建的股骨头仍可发生畸形，且在股骨颈及髋臼缘诱发骨赘增生，易发生退行性关节病。

3. 症状及诊断

患病动物表现慢性跛行，此后6～8周内跛行逐渐严重，可发展为支跛。骨骺塌陷可造成跛行的恶化和肌肉萎缩。其他临床症状表现为易怒、食欲减退、撕咬患部皮肤等。

用手做髋关节他动运动时，动物有疼痛反应，并可听到噼啪音。病畜突然发生后肢跛行、拖曳行走，有时两肢同时发病，跛行交替进行。触诊髋关节疼痛，可感觉或听到噼啪音。关节活动范围减小。

X线检查可见股骨头畸形、股骨颈变短、骨骺内有骨密度下降的病灶，干骺区股骨颈的宽度明显增加，关节间隙宽度增加。有些X线片可见股骨头似为蛀虫咬过的形态。股骨骨骺和干骺区放射学密度不规整（图12-6）。

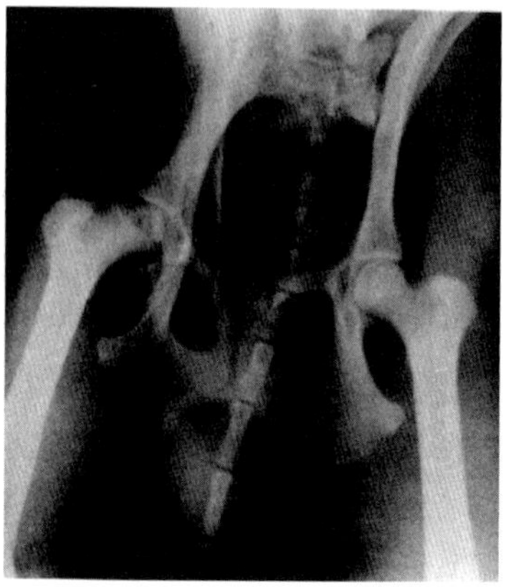

图12-6 单侧累-卡-佩氏病（左、右股骨头表现明显不一）

4. 治疗

股骨头尚无解剖畸形的犬，可用窄笼控制饲养6～12周；镇痛时可以喂服阿司匹林每千克体重10～25 mg，2～3次/d。

股骨头畸形的犬需要切除股骨头或股骨颈，术后鼓励动物活动髋部，可使用非激素类抗炎药物以减轻动物疼痛，恢复功能。也可进行动物髋关节被动屈曲和伸展，每次15～20 min，2次/d。缝线拆除后，可开始运动，牵着步行 10～20 min，2 次/d。

七、膝关节十字韧带断裂

膝关节十字韧带断裂是最常见的关节损伤之一，也是膝关节退行性关节病的主要原因。本病多由外伤引起，且膝关节前十字韧带比后十字韧带多发。

1. 病因

前十字韧带断裂常因在剧烈活动中膝关节过度伸展，或胫骨过度旋转所致。慢性前十字韧带断裂无外伤史，多与膝关节畸形、周围组织发育不良有关。后十字韧带断裂多因高速性损伤（如车祸）引起，常伴有内侧副韧带、半月板损伤。

2. 症状及诊断

急性前十字韧带断裂突然发生跛行，患肢不敢负重，关节严重不稳定。胫骨内旋，足尖向内，跗关节向外。触诊关节肿胀，但疼痛不明显，仅出现保护性紧张和焦虑反应。2～3 周后，患肢逐渐能负重，明显好转需数月。但当受到应激（如过量运动和天气变化）时，跛行会再发。经久转为退行性关节病。

后十字韧带断裂，患肢突然跛行。关节不稳定比前十字韧带断裂更严重。股胫关节不全脱位。关节腔积液，肿胀，触诊疼痛。

3. 诊断

常用抽屉试验诊断本病。操作时双手分别握住动物股骨远端和胫骨近端，关节屈曲，通过前移胫骨、关节活动范围增大（图 12-7、图 12-8），或关节伸展（140°）、胫骨前移范围很小，可诊断为前十字韧带断裂。如果胫骨后移范围增大，可诊断为后十字韧带断裂。但多数情况下，后十字韧带断裂时可能同时伴有前十字韧带、侧副韧带、半月板等损伤，使关节不稳定更趋复杂。为判定后十字韧带和前十字韧带断裂，可做伸屈关节，观察其稳定性。后十字韧带断裂者，仅在屈曲 90°时关节明显不稳定；但若是前十字韧带断裂，则关节做任何角度伸展均不稳定。

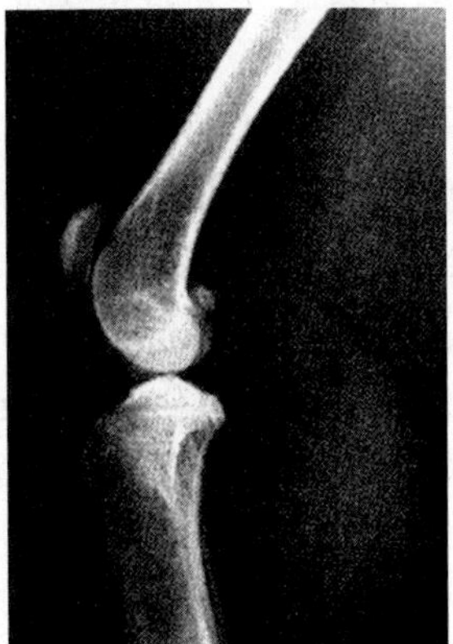

图 12-7　正常膝关节

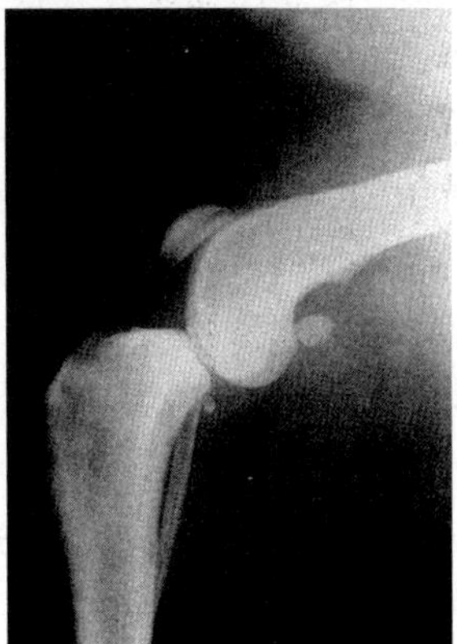

图 12-8　前十字韧带断裂造成膝关节半脱位

4. 治疗

（1）保守疗法　对于小型品种犬或体重为 15～20 kg 的犬，可施用保守疗法。患肢及关节可用夹板固定，动物封闭限制活动 4～8 周。如有疼痛，可服用保泰松或阿司匹林。大型犬保守疗法不理想。保守疗法 8 周后跛行仍未好转时，应考虑手术治疗。

（2）手术疗法

①前十字韧带断裂手术修复。手术修复方法常见的有以下几种。

原发性修复。是针对前十字韧带断裂发生在韧带胫骨或股骨附着点撕脱而言，往往在韧带附着点发生胫骨或股骨的骨折，故只要用钢针将其固定就可达到修复韧带断裂的目的。

关节囊外固定术。体重 15～20 kg 及以下的犬施用此手术成功率高，也可用于大型品种犬。关节囊外固定术有几种手术方法，但手术基本方法是不打开关节囊，分别在内、外侧腓骨与胫骨结节之间用粗的缝线固定，以防止胫骨前移。

关节囊内固定术。又称关节囊内韧带重建术，适用于 15～20 kg 及以上的大型品种犬，尤其适合兴奋、活泼、运动型犬。可用部分髌骨韧带（髌中韧带）从关节前方穿过股胫关节至后方，并固定在股骨远端外髁骨膜及纤维组织上。该部分髌骨韧带可代替前十字韧带作用。也有部分人认为取髌外侧韧带和部分股阔筋膜从关节前方经半月板间韧带下方穿过关节后方，以此达到稳定关节之目的。

②后十字韧带断裂手术修复。有关节囊外和关节囊内手术固定两类方法，每一类又有数种手术方法。在膝关节韧带结构中，后十字韧带最为强大，对抗外力的强度相当于前十字韧带的 2 倍。

术后动物患肢不用夹板固定。关节囊外固定犬强行限制活动 3 周，关节囊内固定犬强行限制活动 6 周，以后逐渐增加活动量。

八、类风湿性关节病

类风湿性关节病是一种严重的、进行性多发性关节炎。它属于一种炎症疾病，对关节软骨有很强的作用，故又称侵蚀性免疫介导性关节病。本病多发生于 8 月龄至 9 岁（平均 4 岁）小型犬和玩赏品种犬。

（一）病因及发病机制

本病在过去一直被认为病因不明，直到最近被认为是许多致病因素相互干扰所引起的，其与免疫机制有关。在有些人对一种感染物质有遗传性敏感，能激发 T 细胞和 B 细胞免疫反应，进而改变了自身的 IgG 蛋白。后者刺激 IgG 和 IgM 抗体（类风湿因子），并与类风湿因子结合，在关节内形成免疫复合体，激活补体系统，产生几种白细胞趋化因子，吸引白细胞到免疫复合体处，并与免疫复合体接触或将其吞噬释放各种能使关节滑膜发生病变的溶酶体，如胶原酶、组织蛋白酶（破坏基底膜）和蛋白酶（分解糖蛋白）等。

病理表现最初是滑膜炎症反应。滑膜渗出、水肿，纤维蛋白沉积，滑膜增殖，并有浆细胞、淋巴细胞和中性粒细胞浸润。随着病程发展，滑膜增厚、肥大，形成一种血管化的肉芽组织（血管翳）。血管翳干扰软骨来自滑液的营养，引起软骨坏死，并侵蚀软骨下骨，产生局部骨溶解，使关节面萎陷。严重者可累及关节韧带和肌腱。

（二）症状

初期症状包括关节渗出、关节周围软组织肿胀和跛行。一般先为一个关节肿胀和一肢跛行，以后多个关节肿胀和几肢跛行，并伴有厌食、沉郁、发热和不愿活动等。持续几天症状才减轻。经几周到几月后复发，且每次复发间歇期缩短，发病期延长。这样使关节软骨进一步遭受侵蚀，关节周围组织破坏加重导致韧带断裂，关节成角畸形(多见腕、跗关节)。

(三) 诊断

类风湿关节病诊断标准有早晨关节僵硬、关节活动时疼痛和压痛、至少有一个关节肿胀、对称性关节肿胀、皮下结节出现、类风湿因子试验阳性、典型的 X 线片变化、滑液黏液蛋白凝固差以及滑液和结节活组织检查阳性等。

1. X 线检查

早期 X 线片可见关节周围软组织肿胀、关节囊膨胀，因有积液，关节间隙宽(动物患肢全负重情况下进行拍摄最佳)。以后，关节软骨和软骨下骨缺损，关节面萎陷，关节腔变狭；关节周围软组织矿物质沉积，软组织萎缩。后期继发退行性关节病，软骨下骨硬化，形成骨赘和成角畸形、关节脱位或不全脱位或关节强直等，尤其腕、跗及指(趾)间关节等更为显著。

2. 实验室检查

类风湿因子试验(包括绵羊细胞凝集试验和乳胶颗粒试验)已用于本病的诊断，但易产生假阳性或假阴性。血液分析，白细胞增多，嗜中性细胞比例增加，常见正色素正红细胞性贫血。库姆斯氏试验阴性，丁球蛋白和纤维蛋白原增多，血清总溶血性补体增加。滑膜活组织检查可发现滑膜有淋巴样细胞和浆细胞浸润。

(四) 治疗

本病治疗目的是缓解疼痛，控制炎症反应，防止关节进一步损伤和改善关节功能。

本病目前尚无特效药物治疗。临床上常用药为阿司匹林，剂量为每千克体重 25 mg，3 次/d，口服(2 周后，若未达到预期疗效，剂量可加大，维持 5～7 日，但超过每千克体重 50 mg 可引起呕吐)。症状减轻后，其剂量减少一半，3 次/d，维持 2 周。以后每 2 周再减一半，临床症状消失也可继续用药维持。阿司匹林无效者，可选用皮质类固醇，如强的松龙。症状严重者，开始按每千克体重 1～2 mg 剂量静脉注射，2 次/d；随后按每千克体重 0.5～1.0 mg 用量口服，2 次/d。5～7 日后，症状减轻，剂量减半，长期服用。

在上述两类药无效情况下，可选用细胞毒性药物，但此类药使用不能超过 4 个月，否则易引起出血性膀胱炎。此类药也可与强的松龙配合使用。例如，环磷酰胺按每千克体重 1.5～2.5 mg 口服，每周连用 4 日；强的松龙则按每千克体重 1～3 mg 口服，2 次/d。一般 16 周病情缓解。缓解后 1 个月停用环磷酰胺，但继续使用强的松龙，再间隔 1 个月，强的松龙剂量减半或剂量不减，隔日服药。

在使用细胞毒性药物时，每日应做全血计数。如果白细胞低于 7 000/mL，则其剂量减少 1/4；白细胞下降至 4 000/mL，则停药 1 周，再按以前的一个剂量给药。

其他治疗方法包括减轻体重、病情发作时休息、轻度活动(游泳最佳)、滑膜切开术和关节固定等。但滑膜切开和关节固定只有在一个或两个关节受累时适用。

九、猫慢性进行性多发性关节炎

猫慢性进行性多发性关节炎是公猫的一种免疫介导的疾病，表现为骨膜的渐进性增生和侵蚀性的多发性关节炎。母猫较少发病。本病骨膜增生导致骨质疏松和关节周围骨膜内新骨形成；关节周围侵蚀和关节空间缩小导致关节僵硬，侵蚀导致的变化与犬类风湿性关节炎相似。

1. 病因

本病发病因素不确定。有报道称该病发生与抗核抗体、红斑狼疮、风湿因子和猫白血病病毒及猫合胞体病毒有关。

2. 症状及诊断

本病临床症状可见跛行、勉强运动、精神沉郁、厌食，有时发病关节变形。关节触诊肿胀疼痛，足跟部肿胀。有些病例伴有发热、淋巴结肿大以及肾小球肾炎的表现。

X线诊断可见发病关节周围肿胀，关节出现融合，软骨下骨密度降低，关节腔狭窄。关节穿刺时仅有少量且黏稠的滑膜液，并含有大量嗜中性粒细胞，滑膜液和滑膜细菌培养呈阴性。

3. 治疗

本病的治疗原则为应用免疫抑制剂。如泼尼松、环磷酰胺可用于长期治疗，但此类药物对猫骨髓抑制作用较强。

(1) 泼尼松　每千克体重 4～6 mg/d，口服；如果 2 周后有所好转剂量减为每千克体重 2 mg/d，内服或皮下注射；以后根据症状逐渐减量。

(2) 环磷酰胺　每千克体重 6.25～12.5 mg/d，口服，每周连续用药 4 d，连用 4 个月。

(3) 咪唑硫嘌呤　每千克体重 0.3 mg/d，口服，隔日用药。

十、犬肘头皮下黏液囊炎

滑液囊是指与关节腔或腱鞘腔相通的黏液囊。在皮肤、筋膜、韧带、腱、肌肉与骨、软骨突起的部位之间，为了减少摩擦常有黏液囊存在。黏液囊有先天性和后天性两种。后天性黏液囊是由于摩擦而使组织分离形成裂隙所成。黏液囊的形状和大小各异，这与组织活动的范围、疏松结缔组织的紧张性和状态、组织被迫易位的程度以及新形成的组织间隙内含物(淋巴、渗出液)的数量和性质有关。黏液囊壁分两层，内被一层间皮细胞，外由结缔组织包围。黏液囊发炎时，往往黏液囊内液体增多。

肘头皮下黏液囊炎，俗称“肘肿”，或称肘结节皮下黏液囊炎。本病多发生于大体型的犬。有时一侧发病，但也可能两侧同时发病。

1. 病因

局部挫伤可导致急性肘头皮下黏液囊炎，发病主要原因是损伤。较大体型的犬长时间地卧于地面上，肘头与地面相接触、摩擦，肘头皮下黏液囊受到挤压，发生皮下组织进行性变化，以致皮下黏液囊发生炎症反应。工作犬由于反复训练时常发。

2. 发病机制

肘头皮下黏液囊炎的炎症过程常延及周围疏松结缔组织和皮肤，因此可以同时发生肘头皮下黏液囊周围炎，使皮肤、皮下结缔组织增生肥厚，甚至骨化。化脓性肘头皮下黏液囊炎时，由于黏液囊的化脓、坏死和组织分解，破溃后可形成瘘管，流出大量脓性液体。

3. 症状

本病经常出现的症状是在肘头部有界限明显的肿胀，而较少出现运动功能障碍。发病初期有轻微热痛感，由于渗出液不断增多和黏液囊周围结缔组织的增生，肿胀随之变得较为坚实。有时黏液囊膨大，并有波动。发炎的黏液囊内积聚含有纤维素凝块的液体，大如人拳，破溃时流出带血的渗出液。黏液囊内含物有时可被吸收，黏液囊周围的炎症亦随之消失。

4. 治疗

（1）保守治疗　病初宜用冷疗或囊内注射可的松2%～3%的盐酸普鲁卡因注射液，用弹性绷带做挤压包扎。应注意预防局部继续受挫伤。若已成为化脓性黏液囊炎，可在外下位切开、排脓，用复方碘溶液涂擦囊内壁；同时肌内注射抗生素。

（2）手术治疗　在保守治疗出现病情反复后，必须采用手术疗法切除黏液囊。对患病动物进行全身麻醉，局部剃毛消毒，沿肢体长轴在肿大部的外后侧做纵行切口。切开皮肤后，即从周围组织剥离出整个增大的黏液囊。用消毒剂处理创腔，结节缝合手术创口，并做纽扣状缝合，细胶管引流。注意手术后的护理和治疗，防止术后患病动物因起卧而使手术创口裂开，待创口愈合。同时要加强饲养管理。

任务三　脊 椎 疾 病

一、脊髓损伤

脊髓损伤是指由于外界直接或间接因素导致脊髓损伤，在损害的相应节段出现各种运动、感觉和括约肌功能障碍，肌张力异常及病理反射等的相应改变。脊髓损伤的程度和临床表现取决于原发性损伤的部位和性质。脊髓损伤可分为原发性脊髓损伤与继发性脊髓损伤。前者是指外力直接或间接作用于脊髓所造成的损伤；后者是指外力所造成的脊髓水肿、椎管内小血管出血形成血肿、压缩性骨折以及破碎的椎间盘组织等形成脊髓压迫所造成的脊髓的进一步损害。宠物犬、猫发病常见于车祸、高处跌落和咬伤等。

1. 病因

机械力的作用是本病的主要原因。临床诊断上常见下列情况。

（1）外部因素　多为滑跌、跳跃闪伤、用力过猛、咬伤和车祸等。如因急转弯使腰部扭伤，或因直接暴力作用击伤，如被车撞、打架咬伤椎骨引起脱臼、碎裂或骨折等。

（2）内在因素　软骨病、骨质疏松症和氟骨病时易发生椎骨骨折，因而在正常情况下也可导致脊髓损伤。

2. 症状与诊断

根据患病动物感觉功能和运动功能障碍以及排粪排尿异常，结合病史分析，可做出诊断。

（1）脊髓全横径损伤时，其损伤节段后侧的中枢性瘫痪，双侧深、浅感觉障碍及自主神经功能异常；脊髓半横径损伤时，损伤部同侧深感觉障碍和运动障碍，对侧浅感觉障碍；脊髓灰质腹角损伤时，仅表现损伤部所支配区域的反射消失、运动麻痹和肌肉萎缩。

（2）颈部脊髓节段受到损伤时，头、颈不能抬举而卧地，四肢麻痹而呈现瘫痪，膈神经与呼吸中枢联系中断而致呼吸停止，可立即死亡。如部分损伤，前肢反射功能消失，全身肌肉抽搐或痉挛，粪尿失禁或便秘和尿闭，有时可引起延脑麻痹而致咽下障碍、脉搏徐缓、呼吸困难以及体温升高。

（3）胸部脊髓节段受到损伤时，则损伤部位的后方麻痹或感觉消失，腱反射亢进，有时后肢发生痉挛性收缩。

（4）腰部脊髓节段受到损伤时，若损伤发生在前部，则致臀部、后肢、尾的感觉和运动麻痹；若损伤在中部，则股神经运动核受到损害，故膝与腱反射消失，后肢麻痹不能站立；若损伤在后部，则坐骨神经所支配的区域、尾和后肢感觉及运动麻痹，肛门打开，刺激其括约肌时不见收缩，粪尿失禁。

3. 治疗

本病的治疗原则是加强护理，防止椎骨及其碎片脱位或移位，防止褥疮，消炎止痛，兴奋脊髓。

患病动物疼痛明显时，可应用镇静剂和止痛药，如水合氯醛、溴剂等。对脊柱损伤部位，初期可冷敷或用松节油、樟脑酒精等涂擦。麻痹部位可施行按摩、直流电或感应电针疗法、碘离子透入疗法；或皮下注射硝酸士的宁，犬、猫 0.5～0.8 mg(一次量)。皮质类固醇药常规用于治疗脊髓损伤。最好用长效琥钠甲泼尼松龙，犬、猫剂量分别为每千克体重 2～40 mg、10～20 mg，肌内注射或静脉注射。也可用甘露醇配合地塞米松注射以减轻脊髓水肿和激发损伤。

手术只能解除对脊髓的压迫和恢复脊椎的稳定性，无法使损伤的脊髓恢复功能。手术的途径和方式视骨折的类型和致压物的部位而定。

二、椎间盘突出

椎间盘突出是指纤维环破裂、髓核突出以致压迫脊髓而引起的一系列症状。临床诊断上，本病以疼痛、共济失调、麻木、运动障碍或感觉运动的麻痹为特征。本病为小动物临诊常见病，多见于体型小、年龄大的软骨营养障碍类犬，但非软骨营养障碍类犬也可发生。

1. 病因

一般认为，椎间盘疾病是因椎间盘蜕变所致，但引起其蜕变的诱因仍不详。小型品种犬(如腊肠犬、比格犬、北京犬及长卷毛犬等)最常发生本病。当已发生椎间盘蜕变时，外伤可促使椎间盘损伤、髓核突出。此外，异常脊椎应激的影响，椎间盘营养、溶酶体酶活性异常引起椎间盘基质的变化也可诱发本病。

2. 症状与诊断

椎间盘突出症可分为Ⅰ、Ⅱ两型：Ⅰ型为背侧纤维环全破裂，大量髓核拥入椎管；Ⅱ型仅部分纤维环破裂，髓核挤入椎管。前者多见于软骨营养障碍类犬，炎症反应严重；后者常发于非软骨营养障碍类犬，发病慢。

Ⅰ型椎间盘突出症主要表现疼痛、运动或感觉缺陷，发病急，常在髓核突出几分钟或数小时内发生。也有在数天内发病，其症状或好或坏，可达数周或数月之久。

颈部椎间盘疾病主要表现颈部敏感、疼痛。站立时，颈部肌肉呈现疼痛性痉挛，鼻尖抵地，腰背弓起；运步小心，头颈僵直，耳竖起；触诊颈部肌肉极度紧张或痛叫。重者，颈部、前肢麻木，共济失调或四肢截瘫。颈部椎间盘突出时，第 2～3 和第 3～4 椎间盘发病率最高。

胸腰部椎间盘突出时，病初动物严重疼痛、呻吟，不愿挪步或行动困难；以后突然发生两后肢运动障碍(麻木或麻痹)和感觉消失，但两前肢往往正常。病犬尿失禁，肛门反射迟钝。上运动原病变时，膀胱充满，张力大，难挤压；下运动原损伤时，膀胱松弛，容易挤压。犬胸腰椎间盘突出常发部位为胸第 11～12 至腰第 2～3 椎间盘。

Ⅱ型椎间盘疾病主要表现四肢不对称性麻痹或瘫痪，发病缓慢，病程长，可持续数月。某些犬也有几天的急性发作。颈Ⅱ型椎间盘疾病最常发生在颈后椎间盘。

X 线检查即可对本病做出正确的诊断。一般普通平片可诊断出椎间盘突出，必要时需施脊髓造影技术。颈、胸腰段椎间盘突出 X 线摄影征象：椎间盘间隙狭窄，并有矿物质沉积团块，椎间孔狭小或灰暗，关节突异常间隙形成。如做脊髓造影术，可见脊索明显变细(被突出物挤压)，椎管内有大块矿物阴影。

3. 治疗

疼痛、肌肉痉挛、轻度伸颈缺陷，如疼痛性麻木及共济失调等，适宜保守疗法。通过强制休息、消炎镇痛等，减轻脊髓及神经炎症，促使背侧纤维环愈合。皮质类固醇(地塞米松、强的松龙等)是治疗本病综合征的首选药物。疼痛严重者可给予镇痛剂。大便、小便不畅时，应及时排出积粪、积尿。

当病变部位确定且病程较短时，可施行外科手术治疗。麻醉后进行椎间盘开创术或减压术，取出椎管内椎间盘突出物，以减轻其对脊髓的压迫，缓解症状。

任务四　骨　肿　瘤

骨肿瘤是发生于骨骼或其附属组织(如血管、神经、骨髓等)的肿瘤。骨肿瘤有良性、恶性之分，其中良性骨肿瘤易根治，预后良好；恶性骨肿瘤发展迅速，预后不佳，病死率高。恶性骨肿瘤可以是原发的，也可以是继发的，即从体内其他组织或器官的恶性肿瘤经血液循环、淋巴系统转移至骨骼或直接侵犯骨骼。

大型品种犬四肢发生骨肿瘤的概率较大，发病年龄为7～8岁，其中公犬比母犬更易发病。中等体型品种的犬更容易发生在中轴骨(颅骨、椎骨和肋骨等)的骨肉瘤。骨肉瘤是猫最常见的原发骨肉瘤，主要感染老年猫(平均发病年龄为10岁)。

(一) 病因

骨肿瘤与其他肿瘤相同，其发病因素很复杂，一般来说是内因条件先存在，外因通过内因而发生。内因有素质学说、基因学说、内分泌学说等，外因有化学元素物质和内外照射慢性刺激学说、病毒感染学说等。

骨生长和成熟过程中，机体对上述因素的刺激较敏感，以致容易变为肿瘤或瘤样病变。骨的良性肿瘤可以恶性变，如软骨瘤、骨软骨瘤、成骨细胞瘤等均可恶变为肉瘤，瘤样病变中纤维异常增殖症等亦可以恶变为肉瘤。

(二) 症状

患有四肢骨肉瘤的犬一般表现为跛行或局部肢体肿胀，有时会被误认为外伤引起。骨肿瘤早期往往无明显的症状，即使有轻微的症状也容易被忽略。随着疾病的发展，本病可以出现一系列的症状和体征，其中尤以局部的症状和体征更为突出，具体的临床表现如下。

(1) 疼痛　骨肿瘤早期出现的主要症状，疼痛可逐渐加重增剧，由间歇性发展为持续性。

(2) 肿胀或肿块　疼痛一段时间后出现，位于骨膜下或表浅的肿瘤出现较早些，可触及骨膨胀变形。

(3) 功能障碍　骨肿瘤后期，因疼痛肿胀而导致患肢运动功能受到障碍，伴有相应部位肌肉萎缩。

(4) 压迫症状　向颅腔和鼻腔内生长的肿瘤，可压迫脑组织和鼻腔，出现颅脑受压和呼吸不畅的症状；盆腔肿瘤可压迫直肠与膀胱，产生排便及排尿困难；脊椎肿瘤可压迫脊髓而产生瘫痪。

(5) 肢体变形　因肿瘤影响肢体骨骼的发育及坚固性而合并畸形。

(6) 病理性骨折　肿瘤部位只要有轻微外力就易引起骨折，骨折部位肿胀疼痛剧烈，脊椎病理性骨折常合并截瘫。

(7) 全身症状　发热、厌食和体重下降。

(三) 诊断

患病动物表现跛行，患肢变粗变硬，触诊肿胀部位可见患病动物出现疼痛，严重时表面有出血。X线检查时，骨肉瘤的X线片病理表现包括皮质溶解、骨膜骨增生及软组织肿胀。部分严重病例可见骨肉瘤转移灶。

本病需与骨髓炎、骨营养不良和外伤性骨膜反应等疾病进行鉴别诊断，结合X线片可以判断是否为肿瘤(图12-9)。确诊需进行活组织样本检查。

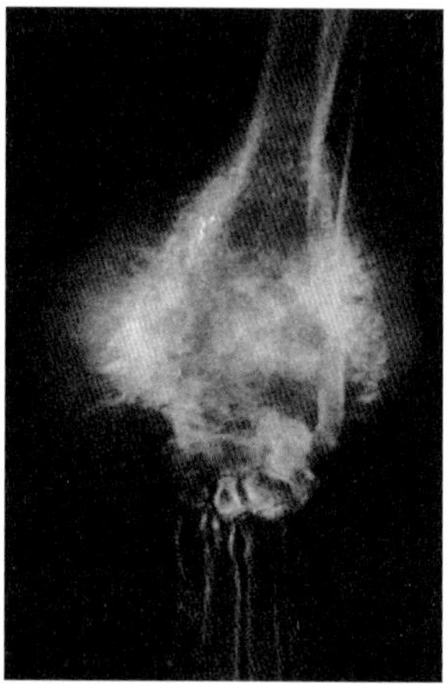

图12-9　骨肿瘤引起的骨膜反应

(四) 治疗

积极采取治疗可以延长骨肉瘤病犬的生命。

良性肿瘤治疗多以局部刮除植骨或切除为主，彻底去除后一般不复发，预后良好。患恶性肿瘤治疗时，手术切除是治疗的主要手段。截肢、关节离断是最常用的方法。

四肢骨的手术治疗包括截肢或肿瘤切除，并配合化学疗法。

化学治疗分全身化疗、局部化疗，常用的药物有阿霉素及大剂量氨甲蝶呤，但药物的作用选择性不强，肿瘤细胞在分裂周期中不同步，可影响化疗的效果。

【病案分析28】猫胸骨骨折

1. 病例简介

猫，雄性，3岁，体重4 kg。走路步轻，不敢爬高，夜间鸣叫，饮食少。

2. 诊断

(1) 临床检查　病猫胸部正中有一明显突起，高约1.5 cm，触诊痛感明显。

(2) 影像学检查　X线照相检查发现胸骨末端与剑状软骨连接处断裂并向外支起。

(3) 确诊与鉴别诊断　结合病史、临床症状和X线检查，诊断为猫胸骨骨折。

3. 治疗方法

全身麻醉，仰卧保定，术部按常规剃毛，消毒；于皮肤突起正中做手术切口，切口长1.5 cm，剥离断裂胸骨周围的软组织，并露出断裂的胸骨，沿断骨根部摘除。手术完毕后皮肤缝合两针并包扎。一周后痊愈拆线，猫活动自如。

4. 病例分析

(1) 诊断要点　骨折临床一般表现为骨变形、四肢异常活动、骨摩擦等症状。同时因为骨折，可引起骨膜、骨髓及周围软组织的血管、神经的损伤，因此局部出现出血和炎性肿胀及明显疼痛。功能障碍在四肢骨折、脊柱骨折时特别明显。一般情况下，骨折不出现全身症状，但是在伤后2～3 d，因炎症及组织分解产物会引起体温升高等全身症状。依据动物的病史和特有临床症状一般可以较容易做出初步诊断。如果需要确诊，可以通过X线检查，特别是对肌肉组织比较厚的部位和靠近关节骨骺处。

(2) 骨折护理　当骨折发生后，应使猫安静，如果为开放性骨折并出血，则需要紧急包扎，以防大失血和伤口被污染。对骨折的治疗常采用外固定和内固定两种方法。当肘和膝关节以下的骨折经整复易复位者可用外固定法。如果是肘或膝关节以上的骨折，多采用内固定法。不管是内固定还是外固定，在手术后 2 周内都需要限制病猫运动，同时全身使用抗生素以预防和控制感染。应加强饲喂管理和营养，补充维生素 A、维生素 C 和钙制剂。外固定一般在 45～60 d 拆除绷带，内固定 90 d 后可手术拆除骨髓钉或接骨板。

【病案分析 29】犬肋骨骨折引发气胸

1. 病例简介

犬，雄性，4 岁，体重 6.5 kg，营养状态良好。该犬被车撞伤，兽医诊所就诊因伤处皮下积气而鼓起呈气囊状，被该诊所兽医以“放气”为治疗方法而在鼓起处开口。后呼吸困难，于是转院治疗。

2. 诊断

(1) 临床检查　患犬胸壁右侧有一个小口，已被缝合，创口处及周围皮下有大面积气肿，按压有捻发音；呼吸困难且呼吸数增加，56 次/min；心跳快而弱，心率 180 次/min，直肠温度 39.1 ℃，触诊胸壁右侧伤口处下方肋骨(第 6 肋骨)骨折。

初步诊断为肋骨骨折，合并气胸，需立即采用手术方法治疗。

(2) 进一步诊断　需配合 X 线片确诊。

3. 治疗方法

(1) 术前准备　肌内注射复合麻醉剂实施全身麻醉。犬取左侧卧位保定，进行术部(创口周围 10 cm×15 cm 范围)剪毛、被皮。对患犬进行气管插管，接入呼吸机。

(2) 创口闭合　沿肋骨方向切开皮肤约 5 cm，见胸壁肌肉有伤口，但未见肋骨。再次用手指在伤口周围皮肤外部感觉到骨折部位，再沿肋骨向腹下方向将切口延长 3 cm，露出折断的肋骨，此时发现肺被夹在肋骨断端中间，且已经淤血。小心送回肺脏，修去骨折断端的尖角，再用骨锉锉平，以免伤及周围组织。将肋间肌和胸膜连续缝合，再将胸壁肌肉及筋膜用圆弯针做一层连续缝合，切口两侧皮肤做结节缝合。

(3) 抽出积气　在第 7～8 肋间用注射器刺入胸腔抽气，恢复负压状态，创口表面涂碘酊消毒。

(4) 术后护理　消炎补液，10%葡萄糖酸钙、维生素 C 静脉滴注。10 d 后伤口一期愈合，拆线，病犬此时状态良好，停止用药，恢复正常。

4. 病例分析

(1) 诊断要点　首先要考虑骨折发生部位是否为开放性，触诊皮下组织是否有气肿出现，分析气体来源；观察动物是否有呼吸困难的表现，分析呼吸类型属于哪一种。

(2) 开放式气胸的治疗要点　及时送诊，迅速处理和维持负压。在病犬来就诊时要简单迅速地检查它的全身状态，根据病犬当时的状态给予一定的处置，如心脏衰弱可给适量的强心剂，呼吸困难有条件可给予吸氧等，然后立即进行手术。可根据犬当时的状态选择用全身麻醉或局部麻醉。

(3) 创口闭合注意事项　在伤口缝合前要检查胸腔内有无血块、破碎组织等异物，清理后再闭合；闭合除皮肤外的伤口有条件最好采用吸收性缝线；恢复负压时，最好用真空泵抽出气体。

(4) 谨慎处理，注意预后　对肋骨骨折型气胸，在手术时一定要处理好骨折断端。骨折没有接上，对胸腔没有多大影响，但骨折断端过于尖锐，在剧烈运动和呼吸的情况下，容易造成周围组织损伤，再次引发气胸。

【病案分析 30】金毛猎犬骨肉瘤

1. 病例简介

犬，雌性，7 月龄，体重 25 kg，右后肢跛行。当时触诊未发现异常，疑为由于磕碰引的炎症，氢化可的松连续应用了 5 d。由于 2 d 后未见好转，疑为髋关节异常，进行 X 线检查，未发现异常。因此在处方中追加复合维生素并察。初诊后第 21 天发现右侧小腿骨远端出现肿胀和热感，再次进行了 X 线检查，发现在胫骨远端有骨膜反应，怀疑为骨膜炎，于是使用了 1 周的喹诺酮类抗生素。此后，患部的肿胀继续增大，病情未得到有效控制。

2. 诊断

(1) 临床检查　胫骨远端肿大明显，触诊有疼痛反应。

(2) 实验室检查　血液常规(表 12-1)和生化检查。

(3) 影像学检查　X 线检查，发现骨膜反应增大，且骨质出现溶解征象(图 12-10)。

表 12-1　血常规检查值

项目	检测值	参考范围
白细胞总数	7.1×10^{9}/L	(6.40×10^{9}/L～15.9×10^{9}/L)
红细胞总数	9.32×10^{12}/L	(5.57×10^{12}/L～7.98×10^{12}/L)
血小板数	320×10^{12}/L	(186×10^{12}～547×10^{12})
谷丙转氨酶(ALT/GPT)	31 U/L	(3～50 U/L)
谷草转氨酶(AST/GOT)	30 U/L	(1～37 U/L)
总胆红素(TBIL)	0.1 mg/dL	(0.1～0.7 mg/dL)
碱性磷酸酶(ALKP)	414 U/L	(20～155 U/L)
尿素氮(BUN)	6 mg/dL	(4.5～30.5 mg/dL)
肌酸酐(CRSC)	1.3 mg/dL	(0.5～1.5 mg/dL)

初步诊断为骨肉瘤，确诊需进行组织学检查。建议实施截肢手术。

3. 治疗

(1) 手术治疗　作为骨肉瘤自患肢膝关节部切除。

(2) 术后护理　抗生素治疗，头孢曲松钠每千克体重 50 mg，连用 7 d。手术后经过良好，在术后第 4 个月生了 9 只幼犬。

4. 预后

由于该犬诊断为骨肉瘤，故有病灶转移趋势。术后 2 月，患犬体温升高至 39.9 ℃，眼结膜充血和肺泡声粗粝，给予抗生素治疗并进行观察。

此后 2 周，食欲废绝，四肢肿胀，做胸部的 X 线检查，并进行了血液检查，发现白细胞数增加，并在肺野内发现有数处孤立性的肿块。通过所观察的这些情况和疗程来看，诊断为肉瘤的肺转移。

之后约 45 d 复诊时，发现四肢极度肿胀(准确地说是三肢)和右侧的眼球突出，做了四肢

(图 12-11)及胸部的 X 线检查,发现出现肥大性肺性骨关节病的患肢肿胀达健康肢 2 倍。1 周后,根据畜主的提议采取了安乐死的处理,但未能获准进行病理剖检。

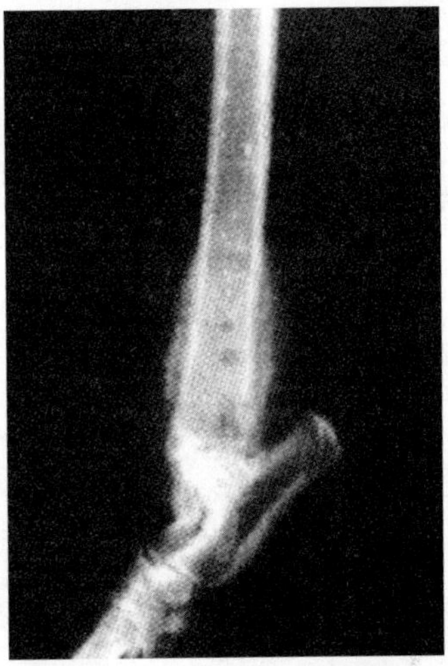

图 12-10 患肢胫骨出现骨溶解征象

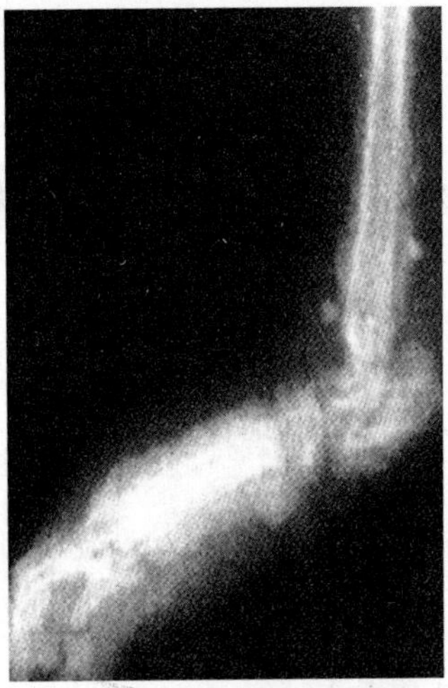

图 12-11 另一后肢跟骨、趾骨出现骨溶解征象

5. 病案分析

(1) 确诊依据 临床对各种肿瘤的确诊,必须进行组织学检查。由于有些地区宠物医疗发展受限,无法实施组织学检查,故本病确诊尚存在一定困难,仅仅凭借 X 线片初步诊断,这也给本病最终确诊留下尚需考虑的空间。此外,诊断还可以对血液中的钙含量进行测定,将其作为肿瘤诊断的一个方面。

(2) 病灶转移 骨肉瘤发生可认为是恶性肿瘤,所以存在组织间转移的可能。在此次大型犬的胫骨远端发生的骨肉瘤治疗过程中,以早期诊断为目的的组织活检未能做出正确的诊断,尽管根据特征性的 X 线片所见做出了诊断,并在早期实施了骨切除术,但遗憾的是,最后还是发生了肺转移。所以应讨论并思考在骨切除后应用抗癌药物治疗的有效性和采取更高位截肢避免骨癌发生转移的确实性。

(3) 诊断要点 骨肉瘤需与骨膜炎进行鉴别诊断,所以影像学检查是必要的诊断方法,骨溶解和血钙增高可作为两个有利症状进行初步诊断,有条件时还应进行组织学检查最终确诊。关于骨肿瘤的治疗问题关键在于把握时机,尽早发现、尽早手术治疗。在未出现转移的前提下,尽早截肢以保全生命;如果已发生转移或动物处于恶病质状态时最好实施安乐死,以结束患犬的痛苦。

项目十三

皮 肤 疾 病

【学习目标】

学习皮肤疾病诊断和分类等内容，掌握宠物常患的各种皮肤疾病的症状和诊断治疗方法。

【技能目标】

能够熟练操作常见皮肤疾病鉴别诊断方法，掌握相应的诊断方法和治疗原则，并对皮肤疾病的并发症进行有效的控制。

宠物皮肤病为小动物临床多发病，其病因复杂、种类繁多且发病后病情比较顽固。随着对宠物皮肤病研究的不断深入，各种检测设备和技术也得到完善，因而对皮肤病的分类、诊断和治疗也得到较大程度提高。本项目主要介绍犬、猫皮肤病的分类、症状表现以及治疗等方面的知识。

任务一　皮肤病分类和诊断

一、皮肤病病因及分类

宠物皮肤病发病诱因较多，明确何种病因引起的皮肤病对其治疗而言意义较大。总体而言，皮肤病临床发病原因常见于外源性因素和内源性因素。外源性因素常见的有细菌、真菌、病毒和寄生虫感染，饲养环境不良（如潮湿、阴暗、通风不良和光照不足等），以及营养不均衡（如饲喂过多的高蛋白、高脂肪类和高磷食物）均可增加宠物患皮肤病的概率；内源性因素常见的有内分泌紊乱、过敏、脂溢性皮肤病和机体免疫功能异常等导致皮肤表面状态改变，也可见于过敏性因素。

皮肤病分类与其发病原因直接相关，因此常将宠物皮肤病大致分为以下几类：细菌性皮肤病、真菌性皮肤病、寄生虫性皮肤病、病毒性皮肤病、脂溢性皮肤病、营养代谢性皮肤病、遗传因素相关皮肤病、内分泌性皮肤病和过敏性皮肤病等。

二、皮肤病症状表现

宠物患皮肤病时，皮肤外观常出现明显变化，如突起、水泡、红肿，伴有分泌物和皮屑等表现。这些表象通常是由于原发性损伤造成皮肤结构发生病变，而后继发性损伤又引起其他症状表现，因此给皮肤病诊断带来一定的困难。观察治疗皮肤病时，一定要注意区分原发和继发表现。

（一）原发性损害

原发性损害是指致病因素直接引起的皮肤病变。

（1）斑和斑点　通常在皮肤表面颜色发生变化，如色素沉积或消退，表面无隆起，有时也见于血管充血而出现的红斑。有些药物如抗凝剂中毒可引起皮肤表面出血而可见红斑。

（2）丘疹　皮肤表面的突起，呈局限性，6～8 mm 大小，形状可见圆形、卵圆形和多角形等，包括浆液性丘疹和实质性丘疹。丘疹形成是由于炎性细胞浸润或水肿造成的，外观为粉红色；有时可见于病毒性疾病，如犬瘟热。

（3）结节　深达皮下或皮内的坚实有弹性的病变，通常突出于皮肤表面，大小 8～30 mm。

（4）水泡　隆起于皮肤表面的泡状物，内容物为透明液体，包囊薄，容易破溃。

（5）脓疱　突起于皮肤表面，内容物为脓汁，外观和粉刺容易区分。脓疱出现常见于各种形式的感染。

（6）风疹　病变部位顶部平整，隆起部位高于正常皮肤，常由于水肿引起，与其他组织界限明显。病因可能与荨麻疹反应有关，皮肤过敏试验呈阳性反应。

（7）肿瘤　由含有正常皮肤结构的肿瘤组织构成，种类较多，大小差异大。

（二）继发性损害

继发性损害指在原发性致病因素破坏皮肤结构和功能后，由其他致病因素造成的皮肤结构的破坏所表现的症状。

（1）鳞屑　皮肤表层脱落的角质片，是由表皮角质化异常所导致。鳞屑常见于慢性皮肤病炎症过程，尤其见于脂溢性皮肤病、慢性跳蚤过敏和全身蠕形螨感染的病变过程。

（2）结痂　损伤部位的黏稠渗出物干燥后在皮肤病变部位形成的覆盖物。

（3）瘢痕　是指造成真皮和皮下组织的损伤，愈合过程由新生的上皮和结缔组织修补或替代，由于纤维组织成分多，具有收缩性但弹性不好，修复后的组织较硬，临床称为瘢痕。其外观特点为瘢痕表面光滑，无正常表皮组织，缺乏毛囊、皮脂腺等附属器官组织。肥厚性瘢痕不萎缩，高于正常组织。

（4）糜烂　皮肤表面的水泡、脓疱、丘疹或结节等病变组织破溃后形成创面，表面出现渗出液，当损伤未超过表皮则愈合无瘢痕。

（5）溃疡　表皮在致病因素作用下出现变性、坏死，从而造成皮肤缺损，病变损伤较深可达皮下组织。溃疡一旦发生则表明病理过程相对严重，愈合周期延长，可能伴有瘢痕形成。

（6）表皮脱落　表皮脱落造成的皮肤损伤，常见于瘙痒症时动物啃咬、抓挠、摩擦而导致。表皮脱落后容易造成细菌感染，从而继发其他皮肤疾病。

（7）皮肤色素过度沉着　通常指黑色素在表皮深层和真皮表层过量沉积，有时伴随慢性炎症过程或肿瘤形成过程而出现。此外，有些内分泌疾病也可能造成宠物发病，其中甲状腺功能减退症过程中会出现脱毛和色素沉着的现象。

（8）低色素化　色素消失通常与色素细胞破坏有关，导致色素产生停止，可发生于慢性炎症过程中，尤其见于盘状红斑狼疮。

（9）色素改变　色素的变化中以黑色素的变化为主，其色素变化和脱毛可能与雌犬卵巢和子宫变化相关。

(10) 黑头粉刺　常见于某些激素分泌紊乱性皮肤病，疾病过程中由于过多角蛋白、皮脂和细胞碎屑堵塞毛囊而形成；可见于犬库欣综合征。

(11) 苔藓化　表现为正常皮肤斑纹变大，患病部位呈高色素化，呈灰蓝色，原因多为皮肤瘙痒致使动物抓挠、啃咬、磨蹭所引起；常见于跳蚤过敏的病患处。该病理现象的发生意味着慢性瘙痒性皮肤病过程的存在。

(12) 表皮红疹　由于剥落的角质化皮片而形成的，可见到破损的囊泡或脓疮顶部消失后的局部组织。常见于犬葡萄球菌性毛囊炎和犬细菌性过敏性反应的过程中。

三、皮肤病诊断

临床诊断皮肤病常综合采用多种诊断方法，问诊和视诊为常规诊断方法，其关注重点在于宠物饲养管理状况、了解既往病史和用药情况，以便获得详细的资料。此外，实验室诊断也是宠物皮肤病诊断的必要手段，包括血液常规检查、病理刮取物镜检、病原培养、特定波长灯光照射等快捷有效的方法。只有综合常规检查和实验室检查方法才能对皮肤病诊断做到深入和准确。

(一) 问诊

了解发病既往史，包括宠物发病时间段、发病初期表现、用药史、病情进展程度、并发症的有无等。饲养管理作为可能导致皮肤病发生的诱因，一定不能被忽视，询问时应详细关注宠物饲养管理状况，如动物饮食结构是否合理，饲养环境是否得当，环境湿度和通风条件如何，卫生条件是否清洁等。

(二) 常规检查

观察动物皮肤表层结构变化情况，如被毛光泽度、有无皮屑、是否脱毛、皮肤弹性、增厚情况和皮肤颜色改变等。局限性病理变化应重点关注皮肤有无丘疹、结节、脓疱、溃疡和糜烂以及色素改变情况，以便确定进一步实验室检查的对象。

(三) 实验室检查

鉴于皮肤病发生时多种疾病可能表现差异不大，给确诊带来极大困难，很难用肉眼直接进行鉴别诊断，因此，必须借助实验室检查，具体包括以下方面内容。

(1) 细菌检查　接触标本后涂片进行染色检查，对于患有顽固性脓皮症的动物，有时还需要进行细菌培养和药敏实验。

(2) 真菌检查　常用 wood's 灯照射被毛，通过绿色荧光反应判断有无真菌感染。皮肤刮片后进行显微镜镜检，观察真菌。目前宠物临床已经广泛使用真菌培养基，方法是将健康与患病处皮肤的毛发放入真菌培养基数日，观察培养基上有无真菌生长。

(3) 寄生虫检查　常针对螨虫进行检验。皮肤刮取物进行螨虫镜检，观察是否有螨虫存在，同时可对螨虫进行分类确诊。也可用透明胶带贴皮，数小时后取下镜检，观察有无外寄生虫存在。

(4) 皮肤过敏试验　局部剪毛消毒后，用装有皮肤过敏试剂的注射器进行分点注射，观察有无丘疹，以确定过敏原是否存在。

(5) 病理组织学检查　涂片或活组织检查。

(6) 变态反应检查　皮内反应检查。

（7）免疫学检查　免疫荧光检查法。

（8）内分泌功能检查　如测定甲状腺、肾上腺和性腺功能检查。

任务二　皮炎和脓皮病

一、皮炎

皮炎指皮肤真皮和表皮的炎症。

1. 病因

引起皮炎的病因较多，可见于外界刺激、物理损伤、外伤、过敏原、细菌、真菌、外寄生虫等病因。皮炎的发病症状以皮肤瘙痒为主要症状，常见患病动物抓挠或啃咬患部皮肤，此后继发细菌感染而使病变部位表现为水肿、渗出、丘疹或结痂等，转为慢性皮炎时则以皮肤开裂为主要症状，而红疹、丘疹症状减少。

2. 诊断

应注意问诊环节，注意询问皮肤出现异常的时期，发病时的症状如何，是否伴有瘙痒，环境改变如何，是否有季节性，食物饲喂的种类有哪些，用药史以及用药后治疗效果如何。必要时需采取实验室检查，具体检查内容包括病原微生物的鉴定和分离培养、活组织检查、皮内反应试验和内分泌测定等。

3. 治疗

应首先缓解动物出现的瘙痒症状，消除动物不安情绪，此后根据实验室检查结果确定用药种类，并制订相应的治疗方案和给药方法。通常采用局部涂擦药物配合全身用药。对于渗出较多的皮炎可以使用收敛性吸附剂或类固醇洗液与软膏。慢性干性皮炎可外用皮质类固醇软膏。对于皮肤鳞屑和结痂可使用水杨酸和硫黄洗剂。动物出现严重瘙痒时，则需限制动物活动，给予镇静剂或佩带项圈。

二、脓皮病

1. 病因

脓皮病是由化脓菌感染引起的皮肤化脓性疾病，根据病因可分为原发性和继发性两种，根据病损的深浅可以分为表层脓皮病、浅层脓皮病和深层脓皮病。脓皮病治疗效果与正确而及时的诊断和用药有关。临床统计显示，临床上猫的脓皮病少见，而犬类患病比较常见，尤其见于某些品种（如松狮犬、沙皮犬、德国牧羊犬等）。此外，某些外寄生虫感染（如螨虫、跳蚤、昆虫叮咬）均可继发皮炎，一旦搔痒过度造成皮肤结构破坏，则引发严重的细菌感染，出现脓皮病。

2. 症状及诊断

脓皮病发病部位一般可见皮肤出现脓疱疹、脓疱和脓性分泌物，严重者伴有恶臭的气味。本病发生多为皮肤破溃后继发细菌感染所导致，表现为脓疱疹、皮肤皲裂、毛囊炎和干性脓皮病等症状。

实验室检查是诊断脓皮症的必要方法，通常采用皮肤直接涂片、细菌培养和活组织检查。经大量病例证实，本病发生的主要致病菌为中间型葡萄球菌，也包括金黄色葡萄球菌、表皮葡萄球菌、链球菌和化脓性棒状杆菌等。可结合药敏实验指导临床用药。

3. 治疗

脓皮病的治疗原则是全身和局部应用抗生素，缓解临床症状，增强机体抵抗力。具体方法可以采用口服、局部涂擦或者注射抗生素，如红霉素、林可霉素、克拉维酸-阿莫西林、磺胺、头孢菌素、长效抗菌喷剂、甲硝唑、利福平和恩诺沙星等药物用于治疗，用药剂量应依据《中华人民共和国兽药典》的规定，根据病情也可以加大药物剂量。同时，还应注意治疗原发病，以及用药时间与药物使用的顺序。

任务三 脱 毛 症

脱毛症是动物局部或全身被毛非正常脱落的症状。

1. 病因

本病原因复杂，常见于代谢性、中毒性、内分泌性、先天性或某些生理过程和皮肤病，临床上常见于各种疾病病程及被毛护理不当等。

皮肤摩擦和连续使用刺激性化学物质可导致宠物出现局部脱毛的现象，尤其是皮褶较多的犬，也见于项圈摩擦引起的颈部脱毛。然而因洗毛剂选用不当而导致的脱毛也是临床常见的一种脱毛诱因，例如使用非宠物类的香波、洗毛频率过大均可导致脱毛症的发生。

当皮肤感染细菌、真菌、跳蚤、螨虫，或连续遭受辐射、食物过敏等时，均可导致全身性脱毛。此外，脱毛症还可见于非炎症性脱毛，其原因在于患有甲状腺功能减退、肾上腺皮质功能亢进、生长激素反应和性激素失调等。而生理学过程导致的脱毛（如怀孕期、哺乳期和重病）可引发暂时性脱毛。

2. 症状

脱毛症状因病原不同而异。当因护理不当引起脱毛时，宠物犬或猫被毛稀疏；若为细菌性脓皮病、外寄生虫感染，则以红疹、脓疱等症状为主。宠物被毛大量成片脱落或断毛并伴有皮屑较多时，往往见于真菌性皮炎。临床上常见的宠物背部对称脱毛可能是宠物患有内分泌失调疾病。

3. 诊断与治疗

脱毛症的诊断方法主要为临床观察和实验室检查。实验室检查常采用皮肤刮取物镜检、细菌或真菌的培养，同时配合药物敏感性试验、局部活组织检查、血清中激素测定等。结合相应的检查结果，选择有效的抗微生物和驱虫药物，消除各种理化刺激因素，改善饲养环境和动物饮食，治疗原发病的同时还要考虑适当缓解症状，控制和消除继发本病症的因素。

任务四 湿 疹

湿疹是致敏物质作用于动物的表皮细胞引起的一种炎症反应，表现为皮肤患处表面出现红斑、血疹、水疱、糜烂及鳞屑等，并发瘙痒、热痛等症状。

1. 病因

湿疹发生分为内因和外因两方面。外因主要包括宠物生存环境恶劣、皮肤卫生差、外界因素刺激、阳光照射过强等因素，而内因则包括各种因素引起的变态反应、营养失调、某些疾病导致动物机体免疫力和抵抗力下降等。

2. 症状

本病根据发病程度可分为急性湿疹和慢性湿疹两种。急性湿疹症状见于皮肤红疹或丘疹,常始于宠物面部和背部,尤其是在鼻梁、眼及面颊部,并向外扩散,形成水泡。动物常由于瘙痒而表现不安,舔咬患部而造成皮肤丘疹加重。慢性湿疹时皮肤增厚,出现皮屑和苔藓化;同时病程较长,瘙痒情况持续或者加重。

3. 诊断与治疗

湿疹的诊断通过问诊、临床检查、皮肤刮取物分析及其实验室检查相配合进行确诊。在确诊病因后可采取综合治疗措施,应用止痒、消炎、脱敏等药物,同时加强宠物的饲养管理,提高动物机体抵抗力。

任务五　毛　囊　炎

毛囊炎指毛囊及其相邻的皮脂腺化脓性炎症。

1. 病因

毛囊炎由致病微生物如葡萄球菌、链球菌引起。蠕形螨和内分泌失调也可引起毛囊炎。单纯散在性毛囊炎治疗不及时,会导致炎症扩散,造成疖、痈和脓皮病等。

2. 症状

单纯散在性毛囊炎主要发生在口唇周围、背部、四肢内侧和腹部皮肤。毛囊炎发病主要是由于毛囊口受阻、毛囊内蠕形螨寄生、毛囊内细菌繁殖、内分泌失调等。毛囊炎的主要致病菌为中间型葡萄球菌。

3. 诊断与治疗

毛囊炎的诊断通常采用皮肤刮取物进行实验室检测,包括镜检微生物和寄生虫、细菌培养和药敏实验等。其治疗则根据诊断结果用药,可以采取皮肤消毒、杀灭螨虫和细菌、调节激素等治疗措施。

任务六　指(趾)间囊肿

指(趾)间囊肿指发生在宠物指(趾)间的炎症性结节,是疖病而非真正的囊肿。

1. 病因和症状

异物刺激、致病菌感染、接触性过敏、细菌性过敏原或蠕形螨感染均可导致指(趾)间囊肿的发生。指(趾)间囊肿早期,病变部位出现小丘疹,后期发展呈结节状。指(趾)间囊肿表面有光泽,触诊时疼痛、有波动感,一旦破溃则流出血色液体。异物刺激的囊肿呈单个发病,感染细菌的囊肿则反复发作,或有多囊肿(结节)。

2. 治疗

异物刺激引发的指(趾)间囊肿,用温热水浸泡数次,15～20 min/次,通常经 1～2 周治疗可康复。久治不愈者可行外科切除术。应根据细菌分离培养和药敏试验,选择适宜的抗生素进行全身治疗,也可手术切除。改换铁丝等笼具,可减少本病发生。

任务七 黑色棘皮症

黑色棘皮症是多种病因导致皮肤中色素沉着和棘细胞层增厚的临床综合征。

1. 病因

局部摩擦、过敏和各种引起瘙痒的皮肤病、激素紊乱等均可导致本病发生。黑色棘皮症有些是特发性的，也有遗传性的原因。

2. 症状

本病表现为皮肤瘙痒和苔藓化。患病动物常抓挠患病皮肤，皮肤出现红斑、脱毛、皮肤增厚和色素沉着等，皮肤表面常见多量油脂或呈蜡样。黑色棘皮症常发生在动物的背部、腹部和前后肢内侧以及股后部等部位。

3. 诊断治疗

本病的诊断内容包括活组织检查、过敏原反应检测和外寄生虫检查等，治疗则根据病因采取适当的措施，消除发病因素。有研究表明，对患黑色棘皮症的肥胖犬而言，减肥和外用抗皮脂溢洗发剂有利于治疗本病。

任务八 犬、猫嗜酸性肉芽肿综合征

犬、猫嗜酸性肉芽肿综合征是一组侵害猫和犬的疾病，病因尚不完全清楚。猫嗜酸性肉芽肿综合征包括三种病，即嗜酸性溃疡、嗜酸性斑和线状肉芽肿；而犬只有嗜酸性肉芽肿。

1. 症状

猫嗜酸性肉芽肿综合征包括三种病。

（1）嗜酸性溃疡　是一种不痛、不痒、界限明显的红斑性溃疡，主要出现在上唇。组织学检验表明是溃疡性皮炎，主要有中性粒细胞、浆细胞和单核细胞浸润。

（2）嗜酸性斑　是界限明显的红斑性凸起，瘙痒，多见于大腿中间部位。组织学检验表明是弥散性嗜酸性粒细胞性皮炎，细胞内和细胞间的水肿明显，表皮内水疱中含有嗜酸性粒细胞。

（3）线状肉芽肿　表现为界限清楚、线状结构的病理性凸起，呈黄色至粉红色不等，主要出现在后肢的尾侧面。组织学检验表明在线状胶原纤维周围有肉芽肿性炎症反应；当病变出现在口腔时，病变组织及周围有嗜酸性粒细胞浸润。

犬嗜酸性肉芽肿与猫线状肉芽肿相似，病变组织出现胶原变性，周围有肉芽肿和嗜酸性粒细胞浸润。如果病变出现在口腔，则表现为溃疡或者增生性团块，偶见斑块或结节；若出现在唇及身体的其他部位，则呈丘疹的形式。从发病率上看，西伯利亚犬更易感本病。

2. 治疗

对于猫，应首先调查过敏性疾病，在病因不能确定时，按照每千克体重 0.8 mg，每 2 周肌内注射 1 次醋酸甲基氢化泼尼松，2～3 次为 1 个疗程；也可口服氟羟强的松龙片 1～3 d，剂量为每千克体重 4 mg；对于复发的病例，每 6 d 注射 1 次醋酸甲基氢化泼尼松。

病犬治疗可以口服强的松或者强的松龙每千克体重 0.5～2 mg，3 周后逐渐减量；有些复发病犬需要每 2 d 口服 1 次低剂量的皮质类固醇。

任务九　粉　　刺

粉刺是发生在青年犬、成年犬和猫的一种慢性皮肤病，一般以黑头粉刺最常见，也可以见到丘疹、脓疱、结节、囊肿和瘢痕。

1. 病因

内分泌失调及继发感染是粉刺的主要病因，遗传基因也与本病有关。目前认为，粉刺的发生与性内分泌有明显的关系，雄激素和雌激素在公、母犬体内有不同的比例，比例的改变可能促使粉刺的发生。雄激素可以促使表皮的角质形成，并能增加皮脂腺的活动程度；雌激素的作用则相反。因此，公犬的睾丸和肾上腺皮质分泌的改变和母犬卵巢(孕酮)、胎盘与肾上腺功能的变化，可影响粉刺的发生。粉刺主要的致病微生物是粉刺棒状杆菌和葡萄球菌等。

2. 症状与诊断

皮脂、角化及角化不全的细胞所构成的黑头粉刺挤塞在扩大的毛囊内，毛囊周围有炎症变化，比较大的损害中皮脂腺部分或者完全损毁，有时形成较大的囊肿。一般出现黑头粉刺和油性皮脂溢出为主，症状轻的出现丘疹、脓疱和黑头粉刺，严重时发生较大的脓肿。粉刺症状时轻时重，4 岁以上的犬发生概率低。自愈或者治愈处皮肤常有大小不等的瘢痕或疙瘩性损害。粉刺发生于各种品种的成年公母猫，多在下颚和下唇发生。继发细菌感染后，可发生化脓和瘘管。

3. 治疗

母犬可以口服雌激素，但是不应常规应用或者滥用，更不能用于患病公犬的治疗；维生素 A、B 族维生素的治疗效果不明显；局部消炎措施常采用挤出堵塞毛囊的黑头粉刺后使用硫黄制剂或者过氧化氢溶液清洗患部，也可以涂擦水杨酸软膏；如果黑头粉刺较多，可以用硼酸溶液热敷；对于持久发炎或者瘢痕疙瘩损害，可用去炎松混悬液局部注射。

全身应用抗生素有助于痤疮的治疗，一般抗生素的选择根据药敏试验结果而定，林可霉素、四环素的临床效果较好。对于肾上腺皮质功能亢进病犬，应同时治疗原发病。

模块二

宠物产科生理

宠物产科生理模块中详细阐述了宠物生殖系统组成、生殖器官的功能、生殖激素及其效应、宠物发情、受精、妊娠、分娩和产后期恢复等一系列生殖生理过程。由于机体生物学活动和效应的发挥需要整体协调完成，其中某一生理过程发生异常均可能导致生殖功能障碍，所以对产科生理知识的学习有助于对妊娠期、分娩期、产后期母畜疾病及新生仔畜疾病的认识和理解。

项目十四

生 殖 系 统

【学习目标】

学习宠物生殖系统的解剖结构，为后续宠物产科疾病学习奠定基础。

【知识目标】

掌握雌性生殖器官功能，熟悉卵巢、输卵管、子宫、阴道、阴道前庭和阴门的结构特点；掌握雄性生殖器官功能，熟悉睾丸、阴囊、附睾、副性腺、尿生殖道和阴茎的结构特点。

犬、猫生殖器官结构和生理功能是学习宠物产科学的基础。在动物临床诊疗时，由于动物解剖结构存在一定的区别，所以应掌握犬、猫生殖系统的特点，熟悉其生理功能，为今后临床检查奠定基础。

任务一　雌性生殖器官构成

雌性犬、猫的生殖器官包括卵巢、输卵管、子宫角、子宫体、子宫颈、阴道、阴道前庭和阴唇及其构成的阴门，如图 14-1 所示。

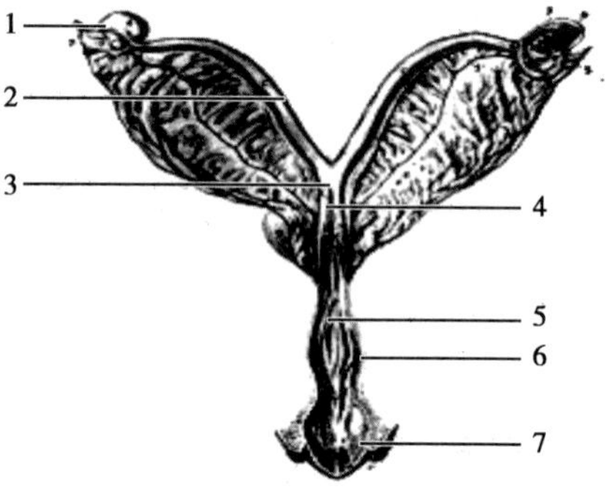

图 14-1　犬子宫模式图

1. 卵巢　2. 子宫角　3. 子宫体　4. 子宫颈　5. 阴道　6. 阴道前庭　7. 阴唇

(一) 卵巢

卵巢是雌性动物的生殖器官，在形态上则因动物种类而异，且随着年龄和繁殖阶段不同而出现变化(随卵泡黄体变化而相应变化)。

卵巢借卵巢系膜附着于腰下部两旁，其子宫端借卵巢固有韧带与子宫角尖端相连。犬的卵巢呈长卵圆形，长约 2 cm，成年母犬卵巢表面凹凸不平，位于第三或第四腰椎横突腹侧，右卵巢比左卵巢位置靠前，包在卵巢囊内。猫的卵巢位于同侧肾脏的后方，呈卵圆形，长约 1 cm，表面有许多白色稍透明的囊状卵泡。黄体呈棕黄色。

1. 组织结构

卵巢实质由弹性结构组织构成，可分为皮质部和髓质部。髓质在中央，有血管神经结缔组织;皮质在外周,占大部分卵巢,有卵泡黄体白体及结缔组织。卵巢外包一层白膜。血管、神经由卵巢门进入,此处无皮质,但有成群较大上皮样细胞。

2. 生理功能

卵巢的生理功能是:促进卵泡发育、排卵和形成黄体,能够分泌雌激素和孕酮。

在卵巢皮质部,卵泡由初级到成熟逐渐发育,最先排出卵子,并形成黄体,原始卵泡在胚胎期已形成。分泌雌激素由卵泡内膜形成,达一定量时动物表现发情。在黄体形成后,由黄体分泌孕酮,抑制发情,且具有维持妊娠的作用。

(二) 输卵管

输卵管是一条弯曲而细长的管子,位于输卵管系膜内。犬输卵管短而细,长 5～8 cm,输卵管与子宫角的界限非常明显;猫输卵管较弯曲,在卵巢的背内侧与子宫角相接。

1. 组织结构

输卵管分三段。

(1) 输卵管漏斗部　腹腔口呈漏斗状,边缘成皱襞为伞;输卵管系膜和卵巢系膜中间形成的卵巢囊。

(2) 输卵管壶腹部　指前 1/3 段较粗部,此部为受精地点。

(3) 输卵管峡部　指后 2/3 较细部,与壶腹部连接处叫壶峡连接部,与子宫角尖端相连接处叫宫管连接部。

输卵管由黏膜、肌层、浆膜构成。黏膜包括上皮和固有膜,上皮为纤毛上皮,含无纤毛黏液细胞,纤毛向宫腔颤动,分泌液中有颗粒和糖原。肌层分内环肌和外纵肌,两层肌肉间无明显界限,子宫肌层厚。浆膜层包裹在最外层。

2. 生理功能

输卵管的作用是输送配子(卵子、精子)和受精卵。输卵管壁上的纤毛运动可推动液体流动,同时也是精子获能、受精、受精卵卵裂的部位。输卵管还具有分泌功能,尤其在发情期时分泌功能加强,分泌物为黏多糖、黏蛋白。

(三) 子宫

子宫为有腔的肌性器官,是胚胎生长发育的场所,参与精子向输卵管的运送和胎儿的分娩。

犬子宫:子宫角直而细长,子宫体和子宫颈均较短。中等体形的成年母犬,子宫角背腹稍扁,长 12～15 cm,直径 0.5～1.0 cm。左、右子宫角在骨盆联合前方自子宫体分出,位于腹腔内。妊娠后,子宫角中部弯曲并向前下方沉降,可抵达肋弓内侧。子宫体长 2.0～3.0 cm。子宫颈长 1.5～2.0 cm,后 1/2 突入阴道内,子宫颈管近乎垂直。

猫子宫:为双分式子宫,子宫角较直,位于腹腔内,子宫体长约 4.0 cm,位于直肠与膀胱之间。子宫体前部中间有隔膜,将其分为左、右两半,黏膜形成许多纵向皱褶。子宫颈阴道部呈乳头状,伸向后下方。

1. 组织结构

子宫由子宫角(两个)、子宫体和子宫颈三部分组成。

子宫壁分三层,由外向内为浆膜层、肌层和黏膜层。子宫黏膜内管状腺体称为子宫腺。固有膜中有丰富的小血管和淋巴管。肌层由纵横交错排列的平滑肌所组成,其中有血管贯穿其间,此层尚具有很大的伸展性,以适应妊娠需要。子宫平滑肌节律性收缩成为胎儿娩出的动力。由于它的收缩，还可压迫血管，制止产后出血。浆膜层由单层扁平上皮和结缔组织构成。

2. 子宫分类

子宫根据结构不同可分为四种类型。①双角子宫：犬、马、驴、猪、狐狸、水貂、大熊猫；②双间子宫（对分子宫）：猫、牛、羊、梅花鹿；③双子宫：兔子纲、小鼠、狸獭；④单子宫（无子宫角）：人、灵长类。

3. 生理功能

子宫是胎儿生长发育的场所，为母体和胎儿间的物质交换提供条件，由子宫分泌的前列腺素可以调节黄体的功能。子宫颈是子宫的门户：怀孕时紧闭，保护胎儿的安全；分娩时宫颈开放，子宫肌阵缩，配合母体努责将胎儿排出体外。

（四）阴道

阴道是指从子宫颈至尿道外口，是交配器官和产道。宫颈周围的阴道腔为阴道穹窿。阴道的组织结构分为外层、肌层、内层（黏膜），有纵褶，无腺体。犬的阴道较长，在阴道前部，隆起的背侧纵褶几乎遮盖了子宫外口。

（五）阴道前庭和阴门

阴道前庭和阴门是动物的交配器官，前方以尿道外口与阴道为界，后方经阴门与外界相通。阴门为雌性生殖器官的末部，位于肛门的腹侧，由左、右阴唇构成，内有阴蒂，相当于雄性动物的阴茎。

任务二　雄性生殖器官构成

雄性生殖器官包括：睾丸、输精管（附睾、输精管、尿生殖道）、副性腺（精囊腺、前列腺、尿道球腺，犬仅有前列腺）、外生殖器（阴茎）。犬生殖器官在腹股沟区与肛门之间。猫睾丸位于肛门下方会阴区，长轴与地面呈一定角度（倾斜）前低后高，附睾在睾丸背部，头朝前下，尾朝后上方。雄性动物生殖系统解剖模式图，如图 14-2、图 14-3 所示。

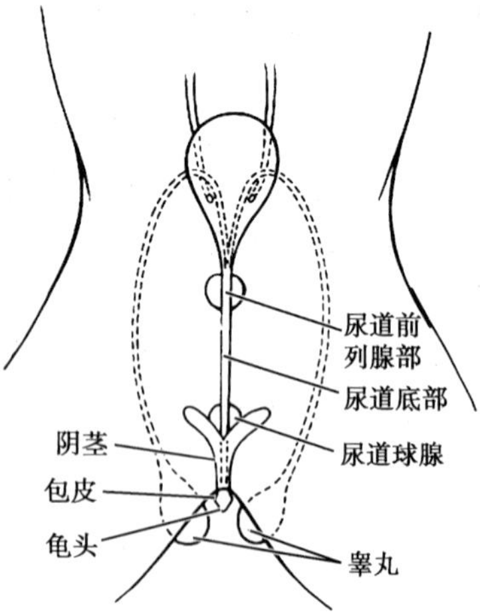

图 14-2　雄猫生殖系统模式图

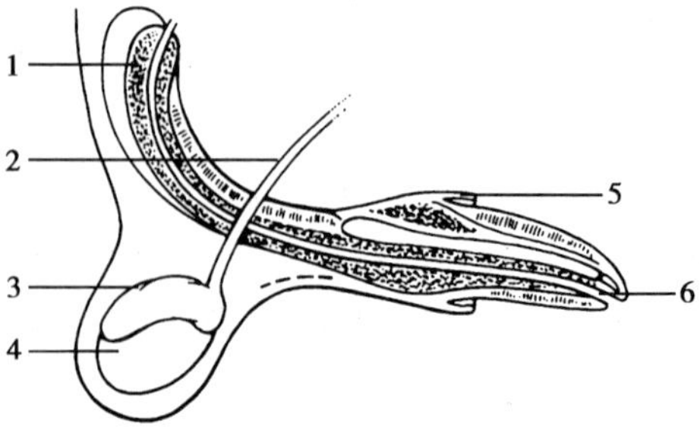

图 14-3　雄犬生殖器纵切面模式图

1. 阴茎　2. 输精管　3. 附睾　4. 睾丸
5. 阴茎包皮　6. 尿道口

（一）睾丸

1. 形态位置

睾丸形状呈长卵圆形，犬睾丸位于腹股沟区与肛门之间，猫睾丸位于肛门下方会阴区。附睾在睾丸背部，头朝前下，尾朝后上方。

2. 组织结构

睾丸表面被以浆膜（固有鞘膜），浆膜内为白膜，即睾丸最外层。白膜于睾丸头端形成一条0.5～1.0 cm长的结缔组织束伸入睾丸实质，构成纵隔。纵隔向四周发出许多放射状结缔组织，小梁和白膜相连，称为中隔。中隔将睾丸实质分成许多锥体形小叶，基部在睾丸表面，尖部朝向中央。犬的中隔厚而完整；猫的中膈构造不完全，或者薄而不明显和不完整（故小叶分界不明显）。每个睾丸小叶中有一条或由其派生而形成的细精管。

细精管细而弯曲，称曲细精管，直径0.1～0.2 mm，其粗细与繁殖能力有关。细管腔内充满液体。曲细精管在小叶尖端形成很短小的直细精管，穿入纵隔结缔组织内形成弯曲的导管网，称为睾丸网，最后由睾丸网分出10～30条睾丸输出管，形成附睾头。睾丸在胚胎发育时期在胎儿的腹腔内，当胎儿发育到一定时期时，由腹腔下降至阴囊内。如果雄性犬、猫一侧或两则睾丸未下降入阴囊内，则称为隐睾。犬睾丸下降时间为出生后2～10 d。

3. 生理功能

睾丸兼具内分泌和外分泌功能，主要为生精子功能和分泌性激素。

靠近曲细精管基膜的上皮为精原细胞，进行不断分裂、分化，最后形成精子。雄性激素则由间质细胞分泌，其功能可以激发动物的性欲和性行为，刺激和维持动物第二性征，促进阴茎、副性腺的发育，并维持精子的发生和附睾内精子的存活。

（二）阴囊

阴囊为包裹睾丸的囊袋，是保持精子正常生成的温度调节器官。

阴囊的生理功能是：起到保护睾丸和调节温度的作用。①保护睾丸：使睾丸免受机械性、生物性、化学性的直接接触损伤。②调节温度：在体温条件下，精子不能成活或无生殖能力（如隐睾），阴囊内的温度比体温低3.0～5.0 ℃，利于精子存活和保持生殖能力。

（三）附睾

1. 组织构造

附睾的管壁由环状肌纤维和假复层柱状纤毛上皮构成。附睾根据组织学可分为三个区域，即起始部、中部和后部。

2. 生理功能

附睾的生理功能包括：促使精子成熟，对精子的贮存，具有吸收作用，浓缩精子，运输精子。

附睾是睾丸的输出管，同时也是精子发育成熟和储存精子的地方，分为附睾头、附睾体和附睾尾三部分。

（1）附睾头　由10～30条睾丸输出管盘曲组成，借结缔组织联结成若干附睾小叶，这些附睾小叶联结成扁平而略呈杯状的附睾头，贴附于睾丸的头端。

（2）附睾体　各条小叶中的输出管汇成一条弯曲的附睾管组成附睾体，沿附睾丸边缘延伸。

（3）附睾尾　在睾丸的尾端扩张而形成附睾尾。

因此，附睾实际上是一条细长而曲折的管道所组成。

（四）副性腺

犬的副性腺只有前列腺，为分支构成的管泡状腺体。犬的前列腺较大，为球状，位于尿生殖道的前方，膀胱颈和尿道结合部背面，由两叶构成，并各有一条分泌管开口于精阜两侧。前列腺的大小因动物个体存在较大的差异。前列腺形态、大小和功能均直接受睾丸所分泌的雄性激素影响。

（五）尿生殖道

尿生殖道黏膜周围包有一层尿道海绵体，黏膜中没有尿道球腺。按照所处的位置可将尿生殖道分为两部分，即尿生殖道骨盆部和尿生殖道阴茎部。

尿生殖道骨盆部位于骨盆内，外面被覆一层发达的尿道肌，管腔较粗，它和膀胱颈的连接处称为尿道内口，输精管和前列腺均开口于此。尿生殖道阴茎部是位于阴茎海绵体的尿道沟内的部分，其开口称为尿道外口，腹面有球海绵体肌。

（六）阴茎

阴茎由两个阴茎海绵体和一个尿道海绵体构成，阴茎静脉与海绵体相连，充血时，可使阴茎体积增大和竖直。

阴茎分为阴茎根、阴茎体和龟头等部分。阴茎根是阴茎海绵体的后部，它先形成两个细小的阴茎脚固定在坐骨弓，并朝向尿道前方延伸而融合成阴茎体，为阴茎的主要部分；外面被覆很厚的白膜。阴茎体向前伸延，其末端就是龟头。

尿道海绵体包在尿道阴茎周围，位于阴茎海绵体腹面的尿道沟内。龟头海绵体与尿道海绵体是相通的。

龟头分为龟头茎部和龟头球部。龟头中有阴茎骨，是从龟头茎部延伸到龟头球部的软骨组织，依犬的体型大小，其长度有所不同，变动范围为 5.0～10.0 cm。阴茎骨的下方为尿道。龟头球部是龟头与阴茎体连接的部分，它包围着阴茎骨的后半部，占整个龟头长度的 2/3 左右，长约 5.3 cm。在勃起时，球部膨胀，体积增大，射精后仍保持勃起状态，因而交配时雌雄生殖器官紧密连在一起，通常可持续 10～30 min。

项目十五

生殖激素

【学习目标】

学习宠物生殖激素的分类和作用特点，为后续宠物产科疾病学习奠定基础。

【知识目标】

掌握生殖激素功能，掌握丘脑下部激素、垂体激素、性腺激素、胎盘激素及前列腺素等功能。

内分泌是动物机体的一种特殊分泌方式，其作为一种信息传递过程调节各有关器官和组织的生理功能，使机体表现出各种生理反应。生殖激素是机体产生的一种可调节生殖过程的特殊物质，直接参与动物生殖功能，特点是少量激素即可发挥强大的生理功能，同时具有定向选择性、拮抗性和非种间特异性，其在机体生长发育、生殖、分娩和产后功能恢复等方面都发挥着重要作用。研究动物生殖活动的内分泌规律，以此调控动物的生殖活动，并诊断、治疗和预防生殖疾病，提高动物繁殖效率和经济效益。

任务一　概　　述

激素是动物体内特殊的物质，由一定的腺体或神经细胞产生，直接或间接地输送到血液，在机体的另一部分发挥出特定的作用。激素缺乏或过多可引起相关的疾病，补充或减少相应的激素即可治愈。生殖激素是直接与生殖功能密切相关的激素。生殖激素主要调控雌性犬、猫的发情、排卵、生殖细胞在生殖道内的运行、胚胎附植、怀孕、分娩、泌乳、母性以及生殖器官发育等功能，同时也调节雄性犬、猫的精子的生成、副性腺分泌、性欲和生殖器官发育等功能。

一、生殖激素作用特点

生殖激素由机体不断地产生和代谢失活，其失活部位在靶细胞发生作用时本身失活，或者在与靶组织无关的器官（主要是肝）失活。生殖激素在血中消失快，但常表现出持续，甚至积累作用。生殖激素的作用特点主要表现为：量小但表现作用大，少量的激素便可以引起明显反应，乃至强烈生理效应；生殖激素具定向选择性；生殖激素间表现协同、拮抗、反馈作用；生殖激素只调节反应的速度，不发动细胞内的新反应，即细胞内的生化过程对于激素的反应只是加快或减慢速度，完成反应的条件在细胞分化时形成；生殖激素无种间特异性，不同动物的生殖激素可以互起作用。

二、生殖激素的分类

生殖激素按作用类型可分为神经激素、局部激素和外激素三种，按其产生部位可分为丘脑下部释放激素、垂体促性腺激素、胎盘促性腺激素、性腺激素、其他组织分泌的激素和外激素等类型，按化学性质又可分为含氮激素、类固醇激素和脂肪酸类激素等。

含氮激素储存于其分泌部位，当机体需要时可分泌到邻近的毛细血管中。类固醇激素分泌后立即释放入血，与相应的蛋白质结合，形成复合物。脂肪酸类激素中只有一种，即前列腺素，它是在机体需要时才分泌，而且是边分泌边应用，并不储存，主要在局部发挥作用。生殖激素的种类、来源和主要作用见表15-1。

表15-1　生殖激素的种类、来源和主要作用

激素类别	激素名称	英文缩写	主要来源	主要作用
丘脑下部激素	促性腺激素释放激素	GnRH	丘脑下部	促进LH和FSH的释放
垂体前叶促性腺激素	促黄体素或间质细胞刺激激素	LH/ICSH	垂体前叶	促使卵泡排卵，形成黄体，促进孕酮，雌激素及雄激素分泌
	促黄体分泌激素或促乳素	PRL	垂体前叶及胎盘（啮齿类）	促进黄体分泌孕酮，刺激乳腺发育及泌乳，促进睾酮的分泌
	促卵泡激素	FSH	垂体前叶	促进卵泡发育成熟，促进精子发生
神经垂体激素	催产素	OT	神经垂体	促使子宫收缩及排乳
胎盘促性腺激素	人绒毛膜促性腺激素	HCG	胎盘绒毛膜	主要与LH类似
	马绒毛膜促性腺激素、孕马血清促性腺激素	PMSG	马胎盘的子宫内膜体	主要与FSH类似
性激素	雌激素（雌醇、雌酮等）	E	卵巢、胎盘	促进发情行为，促进生殖道发育
	孕酮	P_4	卵巢、胎盘	与雌激素协同，促进发情行为，促进子宫腺体发育，促进乳腺腺泡发育
	睾酮	T	睾丸（间质细胞）	维持雄性第二性征和雄性性行为
	松弛素	Relax	卵巢、胎盘	促进子宫颈、耻骨联合，促进骨盆韧带松弛
局部激素	前列腺素	PG	各种组织	具有广泛的生理作用，$PGF_{2\alpha}$具有溶解黄体作用
外激素	信号外激素、诱导外激素	Pheromone	体表腺体、尿液、粪便	

任务二　丘脑下部激素

促性腺激素释放激素(GnRH)是由下丘脑合成的十肽激素,对脊椎动物生殖的调控起主要作用。其主要功能是控制促卵泡激素(FSH)和促黄体素(LH)的释放,在性别分化、性腺发育以及生殖过程中起重要调节作用。

1. 生理作用

(1) 控制垂体合成及释放促黄体素和促卵泡素。

(2) 刺激各种动物排卵;促进雄性动物精子生成。

2. 临床应用

促性腺激素释放激素主要用于诱导雌性动物发情,提高受胎率和超排效果,治疗不育及用于雄性动物的免疫去势。

任务三　垂体激素

垂体激素是脊椎动物垂体分泌的多种微量蛋白质和肽类激素的总称,分别调节动物体的生长、发育、生殖和代谢,控制各外周内分泌腺体以及器官的活动。

一、促卵泡激素(FSH)

1. 生理作用

(1) 刺激卵泡的生长发育。

(2) 促卵泡激素和促黄体素(LH)配合使卵泡产生雌激素。

(3) 促卵泡激素和促黄体素在血液中达一定浓度且呈一定比例时引起排卵。

(4) 刺激卵巢生长,增加卵巢重量。

(5) 刺激曲细精管上皮和次级精母细胞的发育。

(6) 在促黄体素和雄激素的协同作用下使精子发育成熟。

(7) 促卵泡激素还能促使足细胞中的精细胞释放。

2. 临床应用

促卵泡激素常与促黄体素配合使用,很少单独应用。其应用方面如下:

(1) 超数排卵　在牛中正常只有一个卵泡排卵,应用促卵泡激素后排卵量剧增。

(2) 诱导泌乳期动物发情　猪产后 4 周,牛产后 60 d,分别用促卵泡激素或孕酮加促卵泡激素诱导动物发情。

(3) 应用于提早家畜的性成熟时,常针对季节发情的动物(马、羊、猫、犬),首先用孕酮(P_4)处理后再用促卵泡激素。

(4) 可用于治疗雌性动物的卵巢疾病,如对卵巢功能不全,卵泡发育停滞或交替发育及多卵泡均有效,能促使持久黄体萎缩,但对幼稚病无效。

(5) 提高精液品质,如在精子活力差或密度不足时,可用促卵泡激素配合应用促黄体素加以改善。

二、促黄体素(LH)

1. 生理作用

(1) 协同促卵泡激素发挥作用,促进卵泡成熟,粒膜增生,使卵泡内膜产生雌激素,并在与促卵泡激素达到一定比例时,导致排卵,对排卵起着主要作用。

(2) 排卵之后,促黄体素促使粒膜形成黄体,产生孕酮。

(3) 刺激睾丸间质细胞的发育,并使它产生睾酮。

(4) 协同促卵泡激素及雄激素发生作用,使精子生成充分完成。

(5) 分泌调节　受上级丘脑下部激素 GnRH 的调节;受性腺激素的反馈调节,即在排卵前,成熟卵泡分泌大量雌激素,它能使促黄体素大量分泌,从而导致排卵;当雌、雄激素和孕激素一起作用时,则能抑制促卵泡激素和促黄体素的分泌;在雄性动物中,睾酮对间质细胞素的分泌有负反馈调节作用。

2. 临床应用

(1) 促黄体素常用于牛的诱导排卵,卵巢超数排卵后,在配种同时注射促黄体素,可在 24 h 内引起排卵。

(2) 治疗卵泡囊肿,排卵延迟或不排卵。

(3) 预防习惯性流产,配种的同时或之后连续注射促黄体素 2～3 次。

(4) 治疗雄性动物性欲减退、精子浓度不足等不育。

三、催产素(OT)

1. 生理作用

(1) 排卵前雌激素使子宫敏感,能收缩子宫有利于受精,并协同雌激素有利于分娩和子宫复旧。

(2) 刺激输卵管的收缩,有利于配子在生殖道运行。

(3) 刺激乳腺腺泡上皮收缩,促进排乳。

(4) 低剂量时促进黄体发育,高剂量时溶解黄体起到促排卵作用。

(5) 使子宫发生强烈阵缩,促使胎儿排出。

2. 临床应用

(1) 提高受胎率,终止误配妊娠。

(2) 治疗产科疾病,如持久黄体和黄体囊肿。

(3) 促使死胎排出,可先注射雌激素,48 h 后静脉注射催产素或与前列腺素($PGF_{2\alpha}$)合用;治疗胎衣不下,先注射雌激素,后注射催产素;治疗子宫积脓,使脓汁排出体外。

(4) 治疗产后出血,但其作用时间很短。

任务四　性腺激素

由睾丸和卵巢分泌的激素,统称为性腺激素。性腺分泌的激素种类很多,根据化学本质可分为两大类,即性腺类固醇(甾体)激素和性腺含氮(多肽)激素。由睾丸分泌的雄激素和由卵巢分泌的雌激素、孕激素等,化学本质均为甾环衍生物,故在早期曾将类固醇激素称为甾体激素。

一、雌激素(E)

雌、雄动物均可产生雌激素。雌性动物的产生部位主要是卵泡膜内层及胎盘，卵巢的间质细胞也能产生。此外，胎盘、肾上腺皮质、黄体及公马睾丸中的营养细胞都能产生雌激素。主要的雌激素为17β-雌二醇（$17\beta\text{-}E_2$），另外还有少量雌酮（E_1），它们均在肝脏内转化为雌三醇（E_3）（马还有马烯雌酮、马萘雌酮及异马萘雌酮），从尿液及粪便中排出。

1. 生理作用

（1）刺激并维持雌性动物生殖道的发育，使生殖道出现发情时的变化；刺激性中枢，在少量孕酮的协同下使雌性动物发生性欲及性兴奋；雌激素减少到一定量时，对下丘脑或垂体前叶的负反馈作用减弱，导致释放FSH。

（2）刺激垂体前叶分泌促乳素。

（3）使雌性动物发生并维持第二性征。

（4）刺激乳腺管道系统的生长，与孕酮共同刺激并维持乳腺的发育。

（5）妊娠期间，胎盘产生的雌激素作用于垂体，使其产生LTH，刺激和维持黄体的功能；促使睾丸萎缩，副性腺退化，最后造成不育，因而可用于化学去势；怀孕后期雌激素增多，使骨盆韧带松软，拉长，利于分娩；增强免疫功能。

2. 临床应用

（1）用于引产，有溶黄体作用。

（2）使子宫颈开张，便于冲洗子宫。

（3）治疗胎衣不下时，先注射雌激素，再注射催产素。

（4）临床上不用作促进发情，因为不解决根本的问题；可用于雄性动物生物学去势。

二、孕酮(P_4)

1. 生理作用

（1）孕酮是维持妊娠所必需的激素，雌激素经孕酮作用后，刺激生殖道开始发育。

（2）子宫黏膜经雌激素作用后，黏膜上皮增长，刺激并维持子宫腺的增长及分泌。

（3）收缩子宫颈，使子宫颈及阴道上皮分泌黏稠黏液，并抑制子宫肌的蠕动。

（4）对丘脑下部或垂体前叶具有负反馈作用，能够抑制促卵泡激素及促黄体素的分泌。

（5）在雌激素刺激乳腺腺管发育的基础上，孕酮刺激乳腺腺泡系统，与雌激素共同刺激和维持乳腺发育。

（6）大量孕酮可以对抗雌激素的作用抑制发情活动，而少量孕酮却与雌激素发生协同作用增强发情表现；孕酮作为孕体存在的信号，母体对信号的识别反应导致不再释放$PGF_{2\alpha}$，以识别妊娠。

2. 临床应用

孕酮临床上主要应用有：预防流产和保胎；治疗卵泡囊肿、卵巢功能静止；血浆中孕酮含量可用于早期妊娠诊断；鉴别动物性周期，孕酮含量低时处于发情期，反之则处于黄体期。

三、雄激素

1. 生理作用

（1）刺激并维持雄性动物性行为。

(2) 在与促卵泡激素作用下,刺激细精管上皮的功能,维持精子的生成。

(3) 刺激和维持附睾的发育,维持精子在附睾中的存活时间。

(4) 刺激并维持副性腺和阴茎、包皮(包括使幼畜包皮腔内的阴茎与包皮内层分离)、阴囊的生长发育及功能。

(5) 使雄性表现第二性征,对丘脑下部或(和)垂体前叶发生负反馈作用,控制促卵泡激素和促黄体素的释放。

2. 临床应用

雄激素主要用于治疗雄性性欲不强和性功能减退症;雌性动物或去势用雄激素处理后,可用作试情动物;还可用于治疗习惯性子宫脱出或阴道脱出。常用的药物为丙酸睾酮,皮下或肌内注射均可。

任务五 胎 盘 激 素

胎盘是哺乳动物妊娠期间由胚胎的胚膜和母体子宫内膜联合生成的、母子间交换物质的过渡性器官。胎儿在子宫中发育,依靠胎盘从母体获得营养,而双方保持相当的独立性。胎盘还产生多种维持妊娠的激素,是一个重要的内分泌器官。由下丘脑-垂体-性腺轴所分泌的几乎所有生殖激素均可由胎盘分泌。目前临床上应用的主要胎盘促性腺激素有两种,即孕马血清促性腺激素人绒毛膜促性腺激素。

一、孕马血清促性腺激素(PMSG)

1. 生理作用

(1) 与促卵泡激素类似,促进雌性动物卵泡发育、排卵和黄体形成的功能。

(2) 促进雄性动物细精管发育和性细胞分化。

此外,孕马血清促性腺激素对下丘脑、垂体和性腺的生殖内分泌功能具有调节作用。

2. 临床应用

(1) 孕马血清促性腺激素在临床上的应用与促卵泡激素类似,用于诱导动物发情。

(2) 用于奶牛的同期发情,在胚胎移植中诱使供母体超数排卵。

(3) 用于治疗卵巢静止、持久黄体等症状。

(4) 可根据其浓度进行妊娠诊断。

二、人绒毛膜促性腺激素(HCG)

1. 生理作用

(1) 其生理功能与促黄体素相似,促进卵泡成熟、排卵和形成黄体,并具有分泌孕酮的作用。

(2) 对雄性动物具有刺激精子生成、间质细胞发育并分泌雄激素的功能。

2. 临床应用

(1) 由于 HCG 还具有促进排卵的作用,其临床应用效果往往优于单纯的促黄体素,故 HCG 在动物生产和临床上主要应用于刺激雌性动物卵泡成熟和排卵。

(2) 与促卵泡激素或孕马血清促性腺激素结合应用,以提高超数排卵的效果。

(3) 用于治疗动物的繁殖疾病，例如治疗雄性动物的睾丸发育不良、阳痿和雌性动物的排卵延迟、卵泡囊肿以及因孕酮水平降低所引起的习惯性流产等症状。

任务六 前列腺素

前列腺素(PG)的基本结构为含20个碳原子的不饱和脂肪酸，即前列酸，由一个环戊环和两个脂肪酸侧链组成。根据环戊环和脂肪酸侧链中的不饱和程度和取代基的不同，可将目前已知的天然前列腺素分为三类九型。三类代表环外双键的数目，用1、2、3表示，缩写为PG_1，PG_2和PG_3；九型代表环上取代基和双键的位置，用英文大写字母表示，有实际意义的仅有E、F、A、B四型，与动物生殖关系密切的是PGF和PGE。

1. 生理功能

前列腺素种类很多，不同类型的前列腺素具有不同的生理功能。在生殖系统中起作用的前列腺素主要是$PGF_{2\alpha}$和PGE。

(1) 溶解黄体作用 $PGF_{2\alpha}$对牛、羊、猪等动物卵巢上的黄体均具有溶解作用，故又称为子宫溶黄素。PGE也具有溶黄体作用，但其生物学效应较$PGF_{2\alpha}$弱。由子宫内膜产生的前列腺素经子宫静脉透入卵巢动脉，运输到卵巢，作用于黄体。

(2) 影响动物排卵 $PGF_{2\alpha}$可引发血液中促黄体素的升高，从而促进动物排卵，PGE_1能抑制动物排卵。

(3) 促生殖道收缩作用 前列腺素影响生殖道平滑肌的收缩，精液中的前列腺素被阴道吸收后即可引起子宫肌收缩，以利于精子在雌性生殖道内的运行。

2. 临床应用

前列腺素主要用于诱导雌性动物发情排卵、同期发情和促进产后子宫复原，并可用于控制分娩和治疗黄体囊肿、持久黄体、子宫内膜炎、子宫积水和子宫积脓等症状。此外，前列腺素还可用于提高雄性动物的繁殖力。

【病案分析31】犬卵巢囊肿

(一) 病例简介

犬，2岁，雌性，体重6.5 kg。近半年持续发情，牵遛时追逐其他公犬或母犬，或有公犬追逐在旁，喜闻其会阴部。阴门略肿胀，但该犬不接受与其他雄犬交配。

(二) 既往史

免疫健全，驱虫正常；无疾病史且未做过绝育手术。

(三) 诊断

(1) 临床检查 体温38.5 ℃，精神状态良好，食欲欠佳；触诊腹部触诊空虚，腹中部可触及两个蛋黄大小肿物，触之敏感，似有波动感；听诊心音节律强度正常，呼吸音正常，胃肠蠕动音正常。

(2) 影像学检查 B超检查子宫壁稍厚1.5 mm，子宫腔内有少量液体，卵巢周围有囊性低密度暗影；腹部X线片显示肾后区有低密度团块。

(3) 实验室检查 血常规检查白细胞总数14×10^9/L；红细胞总数5.58×10^{12}/L；血红蛋白含量为127 g/L；血细胞比容34%；血小板数115×10^9/L。

（4）初步诊断　犬卵巢囊肿。进一步诊断需进行激素水平测定。

（四）病例分析

此犬诊断为卵巢囊肿，可进行药物治疗或子宫、卵巢摘除手术。

（1）诊断及诊断依据　根据异常发情史和腹部触诊、B超检查结果、X线检查结果可初步诊断。

（2）鉴别诊断　注意区别多囊肾、子宫肿瘤。

（3）治疗原则　黄体酮注射。此犬一疗程后发情症状消失，间隔1～2个发情期后配种。

项目十六

发　　情

【学习目标】

学习动物生殖功能的不同发展阶段，掌握发情周期动物卵巢和激素的变化特点，以便对动物发情进行鉴定。

【知识目标】

掌握动物生殖功能的发展阶段，了解动物初情期、性成熟和体成熟等不同阶段的变化特点，熟悉发情周期的分期方法、发情周期中卵巢的变化和调节，对犬、猫发情进行鉴定。

生殖活动的出现从胎儿期便开始，受环境、神经和腺体之间调节作用。雌性动物生长到一定年龄，便开始出现发情。发情是指雌性犬、猫发育到一定年龄时，所表现的一种周期性的性活动现象。本项目主要讨论犬、猫生殖功能的发展阶段变化，发情周期的定义、分类方法，发情的特点以及发情的鉴定，以便了解和掌握动物发情的周期性特点。

任务一　犬、猫生殖功能的发展阶段

雌、雄动物生殖功能的发展与机体的生长发育同步。初情期开始获得生育能力，发育到性成熟期生殖能力达到正常，而动物发育至体成熟时进入最适繁殖期。随着机体衰老，生殖能力逐渐下降，逐渐转入绝情期。

一、初情期

初情期是指雌性动物开始出现发情的现象或排卵的时期，此时性腺才真正具有了配子生成和内分泌的双重作用。随日龄的增加，雌性动物逐渐出现发情或排卵现象，即达到初情期。初情期的开始和垂体释放促性腺激素具有密切关系。促性腺激素释放的不断增加导致卵巢上出现成熟卵泡，并分泌雌激素，作用在机体而表现出发情。此时动物虽然出现了性行为，但表现还不充分，生殖器官的生长发育尚未完成，母犬虽有繁殖功能，但繁殖效率较低。

初情期时动物的发情周期往往不规律，可表现为生殖器官迅速发育，并且开始具有繁殖后代的能力，但生殖器官的发育还未结束，功能尚不完备。生命期短的动物发情比较早。小型犬的初情期在 6～10 月龄，大型犬在 8～12 月龄；家猫的初情期在 7～9 月龄，纯种猫初情期在

9～12 月龄。

二、性成熟

雌性动物生长到一定年龄，生殖器官发育完全，具有第二性征和繁殖后代的能力，即雌性动物的卵巢有发育成熟的卵泡，并能排卵；雄性动物能产生具有受精能力的精子，称为性成熟。此时期雌性动物的身体尚未发育完全，一般仍不宜配种，否则将妨碍其继续发育；同时分娩时易造成难产，影响胎儿体重。犬性成熟年龄为 12～16 月龄，猫性成熟年龄为 7～12 月龄。

三、体成熟

动物身体各器官生长发育完全，即达到体成熟。此时动物具有雄性或雌性成年动物固有外貌特征，可以进行配种，也称为初配年龄。一般将在性成熟之后体成熟之前这段适于开始繁殖的年龄称为适配年龄(或繁殖年龄)。犬体成熟年龄为 12～18 月龄，猫体成熟年龄为 10～12 月龄。

任务二　发 情 周 期

初情期以后，雌、雄动物其生殖器官及性行为重复发生一系列明显的周期性变化称为发情周期。发情周期呈周而复始，一直到绝情期为止。但在妊娠或非繁殖季节内，这种变化暂时停止；分娩后经过一定时期，又重新开始。

一、发情周期的分期

根据卵巢、生殖道及雌性动物性行为的一系列生理变化，可将一个发情周期分为互相衔接的几个时期。发情周期通常分为四个时期：发情前期、发情期、发情后期(休止期)、发情间期(无发情期)，如图 16-1 所示。

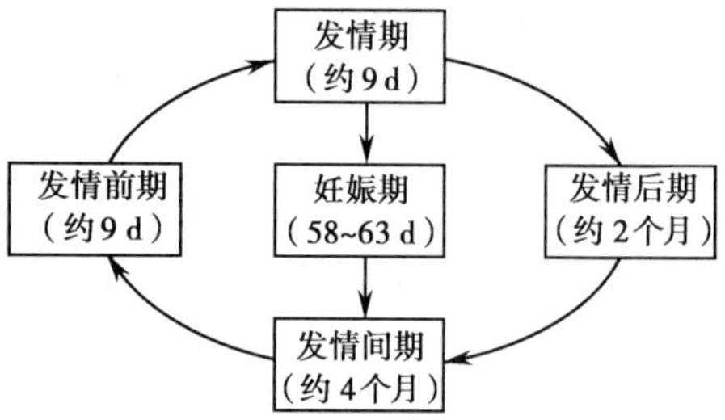

图 16-1　犬性周期的模式图

发情周期的计算通常指这次发情之日起，至下次发情之前为止。发情周期(性周期)是以卵泡、性欲、性兴奋及生殖道功能变化的消长为主导的、周而复始、顺序循环的雌性动物性活动现象。从一次发情到下次发情为一个性周期。

(一) 发情前期

此期为发情前的一个时期，在促卵泡激素的影响下，卵泡开始明显生长，产生的雌激素增加，引起输卵管内膜细胞和微绒毛增长，子宫黏膜血管增生，黏膜变厚；阴道上皮水肿；犬和猫阴道上皮发生角化，子宫颈及阴道前端杯状细胞和子宫腺分泌的黏液增多。

发情前期的确定一般以阴道开始有血样分泌物(发情出血)为依据。这个时期母犬阴唇肿胀，触诊整个阴唇发硬，母犬接近并挑逗公犬，但不接受交配。有繁殖经验的母犬偶有接受公犬交配的。阴道分泌物涂片可见大量红细胞、角化上皮细胞、有核上皮细胞和少量白细胞。发情前期的持续时间为 5～20 d，平均为 9 d。

(二) 发情期

发情期指雌性动物接受雄性动物交配的时期。在发情期，卵巢上卵泡增大成熟，卵母细胞发生成熟性变化。卵泡产生的雌激素使生殖道的变化达到最为明显的程度，输卵管上皮成熟，微绒毛活动性增强，子宫出现收缩。

此期的母犬阴道分泌物由血样变为浅黄色，阴唇变软而有节律地收缩，抚拍尾根，尾巴翘歪到一侧，挑逗公犬，接受公犬交配。发情期的持续时间为7～12 d，平均为9 d。排卵时，阴道分泌物中的白细胞消失是其特征变化。

（三）发情后期

此期为发情期结束的一个时期，紧接发情期后在促黄体素的作用下黄体迅速发育。发情母犬进入发情后期是以母犬开始拒绝公犬交配为依据。发情后期的母犬血中雌激素含量降低，性欲减退。发情后期的第3～5天，卵巢形成功能黄体，血中黄体激素含量增高，第42天左右黄体开始退化。发情后期的持续时间为60～100 d。因此，不应把黄体变化阶段统称为发情后期。发情后的犬不论妊娠与否，在黄体激素（孕酮）的作用下，子宫黏膜增生、子宫壁增厚，尤其是子宫腺囊泡状增生非常显著，为胚泡的着床做准备。未妊娠的犬此期易患子宫内膜炎和子宫蓄脓症，尤其不用于繁殖的大型犬更易发生。

（四）发情间期

此期也称无发情期，是发情期后期到下次发情前期的这段时间。在发情间期阶段，黄体发育成熟，分泌的大量孕酮对生殖器官的作用更加明显。子宫内膜增厚，腺体肥大。子宫颈收缩，阴道黏液黏稠，子宫肌松弛。后期黄体开始退化，逐渐发生空泡化。子宫内膜及其腺体萎缩，卵巢上开始有新卵泡发育。

犬是季节性单次发情动物，发情间期时生殖器官呈休止状态。犬发情间期的持续时间为90～140 d，平均为120～130 d。发情间期结束后，生殖活动又重新开始。

（五）猫的发情周期

猫是季节性多周期发情的动物，一年有2～3次发情周期。家猫通常于7～9月龄达到初情期，早的5月龄就出现第一次发情，较晚的可延迟到12月龄。

母猫初次发情表现不明显，仅阴唇有轻微肿胀，阴道不充血，但频频排尿，尾根翘起，当用手抚摸时，可使它松弛下垂。成年母猫发情时，经常嘶叫，并频频排尿，发出求偶信号，外出次数增多，静卧休息时间减少。有些猫发情时对主人特别温顺亲近，也有些母猫发情时异常凶暴，攻击主人。

根据猫的阴道涂片变化，一般将猫的发情周期分为乏情期、发情前期、发情期和间情期四个时期。乏情期是指10月到12月中旬的这一时期。猫的发情多在12月下旬或1月初到9月初。发情期的持续时间为4 d左右，母猫接受公猫交配时间为1～4 d，母猫在交配后24 h排卵，交配后精子在母猫生殖道内可保持受精能力的时间约为50 h。母猫产后发情的时间很短促，常在产后24 h左右发情，但一般情况下，多在小猫断乳后14～21 d发情。

二、发情周期中卵巢的变化

雌性动物在发情周期中，卵巢经历卵泡的生长、发育、成熟、排卵、黄体的形成和退化等一系列周期变化。

（一）卵泡发育

根据卵泡生长阶段不同，可将它们划分为以下不同的类型或等级。

（1）原始卵泡　绝大多数动物的原始卵泡形成于胎儿期，其核心为一个初级卵母细胞，周围是单层扁平的卵泡细胞。

(2) 初级卵泡　卵泡细胞发育成为立方形，周围包有一层基底膜，卵泡的直径约为40 μm。

(3) 次级卵泡　卵泡细胞已变成复层不规则的多角形细胞；卵母细胞和卵泡细胞共同分泌黏多糖，并在促卵泡激素的作用下构成厚3～5 μm的透明带，包在卵母细胞周围；卵母细胞有微绒毛伸入透明带内。

(4) 三级卵泡　在促卵泡激素及促黄体素的刺激下，卵泡细胞间形成很多间隙，并分泌卵泡液，积聚在间隙中。以后间隙逐渐汇合，形成一个充满卵泡液的卵泡腔，这时称为有腔卵泡。腔周围的上皮细胞形成粒膜。在卵的透明带周围，柱状上皮细胞排列成放射状，形成放射冠。放射冠细胞有微绒毛伸入透明带内。

(5) 成熟卵泡　又称格拉夫氏卵泡，这时的卵泡腔中充满由粒膜细胞分泌物及渗入卵泡的血浆蛋白所形成的黏稠卵泡液。卵泡壁变薄，卵泡体积增大，扩展到卵巢皮质层的表面，甚至突出于卵巢表面之上。黏膜层外围的间质细胞在卵泡生长过程中分化为卵泡鞘。

(二) 卵泡发育的调节

卵泡的生成及发育是一个独特的生理现象，一般来说卵泡的生长及发育过程都经历以下几个阶段。

(1) 补充　一批卵泡获得对促性腺激素发生反应的能力，依赖于促性腺激素继续生长。

(2) 选择　其中只有几个"补充"的卵泡不被淘汰闭锁而继续发育。

(3) 优势化　少数优势卵泡不发生闭锁，发育至排卵。

由于优势卵泡能够抑制或阻止其他卵泡的生长，因此卵泡形成优势化是卵泡生成发育至排卵的关键步骤：优势卵泡发育的内分泌调节、促性腺激素的作用、其他激素和卵巢内因子的调节、优势卵泡的补充剂选择。

(三) 排卵

排卵是指卵泡发育成熟后，突出于卵巢表面的卵泡破裂，卵子随同其周围的粒细胞和卵泡液排出的生理现象。排卵是动物繁殖的前提，也是生殖生理活动的中心环节。正常的排卵是保证动物繁衍后代的基础。

1. 排卵方式

排卵可分为自发性排卵和诱导排卵两种方式。自发性排卵是指在每个发情周期中，卵泡发育成熟后，在不受外界特殊条件刺激的前提下自发排出卵子。促黄体素的作用具有周期性，不决定于交配刺激。而诱导排卵则是指卵泡的破裂及排卵须经一定的刺激后才能发生，促性腺激素排卵峰期也要延迟到适当的刺激之后才能出现。

2. 排卵过程

哺乳动物的卵巢表面除卵巢门外，其余任何部位均可发生排卵，但马属动物仅在卵巢的排卵凹部位发生排卵。

3. 排卵的机制及其调节

随着卵泡的发育成熟，卵泡液不断增多，卵泡体积增大，泡膜水肿、血管分布增多、充血，卵泡外膜胶原纤维分解，壁变薄，泡膜上皮释放纤溶酶，分解泡膜使其破裂。

排卵是一个复杂的生理过程，受神经内分泌、生理学、生物化学、神经肌肉及神经血管等因素的调节。动物的排卵是一个渐进性过程。排卵之前，一般都出现促性腺激素排卵峰。在高水平的促性腺激素刺激下，卵泡主要发生三种明显的变化，即首先卵母细胞重新开始减数分裂，使生发泡破裂，释放第一极体；随即发生黄体化，卵泡基质细胞由主要分泌雌激素转变为主要分泌孕酮；最后排出卵母细胞。

（四）黄体的形成和退化

1. 黄体的形成

排卵后，卵泡液流出，卵泡壁塌陷皱缩，从破裂的卵泡壁血管流出血液和淋巴液，并凝定结成块，称为红体。颗粒层细胞在促黄体素作用下增生肥大，吸收黄色类脂物质——黄素，从而变成粒膜黄素细胞，构成黄体主体部；内膜细胞也移入黄体细胞之间，参与黄体形成，此为内膜来源的黄体细胞；同时卵巢内膜分生出血管布满发育中的黄体，促使黄体形成。

2. 黄体的退化

周期性黄体的正常溶解决定了动物发情周期、动物卵泡发育、排卵和受精进行。一般周期黄体，牛为 14～15 d(10 d 时体积最大)，羊为 12～14 d(7～9 d 时体积最大)，猪为 13 d，马为 17 d(14 d 时体积最大)。退化过程包括黄体细胞脂肪变性、空泡化、核萎缩，毛细血管萎缩，颗粒层细胞逐渐被纤维细胞代替，最后整个黄体细胞被结缔组织代替，形成斑痂——白体。兔子、猫等如果不交配就不引起排卵，也不形成黄体，成熟的卵泡逐渐退化消失，随后又有新的卵泡成熟，并不断反复进行更新，这种情况下的性周期为 15～16 d(成熟卵泡的寿命为 13 d，卵泡退化为 1～2 d)；如果进行交配，则引起排卵，产生黄体，分泌孕激素；若没有受精，则所形成的假妊娠黄体约经 20 d 退化。

前列腺素直接作用于黄体细胞，阻断促黄体素作用，抑制孕酮合成，前列腺素具有收缩子宫卵巢血管的作用，因此可导致黄体组织缺血而引起退化。

三、动物发情周期的调节

雌性动物自初情期开始到衰老为止，生殖激素、生殖器官及性行为有规律地发生周期性变化，这种变化受以下各种因素调节。

（一）内在因素

内在因素主要包括与生殖有关的生殖激素及神经系统，同时也包括遗传因素。

1. 生殖内分泌调节

与雌性动物发情直接有关的生殖激素包括丘脑下部产生的 GnRH，垂体前叶产生的促卵泡激素和促黄体素，性腺产生的雌激素、孕激素和催产素以及子宫产生的前列腺素。

首先，由神经系统通过接受外界条件的刺激后，作用于丘脑下部，促使促性腺激素呈脉冲式释放；然后，这些激素通过垂体门脉系统，作用于脑下垂体前叶，调节促性腺激素(GnRH)、促卵泡素(FSH)、促黄体素(LH)和促乳素(LTH)的分泌，但这些激素不是同时分泌的，而是有前后顺序的，且它们的分泌量也不同。垂体前叶接受 GnRH 刺激后，首先分泌促卵泡激素作用于卵巢，刺激卵泡生长发育；同时，垂体前叶分泌的少量促黄体素与促卵泡激素协同，使卵泡进一步发育，并迅速长大。由于卵泡的发育，其内膜产生雌激素，动物出现发情行为，同时它对下丘脑和垂体具有反馈作用。一方面，雌激素可作用于下丘脑某部，进一步刺激促性腺激素的分泌，即增加促黄体素的释放及频率的升高，导致促黄体素峰的出现，这是正反馈作用；另一方面，雌激素作用于下丘脑某部，控制促性腺激素的释放速度，主要是促卵泡激素分泌速度降低，促使促卵泡激素、促黄体素二者比例关系发生改变，促进了卵泡的成熟和排卵，同时动物的发情也由强减弱，这是激素的负反馈作用。排卵后，在少量的促黄体素的作用下，使颗粒层细胞形成黄体并分泌孕酮。

另外，雌激素还能引起促乳素的释放，促乳素与促黄体素共同促进和维持黄体分泌孕酮。孕酮对下丘脑和垂体前叶具有抑制作用（即负反馈），可抑制垂体前叶继续分泌促性腺激素，卵泡不再发育，使雌性动物停止发情。动物通过接受一系列刺激而出现发情并排卵，如果没有受孕，由子宫内膜产生前列腺素 $PGF_{2\alpha}$ 通过子宫静脉进入卵巢动脉，对黄体发生溶解作用，并使之逐渐萎缩退化，从而使孕酮分泌量急剧下降，进而孕酮对下丘脑的抑制作用消失，促性腺激素开始释放并不断增加，使卵巢上新发育的卵泡生长发育，分泌雌性激素，随之动物又出现发情，进入新的性周期中。如果动物发情排卵受精怀孕后，胎盘的形成则抑制 $PGF_{2\alpha}$ 产生，使黄体维持不萎缩状态，成为妊娠黄体，所分泌的孕酮长期抑制垂体产生促性腺激素，使动物不再出现发情排卵，一直到怀孕结束，才会出现下一个性周期。

2. 神经调节

发情和其他生理活动一样，受神经系统的调节。外界环境因素（白昼长短）能通过感觉神经影响中枢神经（丘脑下部），从而调节季节性发情的家畜发情。雌性动物通过自己的嗅觉、视觉、听觉、触觉接受性刺激，例如雄性动物的气味、外貌、声音，尤其是雄性动物嗅闻阴门、爬跨、交配等都对雌性动物进行不同形式的刺激。在中枢神经系统的调节过程中，神经系统通过丘脑下部能够调节垂体促性腺激素的产生和释放，从而影响性腺激素的产生及配子的生成。因此，丘脑下部和垂体是把神经和内分泌系统紧密联系起来的主要环节。

3. 其他因素

其他因素如年龄（幼年牛和猪的发情周期较成年家畜稍短）、遗传（品种）、健康、营养状况等都对发情周期发生影响。

（二）外界因素

家畜的生理现象是与生活环境相适应的，发情这一生理功能也随外界因素改变而发生相应变化。同时，各种外界因素刺激又都是通过改变机体神经系统和体液调节功能得以实现的。对发情具有影响的主要外界环境条件如下。

1. 季节

季节变化是影响家畜生殖，特别是影响发情的重要环境条件，可以通过家畜的神经系统发生作用。季节变化涉及的因素包括光照、饲料、温度、湿度等，其中有的因素对某种家畜起着比较重要的作用，但是这些因素往往是共同发生、相互影响的。

2. 幼畜吮乳

吮乳能抑制发情。雌性动物乳头受到吮乳刺激后神经冲动传到丘脑下部，能够抑制多巴胺释放入垂体门脉循环，这就使垂体前叶促乳素的分泌增多，抑制发情。另一种解释是，神经冲动使丘脑下部产生更多的β-内啡肽，抑制 GnRH 的分泌，从而抑制发情和排卵。

3. 饲养管理

若饲料供应充足，营养状况良好，雌性动物发情季节就可以提前。相反，若营养严重不足，矿物质、微量元素和维生素缺乏等，可以使垂体促性腺激素的释放受到抑制，或卵巢功能对垂体促性腺激素的反应受到扰乱，因而发情受到影响。

4. 雄性动物

雄性动物对雌性动物是一个天然的强烈刺激。雄性动物的性行为、外貌、声音以及气味都能通过雌性动物的感觉器官刺激其神经系统，并通过丘脑下部促使垂体促性腺激素的分泌频率增大，加速卵泡的发育及排卵。

四、犬、猫的发情特点及发情鉴定

(一) 外部观察法

外部观察法主要以外表的精神表现程度、外生殖器的变化来判断。

发情前期时，犬阴道开始有血样分泌物、阴唇肿胀，触诊整个阴唇发硬，母犬接近并挑逗公犬，但不接受交配；猫发情时，经常嘶叫，并频频排尿，发出求偶信号，外出次数增多，静卧休息时间减少，性情不定；发情中期时，犬阴道分泌物出血样变为浅黄色，阴唇变软而有节律地收缩，抚拍尾根，尾巴翘歪到一侧，挑逗公犬，接受公犬交配；发情后期时雌性动物拒绝爬跨，外阴部肿胀明显消退。

(二) 试情法

试情法是通过用雄性动物的引诱来观察雌性的性欲及行为以判断发情程度的方法。雌性动物发情时接近雄性动物，弓腰举尾，后肢开张，频频排尿，有求配动作。母犬如果不接受公犬的交配，则表明未到发情期或发情期已过。

(三) 直肠检查法

直肠检查法适于牛、马等大家畜。

(四) 阴道细胞检查

每隔 1～2 d 检查阴道细胞可提示母犬从发情前期到卵泡成熟时阴道鳞状上皮细胞角化的变化过程。如果涂片内有 95%～100%的细胞发生全部角化或部分角化，并有非表皮细胞和白细胞，说明卵泡已经成熟。在接近排卵时，阴道黏膜的黏蛋白减少，阴道黏液涂片的背景比较清晰。值得一提的是，许多犬阴道出血会持续整个发情及配种期，因此，只根据涂片上红细胞数量减少来确定配种时间的方法并不可取。在排卵后 3～4 d 部分角化的表皮细胞完全被角化的细胞取代。当然，并不是所有犬都会出现上述典型的变化，但如果对同一个犬进行连续系列的检查，则可以区别各期的变化并可以确定配种时机。发情后期在涂片上开始出现中层和基底细胞，表明此期不再适于配种。在排卵后的 7～8 d 涂片上表皮细胞量迅速减少而非表皮细胞量增加，出现中层细胞和基底细胞，同时白细胞重新出现，这标志着配种时期的结束。

(五) 阴道内镜检查

利用阴道内镜肉眼观察阴道黏膜的变化过程对发情鉴定非常有益。发情前期由于雌激素水平增加，阴道黏膜变为粉色，继而为粉白色。随着发情周期的进展，阴道黏膜变得更加水肿圆润。接近排卵时，上述变化开始退化，水肿消失，黏膜出现皱褶，并继续加重。这种脱水样变化持续 5～6 d，在阴道细胞向发情后期转化的同时消失。

项目十七

受　精

【学习目标】

学习动物生殖过程中的重要环节——受精，了解配子在受精前后的变化和受精过程。

【知识目标】

了解受精前配子运行和精子、卵子的变化情况，了解受精过程中精卵识别与结合特点。

受精是个体发生的开始，它包括一系列严格按照顺序完成的步骤：精卵相遇、精卵识别与结合、精子与卵质膜融合、多精子入卵阻滞、雄原核与雌原核发育和融合。在受精过程中，携带单倍染色体的精子和卵子经过复杂的形态和生化变化，精子进入卵子把雄性遗传物质引入卵子内部，合子恢复物种细胞原有的染色体二倍体，并开始发育，形成新个体。

任务一　配子在受精前的准备

（一）配子的运行

精子和卵子相遇并结合的部位是在输卵管上 1/3 的壶腹部。在受精前，雌、雄配子在雌性生殖道内相对运行的同时发生着复杂的形态、生化和功能的改变。

1. 精子在雌性生殖道内的运行

动物射精部位因动物种类而异，反刍动物射精部位为阴道内，大部分动物精液射精时直接进入子宫内。精液进入射精部位后，精子悬浮于精清中，随后逐渐与母畜生殖道分泌物相混合。

2. 卵子在输卵管内的运行

进入输卵管的卵子很快被运至壶腹部的受精部位，与获能精子相遇而受精。受精卵继续运行至壶峡结合部，停留 2 d 左右逐渐下行到达宫管结合部位。当宫管结合部位的括约肌松弛时，发育至 5 d 左右的受精卵或未受精的退化卵随同输卵管液迅速进入子宫。

（二）精子在受精前的变化

精子在受精前发生一系列形态、生化和结构上的变化，而主要的生理现象是精子获能和顶体反应。

1. 精子获能

哺乳动物刚射出的精子还不具备受精的能力，必须在雌性生殖道内运行过程中进一步成熟变化才能获得受精的能力，这种现象被称为精子获能。通常动物交配发生在发情盛期，而排卵则发生在发情结束前后，此时精子可以先于卵子到达受精部位，为精子获能提供了时间。

精子获能的部位为子宫和输卵管，两者结合部位可能是精子获能的主要部位，获能最终在输卵管内完成。

2. 顶体反应

顶体反应是指动物精子头部前端与卵子透明带接触后通过配体-受体相互作用，精子顶体质膜和顶体外膜发生融合，顶体内小泡囊泡化，顶体内膜暴露，顶体内酶被激活并释放的胞吐过程。只有获能的精子才能与卵子透明带相互作用并进一步完成顶体反应，待顶体反应完成后，精子才能真正穿过透明带。不发生顶体反应，精子与卵质膜相遇也不能发生融合。

（三）卵子在受精前的变化

动物卵母细胞从卵巢排出后停留在输卵管内，一段时期以后达到成熟状态，才具备受精的能力。排卵后的卵母细胞及其周围的卵丘细胞发生一系列复杂的变化，这一成熟过程与精子在雄性生殖道内的获能具有同样重要的意义。

任务二 受精过程

受精大体分为三步：第一步是精子进入卵子，此过程包括精子穿过卵丘细胞、精子与卵子周围透明带识别和初级结合、诱发精子顶体反应、顶体反应后的精子与透明带发生次级识别和结合、精子穿过透明带进入卵周隙、精子质膜与卵质膜结合和融合、精子入卵；第二步是入卵的精子激发卵子，并诱发卵子皮质反应；第三步为雌、雄原核的形成并启动有丝分裂。

（一）精卵识别与结合

卵子是由卵丘细胞和透明带所包裹，透明带表面有识别和结合精子的受体。在精子表面存在与卵子结合的蛋白，精卵细胞表面的这两种结合蛋白相互作用，从而实现了精子与卵子的识别与结合。

（二）精子与卵质膜的结合和融合

精子发生顶体反应后可穿过透明带，很快到达卵质膜表面。精子头部首先与卵质膜结合并附着在卵质膜上发生融合。没有完成顶体反应的精子可能与卵质膜结合，但其二者不能发生融合。

（三）皮质反应

皮质反应是指在正常情况下只要有一个精子入卵，卵子皮质颗粒内容物（内含蛋白酶、过氧化物酶、N-乙酰基葡萄糖苷酶、糖基化合物和其他成分）即从精子入卵位置释放并迅速在卵周隙扩散，使透明带硬化并形成皮质颗粒膜，同时精、卵融合改变了卵质膜的性质，阻止多精子受精。

（四）卵子激活及有丝分裂启动

卵子激活主要包括细胞质内游离钙离子浓度的升高，皮质颗粒胞吐和阻止多精子受精，减数分裂恢复和第二极体释放，雌性染色体转化为雌原核，精核去致密转化为雄原核，雌、雄原核内 DNA 复制，雌、雄原核在卵子中央部位相互靠近，核膜破裂及染色质混合。染色质混合后，第一次有丝分裂时纺锤体的形成标志着受精结束和胚胎发育的开始。

项目十八

妊　娠

【学习目标】

掌握妊娠、妊娠识别的定义和机制，熟悉胎盘及胎膜的组成和功能，熟悉妊娠期母体变化情况，掌握妊娠诊断的方法。

【技能目标】

掌握动物妊娠期母体变化情况，并能够熟练诊断动物妊娠。

精子进入卵子后发生一系列变化的结果就是妊娠，妊娠是从受精开始，经由受精卵阶段、胚胎阶段、胎儿阶段直至分娩的整个生理过程。妊娠期是指胎生动物的胚胎和胎儿在子宫内完成生长发育的时期，通常为从最后有效配种之日算起（妊娠开始），直至分娩为止（妊娠结束）所经历的一段时间。妊娠过程会引起动物胎盘、胎膜和母体生理状况发生一系列的改变，为胚胎和胎儿的生长发育提供必要的条件。目前诊断动物妊娠的方法比较多，常见的有触诊法、内部检测法、激素检测法、B超诊断及X线诊断等方法。

任务一　妊娠识别

一、妊娠识别的定义

妊娠识别是指孕体向母体系统发出其存在的信号，延长黄体寿命的生理过程，其实也就是母体与胎儿之间的信息交流过程。通过妊娠识别过程，使得黄体功能延长超过正常发情周期，孕酮（P_4）的合成和释放不至于中断，因此怀孕得以维持。

黄体寿命延长是哺乳动物怀孕的一个典型特征，孕酮作用于子宫，刺激和维持子宫功能，使其更适应早期胚胎发育、附植、胎盘形成及胎儿发育。各种动物妊娠识别和妊娠确立的时间都应在正常发情周期黄体未退化之前。

二、妊娠识别的机制

黄体的存在和其分泌功能是妊娠的先决条件。孕体分泌的因子或阻止溶黄体性$PGF_{2\alpha}$的分泌，或者直接发挥促黄体化作用，使妊娠得以维持。免疫学认为，妊娠识别即为母体的子宫环境受到调节，使胚胎能够存活下来而不被排斥掉。怀孕的维持需要孕体和母体子宫内膜之间的双向信号交流。胎盘产生的激素直接作用于子宫内膜，调节其细胞分化和功能；子宫腺体形态变化使子宫分泌的蛋白增加，这些蛋白通过胎盘转运至胎儿；子宫内膜的营养易于被发育的孕体获得，因此，对孕体的生存和生长发育必不可少。

受精后，母体必须能够识别进入子宫的胚胎，并使黄体的寿命延长和继续分泌孕酮，确立妊娠过程，否则将导致妊娠终止。所以黄体持续分泌孕酮对早期妊娠的确立和维持都是必需的。

犬在交配后未孕时，存在与正常妊娠期一样长的黄体期或假孕期。犬的妊娠期为58～63 d，假孕期为50～80 d；猫的妊娠期为58～63 d，假孕期为30～50 d。这也就是说，妊娠期超过1/2到2/3时机体才对延长黄体功能发生作用。还有少数动物由于泌乳或环境变化等因素影响，在正常情况下卵泡附植出现延迟。因此，没有一种单独的妊娠识别机制适用于所有的哺乳动物。

任务二 胎盘及胎膜

妊娠早期，受精卵悬浮于子宫腔内。发育至胚泡阶段时，其胚外膜发育成胎膜并向外生长，占据子宫腔，和子宫内膜相连。

一、胎膜的组成

胎膜也叫胚胎外膜，是胎儿在子宫内发育的过程中所形成的和母体建立联系的膜，又称胎衣、胞衣、胚胎外膜等。胎膜是保护胎儿安全的一个重要的暂时性器官，其作用是从母体吸收营养供给胎儿，同时将胎儿产生的废物运走，并且能够合成某些重要的酶和激素，维持胚胎发育。胎膜由胚胎外的三个基本胚层（外胚层、中胚层、内胚层）所形成的卵黄囊、羊膜、尿膜和绒毛膜构成。

1. 卵黄囊

卵黄囊由胚胎发育早期的囊胚腔形成，具有完整的血液循环，起到原始胎盘的作用，从子宫乳中吸取营养。其在胚胎发育早期起营养交换作用，在胎盘形成以后就退化了。

2. 羊膜

羊膜是胎儿外的最内一层膜，由胚胎外胚层和无血管的中胚层形成，呈透明状，分娩时露出阴门外。羊膜内为羊膜腔，膜上无血管，其内充满羊水，起保护胎儿的作用。

3. 尿膜

尿膜由胚胎的后肠生长形成，功能相当于临时膀胱，同时对胎儿起缓冲保护作用，分布有血管。

4. 绒毛膜

绒毛膜为胚胎最外层膜，形成与羊膜相似，呈深红色，表面有绒毛，富含血管。

5. 绒毛

绒毛长在绒毛膜上和母体相联系而构成胎盘（伸入母体子宫内膜的腺窝内）。马的绒毛在绒毛膜上均匀分布，猪的绒毛稍有集中，而牛和羊的绒毛则集中于和每个子宫肉阜相对应的山部位，呈丛状。

6. 脐带

脐带是连接胎儿和胎盘的纽带，内含脐尿管、脐静脉、脐动脉、卵黄囊遗迹和黏液组织。脐尿管壁薄，其上端通入膀胱，下端通入尿囊膜。犬和猫的脐带往往是在胎儿出生后被母畜扯断。

7. 胎水

胎水是羊膜腔里的羊水和尿膜腔内的尿水总称。羊膜腔充满羊水，尿膜腔充满尿水。

(1) 羊水　羊膜腔内的液体，来源是羊膜柱状上皮细胞的分泌物和胎儿唾液腺的分泌物，颜色透明，性状黏稠，后期稍带浊白色。羊水的主要成分有脱落细毛、上皮、微量激素(包括促乳素和催产素)，此外还含有蛋白酶、淀粉酶、脂解酶、蛋白质、果糖、脂肪和盐类等物质。

(2) 尿水　可能来源于胎儿的尿液和尿膜上皮分泌物，或是从子宫吸收而来的。胎儿尿液的作用是使胎儿的身体各部位受压均匀，不致造成畸形；同时起到缓冲作用，以便缓和子宫外来压迫、撞击，也可以防止一部分胎盘、子宫壁及脐带受到胎儿压迫而使血液供给障碍。此外，羊水可以防止胎儿与周围组织的粘连。在分娩时子宫壁的收缩，可将胎水推压到松软的子宫颈管，从而帮助扩大子宫颈管的作用，而尿水则可作为天然润滑剂以利于胎儿娩出。

二、胎盘的类型及功能

胎盘通常是指胎儿尿膜、绒毛膜和子宫黏膜发生联系所形成的暂时性组织器官，由胎儿胎盘和母体胎盘两部分组成。尿膜、绒毛膜的绒毛部分为胎儿胎盘，子宫黏膜部分为母体胎盘。胎儿的血管和子宫血管各自分布到自己的胎盘部分，但并不直接相通，仅彼此发生物质交换，保证胎儿发育的需要。

胎盘是母体和胎儿之间联系的纽带，是母子之间进行物质交换和气体交换的场所，兼具多种器官的功能。

(一) 胎盘的分类

胎盘按形态可分为四种。各种类型胎盘如图 18-1 所示。

(1) 弥散型胎盘　胎盘绒毛膜上的绒毛分布在整个绒毛膜表面，绒毛伸入子宫内膜的腺窝内，构成一个胎盘单位，母体与胎儿在此发生物质交换，也称上皮绒毛膜胎盘，常见于马、猪、骆驼等。

(2) 子叶型胎盘　尿膜、绒毛膜外的绒毛分别集中形成许多绒毛丛，即胎儿子叶，它与母体子叶融合在一起形成胎盘和功能单位，其他区域光滑。子叶胎盘动物多为反刍动物，如牛、绵羊和山羊。

(3) 带状胎盘　绒毛膜上的绒毛集中于绒毛囊中央，形成环带状，故称带状胎盘，其绒毛只在此区域接触附着，其他区域光滑。由于其绒毛可直接接触子宫血管内皮，所以又称内皮绒毛胎盘。带状胎盘动物多为食肉动物，如犬和猫。

(4) 盘状胎盘　绒毛膜上的绒毛集中于圆形区域，呈圆盘状，所以被称为盘状胎盘。其绒毛直接侵入黏膜深部，穿过血管内皮，侵入血液，所以在分娩时有蜕膜和出血现象。盘状胎盘动物多为灵长类和噬齿类动物。

胎盘按母体血液和胎儿血液之间的组织层次又可分为四种：上皮绒毛膜型(猪、马)、上皮结缔绒毛膜型(反刍动物)、内皮绒毛膜型(犬、猫)、血液绒毛膜型(灵长类和啮齿类)。

(二) 胎盘的生理作用

胎盘是维持胎儿生长发育的器官，其主要功能是物质和气体交换、分泌激素及屏障作用。胎盘担负着胎儿的呼吸、消化和排泄器官的职能。

1. 气体交换和物质交换作用

母体氧化血红蛋白含大量氧气，经胎盘进入胎儿体内，组织利用后将产生的二氧化碳带走。一旦胎盘功能出现障碍，很容易引起胎儿死亡。物质交换时，胎儿所需的营养通过胎盘由母体供应，例如血液中氨基酸以逆浓度方式进入胎儿血液，以合成蛋白质。此外，胎盘可以储存糖原，参与矿物质(钠、磷、钙、铁、铜、碘)代谢，吸收水溶物维生素(B族维生素和维生素C)和脂溶性维生素，脂肪分解为脂肪酸和甘油通过胎盘供胎儿应用。

2. 内分泌作用

在妊娠期，胎盘是一个很重要的暂时性的内分泌器官，能分泌雌激素、孕酮、促乳素、促性腺激素及其他类固醇激素。

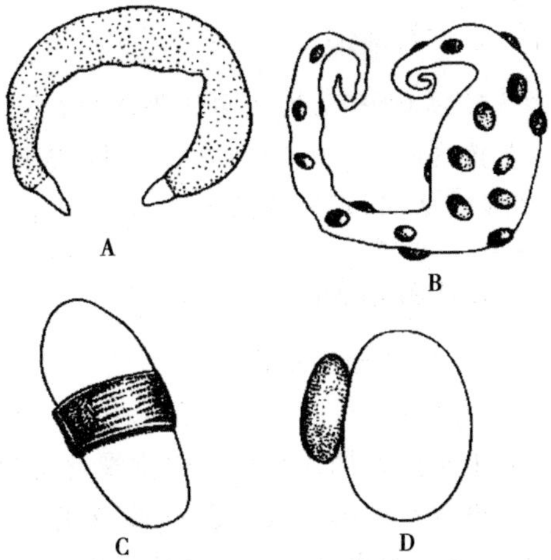

图 18-1 各类型胎盘模式图

A. 弥散型胎盘 B. 子叶型胎盘 C. 带状胎盘 D. 盘状胎盘

3. 胎盘屏障作用

胎盘的屏障功能表现为两个方面：一是阻止某些物质的运输，将母体和胎儿血液循环分隔开来，对所要摄取母体的物质进行选择，这种选择性就是胎盘屏障；二是胎盘免疫屏障功能，阻止某些细菌和病毒等病原体进入胎儿体内，还可以对某些药物进行屏障，相反又可以传递母体内的母源抗体，以使胎儿获得被动免疫。

任务三 妊娠期母体的变化

妊娠后，胚泡附植、胚胎发育、胎儿成长、胎盘和黄体形成及其所产生的激素都对母体产生极大的影响，因此母体要发生相应的反应，尤其是生殖器官的形态和生理功能变化较大。

一、生殖器官的变化

生殖器官变化包括卵巢、子宫、阴道、子宫颈和乳房的变化。

(1) 卵巢 卵巢有妊娠黄体，没有大的卵泡，并下沉到腹腔。卵巢有时排卵，形成副黄体；有时不排卵而黄体化。

(2) 子宫 妊娠前半期由于子宫肌纤维增生肥大，子宫体积和重量都增加；妊娠后期由于胎儿生长和胎水增多，子宫壁扩张而变薄。

(3) 子宫动脉 子宫中动脉(子宫动脉)和阴道动脉子宫支(子宫后动脉)变粗，动脉内膜的皱襞增加而变厚，与肌层联系疏松，所以血流过时由原来状态下的波动清楚表现为不明显的震颤，这种现象被称为妊娠脉搏。

(4) 阴道、子宫颈及乳房 子宫颈收缩紧闭，在孕酮等激素的作用下，阴道壁上皮单细胞腺分泌黏液填充与子宫颈腔内，成为子宫颈塞，阻止外物进入而保护胎儿的安全。阴道黏膜苍白，黏液黏稠干燥。乳房增大、变实，妊娠后半期比较明显。

二、行为变化

妊娠后，雌性动物代谢旺盛，食欲增进，对蛋白质和脂肪等营养物质的吸收增多，机体的营养状态得到改善。发展到妊娠后期，雌性动物由于胎儿增长同时母体消耗而消瘦，易发生水肿，呼吸数增多，腹部逐渐增大，行动变慢。

三、内分泌变化

(一) 犬内分泌变化

1. 孕酮变化

犬妊娠后外周血液循环中孕酮含量与未孕犬孕酮含量变化不明显。由于未孕犬的周期黄体可持续存在 70～80 d，所以妊娠诊断不能依靠测定孕酮的方法来进行。胚泡胎附植时或刚附植后，由于胎盘促性腺激素的作用，故孕酮浓度升高。从妊娠 30 d 起，孕酮含量开始逐渐增加，大约至 60 d 时达到 5 ng/mL，分娩之前突然下降直到零为止；未孕犬则不会迅速下降，孕酮一直维持在一个低的水平上。

2. 雌激素和促乳素的变化

妊娠犬的雌激素总量略高于未妊娠犬。附植时雌激素含量增加，且整个妊娠期间保持稳定，20～27 ng/mL，分娩前 2 d 下降，至分娩当天下降到未妊娠时的数值。

妊娠犬的外周血液循环中促乳素含量同未孕犬一样，只是妊娠快结束时，促乳素含量出现一次升高。但也有报道显示，妊娠犬促乳素含量略高于未妊娠犬。

犬的卵巢对维持妊娠是必不可少的，甚至在妊娠第 56 天切除卵巢仍会引起流产。犬妊娠期血浆中孕激素和雌激素变化如图 18-2 所示。

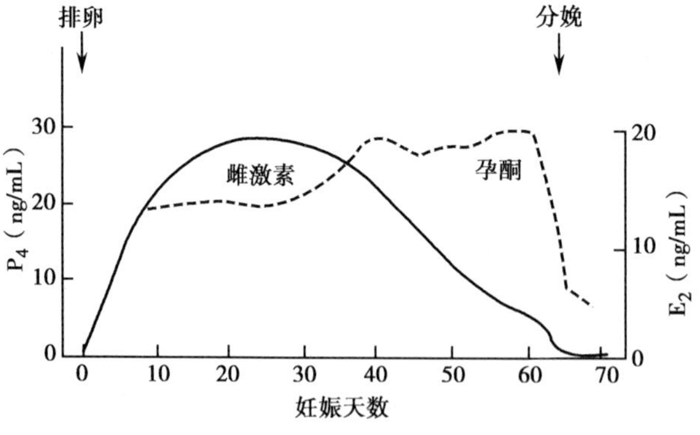

图 18-2　犬妊娠期血浆中孕激素和雌激素变化图

(二) 猫内分泌变化

1. 孕酮变化

母猫配种后 23～36 h 排卵，血清孕酮浓度迅速升高，从 10 nmol/L 升高到妊娠第 1 周和第 4 周间的峰值 100 nmol/L。妊娠后期，胎儿胎盘产生孕酮并维持妊娠。在妊娠 16 d 前摘除卵巢会引起流产，而妊娠 19 d 以后则不会流产。妊娠第 1 个月孕酮浓度从峰值逐渐下降，至分娩前最后 2 d 降至最低限度。

2. 雌激素、松弛素和促乳素的变化

妊娠猫产前雌激素浓度可能稍许升高，但至分娩之前下降。妊娠期间胎盘产生松弛素，抑制子宫活性，维持妊娠。妊娠第 3 周就出现松弛素，分娩之前浓度下降。妊娠最后 3 d 产生促乳素，断乳时促乳素下降。猫妊娠期血浆中孕激素和雌激素变化如图 18-3 所示。

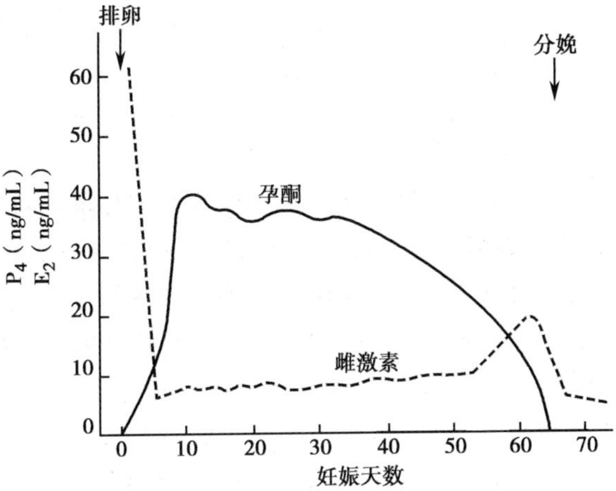

图 18-3　猫妊娠期血浆中孕激素和雌激素变化图

任务四　妊 娠 诊 断

采用临床和实验室的方法对动物是否妊娠、妊娠时间、胎儿及生殖器官的异常情况进行检查，叫妊娠诊断。妊娠诊断包括外部诊断法、内部检查法、激素实验法、孕酮检测法、血清学检查法、超声波(D 型、B 型)检查、X 线检查等方法。

一、犬的妊娠诊断

犬常用的妊娠诊断方法包括腹部触诊、X 线透视、超声波探测、外部观察和早期激素检查。

(一) 腹部触诊

经腹壁触诊是诊断妊娠最经济和直接的方法。犬受孕后 16～17 d 胚胎着床，但在配种的几天内就可触诊到坚实、等距的鼓胀胎囊。在妊娠 21 d 时鼓大部的最大直径可达 1 cm，并且所有品种的犬此时胎囊的大小都相对较恒定。妊娠中期，母犬体型的大小开始影响胎囊的大小，小型品种犬平均直径达 3～3.5 cm；中型犬为 4 cm；大型犬可达 6～7 cm。妊娠的最后 2 周，可触摸到胎儿头部和臂部。

(二) X 线透视法

采用 X 线透视法在妊娠 45～47 d 时最明显。X 线透视法可以确诊胎儿数目，但在大型犬难度稍大。

(三) 超声波探测法

用于妊娠诊断的超声仪有三种类型，即 A 型、B 型和多普勒型。由于机体组织密度不同，因此回声量也不同，所显示的回声波或光亮度也不同。

(1) A型超声仪　简称A超，其将回声以波形表示。因为液体将超声波全部传递到深层组织，所以蓄尿的膀胱在A型超声仪上不显示波峰。由于胎囊含有大量的液体，其在A超屏幕上的显示与蓄尿的膀胱类似，所以应用A超诊断妊娠时，应先排尿。

(2) B型超声仪　简称B超，显示的是内部器官的断层图像。内部器官的密度变化在荧光屏上以灰阶的强弱表现出来，应用线阵探头或扇形探头扫描可以产生移动的二维图像（实时图像），因此，B型实时超声扫描以介入方式将子宫和胎儿成像，并且可以进行小到毫米的测量。由于液体能将超声全部传递给下层组织，因此膀胱内的积尿可作为妊娠诊断时的参照物。B超检查时，应使犬仰卧保定，探头在腹壁上进行纵向或横向扫描。在妊娠25 d前，也可使犬站立保定，因为此时子宫位于膀胱的两侧而不是正下方。

(3) 多普勒超声　是依据超声从一个运动物体穿透和反射超声的频率和该物质的运动速度有关的原理进行工作的。当物体向着探头运动时，接收的音调就会增加；当物体远离探头运动时，音调就会降低。多普勒仪的探头同时接受被测物体返回的超声，当被测物体运动有节律时，如血管和心脏，可听到有节律的信号音。由于胎儿心率是母体心率的2～3倍，因此很容易区别胎儿心跳和母体心跳。此外，胎盘的回音类似于微风吹过树枝的声音。检查时将探头置于腹壁上，缓慢移动探头，以获取需要的图像。如果在腹壁腹股沟区域未探测到胎儿，还应该探查腹壁的其他区域。

目前，国内比较常用的是B超，因其具有图像更直观、准确，而且可确诊的时间也较早等特点。应用B超在犬妊娠的第7天就可以探测到子宫膨大，第10天可观测到胚胎，但根据经验在妊娠18 d之前很难用B超准确判断绒毛膜囊。图像分辨率的高低取决于探头的设计和其频率，其中5.0 MHz和7.5 MHz探头分辨率较高。在妊娠第28天之前很难监测到胚胎，在妊娠第35天常能监测到胎动和胎心搏动。妊娠第4～5周，胎儿生长最迅速。妊娠第45天可监测到胎儿的内脏器官，如肾脏、肝脏、膀胱和胃。在妊娠第35天以后，胎儿双额间径可用于预测胎龄。在妊娠早期很难判定胎龄，因为犬的体型、胎儿的生长率以及绒毛膜内的液体量等都有很大差异。

通常在妊娠第21～28 d即可进行早孕诊断，并且随妊娠日期的增加准确率也逐渐升高。在妊娠早期，扇形探头比线阵探头诊断的准确率高，无论是仰卧保定还是站立保定，妊娠30 d的犬都可做出诊断。

(四) 外部观察法

妊娠的后半期妊娠犬开始出现肉眼可见的外部变化，这在初产犬更加明显。早在妊娠21 d可见乳头增大；35 d后增大更加明显，并且出现颜色的变化，乳头呈鲜粉色；妊娠50 d后乳腺明显膨胀，泌乳可在产前36 h发生，经产犬可能更早些。在妊娠35 d后母犬明显增重和腹腔膨大，进食后腹腔膨大更明显；妊娠55 d时腹围增至最大，此后到分娩时不再增大。在妊娠20 d时，多数犬食欲减退，有的出现呕吐（似妊娠反应）；妊娠30～35 d以后，犬食欲增加，消化吸收能力增强，母犬被毛变得光亮。妊娠30 d以后，母犬体重迅速增加，而且怀胎儿数越多，体重增加越快，这与胎儿、胎盘、胎水等重量增加有关；直到妊娠55 d，母犬才停止增重并且腹围不再增大。在整个妊娠期母犬外阴部肿胀，分娩前2～3 d，外阴肿胀尤为明显，变得松弛而柔软，水肿样，分娩后缩小。

应注意的是，母犬发情结束后，不论妊娠与否，阴道内都有分泌物呈间歇性流出，但妊娠犬分泌的黏液为白色黏稠而且不透明。

二、早期妊娠诊断

(一) 外部诊断法

外部诊断法包括视诊、触诊和听诊。视诊时可采用试情法，一旦怀孕则不发情，同时腹部轮廓(增大)、乳房发育、被毛光亮、膘情良好，且食欲好、性情温顺、动作谨慎等。触诊可以隔腹壁触摸胎儿。听诊时在妊娠后期可听到胎儿心跳快而弱的搏动。

(二) 内部检查法

内部检查法包括阴道检查法、直肠检查法。采用阴道检查法时，可观察到阴道黏膜苍白，宫颈紧闭，有黏稠液封堵，阴道黏膜颜色变淡。取少量阴道分泌物，加入比重 1.0 的 $CuSO_4$ 溶液中，有块状沉淀者为妊娠，30 d 以上即可检出。取阴道分泌液混纯净水中煮沸 1～2 min，凝固的为妊娠。取子宫颈口黏液于载片上，呈黏着性很强的果胨状为妊娠。

采用直肠检查法时，注意子宫颈拉长程度，子宫位于骨盆腔中，颈细而坚实；子宫角膨大而柔软、波动感明显；排卵侧卵巢有黄体存在，应在配种后 24 d 后检查。

(三) 激素法

配种后 20 d，肌内注射己烯雌酚，第 2 天不发情为阳性。配后 20 d 血或尿中孕酮含量分别在 10 ng/mL 和 20 ng/mL 以上者为阳性。

(四) B 型或 D 型超声波、X 线检查诊断

利用以上仪器，可在妊娠动物的子宫内观察到胚囊、胎儿、胎儿骨骼等影像。

【病案分析 32】犬妊娠 B 超诊断

B 超是目前临床中最常见的妊娠检测手段，因为 B 超设备操作简单、诊断率高，对母体、胎儿及操作者安全。根据犬的品种、个体不同，其妊娠期为 58～65 d，一般为 62 d；卵子在受精后 15～18 d 开始着床。一般在配种后 20 d 左右即可用 B 超探测到孕囊，但也有最早 15 d 即查到胚囊的报道。犬早孕的 B 超判断主要根据在超声切面声像图子宫区内观察到圆形液性暗区的胚囊(直径 1～2 cm)以及子宫角断面增大、子宫壁增厚等指标。探查方法多为腹底壁或两侧腹壁剪毛后用 5 MHz 或 7.5 MHz 的线阵或扇扫探头做横向、纵向和斜向三个方位的平扫切面观察，当见到有一个或多个胚囊暗区时即可判为已孕，但也需与积液的肠管或子宫积液相鉴别。当横切面和纵切面均为圆形液性暗区且管壁较厚、回声较强时则为胚囊；而横切面为圆形，纵切面为条形液性暗区且管壁较薄者则为管腔积液。犬早孕阳性准确率对熟练的操作者可达 100%；犬早孕阴性判断需慎重，因为犬子宫角在未孕和妊娠 20 d 之前均很细(一般直径不到 1 cm)，且几乎看不到管腔，故 B 超难以探查到。当怀疑早孕阴性时，应在 23～25 d 甚至更后的妊娠期多次细致复查，怀仔数很少时更易出现早孕阴性判断失误。

B 超观察胚胎发育，从而估测怀胎数、预测胎龄、鉴别死胎、监护分娩。应用 B 超可以观察到胚胎的外部结构(如子宫、孕囊、胎盘、胎膜和脐带)、胚胎外形(如胎儿轮廓、四肢、外生殖器和胎动)、胚内结构(如胎心搏动、内脏器官和骨骼)等。犬在怀孕后 15～20 d 可见孕囊，23～25 d 可见胚体(在绒毛膜囊内出现强回声的光亮团块)，21～28 d 可观察胎心搏动，26～28 d 能分辨头和躯干，31～35 d 能辨认四肢和脑脉络丛，35～40 d 开始骨化，40～47 d 出现视泡并可分辨内脏器官。在 23 d 左右根据胚囊和胚体的多少可估测怀胎数；根据 B 超切面图可辨认

的回声结构预测胎龄；根据胎心搏动和胚胎结构可鉴别死胎、气肿胎，判断胚胎吸收和流产。如图 18-4 所示为妊娠 36 d 的胎儿 B 超影像。

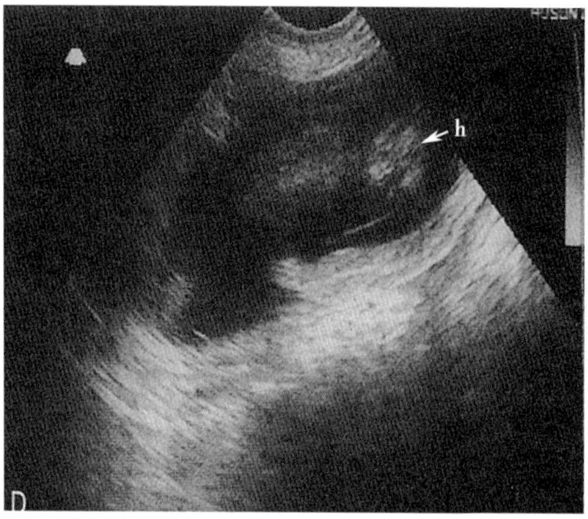

图 18-4　妊娠 36 d 的胎儿 B 超影像

项目十九

分　　娩

【学习目标】

学习宠物分娩前的生殖器官变化情况，如乳房、产道和行为的变化。掌握宠物启动分娩的因素和决定分娩的因素，如机械性因素、内分泌因素、胎儿因素和免疫排斥等。深入理解宠物分娩过程、接产工作和产后期母体变化情况。

【技能目标】

掌握动物分娩特点和过程，熟悉接产工作的具体环节，能够对新生宠物进行紧急处理，能辨识假死新生宠物并熟练开展救治。

妊娠期满，胎儿生长发育成熟，母体将胎儿及附属物从子宫内排出体外，这个生理过程称为分娩。宠物分娩前其形体外观、行为和机体内部都发生变化，为分娩做准备，在机械性因素和激素的共同作用下启动分娩。分娩过程是否正常主要取决于三个因素：产力、产道及胎儿。分娩及接产时需要对母体和新生幼仔进行全程监视，必要时提供帮助，以减少母畜体力消耗，避免母子受到危害，同时也要注意不能过早、过多干预分娩过程。

任务一　分娩预兆

分娩预兆即为了顺利排出胎儿和哺乳，分娩前雌性宠物在外观表现、全身状况、生殖器官和骨盆等部位的生理变化。至此应做好产前准备，确保母仔安全，并根据这些变化推测雌性动物的分娩时间。

（一）分娩前乳房变化

一般宠物乳房在分娩前迅速发育，膨胀增大，有的还出现乳房浮肿。犬分娩前乳房明显胀大，乳腺通常存有乳汁，一般在产前 24 h 能挤出初乳，但这和犬的饲养因素、乳房乳导管的松紧、犬生产次数有密切关系，因此不能仅以此项判断分娩时间。

（二）分娩前产道变化

1. 外阴部的变化

产前数天到 1 周，阴唇逐渐变松软、肿胀并体积增大，阴唇皮肤皱褶展平，并充血稍变红，从阴道流出黏液且由浓稠变稀薄。宫颈松软，黏液塞软化，宫颈口开张。

2. 骨盆的变化

临产前数天，骨盆韧带松软，分娩前 1～3 d 荐坐韧带后缘很软，尾根两侧下陷，另外，荐髂韧带也变软。

（三）分娩前行为变化

宠物在分娩前往往表现食欲缺乏、精神抑郁、徘徊不安、离群寻找安静地带，宠物体温下降，搭窝和频频下蹲努责等。

例如，分娩前，兔扯咬胸部被毛和衔草做窝；母犬出现撕扯杂物进行“搭窝”行为，好动不安、食欲下降或停止，有下蹲动作，且产前 24 h，体温通常较正常降低 1 ℃左右。

任务二　分 娩 启 动

宠物分娩需要机体内影响分娩的多重因素相互配合、协调一致才能顺利完成，具体包括机械性因素、内分泌（激素）因素、神经系统调节因素、免疫学因素和胎儿因素等。

（一）机械性因素

胎儿持续生长发育至成熟，导致子宫内容物增加，子宫体积增大，由此对子宫壁产生牵引和压迫作用，使子宫肌肉对雌性激素、催产素的敏感性增加。子宫颈旁的神经感受器受到胎儿的刺激作用，经神经系统传递至丘脑下部，促使垂体释放催产素（OT），从而引起子宫收缩，最后导致分娩。

（二）内分泌因素

（1）雌激素　怀孕后期，胎盘产生的雌激素逐渐增加，使子宫、阴道、外阴和骨盆韧带变松弛，直至分娩前或分娩开始达高峰；同时雌激素还使子宫肌肉产生自发性收缩，这可能是克服孕酮抑制作用的结果，或是增加了平滑肌对催产素的敏感性。另外，雌激素还可以促进前列腺素的合成与释放。

（2）孕酮　因孕酮可抑制子宫收缩，故产前其分泌量下降，解除抑制收缩作用而启动分娩。此外，胎儿糖皮质激素可刺激母体子宫合成 $PGF_{2\alpha}$，从而削弱孕酮作用，使其含量达最低水平，具体表现为产前 2 周下降，产前 3 d 急剧下降。

（3）$PGF_{2\alpha}$　产前 2 周左右逐渐增加，产前 1～2 d 达到高峰。$PGF_{2\alpha}$ 与雌激素增加规律相似，可见是由雌激素诱发的结果。其作用有三个方面：一是有强烈的溶解黄体作用，消除孕酮对雌激素的抑制；二是对子宫肌肉有直接刺激作用，使其收缩；三是刺激垂体后叶释放催产素。

（4）催产素　使子宫产生强烈的阵缩。分娩初期，血中催产素含量变化不大，当胎儿分娩后，可达最高峰（多胎，多产一仔增加一次），以促进胎衣排出。未到分娩时，子宫对催产素敏感性差；临近分娩时，催产素的分泌量大大增加，以增强子宫收缩作用，一旦分娩过程受到干扰，则影响母体催产素的释放。

（5）松弛素　松弛骨盆韧带，使耻骨联合适度松弛。

（三）神经系统调节

中枢神经对分娩起调节作用。当胎儿前置部分进入产道时，对子宫颈、阴道产生刺激，引起冲动，由下丘脑（中枢）传到垂体后叶，从而产生催产素。因为夜间干扰少，光线弱，下丘脑易接受子宫及软产道发来的冲动信号，所以大多数宠物分娩发生在夜间。

（四）免疫排斥

分娩是免疫排斥的具体表现。因胎儿的遗传性不同于母体，它属于同种异体的移植组织，母体为寄生宿主。胎儿带有父母双方的遗传物质，母体可对胎儿组织（抗原）不断产生免疫反应。正常妊娠期间，母体因受到多种因素制约而导致排斥反应被抑制，胎儿不至于被母体排斥，使得妊娠得以维持。分娩阶段，由于母体孕酮浓度急剧下降，胎盘屏障作用减弱而出现排斥现象，以便将胎儿排出体外。

（五）胎儿因素

胎儿内分泌在分娩时期发生变化，主要体现在胎儿下丘脑-垂体-肾上腺轴。胎儿发育成熟后其中枢神经系统通过下丘脑使垂体前叶分泌肾上腺皮质素，并使它作用于胎儿的肾上腺皮质，使之分泌皮质素。该激素分泌升高，通过胎儿循环到达胎盘，改变胎盘内相应酶活性，使胎盘合成的孕酮进一步转化为雌激素，这样促进分娩前 2～3 d 孕酮下降，雌激素急速上升，这两种变化则诱发胎盘与子宫大量合成前列腺素，并在催产素的协同下启动分娩。试验证明，切除胎儿丘脑下部垂体和肾上腺，则阻止分娩，延长妊娠（无限期）；再给母体滴注促肾上腺皮质素（ACTH）或地塞米松，可诱发分娩（死胎，妊娠期长）。由此证实肾上腺皮质素与分娩启动有密切关系。

任务三　决定分娩的因素

分娩过程主要取决于三个要素，即产力、产道和胎儿。

一、产力

（一）产力的构成

产力又称娩出力，指母体将胎儿从子宫中排出的力量，是由阵缩和努责共同作用产生的。

1. 阵缩

阵缩是指子宫肌的收缩。由于子宫肌收缩具有阵发性，故称阵缩。阵缩是分娩过程中的主要动力，占 90％左右，是一种无意识的表现，为一阵阵有节律的收缩。

阵缩是由于催产素、乙酰胆碱对子宫肌的收缩时强时弱所致，子宫血管所受的压迫时紧时松，这样可以保证胎儿在娩出前不致窒息，保证血流、氧气的供应充足。

分娩开始不久时，子宫平滑肌收缩时间短，间歇时间长。胎儿排出期时，子宫收缩时间长，间歇时间短。而在胎衣排出期，子宫收缩时间、间歇时间均长。每次间歇时，虽然子宫肌暂停，但不弛缓，因为肌纤维除了缩短外，还发生皱缩。因此，每经一次收缩，均使子宫壁加厚一点，体积缩小一点。

2. 努责

努责指腹肌和膈肌的收缩，配合阵缩，一般只出现在胎儿娩出期。努责是一种有意识的行为。

阵缩和努责共同的作用力对子宫的压力相当强大，尤其在子宫颈处。努责只有在胎儿刺激宫颈及阴道部才出现，因此它比阵缩出现的晚，停止的早。

（二）产力的分配

在分娩第一期（宫颈开口期）只有阵缩，无努责；第二期（胎儿娩出期）阵缩、努责密切配合；

第三期(胎衣排出期)努责停止,阵缩继续,数小时后,收缩次数及持续时间才减少。

二、产道

产道为胎儿排出的通路,包括软产道和硬产道两大部分。

(一) 软产道

软产道指子宫颈、阴道、前庭及阴门这些软组织构成的管道。分娩之前及其过程中,阴道、前庭、阴门等部位均相应地松弛变软,能够扩张。子宫颈是子宫肌和阴道肌的附着点,子宫肌和阴道肌的收缩可使子宫颈管从外口到内口逐渐扩大。在分娩前,子宫颈变得松弛,到分娩时,子宫颈能扩张很大以利于胎儿的娩出。

(二) 硬产道

硬产道指骨盆,由荐椎、前三个尾椎、髋骨(髂骨、耻骨、坐骨)、荐坐韧带组成。母畜骨盆的特点是骨盆入口大而圆,倾斜度大,耻骨前缘薄;坐骨上棘低,荐坐韧带宽,骨盆腔的横径大;骨盆底前部凹,后部平坦宽敞;坐骨弓宽,因而出口大。

三、胎儿

(一) 产道与胎儿的关系

1. 胎向

胎向即胎儿的方向,也就是胎儿身体纵轴与母体纵轴的关系,一般包括三种情况。

(1) 纵向　胎儿纵轴与母体纵轴平行。纵向又分两种情况:正生,是胎儿方向和母体方向相反,头和(或)前腿首先进入产道;倒生,是胎儿方向和母体方向相同,后腿或者臀部先进入产道。

(2) 横向　胎儿横卧于子宫内,胎儿纵轴与母体纵轴水平垂直,又分为背横向和腹横向。

(3) 竖向　胎儿纵轴与母体纵轴上下垂直,又分为背竖向(背朝向产道)和腹竖向(腹部朝向产道)。

以上胎向中,只有纵向为正常胎向,横向及竖向均为异常胎向。

2. 胎位

胎位即胎儿的位置,指胎儿背部和母体背部或腹部的关系。胎位包括三种情况,即上位、下位和侧位。

(1) 上位　胎儿伏卧在子宫内,背部在上。

(2) 下位　胎儿仰卧在子宫内,背部在下。

(3) 侧位　胎儿侧卧在子宫内,背部位于一侧。

3. 胎势

胎势即胎儿的姿势,指胎儿的头、颈、四肢在子宫内所呈的姿势,是伸直的,还是屈曲的。

4. 前置

前置是指胎儿的一部分与产道的位置关系。正生称为前驱前置;倒生称为后躯前置;也有腕部弯曲和膝关节弯曲的情况,分别称为腕部前置和骨盆前置。

(二) 胎儿正常分娩时的姿势

胎儿正常分娩姿势为上胎位、纵胎向、头前置(四肢平伸的胎势),否则容易造成难产。

（三）胎儿各部分与分娩的关系

1. 头围

头部是胎儿通过母体最为困难的部分，产程的长短与头的娩出时间有关。原因在于产道未完全扩张，头骨骨化程度大。

2. 胸围

胸围虽然较头围大，但是由于胸腔具有一定的伸缩性，在压力情况下可以改变一定的形状，高度大于宽度，符合骨盆及出口处较易向上扩张的情况；此外，头部通过骨盆之后，产道已更为扩大。

3. 臀围

在正生时，产道已最大扩张；倒生时，两后肢伸直，呈楔形；同时胎儿骨盆各骨之间尚未完全骨化，体积也可稍微缩小；骨盆围的外形适合母体骨盆形状，故臀部较头部易通过。

任务四　分娩过程

分娩是一个连续的过程，起于子宫阵缩，止于胎儿、胎衣排出，可分为开口期、产出期、胎衣排出期三个过程。

一、产程的分期

（一）开口期

开口期从子宫开始阵缩起，至子宫颈充分开张，即子宫与阴道之间的界限完全消失为止。

开口期的特点：此期仅有阵缩没有努责，每 15～30 min 收缩 1 次，每次持续数分钟，以后逐渐加强。多胎动物的收缩是由靠近子宫颈的胎儿处开始。出现腹痛，雌性动物表现出轻度不安，子宫内胎儿变为产出时应有的姿势，常有排尿姿势。此时，接产人员要守候，不能离开。持续时间因动物种类不同而异，犬 1～36 h，平均为 6～12 h。

（二）产出期

产出期指子宫颈充分开张，胎儿进入产道，雌性动物开始努责，到胎儿排出为止。

产出期的特点：阵缩和努责共同发挥作用，但以阵缩为主；每次阵缩为 1 min，而间歇期很短。雌性宠物表现极度不安（腹痛症状明显），回顾腹部，弓背努责，应准备接产。

产出期宫内变化：2 次破水，分娩出胎儿。

产出期持续时间：马、驴 10～30 min（双胎间隔 10～20 min）；牛、羊 3～4 h（双胎间隔 20～120 min）；猪分节收缩，第 1 胎排出后，间隔 3～5 min；犬因健康状态和怀孕的胎儿数量而持续 3～6 h 不等，通常在胎儿排出期开始的 20～30 min 内排出第一个胎儿，胎儿排出间隔时间从 10 min 到几个小时不等。

（三）胎衣排出期

胎衣排出期从胎儿排出后算起，到胎衣完全排出为止。胎衣是胎膜的总称。

胎衣排出期的特点：产畜安静下来，子宫再次出现阵缩，努责停止或极其微弱。

胎衣排出期宫内变化：胎盘分离，排出胎衣，单胎动物胎衣从角尖先排出。单胎动物的双胎以及多胎动物是胎儿完全排出后分两次排出。

胎衣排出期持续时间：牛、羊产后 2～8 h，超过 12 h 为胎衣不下；马、驴胎儿排出后 5～90 min，不超过 3 h,否则为胎衣不下;猪 10～60 min,分两批排出;犬胎儿排出后 45 min 内排出,有时在连续排出 2 个胎儿后,两个胎衣一起排出。

排出胎衣的形式:单胎动物是从角尖端开始,翻着出来;多胎动物(如猪)是两个子宫角常分两堆排出;犬、猫每排出一个胎儿,就会排出一个相应的胎膜,因此,每排出一个胎儿就会重复分娩的第二、第三期过程。

二、犬的分娩特点

犬的妊娠期平均为 60 d,范围在 58～63 d。很明显,比平均数 60 d 早或晚 3 d 分娩都属于正常范围内,但是距平均数越远,异常分娩的可能性越大,越不利于仔犬成活。

犬的分娩过程需要 1～36 h,平均为 4～8 h,在此期间子宫间歇性收缩,但看不见腹肌的收缩,母犬表现出明显的分娩预兆。子宫纵行肌和环状肌的收缩开始于最后面(靠近子宫颈)胎儿的前方,子宫颈从阴道口处开始扩张,骨盆韧带松弛。在开口期,黏液经子宫颈流出;然后,子宫颈收缩频率增加。在第一期结束前,最后一个胎儿沿其长轴转动,头颈和四肢伸直。产出期根据母犬的健康状态和怀孕的胎儿数量而持续 3～6 h 不等。此期母犬常常侧卧(但也有的犬时而站立),努责并产出胎儿,也有的母犬倚墙而立。初产犬多表现出气喘、颤抖、呼吸加快加深,有时因疼痛而嚎叫。在胎儿排出期,母犬的腹肌收缩,用以帮助排出胎儿,通常在胎儿排出期开始的 20～30 min 内排出第一个胎儿。

胎儿头部经过阴道时,子宫肌和腹肌增加了收缩的强度和频率,子宫颈和阴道扩张的结果反馈性刺激丘脑下部释放催产素。正常情况下,2～3 次强有力的收缩即可将一个胎儿推进盆腔。初产母犬有时阴门松弛程度不够,从而使胎儿通过困难。当阵缩和努责强烈,使胎儿强行通过阴门时,会使母犬剧烈疼痛而暂时停止收缩,特别是初产母犬,其第一个胎儿通过阴门时常出现嚎叫。

母犬将胎儿全部排出后,产程中胎儿排出期结束,产程进入第三期胎衣排出期。在胎衣排出期内,母犬将胎衣排出,并且在每个胎儿排出后,子宫会进行部分复旧。胎衣可随胎儿一起排出,也可在子宫内停留一定时间。有时在连续排出 2 个胎儿后,两个胎衣一起排出。在任何情况下,胎衣应在胎儿排出的 45 min 内排出,子宫复旧始于胎儿和胎衣已经排出的那部分子宫,胎儿排出间隔时间从 10 min 到几个小时不等。

胎儿产出期和胎衣排出期的循环次数取决于子宫内胎儿的数量。犬分娩时间的长短因品种、个体和环境不同而异,但是当开始分娩的母犬在 2 h 之内未见胎儿产出时,应对母犬进行检查。同样对已产出一个胎儿后,持续努责 1 个多小时仍未见其余胎儿产出时,也应进行检查。

分娩时间延长,妊娠期过长或过短,或是在分娩过程中增加了新生儿和母犬死亡的概率时都应视为异常分娩。能够提示异常分娩的症状包括:出现绿色、黑色血样或不正常的分泌物;异常的气味;无效的努责;停止努责;精神沉郁和明显疲劳;过度疼痛产出死胎。

三、猫的分娩特点

猫分娩的第二阶段可观察到腹壁无规律的收缩,随着收缩力量的加强,母猫可站立及躺卧交替进行,腹壁常将后躯降低到半蹲位;收缩进一步加强,胎儿进入骨盆腔。

第二阶段开始后 3～5 min,直到 30～60 min,随着腹壁的强烈收缩和子宫有规律的收缩,母猫可产出第一个胎儿。第一个胎儿产出的时间通常最长，有时母猫甚至试图咬新出生的小猫，但母猫出现残食幼仔的情况较少。

胎儿排出时一般是包在羊膜囊中，但羊膜多在通过骨盆时破裂。如果胎儿排出后羊膜仍不破裂，则常常被母猫撕破。有时母猫会出现舔闻并清洁其会阴部的行为。如果母猫没有撕破羊膜，助产时应注意及时撕开。正常情况下，幼仔产出后都比较强壮，能及时寻找乳头吃乳。

胎儿产出后 5～15 min 内，母猫继续努责排出胎盘。胎盘为淡棕红色。排出胎盘后由于母猫常常试图咬断脐带，因此母猫也多吞食胎盘。如果脐带未断，则助产时可剪断，胎儿端的断端一般留 4～5 cm 长。

如果窝产仔数较多，则应避免母猫吞食太多的胎盘，以免其发生消化道疾病。接产时应仔细观察胎盘的情况。因为胎衣不下会导致子宫感染，因此应确保所有的胎盘都已经排出。

虽然猫的分娩通常能在 2～6 h 内完成，但有时正常分娩也可持续 10～12 h。猫的窝产仔数平均为 3.5～4.6 个，70%的窝产仔数为 4～6 个。初产母猫的窝产仔数可能较少，一般平均为 2.8 个。体格较大的猫窝产仔数也较多。

任务五　接　　产

犬、猫等宠物经过家养后，环境因素对其正常分娩过程产生影响。由于对犬、猫等宠物的重视程度区别于经济动物，所以需要对其分娩过程加强监视，发生难产时需要及时采取助产措施。

（一）接产的准备工作

（1）产房　产房应尽量选在动物原居住舍或比较安静处，对产房一般要求是宽敞、清洁、干燥、安静，阳光充足、通风良好，配有照明设备。此外，墙壁及场地必须便于消毒；室内温度保持在 15～18 ℃；褥垫不可铺的过厚，必须经常更换，最好要有防水功能。根据预产期，应在产前 1～2 d 建设好产房，以便让宠物熟悉环境。

（2）医疗用品　在产房里，应事先准备好常用的接产药械及用具，包括水盆、灭菌纱布、保温箱、干毛巾、结扎绳、体温计、照明设备、肥皂、棉花、注射器等；以及酒精、2%～5%碘酒、0.1%新洁尔灭、催产素、强心剂等。

（3）接产人员　有接产经验的宠物饲养者或宠物医生及助手。

（二）新生宠物的处理

在动物怀仔数目较多，或生产经验不足的情况下，母畜在分娩过程中可能来不及护理刚产下的胎儿，遇到此种情况，应加以帮助。

先将胎儿头部黏附的羊膜撕开，并使头部朝下倒空出或甩出口、鼻及呼吸道内的胎水；然后再用干净的毛巾擦净口腔和鼻腔中残留的液体，并在距离腹壁 1.0～1.5 cm 处将脐带剪断，结扎消毒后将幼仔放入保育箱内。应尽量在 2 h 内让新生幼仔自然哺乳或强制哺乳初乳。初生的幼仔两眼紧闭，经过 10 d 左右才睁开双眼，21 d 就极其活泼好动，5～6 周龄时，可试行断乳。

仔猫出生体重平均为 100 g，刚产下时两眼紧闭，10 d 左右才睁开双眼。新生仔猫体温低于正常，随着日龄的增长，体温逐渐升高，到 5 日龄时可达到 37.7 ℃。仔猫的哺乳期为 4～8 周。

（三）假死胎儿的急救

（1）温水法　准备温水 40～60 ℃，若胎儿假死，可将胎体放入水，头露外，口鼻黏液拭净，左手托颈，侧卧，胎儿背向自己，右手有节奏地沿胸廓由上而下挤压 5～6 次推向腹腔。出现呼吸后重复几次，正常为止，适用于各动物。

（2）按摩胸部急救　假死胎儿侧卧，右手有节奏按压心胸部，80～100 次/min，反复进行，至心跳出现为止。

（3）提后腿急救　适用于假死小动物，提后腿拍打胸部。

任务六　产 后 期

从母畜胎衣排出到生殖器官恢复原状的一段时间，称为产后期。雌性动物的行为和生殖器官在产后期都发生一系列变化。

（一）子宫的复旧

产后期生殖器官中变化最大的是子宫。妊娠期终了都要恢复到原来状态，这称为复旧。产后 15 d 内，子宫壁厚；松弛时，壁呈面团状，按压指痕清楚；收缩时，质地感硬，壁上有很多深的皱纹，子宫体与子宫角交界处尤为明显。产后 30 余天，子宫皱纹消失，子宫的大小及位置恢复正常。至产后 40 余天，子宫厚度及质地恢复原状。随着子宫的复旧，子宫后动脉逐渐变细。

产后期子宫的变化与卵巢功能的恢复有密切关系，如果产后卵巢能迅速出现卵泡活动，即使不排卵，也会大大提高子宫的紧张度，促进子宫的变化；如果卵巢功能恢复较慢，又无卵泡发育，长期缺乏卵泡活动，尤其在有持久黄体时，可引起子宫长久弛缓，导致不孕。

子宫颈的恢复：随子宫的恢复，颈口慢慢收缩，但在恶露排净前并不完全封堵封闭。

（二）恶露

产后从雌性动物子宫内排出的一种污物，在产后特定时间内称为恶露。正常状态下，恶露不臭，但有血腥味。开始恶露为琥珀色（棕色）以至血样色，后来逐步转变为清亮黏液。异常状态下的恶露伴腐臭味，表明产后感染。

恶露排出的持续时间：猫大约 7 d 停止，犬大约 4 周停止。

（三）行为改变

分娩结束的雌性动物表现出强烈的母性行为，表现为舔舐幼仔、哺乳、保护幼仔等。

【病案分析 33】犬难产

（一）疾病简介

难产是指分娩过程疼痛、缓慢，或排出胎儿困难。难产可分为胎儿性难产、母体性难产和胎盘性难产。胎儿性难产是由于胎儿的形状、体积或胎势所致；母体性难产是由于母体产道畸形或体积过小所致；胎盘性难产是排出胎衣困难。

对犬难产的诊断要基于其病史、物理检查和对犬分娩过程的观察结果。病史应该包括有关前次产仔、配种日期和分娩行为，特别是在检查前 24 h 的行为，分娩开始的时间，努责的频率和强度，产出的仔犬状态和胎儿产出的间隔时间。

母体性难产与阴门未充分弛缓、阴门阴道狭窄、骨盆入口扁平或狭窄、子宫颈开张不全，子宫捻转或子宫无力等有关。胎儿死亡可以导致分娩失败，因此也可被看作难产。

采取什么方法解救难产，取决于母犬的身体状况、胎儿的数量和引起难产的原因，可利用的器械和助手的数量，畜主的意愿和兽医对病情的评价。解救难产可采用的方法很多，如应用催产素助产和剖宫产。

使用催产素和应用催产素前，兽医应弄清楚最后一个胎儿的胎位、胎向和大小，并了解母犬有无骨盆、阴道和阴门异常，子宫颈是否处于开放状态。催产素能加强弛缓子宫的收缩力，但前提是子宫颈处于开放状态，子宫肌处于松弛状态。

(二) 病例简介

犬，雌性，4 岁，35 kg。妊娠 62 日龄，2 h 前羊水破后胎儿仍无法产出，曾注射过 2 次催产素，仍未见胎儿产出。临床检查结果表明该犬精神沉郁，目光呆滞，瞳孔散大，角膜干涩，被毛粗乱，头颈、躯干、四肢瘫软，无努责，不呻吟，阴门也不收缩，只见少许胎膜样物露出阴门外，腹围大。病犬呼吸浅表，呈潮式呼吸，心律不齐，心音微弱，心搏 190 次/min，体温 36.8 ℃。母犬阵缩无力。初诊为产道狭窄性难产。单指助产未成功，当即决定施行剖腹手术。

(三) 既往史

免疫健全，无疾病史，无生育史，未做过绝育手术。

(四) 诊断

(1) 临床检查　同前所述。

(2) 影像学检查　B 超检查可见腹中部子宫内有两个完整清晰胎儿影像，胎儿头径 6 cm，胎水较少，胎儿心跳、活力正常。

(3) 实验室检查

①血常规。WBC 白细胞总数 11.0×10^{9}/L；RBC 红细胞总数 7.31×10^{12}/L；HGB 血红蛋白量 115 g/L；HCT 血细胞比容 48.5%；PLT 血小板 276×10^{9}/L。

②血液生化检查。ALT 丙氨酸氨基转移酶 152 U/L；AST 天门冬氨酸氨基转移酶 42 U/L；TBIL 总胆红素 13 μmol/L；ALP 碱性磷酸酶 49 U/L；BUN 尿素氮 8 mmol/L；CRE 110 μmol/L。

初步诊断为胎儿性难产，治疗参照犬剖宫产术。

(五) 病例分析

(1) 发病原因　主要是由于胎儿过大，产道狭小，子宫收缩无力，不能将胎儿排出。在处理难产犬时，应尽量先助产，调整仔犬的胎势，适量注射催产素，再根据实际情况施行剖宫产手术。手术越早越好，只要产仔间隔超过 3 h，腹内仍有仔犬时，必须早行手术，否则会造成母、仔犬双亡。

(2) 诊断依据　根据分娩异常症状和阴道探查可以确诊。

(3) 鉴别诊断　应注意与犬宫外孕、重度腹泻、急腹症等类症鉴别。

(4) 注意治疗前检查　血常规检查与血液生化检查。

模块三

宠物产科疾病

宠物产科疾病常发生在动物的妊娠期、分娩期和产后期。在这三个时期内，母体变化受到机体内分泌、营养代谢和外界因素的影响，致使动物出现流产、死胎、母畜水肿、难产，以及产后期出现胎衣不下、子宫感染、生殖道疾病和营养代谢等相关疾病。此外，宠物出现不孕不育、乳腺疾病和新生仔畜疾病等也是宠物临床产科疾病的常见疾病。通过对产科生理学和疾病的诊治学习，掌握疾病的诊疗原则和方法，将有利于控制和减少宠物产科疾病的发生，提高宠物受胎率和仔畜存活率。

项目二十

妊娠及分娩期疾病

【学习目标】

学习宠物妊娠和分娩期疾病种类和发病特点及病因，掌握宠物流产发生的原因、症状及预防措施，了解孕畜浮肿和腹股沟疝发生的诱因和防治措施，掌握宠物分娩的助产术式及难产的诊断和救助。

【技能目标】

掌握宠物妊娠期和分娩期各种常见疾病的发病原因和特点，掌握助产和难产的诊断和救治的原则与方法，并能够熟练开展助产和难产的诊断和救治。

母体怀孕期除了维持自身正常生命活动外，还必须为胎儿发育提供所需的营养物质及正常的内部环境。妊娠可以使身体的某些器官和组织(肺、肝、肾、心脏等)的活动紊乱和加重，导致这些脏器功能出现异常，从而引起机体生理平衡的破坏。只有在母体生理状况满足怀孕要求，同时与外界环境保持相对平衡时，怀孕才可以顺利发展。一旦这种平衡被打破，怀孕则转入病理过程，从而发生妊娠期疾病。常见疾病包括流产、孕畜浮肿、假孕、子宫腹股沟疝，分娩过程中还可能出现难产。

任务一　流　产

流产是指妊娠期未满，胚胎或胎儿与母体正常关系受到破坏，从而使妊娠中断的病理现象。如果流产后排出成活但未成熟的胎儿，称为早产；死亡胎儿则称为死产。

(一) 流产的征兆

流产的主要症状是阴道流血、流墨绿色胎水、腹痛和努责。阴道流血发生在妊娠中、前期，开始时绒毛与胎膜分离，血窦开放，即开始出血。当胎儿完全分离排出后，子宫收缩，出血停止。

早期流产全过程均伴有阴道流血；晚期流产时，胎盘已形成，流产过程与早产相似，胎盘继胎儿娩出后排出，一般出血不多。流产时腹痛系阵发性宫缩样疼痛。

(二) 流产的病因

流产的病因极为复杂，可概括为三类：普通流产、传染性流产、寄生虫性流产。每种流产又分为自发性流产和症状性流产。

1. 自发性流产

自发性流产是胎儿及胎盘发生异常或者受到影响而导致流产发生，常见于以下因素。

（1）胎膜及胎盘异常 可导致胎儿与母体之间物质交换受阻，无法发育。

（2）胚胎过多 受其他胚胎的挤压，有些胚胎无法充分建立其与子宫的联系，导致血液循环供应障碍，无法发育。

（3）胚胎发育停滞 可能卵子异常、染色体异常等因素，致使胚囊不能发生附植，出现死亡。

2. 症状性流产

症状性流产多由于怀孕宠物患有某些非传染性疾病，甚至生殖激素分泌发生异常，此外往往也将外界因素（如饲养管理不当、各种形式的伤害以及医疗不当等）作为症状性流产的影响因素。

（1）内分泌因素 雌激素和孕酮激素失调，使合子运行异常；畸形或孕体过小，不能抵消子宫受黄体的作用；囊胚晚期没同期化不能完成附植。

（2）饲养性流产 如食物数量、质量不佳，矿物质不足，饲料腐败发霉，亚硝酸盐、添加剂过多等。

（3）损伤及管理性 如腹壁的碰、抵、踢、伤、跌倒；剧烈运动，活动过重；精神性损伤（惊吓、兴奋）。

（4）医疗错误性 如全身麻醉、放血、手术、驱虫剂、利尿剂，某些能使子宫收缩的药物，直检阴道检查等。

（5）生殖器官疾病 如局限性慢性子宫内膜炎，阴道脱及阴道炎，先天性子宫发育不全、子宫粘连等。

（6）全身性非传染病 如马疝痛，牛、羊瘤胃膨气；顽固性瘤胃弛缓和真胃阻塞；马、驴妊娠毒血症；生殖激素紊乱病。

（7）习惯性流产 子宫发育不全；子宫周围组织粘连；子宫肌瘤；胎盘发育不足；激素紊乱。

3. 传染性流产

传染性流产指由某些传染病所引起的流产，以侵害胎盘和胎儿导致自发流产为特点，症状表现为排出不足月的活胎儿、排出死亡而未经变化的胎儿和延期流产（包括胎儿干尸化、胎儿浸溶）等。

（1）细菌感染 包括大肠杆菌、葡萄球菌、胎儿弧菌和流产布鲁氏杆菌，其中流产布鲁氏杆菌对养犬业早产的损失最大也最常见，感染流产布鲁氏杆菌的犬，外观不易辨别，妊娠母犬流产多发生在 45～55 d，排出物可造成周边环境的污染，导致其他犬被感染。

（2）病毒感染 包括猫白细胞减少症病毒、白血病病毒、犬瘟热病毒、传染性肝炎等感染。

4. 寄生虫性流产

寄生虫性流产最常见的为弓形虫感染，其主要影响呼吸和肌肉神经系统，多数为无症状的隐性感染。此外，犬、猫血巴尔通体感染也可引发流产。

（三）流产的诊断

根据流产征兆和特有现象可以诊断。诊断时需注意及早诊断。出现流产症状时，首先采取保胎措施；对已发生流产或不能保住胎儿的，首先要弄清楚流产原因，判明是侵袭性的还是创伤性的，或是饲养管理性的原因，同时对死胎要及时人工流产。检查胎儿、胎膜的发育及病变，判断属于自发性流产还是症状性流产。流产后或胎儿取出后，应在规定时间内冲洗子宫，然后投入抗生素；应注意母体体况，防止流产后子宫内膜炎和败血症的发生。

（四）流产的治疗

（1）针对先兆性流产　肌内注射孕酮，隔日 1 次，连用数次；10%硫酸阿托品；镇静溴制剂、氯丙嗪等；禁止阴道检查，避免刺激怀孕动物。

（2）针对难产者　采取助产或人工引产；注射 $PGF_{2\alpha}$、E_2，用温消毒剂冲洗子宫颈，防止产后感染。

（3）针对延期流产　溶解黄体注射 $PGF_{2\alpha}$、E_2 扩张子宫颈；润滑产道；缩小胎儿（截胎、缩小骨块，缩小胸、腹腔）；高渗盐水冲洗宫内残留物；子宫内注入抗生素并全身用药防止自身感染。

任务二　孕畜浮肿

孕畜浮肿即妊娠浮肿，是妊娠末期孕畜腹下及后肢等处发生水肿。浮肿面积小，症状轻者，是妊娠末期的一种正常生理现象；浮肿面积大，症状严重的，才认为是病理状态。浮肿一般开始于分娩前 1 个月左右，产前 10 d 变为显著，分娩后 2 周左右自行消退。

（一）病因

（1）腹压增大　妊娠末期，因胎儿生长发育迅速，子宫体积随之增大，使腹内压增高；同时妊娠末期乳房肿大，孕畜的运动也减少，因而腹下、乳房及后肢的静脉血流滞缓，导致静脉滞血，毛细静脉管壁渗透性增高，使血液中的水分渗出增多，同时亦妨碍组织回流至静脉内。因此，发生组织间隙液体潴留，引起水肿。

（2）营养供应不足　妊娠雌性宠物新陈代谢旺盛，迅速发育的胎儿、子宫及乳腺都需要大量的蛋白质等营养物质，同时孕畜的全身血液总量增加，有稀释血浆蛋白的作用，因而使血浆蛋白浓度降低，如若孕畜饲料的蛋白质不足，则血浆蛋白进一步减少，使血浆蛋白胶体渗透压降低，阻止组织中水分进入血液，破坏血液与组织液中水分的生理动态平衡，导致组织间隙水分增多。

（3）妊娠母体内分泌影响　妊娠期间内分泌腺功能发生一系列变化，如体内抗利尿素、雌激素及肾上腺分泌的醛固酮等均增多，使肾小管远端钠的重吸收作用增强。组织内的钠量增加，引起机体内水的潴留。

（4）妊娠母体负担加重　妊娠期间，因新陈代谢旺盛及循环血量增加，使心脏及肾脏的负担加重。

（二）症状

孕畜浮肿常见于怀孕中后期，浮肿常从腹下及乳房开始出现，以后逐渐向前蔓延至前胸，向后延至阴门，有时也可涉及后肢的跗关节及球节。浮肿一般呈扁平状，左右对称。触诊感觉其质地如面团，留有指压痕，皮温稍低；无背毛部分的皮肤紧张而有光泽。浮肿通常无全身症状，但如浮肿严重，则会出现食欲减退、步态强拘等现象。

（三）防治方法

改善患病宠物的饲养管理，给予含蛋白质、矿物质及维生素丰富的饲料，限制饮水、减少多汁食物及钠盐的摄入。浮肿轻者不必用药。浮肿严重的孕畜，可应用强心利尿剂。宠物主人每日要让孕畜进行适当的运动，擦拭皮肤，给予营养丰富的易消化食物。比赛级或工作用宠物在妊娠后半期，也要进行牵遛运动。

任务三　子宫腹股沟疝

由于犬子宫角顶端没有子宫圆韧带固定，且子宫角顶端朝向腹股沟管，在妊娠期由于各种原因导致腹压增高，将部分子宫角推入腹股沟管而造成组织嵌闭或者形成粘连，造成子宫腹股沟疝。

(一) 症状

子宫腹股沟疝可能在怀孕前就存在，有些病例则为怀孕期发病。由于胎儿生长，腹股沟疝囊随之增大；囊内的子宫角通常为单侧，可能包含若干胎儿。

(二) 诊断

在耻骨前缘和最后一对乳头之间的腹白线右侧或左侧可能触摸到一个圆腔，其中存在软组织，触及腹股沟孔即可确定为腹股沟疝。

(三) 治疗

本病根治为手术疗法，还纳子宫角回腹腔，及时缝合疝孔以确保胎儿发育不受影响。一旦有子宫出现坏死则必须切除。

任务四　假　孕

假孕是指犬、猫发情后尚未配种，确定为未怀孕的宠物，但其行为表现和部分器官发育呈妊娠所特有的一种综合征。本病犬较猫常见，通常出现在发情间期，乳腺明显增生，分泌乳汁，且有为临产做准备的行为表现。甚至有些犬只会出现产后行为，哺育行为也有发生。

(一) 病因

处于发情期的宠物，体内孕酮含量下降、催乳素浓度升高，催乳素持续发挥作用则可引起一些母犬生殖器官和行为出现类似怀孕的明显变化。

(二) 症状

母犬有舔舐乳汁和哺乳其他犬只生产的幼仔，乳腺发育涨大明显；行为变化包括设法搭窝、母性行为出现、烦躁不安等临产症状；阴道有黏液排出，子宫膨大，子宫内膜增殖。

(三) 诊断

结合病史表现、腹部触诊和超声检查排除怀孕后即可以确诊。

(四) 治疗

假孕两周左右可自愈。也可以使用孕激素对抗不良行为的出现，但停用孕激素后乳腺分泌功能可能再度出现。还可肌内注射睾酮，剂量为每千克体重 2 mg。可以给母犬进行配种或实施卵巢切除手术以彻底消除假孕出现。

任务五　助产手术

通过各种方式辅助分娩的过程称为助产，通过外科手术方式辅助分娩称为手术助产，辅助分娩的外科操作称为助产手术。

（一）牵引术的适应证、手术方法及注意事项

1. 适应证

牵引术适应于原发性、继发性、产力性难产，即适用于产道开张充分，胎儿大小、胎势、胎位、前置正常的犬、猫助产。

2. 手术方法

一手托住宠物腹部，帮助努责；另一只手消毒后伸入产道，通过手指对胎儿的胎势、胎向、前置、活力情况进行触诊。确定可以进行牵引术时通过手指或附属绳索、软线、产科钳等套住胎儿头部或后肢，缓慢将胎儿拉出体外。

3. 注意事项

首先，在应用牵引术助产前一定要对即将分娩的宠物详细检查，确定产道开张情况、胎儿大小、胎势、胎位、前置、活力等情况。其次，操作时应避免污染产道、子宫，牵引动作要轻柔，利用器械做牵引手术时要注意不要使胎儿窒息，同时要避免钳夹子宫壁等组织。

（二）矫正术的适应证、手术方法及注意事项

1. 适应证

矫正术适应于原发性、继发性胎儿胎势、胎位不正性难产，即适用于产道开张充分，胎儿大小正常的犬、猫助产。

2. 手术方法

通过触诊确定可以进行矫正术时，用手指或借助产科器械（如绳索、软线、产科钳、消毒后的棍棒等）扶正胎儿姿势，然后结合牵引术助产，缓慢将胎儿拉出体外。

3. 注意事项

首先，在应用矫正术助产前一定要对即将分娩的宠物详细检查，确定产道开张情况、胎儿大小、胎势、胎位、前置情况。其次，操作时应避免污染产道、子宫，矫正动作要轻柔，对前置是后肢的助产不必要矫正为头前置。利用器械做矫正手术时，要注意不能用力过猛，以免损伤子宫壁等组织。最后，掌握操作时间，不要造成胎儿窒息。

（三）截胎术的适应证、手术方法及注意事项

1. 适应证

截胎术适应于原发性、继发性的胎儿性难产，即适用于产道开张充分，胎儿较大，或胎势不正矫正术不能整复的大型犬助产。

2. 手术方法

截胎术一般用于先通过矫正助产无法恢复胎位，助产失败，或胎儿已经死亡的难产救助。首先矫正胎势或矫正到可操作位置，然后手持绳锯、隐刃刀、产科钩等截胎器械，小心伸入产道中，确定对产道、子宫无损伤时才能进行截胎。截胎时尽量从胎儿体内进行。最后使用器械将胎儿拉出产道。

3. 注意事项

首先，在应用截胎术助产前一定要对胎儿做详细检查，确定胎儿已经死亡，并且犬只体型足够大，能有利于开展截胎术。其次，操作时应避免伤及产道、子宫等组织。开展截胎术的雌性动物通常需要及时局部或全身消炎。

任务六　难产及救助

难产是指正常分娩情况下，胎儿出生困难或母体无法将胎儿通过产道排出的疾病。难产在各种动物中均常见。难产可根据母体和胎儿的情况分为母体性难产、胎儿性难产和混合性难产。由于分娩取决于产力、产道和胎儿三个方面，所以又可将难产分为产力性难产、产道性难产和胎儿性难产三类。

一、产力性难产

产力性难产主要分为产力不足和产力过强两种难产。

（一）产力不足性难产

产力不足即阵缩及努责微弱，分娩时子宫及腹壁的收缩次数少，时间短和强度不够。产力不足性难产多发生于胎儿数量过多、妊娠动物体质虚弱或罹患疾病、妊娠动物过于年轻或年老等因素。

1. 病因

胎儿的分娩主要靠子宫肌和腹壁肌及腹肌的收缩，即阵缩和努责。前者是分娩过程的主要动力，后者对胎儿的娩出起着重要作用。阵缩是垂体后叶发动的，在接近分娩时，胎儿皮质类固醇增多，作用于子宫及胎盘，使母犬体内的雌激素和前列腺素增加。前列腺素使孕酮减少，雌激素使子宫肌对催产素的敏感性增高，来自子宫及产道的刺激，使垂体后叶释放催产素，引起子宫肌的收缩。子宫阵缩首先由靠近子宫颈的部分开始，起初收缩不规律、收缩力弱、间歇时间长，以后逐渐变成有规律、由弱到强逐渐收缩，且间歇期缩短。随着子宫颈的扩张（开口期），含有羊水的胎胞对子宫颈和产道的刺激，使垂体后叶催产素的释放剧增，引起腹壁肌和腹肌的强烈收缩（努责）。在阵缩和努责的共同作用下，胎儿排出体外（产出期）。如果这两种力量异常，就会发生难产。

原发性难产常见病因有：激素平衡失调，即机体分泌雌激素、前列腺素、催产素和 P_4 减少；营养不良，体质乏弱，老年肥胖；全身性疾病，布鲁氏菌病；子宫肌炎，子宫粘连；胎儿过大，胎儿过多；腹壁疝；低钙、镁；酮病；毒血症。

继发性难产常发生于妊娠宠物过度疲劳、应激等。

2. 症状及诊断

产力不足性难产的症状见于母犬预产期满，出现分娩预兆，但阵缩和努责次数少、持续时间短、力量弱以及胎儿久不娩出，产道检查子宫颈已开张等现象，同时可以诊断为难产。

3. 救助方法

胎儿仍在子宫体内时，可试用催产素或前列腺素进行催产。当胎儿已到达子宫颈口时，在排除胎儿过大和产道异常的情况下，可在使用催产素的同时，手指压迫刺激阴道（尤其是压迫阴道壁时），能反射性增强努责程度。通常可使用催产素 5～10 IU，间隔 20 min 连续肌内注射 2 次。在使用催产素之后 1～1.5 h 内母犬阵缩仍不能增强时，则应采取其他措施。

催产素应在胎儿进入骨盆腔和子宫颈口开张而产力不足时使用。如果子宫颈口尚未开张就使用催产素或大剂量使用催产素，会导致子宫变脆，严重时可造成子宫破裂。阵缩休止期多次使用催产素，易使子宫麻痹，将导致母犬不能正常分娩。

（二）产力过强性难产

产力过强即阵缩及努责过强导致破水过早，子宫肌及腹壁的收缩时间长，间隙短、力量强；宫颈未开张、胎儿未转入产道时胎囊破裂，胎水流失。

1. 病因

胎位不正无法排出、惊吓、过量使用子宫收缩药，或乙酰胆碱分泌过多，分娩前的不安、剧烈运动等，都可引起产力过强性难产。

2. 症状及诊断

雌性动物努责频繁而强烈，两次努责的时间较短，收缩间隔不明显。这时胎儿的姿势如果正常，可迅速排出；马偶尔可见将胎儿和完整的胎膜同时排出；胎儿反常则往往会导致破水过早。

3. 救助方法

掐压背部，缓解努责。羊水破出后，可以根据胎儿姿势、位置等异常情况，进行矫正后牵引助产。如果子宫颈未完全松软开放，胎囊尚未破裂，为缓解子宫的收缩努责，可注射镇静麻醉药物。

二、产道性难产

产道性难产与犬的品种有关，尤其是骨盆狭窄的犬易发此病。难产多发生于小型犬，因为这些犬种头较宽，小型犬的骨盆腔横径宽而纵径短。此外，发育不良的母犬、佝偻病体质以及幼年时期后躯骨折或外伤等引起骨盆变形的母犬，也可能发生产道性难产。产道性难产包括子宫捻转、子宫颈开张不全，阴道狭窄和骨盆狭窄。

（一）子宫捻转

子宫捻转指整个怀孕子宫的一侧子宫角或整个子宫围绕自己纵轴发生扭转。本症多见于猫，犬较少发生，多见于临产前或分娩开始。

1. 病因

猫的子宫游离性比犬大，沉重而下垂的子宫仅通过卵巢蒂和子宫阔韧带悬吊，在剧烈运动时（如攀爬陡峭物或跳跃时）很容易发生扭转。子宫扭转通常发生在怀孕和怀孕后期接近分娩的动物；怀孕次数较多或胎儿较大，容易撕裂或拉伸子宫阔韧带，多产动物危险性更大；过重的胎儿或过量的运动同样可能引起子宫扭转。

2. 症状及诊断

子宫 180°扭转可持续几天且不表现出临床症状，直到分娩；其他症状包括厌食、精神沉郁、昏睡、呕吐和阴门分泌物带血或呈黏液样；触诊时可触及腹后部有肿块。子宫扭转导致子宫破裂时血液渗入腹腔，腹围可能增大；如若子宫动脉破裂，则发生致命的出血性休克。阴道内触诊可感觉到阴道壁紧张，越向前越狭窄，有时可清楚地触摸到子宫扭转的褶皱。X 线检查显示子宫变大，其内充满液体或有钙化胎儿骨骼（颅骨的萎陷）；超声检查确认胎儿的存活状况和子宫内液体多少；子宫扭转的确诊只能通过开腹探查。

3. 救助方法

首先用支持疗法，包括治疗休克或出血；治疗时主要采取卵巢子宫切除术（如良种宠物有种用价值时可切除扭转侧的子宫角和卵巢）；如并发细菌感染，应着重考虑使用抗生素。

（二）子宫颈开张不全

1. 病因

子宫颈开张不全多因分娩时母体阵缩过早产出提前；生产前雌激素、松弛素分泌不足；环境应激等因素造成。由于难产时助产不当、过强阵缩使胎儿在开口期之前排出，以及胎儿过大所造成的子宫颈损伤或损伤部位愈合不良形成瘢痕，结缔组织增生等。

2. 症状及诊断

根据母体阵缩的强弱、胎儿娩出情况和时间来判断。分娩预兆正常，阵缩努责也正常，但不见胎儿；产道检查，子宫颈狭窄、阻力增大，扩张时宫颈粗细不匀，无弹性。

3. 救助方法

轻微子宫颈开张不全可使用松弛素并润滑产道后进行牵引术助产。重度子宫颈开张不全或子宫颈不能打开时，应及早进行剖宫产手术。

（三）阴道狭窄

1. 病因

阴道狭窄的病因包括：先天性外生殖器发育不良；营养状况低下或过于肥胖；配种时间过早，即在没达到体成熟时配种，阴道发育尚未完善；外生殖器外伤后形成瘢痕，结缔组织增生；细菌感染；原发性水肿或助产不当造成水肿；阴道肿瘤占位等。

2. 症状

分娩时间延长，未见胎儿产出；有时可见阴道的隆起随阵缩、努责运动；阴道探查可触及胎儿前置，并且外阴远小于前置部分硬组织直径。

3. 救助方法

轻度阴道狭窄时，润滑产道后可采取牵引术助产；伴有肿瘤、阴道增生等占位性狭窄的，应先去除占位因素，然后牵引助产；重度阴道狭窄须进行剖宫产手术。

（四）骨盆狭窄

1. 病因

骨盆狭窄的病因包括：先天性骨盆发育不良；营养因素佝偻病、营养不良；配种时间过早，骨盆发育尚未完善；后肢或骨盆发生过骨折、严重创伤；盆腔骨膜增生、骨膜炎；先天性髋关节发育不良及其矫正手术等。

2. 症状

分娩时间延长，未见胎儿产出；有时可见胎囊或胎水流出，而未见胎儿产出；阴道探查可触及狭小骨盆，并且软产道无异常；根据生活史和既往病史等可以判断。

3. 救助方法

轻度骨盆狭窄时，润滑产道后可采取牵引术助产；严重骨盆狭窄的，须进行截胎术助产或进行剖宫产手术。

三、胎儿性难产

多数胎儿性难产都发生于胎位、胎向和胎势异常。通常胎儿异常包括皮下水肿、多肋、脑积水和软骨营养障碍。胎头过大常发生在短头品种的犬。胎儿死亡可以导致分娩失败，因此也可被看作胎儿性难产。

胎势指胎儿的头和四肢的姿势。胎向、胎位和胎势可通过腹壁触诊，也可经阴道触诊或经X线透视确定，可用推转胎儿、用手指或器械操纵胎儿的办法矫正胎位或异常胎势，以使其变为正常的胎位和胎势。但是因为犬的胎儿较小、四肢短，故多数情况下不矫正胎位和胎势即可将胎儿拉出。

【病案分析 34】假孕

(一) 病例简介

金毛猎犬,雌性,3 岁,体重 25 kg。两个月前发情,发情表现正常,主诉没有交配史,但该犬出现怀孕症状,最近几天出现做窝、不安等分娩迹象。

(二) 既往史

免疫健全,驱虫正常;无疾病史、无交配史,且未做过绝育手术。

(三) 诊断

(1) 临床检查　视诊精神紧张,腹部正常;触诊尾根松弛,阴门略肿,腹部空虚未触及胎儿。听诊心音节律强度正常,呼吸音正常,胃肠蠕动音正常。体温 37.8 ℃。

(2) 影像学检查　B 超检查子宫壁稍厚 2 mm,子宫腔内有少量液体,未见胎儿影像;X 线检查腹腔内未见胎儿骨骼。

初步诊断为犬假孕。

(四) 病例分析

(1) 疾病预后　假孕症一般不需要治疗,过此发情期即可康复,但如若主人不想让其生育,为减少子宫蓄脓症发生,可进行子宫、卵巢摘除术。本病例不采取治疗。

(2) 诊断及诊断依据　根据该犬有无交配史、B 超及 X 线检查可以确诊。

(3) 鉴别诊断　注意与库欣综合征、子宫蓄脓相鉴别。

【病案分析 35】犬剖宫产

(一) 病例简介

牧羊犬,雌性,2 岁,体重 40 kg。该犬妊娠期 65 d,无分娩迹象,食欲减退,之前未曾在别处诊断过,也未用过药。

(二) 既往史

免疫健全,无疾病史、无生育史,未做过绝育手术。

(三) 诊断

(1) 临床检查　视诊精神状态良好,腹部无外伤,乳房丰满肿胀;听诊心律稍有不齐,心音强度正常,心率 125 次/min;触诊腹部紧张,胀满,阴道稍有水肿未开张。为保障母犬及幼犬安全决定实施剖宫产手术。

(2) 影像学检查　B 超检查可见宫内有三处胚胎儿断面清晰影像,胎水较少,胎儿心跳、活力较弱。

(3) 实验室检查　包括血常规检查与血液生化检查,具体参数如下:

①血常规。WBC 白细胞总数 13.0×10^{9}/L;RBC 红细胞总数 5.36×10^{12}/L;HGB 血红蛋白量 97 g/L;HCT 红细胞比容 29%;PLT 血小板 117×10^{9}/L。

②血液生化检查。ALT 丙氨酸氨基转移酶 40 U/L;AST 天门冬氨酸氨基转移酶 22 U/L;TBIL 总胆红素 11 μmol/L;ALP 碱性磷酸酶 76 U/L;BUN 尿素氮 9 mmol/L;CRE 156 μmol/L。

初步诊断为难产,治疗需实施剖宫产术。

(四) 病例分析

(1) 剖宫产的优点　如果病例选择恰当且及早进行,不但可以挽救母体动物生命,而且能保持其生产能力和繁殖能力，甚至同时挽救母子生命，是一种重要的助产手术。但如果难产时间已久，胎儿腐败，子宫已经发生炎症以及动物全身状况不佳时，确定施行剖宫产时须十分谨慎。

（2）剖宫产手术关键技术　手术过程中，注意胎盘要剥离干净，仔细检查（检查方法是从子宫体向前翻子宫角，直到看见卵巢为止），不能有胎儿、胎盘滞留。用生理盐水冲洗子宫后，撒入抗生素缝合，可以有效防止感染，有利于伤口的愈合，为犬下次顺利妊娠提供保障。用可吸收缝合线缝合减少子宫内膜的异物反应，有利于子宫的复原和再次怀孕。

（3）麻醉剂选择　选用麻醉剂时必须注意所用药物是否会通过胎盘抑制胎儿的神经系统，是否对施术动物心血管系统及呼吸系统以及子宫的收缩能力有不良影响。

（4）诊断及诊断依据　根据妊娠期和临床检查及B超检查可以确诊。

（5）治疗及术后护理　实施剖宫产手术，术后注射缩宫素防止子宫大量出血，全身应用抗生素以防止继发感染。预后一般良好。

项目二十一

产后期疾病

【学习目标】

学习宠物产后出现的阴道脱出、子宫破裂、胎衣不下、阴道炎、子宫脱出以及营养代谢性疾病，为今后临床工作的开展奠定基础。

【技能目标】

掌握宠物产后期常见疾病的种类和诱因，熟悉各种产后期疾病的诊断和治疗原则。

由于宠物受妊娠、分娩以及产后突然泌乳等应激影响，故在分娩后易发各种产后期疾病。特别是难产易造成子宫乏力、产道损伤、延缓子宫复旧等疾病，易导致胎衣不下、产后子宫感染和子宫炎。产后疾病既可发生在正常分娩后，更常发生在各种类型难产及难产救助方式不当或不及时的情况下。适当时期内，运用合理方式对难产救治可减少产后期疾病发生。常见产后期疾病包括阴道脱出、子宫破裂、胎衣不下、产后感染、子宫脱出和产后低钙血等。

任务一　阴 道 脱 出

阴道脱出是指阴道壁的一部分或全部脱出阴门之外，多见于拳师犬等短头犬。

(一) 病因

阴道壁组织紧张性降低是阴道脱出的主要因素，常见于老年经产、体质衰弱、营养不良、Ca、P 等矿物质不足、运动不足的宠物。此外，雌激素过多(如妊娠末期胎盘分泌、食物中雌激素过多)、卵巢囊肿等也可导致阴道脱出。分娩过程腹压过高可导致阴道脱出，主要见于胎儿过大、胎水过多、胃胀气、便秘、腹泻以及产后努责过强、产前动物瘫痪卧地不起、剧烈运动等。有些阴道脱出还与遗传因素有关。

(二) 症状

阴道脱出又分为部分脱出和全部脱出。

(1) 部分脱出　大型犬产前发生，卧下时脱出，站立后自行缩回；外观粉红色瘤状物，露出阴门之外，还纳较容易。

(2) 全部脱出　粉红色瘤状物脱出阴门外，站立后不缩回。瘤状物下可见子宫颈外口和尿道口，脱出时间长者黏膜变性、红、肿、出血，继而出现全身症状。

(三) 治疗

根据阴道脱出类型采取相应的治疗原则和方法。

部分脱出治疗时，原则上应防止脱出部分进一步增大，同时增加运动，降低腹压和努责，避免损伤及感染。对于脱出的阴道局部可进行消炎处理。

全部脱出治疗时，应通过手术整复，局部用 0.1%高锰酸钾、0.05%新洁尔灭清洗，消毒纱布挽起阴道。脱出阴道送回后，用手指推回原位，阴道内灌消毒液或抗生素，缝合阴门及阴道壁，以阴门下 1/3 处缝，以防排尿困难。为固定阴门，可在两侧深部组织注射酒精，刺激局部发炎，以防止阴道脱出复发。

任务二　子 宫 破 裂

子宫破裂一般发生在妊娠后期或分娩时，初产宠物多发。按子宫破裂的程度可分为不完全破裂和完全破裂(子宫穿透创)两种。不完全破裂是子宫壁黏膜层或黏膜层和肌层发生破裂，而浆膜层完整无损；完全破裂是子宫壁三层组织都发生破裂，子宫腔与腹腔相通，甚至胎儿坠入腹腔。子宫壁穿透创的破口很小时，称为子宫穿孔。

(一) 病因

(1) 人为因素　助产不当时易造成子宫破裂，在使用截胎器械时未能进行妥善保护而将子宫划破，同样在运用助产器械时也容易出现滑脱等现象，从而造成子宫壁创伤；在对胎儿实施截胎术后，胎儿的骨质端未保护好也可对子宫壁造成损伤；在对子宫进行冲洗时，输液导管使用不当或插入子宫内部过深，是造成子宫穿孔的常见因素。此外，临床上过量反复使用催产素后进行不恰当的助产，也常导致子宫壁破裂。

(2) 非人为因素　当子宫发生捻转时，子宫壁变脆，局部血液循环障碍，容易在子宫发生捻转处出现破裂。此外，动物曾被实施过剖宫产，在子宫上形成淤痕组织，或在受到剧烈冲撞时，均可导致动物出现子宫破裂。

(二) 症状

子宫破裂程度不同，所表现的症状也各异。

(1) 子宫不完全破裂　当发生不完全破裂时，常在宠物阴门处可见血样液体流出，触诊子宫可发现有创口。

(2) 子宫完全破裂　产力突然消失，产前努责停止，患畜由不安转入安静状态，阴道流血。病程久时，可出现腹膜炎症状，如腹痛、发热、精神沉郁等。破口较大时出现大出血、贫血休克、全身疼痛明显。

(三) 治疗

子宫不完全破裂时，禁止冲洗子宫，采取保守治疗。子宫内投入抗生素，隔日一次连用数日；适量应用子宫收缩剂，如催产素、前列腺素。

子宫完全破裂时，必须实施开腹手术，对流入腹腔的内容物进行及时清理，缝合子宫。破口大时应做子宫摘除，并全身使用抗生素，防止腹膜炎发生。

任务三　胎 衣 不 下

宠物分娩后，胎衣在正常时间内不能排出时称胎衣不下。犬、猫胎衣一般在后一个胎儿排出前排出，单胎或最后胎儿胎衣不下时可能伴发子宫轻度弛缓，当由于疲劳而继发子宫弛缓时，胎衣常在 12 h 内排出。胎衣腐败后，一些有毒的气体液体可被吸收，引起全身炎症、败血症、子宫内膜炎，造成不孕。

（一）病因

胎衣不下的病因较多，常见于产后子宫收缩无力，缺乏运动，消瘦或过肥，妊娠期患有其他疾病；食物方面如饲料单一，未及时添加钙、硒、维生素等；胎儿过大，胎水过多，对子宫过度拉伸，出现子宫迟缓。本病也常见于胎盘成熟度不好，难产、早产，子宫捻转，传染病如布鲁氏菌病、结核病等。

（二）症状

整个胎衣不下时比较容易诊断，但应和子宫脱出相区别。在动物产后 12 h 内未见胎衣排出时，犬可出现黑色或褐色分泌物，严重感染时可出现全身败血症。

（三）治疗

使用促进子宫收缩药物疗法或手术辅助剥离法。经腹壁按摩子宫有助于胎衣排出，也可用细颈钳子夹住一小块纱布拭子，经阴道送入子宫，捻转钳子 1～2 圈，胎衣绕到纱布拭子上，然后轻拉钳子，并配合腹壁按摩子宫，辅助胎衣排出。

任务四　阴　道　炎

阴道炎是指阴道黏膜的炎症，经常是非传染性因素所导致的常驻微生物的过度增殖。

（一）病因

见于细菌和支原体、衣原体感染。正常阴道菌群是以需氧菌为主的混合菌群，当正常的微生物过度增生时引起阴道炎。常见引起阴道炎的病原菌有大肠杆菌、葡萄球菌、链球菌、变形杆菌、巴氏杆菌、棒杆菌、犬布鲁氏杆菌等。疱疹病毒感染可导致慢性的、周期性的炎症。分娩使阴道黏膜受到慢性刺激或使液体聚集于阴道穹窿处，为微生物过度生长提供条件；分娩时的阴道外伤可引起阴道炎和泌尿道感染。

（二）症状

阴道炎最常见的症状是分娩后舔阴部，伴黏液样或脓性分泌物。动物排尿出现不适时，可能伴有膀胱炎发生。

（三）诊断

物理检查用直肠镜、内镜或检耳镜检查阴门、阴蒂和阴道黏膜可发现前庭黏膜充血、肿胀。在阴门的黏膜、前庭和阴道后部可能观察到结节状的淋巴增生。触诊阴道穹窿，可发现其表面不光滑、有伪膜或脓性分泌物。对阴道壁进行细胞学检查可发现阴道内分泌物中含有大量中性粒细胞、巨噬细胞和淋巴细胞，有时还可见病原体。阴道黏膜的活组织检查发现淋巴细胞浸润，并出现阴道壁的糜烂和溃疡。

（四）鉴别诊断

临床检查时应注意区分开放型子宫积脓、发情和子宫炎。内源或外源性雄激素水平增加也可导致阴道壁出现变化，此时需注意对激素分泌量进行检测，并注意区分。

（五）治疗

阴道炎的治疗原则是：消除发病诱因，消除感染，使用全身抗生素治疗。可根据药敏实验结果选择相应的抗生素进行治疗，如不能进行细菌培养，也可直接选择对大肠杆菌有效的抗生素。作为辅助治疗措施可采取阴道冲洗，直到分泌物消失，但在配种前一周应停止，以防繁殖力下降，药物可选用0.05%洗必泰溶液、0.5%聚维酮碘溶液或0.2%呋喃西林溶液等。

任务五　子 宫 脱 出

子宫脱出是指子宫体、一侧或两侧子宫角脱出到子宫颈之外。因为分娩和流产期间(或之后)子宫颈是开张的，故子宫脱出通常发生在此时。犬临床上子宫脱出很少发生，猫比犬常见。

(一) 病因

助产或辅助剥离胎衣方法不当，用力牵拉滞留的胎衣或将胎儿强制性拉出过猛；由于患有子宫炎或胎衣滞留，母犬或母猫努责过度。

(二) 临床症状

子宫部分脱出到阴道外，可见阴道流出分泌物，并伴有腹痛、努责、不安和姿势异常。外阴不一定看到明显的肿块，在产后或流产后期肿块可突出于阴门之外。肿块外观取决于脱出的大小和时间，一旦脱出时间过长，外露组织可能由于嵌闭导致缺血或坏死，也可能是自身损坏缺血或坏死的组织。卵巢或子宫的动脉断裂可造成失血性休克。

(三) 诊断

两侧子宫角完全脱出时肉眼可以看到，子宫部分脱出到阴道时，需用手指探查或阴道镜检查来诊断。

鉴别诊断时应注意阴道脱出是发生在发情期而不是产后期，同时也应注意与阴道肿瘤相鉴别，例如传染性生殖器肿瘤、阴道鳞状细胞癌和阴道平滑肌瘤。

(四) 治疗

留作种用或脱出时间较短时，可对子宫脱出进行整复的保守疗法。脱出严重时需实施子宫卵巢摘除术。

(1) 子宫卵巢摘除术　如果动物将来不留作种用或脱出组织损伤和坏死，建议进行子宫卵巢摘除术。

(2) 子宫脱出整复　子宫脱出整复前需要进行硬膜外麻醉或全身麻醉，用抗菌溶液清洗脱出组织，清除坏死组织和缝合撕裂区；部分脱出时，会阴部隆起，用手指按压脱出的子宫，往子宫角插入无菌试管或注射器，或在一定压力下注入无菌溶液，减少脱出的机会。为了将注射器放入阴道，可做外阴切开术。如果外部整复困难，可以考虑开腹探查术进行内部还原。

任务六　产后低钙血

产后低钙血是运动神经异常兴奋而导致肌肉强直性痉挛的一种疾病，临床上以痉挛、低钙血症和意识障碍为特征，多发生于小型母犬，大型犬极少发生。

(一) 病因

由于胎儿的发育、骨骼的形成需要大量的钙，或由于幼犬吸吮大量乳汁，细胞外液中的钙显著降低，神经肌肉兴奋性增高，从而引起肌肉强直性痉挛。

（二）症状

产后缺钙多在分娩后 2 周内突然发病，没有先兆。病犬表现不安、兴奋，吼叫；步样强拘，全身肌肉间歇性或强直性痉挛，卧地不起；体温升高达 40 ℃以上，心悸亢进，心跳加快，呼吸急促，大量流涎，可视黏膜发绀。本病发病较急，如不及时治疗，多于 1～2 d 后窒息死亡。

（三）诊断

考虑动物分娩结束的时间，观察动物出现典型的强直性痉挛症状，结合血液检查出现低钙血症，即可确诊。本病临床上必须与破伤风、士的宁中毒、犬癫痫症、神经型犬瘟热等疾病相区别。

（四）治疗

本病的治疗原则是加强护理，保证呼吸道畅通，防止误咽，补充钙制剂。对于持续痉挛的病例，可注射戊巴比妥使动物镇静，母犬在 24 min 内应与幼犬完全隔离。患病动物治愈后应口服钙制剂和维生素 D，并适当补充维生素和微量元素。

【病案分析 36】犬产后低钙血症

（一）病例摘要

犬，雌性，1.5 岁，体重 5 kg，产后在哺乳期第 12 天突然发病，共济失调。在产后喂奶期间或玩耍时，表现站立不稳，四肢僵硬，气喘。头颈后仰，后躯摇摆，精神高度紧张，肌肉强直性痉挛，呻吟，张口伸舌，流涎，牙齿频频碰击，眼球突出上翻，可视黏膜发绀，倒地不起，四肢硬直做游泳划动，呼吸急促。

（二）既往史

免疫驱虫健全，无疾病史，无癫痫病史。

（三）诊断

（1）临床检查　视诊该犬全身僵直，角弓反张；触诊肌肉僵硬；呼吸急促，心跳达 180 次/min，体温 40 ℃。

（2）实验室检查　包括血液生化检查和血常规检查。

①血液生化检查。血清钙指标测量；血钙浓度 4.26 mg/dL（低），血磷浓度 1.86 mg/dL（低）。

②血常规。WBC 白细胞总数 14.0×10^{9}/L；RBC 红细胞总数 544×10^{12}/L；HGB 血红蛋白量 110 g/L；HCT 血细胞比容 39%；PLT 血小板 193×10^{9}/L。

（3）初步诊断　结合临床症状和实验室检查结果可诊断为犬产后低钙血症。

（四）治疗及预防

用 10%葡萄糖酸钙与 5%葡萄糖适量混合缓慢静脉注射。镇静剂可以选择使用盐酸氯丙嗪肌内注射。为巩固疗效，患犬症状消失后，坚持每日口服钙制剂。经过此法治疗，患犬在 2～3 次治疗后痊愈。

（五）病例分析

（1）发病病因病理　犬产后患低钙血症是由于母犬产后给仔犬大量哺乳而消耗过多钙剂又未得到及时补充，体内钙的含量过低而引起的一种急性代谢性疾病。本病发病急，病程短且重，应及时进行静脉补液、补钙。静脉补钙时剂量不能过大，因为速度过快、剂量过大会引起血钙骤升，导致心力衰竭死亡。

(2) 诊断依据　根据生活史即哺乳周期和有无癫痫病史、血钙检测结果可治疗性诊断，症状好转即可确诊为犬产后低钙血症。

(3) 鉴别诊断　应注意与犬癫痫、神经型犬瘟热、中毒进行鉴别诊断。

(4) 护理　患病母犬在治疗情况下，应与幼犬隔离，减少哺乳次数或断奶。本病发生与母犬产仔数量有密切关系，母犬一胎产仔数越多越易发病，以产仔4～5只及以上的母犬易发。并且产仔数越多，发病时间也越早。从时间上看，本病产后1～4周易发，以2、3周发病率较高。母犬低钙血症通过治疗，虽然症状有所好转，但可在数小时或数天后重新发病，因此应多喂含钙量高的饲料，掌握好钙磷比例。

项目二十二

不　　孕

【学习目标】

学习宠物不孕的概念和发病原因，掌握先天性不孕、管理性不孕和疾病性不孕的发病特点和诊疗方法。

【知识目标】

掌握宠物子宫积脓、疾病性不孕的诊断和治疗方法，了解宠物先天性不孕和饲养管理性不孕的发病原因和防治措施。

不孕症是先天或后天因素造成的宠物生殖系统解剖结构或功能异常所引起的暂时性或永久性不能繁殖的疾病。不孕症是多种原因引起的一种后果，并不是一种独立的疾病。受遗传因素的影响，先天性生殖器官发育异常及内分泌紊乱所造成不孕的称先天性不孕；由人为因素造成的，与遗传因素无关的不孕称为后天性不孕，也称获得性不孕；由生殖器官的疾病或功能异常所引起的不孕称为疾病性不孕。

临床上引起不孕的因素常见于子宫蓄脓、子宫肿瘤、阴道肿瘤等疾病，也包括先天发育、饲养管理不当等。

任务一　犬子宫积脓

子宫积脓是指子宫腔内蓄积大量脓性渗出物，是发情后期的一种疾病，子宫内膜出现异常并继发细菌感染。子宫积脓又称囊性子宫内膜增生-子宫积脓综合征。它是性成熟母犬在发情后期发生的一种多系统受到损害的综合征。

囊性子宫内膜增生是与年龄有关的子宫内膜增生性和退行性病变连续作用的结果，随着此过程的发展，慢性炎症扩散，淋巴细胞和浆细胞浸润到子宫内膜。犬和猫偶尔能见到子宫积液或子宫积水，其特征是子宫腔内有不同数量的稀薄或黏稠的液体。子宫积水时，水样液体中出现黏蛋白；子宫积黏液时，黏蛋白可能变厚乃至半固体状。犬、猫此时交配或外伤时，可能出现感染。子宫积脓是犬、猫子宫的炎症或感染的结果，通常继发于细菌感染，导致子宫异常。

（一）病因病理

发情期间产生的孕酮促进子宫分泌物积聚和刺激子宫内膜增生。当母犬年龄增加，特别是非妊娠周期数的重复可以增加发生子宫积脓症的概率。孕酮抑制局部白细胞对子宫感染的应答，从而导致子宫积脓的发生。

病原菌和子宫内膜异常的综合作用导致子宫积脓。发情期雌激素使子宫颈口扩张，为细菌(特别是大肠杆菌)进入子宫内导致子宫积脓提供条件。此外，雌激素也提高了孕酮对子宫的刺激作用，孕酮和合成孕激素类(如甲地孕酮)的使用可以导致囊性子宫内膜增生、子宫积液和子宫积脓，并且在绝育猫可使子宫残迹感染。孕酮或雌激素的作用可使母猫发生囊性子宫内膜增生和子宫积脓。

(二) 临床症状

临床症状轻微的子宫积脓可能由于阻碍受精卵的着床而仅限于不育。老年动物子宫积脓的症状在发情后 4～10 周通常较为明显。

1. 子宫颈开放型子宫积脓

阴道流出脓性或脓血性分泌物，有些母犬具有全身症状，如昏睡、发热、精神沉郁、厌食、多尿和烦渴。慢性免疫性综合征引起的症状(如免疫介导多发性关节炎)也可发生，但罕见；有些动物除了阴道分泌物之外，其他表现正常。

2. 子宫颈闭锁型子宫积脓

无阴道分泌物，由于子宫内容物的存在，腹部膨大，动物由于毒血症加重，表现为呕吐、脱水和氮质血症，甚至发展为休克、虚脱和昏迷。此时治疗若不及时，可继发子宫破溃或穿孔、肾小球肾炎及毒血症等。大肠杆菌感染后，由于内毒素作用致使肾小管功能损伤和对抗利尿激素不敏感，故产生等渗尿。本病经治愈后肾脏损伤可以恢复。

(三) 诊断

1. 询问病史

处于发情期或发情后期的老年母犬表现为多饮多尿、呕吐、脱水、食欲缺乏或废绝、发热等症状，多数病例无生育史。调查成年母犬是否最近给予不当药品，特别是激素类，如曾用甲地孕酮或其他孕激素类治疗。

2. 物理检查

阴门可见脓性分泌物，后腹部腹围增大，子宫区触诊增大、柔软。

3. 血液学检查

取决于子宫颈的开放程度，白细胞计数可能轻微或显著升高；可能出现非再生障碍性贫血(血细胞比容 25%～35%)。

4. 尿液检查

如果宠物脱水，可能出现氮血症和高磷酸盐血症，尿液比重发生变化。子宫积脓时，宠物由于大肠杆菌内毒素作用而导致尿浓缩障碍，出现严重脱水，动物多尿和烦渴；可能出现脓尿和细菌尿，但很难与泌尿道感染区分，因为排出的尿液很可能被子宫分泌物污染。

5. 其他实验室检查

大多数情况下，生化检查球蛋白含量增加，导致血浆蛋白升高；蛋白质摄取减少和蛋白质进入子宫造成损失，可能出现低蛋白血症。阴道分泌物细胞学检查显示有变性的中性粒细胞和少量巨噬细胞，细菌有时可见。

6. 影像学诊断

(1) X线检查　子宫积脓时在腹腔后部出现低密度管状结构。犬开放型子宫积脓在 X

线检查时有可能子宫不增大(图 22-1、图 22-2)。

(2) 超声检查　为诊断子宫积脓症最方便手段,可用于确定子宫体积和子宫壁的厚度,根据回声强度初步判断子宫内容物的密度(如图 22-3、图 22-4 所示)。

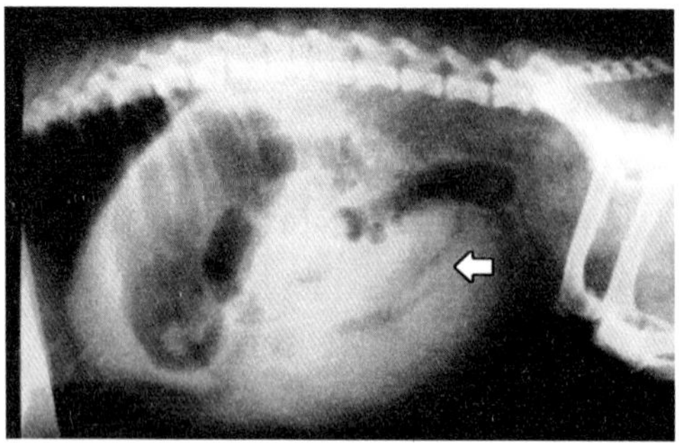

图 22-1　犬子宫积脓 X 线影像

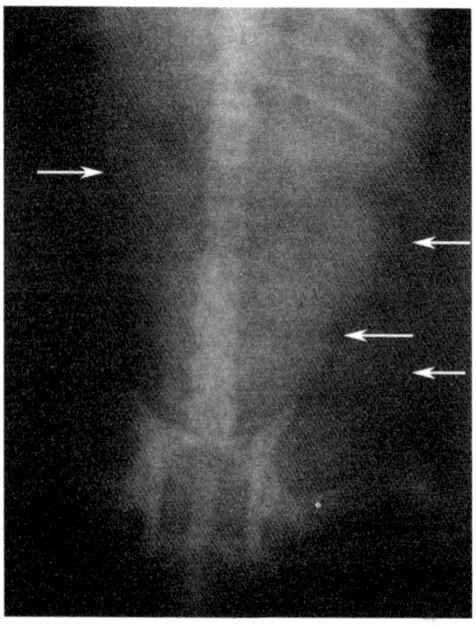

图 22-2　犬子宫积脓 X 线影像

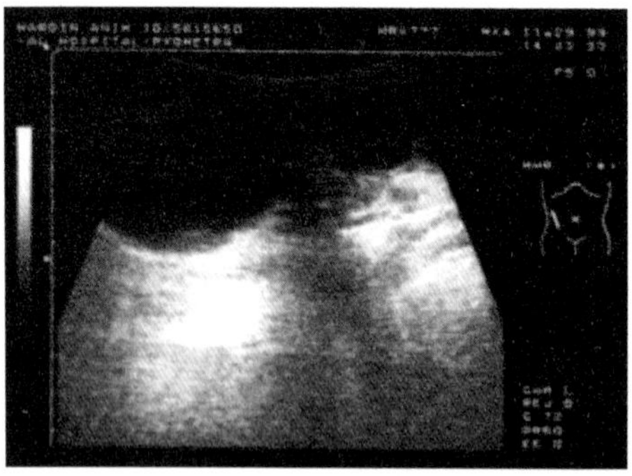

图 22-3　犬子宫积脓 B 超影像横切面

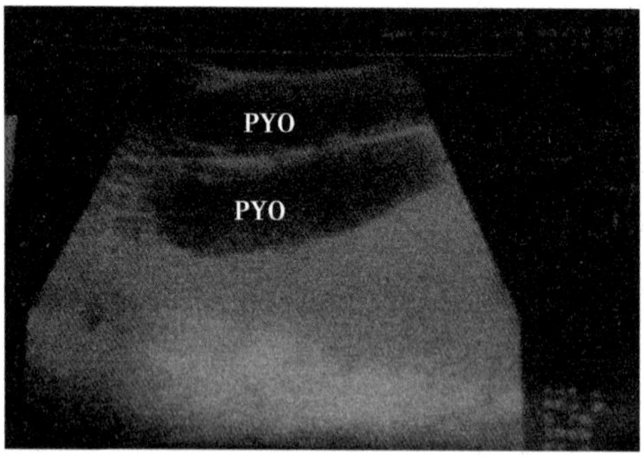

图 22-4　犬子宫积脓 B 超影像纵切面

(四) 鉴别诊断

子宫积脓常需要与怀孕、子宫和其他腹腔后部器官的肿瘤、阴道炎等进行鉴别。

(五) 治疗

在闭锁型子宫积脓的犬,毒素很快被吸收,因此进行卵巢子宫切除是最适用的治疗措施。母犬开放型子宫积脓并且全身状况良好时,可以进行保守治疗。保守疗法同样也可用于因交配不当引起的子宫积脓。

1. 手术治疗

在术前矫正酸中毒,补充循环血量。术前和术后 7～10 d 连续给予广谱抗生素,如头孢类菌素和抗厌氧菌药物等。手术要求充分显露子宫角前端的卵巢和子宫体,结扎部位分别在悬韧带的近侧(卵巢侧)和远侧(肾侧)之间;子宫体用“三钳法”结扎,并需要贯穿结扎,子宫体断端要进行包埋缝合。

2. 前列腺素(PGF_{2a})治疗

如果宠物主人希望挽救犬作为种用,可以尝试用前列腺素治疗,以收缩子宫肌层,抑制黄体的类固醇激素生成,促使子宫分泌液的排出和减少血液中孕酮的含量。

使用前列腺素治疗闭锁型子宫积脓的治疗效果不佳,存在比手术更大的危险,表现在治愈率不高(30%～40%完全治愈);有使子宫分泌物流入腹腔造成腹膜炎的危险。此外,前列腺素可使子宫强烈收缩,增加了子宫破裂的可能性。

3. 子宫冲洗法

子宫颈开张时,通过阴道口注入抗生素有助于控制病原菌。通常使用甲硝唑溶液或浓度0.1%～0.2%高锰酸钾溶液通过双腔导尿管冲洗子宫,反复几次直到排出透明的液体为止,最后注入阿莫西林油乳剂。冲洗 1 次/d 或隔日 1 次,连用 3～5 d。为减少渗出物的吸收,还可以用浓度 5%～10%的高渗盐水冲洗子宫,1 次/d,其浓度逐渐降低,直至 1%。

子宫颈闭锁时使用己烯雌酚,使子宫颈开放,但子宫颈仍然闭锁时将导管插入子宫通常是无用的,容易引起外伤和造成子宫破裂。

任务二　先天性不孕

受遗传因素的影响,先天性生殖器官发育异常及内分泌紊乱所造成不孕的称先天性不孕。本任务主要介绍先天性不孕中的两性畸形。

两性畸形的宠物表现为性别异常,其复杂的性别发育过程中任何一步受到干扰,都会发生这种情形。雌雄兼性疾病高发率的犬有西班牙长耳猎犬、小型德国刚毛犬、巴哥犬、凯力犬、比格犬、德国牧羊犬、阿尔萨斯犬和德国短毛波音达犬。

患两性畸形动物的性别是两性,分为真半雌雄体和假半雌雄体。

真半雌雄体指的是两种性别的生殖腺同时存在的个体,即同时具有睾丸和卵巢组织或具有卵睾体(或卵精巢),同时其外生殖器一般表现为雌性的。假半雌雄体指的是只具有一种生殖腺,而外生殖器表现为另一种性别或外生殖器表现为两性的个体。雄性假半雌雄体的性腺为睾丸组织,雌性假半雌雄体的性腺为卵巢组织。

(一) 病因病理

真半雌雄体嵌合体具有 XX/XY 或 XX/XXY 染色体组合,外部表现为雌性,有肥大的阴蒂,并有阴蒂孔存在,体内同时存在睾丸和卵巢组织。真半雌雄体有 XX 染色体及雌性的外在表现,通常有肥大的阴蒂包围阴蒂孔,性腺组织通常由卵睾体构成。XX 雄性症候群具有雄性表现型和 XX 染色体,其特点为外生殖器通常具有两性特征,阴茎异常弯曲和发育不全较为常见。

雄性假半雌雄体时,胎儿睾酮合成不足,靶器官雄激素受体缺陷,缪勒氏管退化过程机制受阻,导致持久的缪勒氏管综合征,见于小型德国刚毛犬。雌性假半雌雄体大部分是因为子宫暴露于外来雄激素环境,怀孕期间由于代谢紊乱导致皮质醇生成减少或给予孕激素类药物导致雌性胎儿的雄性化。

(二) 临床症状

阴蒂肥大,有阴蒂孔,阴茎和包皮发育不完全,内生殖器官同时有睾丸和卵巢组织;有些病例呈不同程度的雄性化、阴茎发育不全或雌性生殖器官不同程度的雄性化。

（三）诊断

视诊检查外生殖器有无异常，或者通过开腹探查术或内镜检查生殖腺和第二性器官。

（四）治疗

患犬也可以过健康、舒适的生活，建议做绝育手术来预防生殖道疾病（如子宫积脓或睾丸肿瘤）以及终止任何异常的行为。

任务三　饲养管理及利用性不孕

宠物饲养管理及利用不当可引起母畜生殖功能减退或暂时停止。

（一）病因病理

1. 营养缺乏

当长期饲料不足，机体缺乏各种必需的营养物质（特别是蛋白质、糖等）时出现营养不良，整个机体功能和新陈代谢障碍，生殖系统发生功能性障碍、变性和其他变化，从而造成不孕。

维生素 A 不足时，能引起机体内蛋白质合成、矿物质和其他代谢过程障碍，生长发育停滞，内分泌腺萎缩，激素分泌不足，子宫黏膜上皮变性，卵细胞及卵泡上皮变性，卵泡闭锁或形成囊肿，不出现发情和排卵。

维生素 B_1 缺乏时，可使子宫收缩功能减弱，卵细胞生成和排卵遭到破坏，长期不发情。维生素 D 对生殖能力虽无直接影响，但对矿物质（特别是与钙、磷）代谢有密切关系，因此，维生素 D 缺乏也可间接引起不孕。

维生素 E 不足时，可引起妊娠中断、死胎、弱胎或隐性流产（胚胎消失）；长期不足则使卵巢和子宫黏膜发生变性，变成经久性不孕。

钙、磷等矿物质不足时，各个器官和系统的功能都发生障碍，其中繁殖功能障碍表现较早。

2. 营养过剩

长期饲喂过多的蛋白质、脂肪或碳水化合物饲料，同时缺少运动，可以使母犬过肥，卵巢脂肪沉积，卵泡上皮脂肪变性而造成不发情。

（二）诊断

根据 B 超探查卵巢静止、卵巢萎缩，发情期排卵检查不排卵，并根据生活史做初步诊断。可调查饲料来源，化验饲料品质，但以此并不能作为确诊依据。

（三）治疗

加强宠物的饲养管理，如食物中可添加多种维生素、微量元素，并安排适当运动。

任务四　疾病性不孕

由生殖器官的疾病和其他器官或者功能异常所引起的不孕称为疾病性不孕。疾病性不孕包括全身性疾病和生殖器官疾病，如卵巢疾病、子宫疾病、内分泌疾病、心脏疾病、消化道疾病、呼吸道疾病、神经系统疾病及某些全身疾病。生殖器官疾病可造成暂时不孕的疾病包括持久黄体、卵巢囊肿、卵巢炎、子宫炎、子宫肿瘤等。

传染性疾病可见于布鲁氏菌病、结核分枝杆菌病、李氏杆菌病、弓形虫病、螺旋体病等，引起猫感染性不育的还有白血病、猫传染性粒细胞缺乏症、传染性腹膜炎和病毒性鼻气管炎等。

这些疾病均可引起流产、新生动物死亡、胎儿吸收和表现不育等。

甲状腺功能减退的犬常见于激素性不育。临床症状可见发情周期异常、性欲低下或精液异常等，但在猫少见。

由疾病引发的不育可根据疾病相应的临床症状得出诊断结论，不孕改善则根据治疗进展情况而异。

一、排卵延迟及不排卵

卵巢功能减退，卵巢不全及萎缩时功能暂时扰乱、静止、无性周期，表现发情但不排卵或排卵延迟或有排卵但无发情的现象。

（一）病因

饲养条件差、饲料品质低下，过分追求小型犬体型而强制节食，使动物长期处于饥饿状态，影响卵巢正常发育。严重的全身性疾病及子宫疾病、衰老、缺乏孕酮、环境应激等都可导致卵巢不正常排卵。生殖激素失衡时对排卵的影响最大，特别是促卵泡激素、促黄体素和促性腺激素释放发生激素紊乱时。

（二）症状与诊断

了解病史、生活史对疾病诊断很关键，如动物的发情状况、屡配不孕、饲养条件恶劣、训练过度等。发情期检测不排卵、排卵时不发情，可以结合 B 超检查，观察卵巢体积变化情况，以及是否出现萎缩。

（三）治疗

确诊后改善饲养条件，特别注意增加运动与光照，调整食物配方，改善营养成分，消除原发病，调节卵巢功能，也可借助激素疗法和激光穴位照射。

二、卵巢功能不全

卵巢功能不全是指包括卵巢功能减退、组织萎缩、卵泡萎缩及交替发育等在内的、由卵巢功能紊乱所引起的各种异常变化。

（一）病因

由于宠物患有子宫疾病、全身性的严重疾病，以及饲养管理和利用不当，如饥饿、过度使用、哺乳过度等，导致动物身体虚弱所致。年龄过大的宠物或者繁殖有季节性的动物在乏情季节时卵巢功能生理性减退。此外，季节变化或不适宜时也可引起宠物卵巢功能暂时减退。

（二）症状及诊断

卵巢功能减退的特征为发情周期延长或者长期不发情，发情外在表现不明显或出现发情而不排卵。卵巢质地和形状无明显变化，未发现卵泡和黄体出现。当卵巢功能长期衰退时可导致组织萎缩和硬化。本病见于各种宠物，尤其常见于衰老的宠物。

（三）治疗

增强宠物的卵巢功能，改善动物饲养管理条件，增加维生素和微量元素，增加宠物接受日照的时间等。对导致卵巢功能减退的原发病应进行及时诊断和治疗，消除病因。治疗可选用促性腺激素以恢复动物卵巢发育及其功能的恢复，如促卵泡激素、孕马血清、人绒毛膜促性腺激素等。

三、卵巢囊肿

卵巢囊肿是指由于宠物内分泌紊乱导致卵巢组织内未破裂的卵泡或黄体因其自身组织发生变性和萎缩而形成的球形空腔。本病在猫具有较高发病率。

（一）病因

卵巢囊肿主要是由于促黄体生成素和促卵泡激素分泌紊乱导致。猫是在交配后排卵，交配刺激母猫阴道受体，使丘脑下部释放促性腺激素释放激素，可以刺激垂体释放促黄体素而使卵泡破裂排卵。当促卵泡激素分泌过多时，容易使猫发生卵巢囊肿。

（二）症状及诊断

卵巢囊肿时，雌激素过长时间的分泌导致动物出现发情期的特征，表现为持续发情，即慕雄狂，可见动物精神急躁、脾气暴躁，甚至攻击主人。腹部触诊检查可触摸到肿大的囊肿，由于动物精神狂躁，可误诊为动物发情。当卵泡破裂时，一系列的发情症状即消失。可根据病史和临床症状诊断，确诊时需进行腹腔探查。

（三）治疗

手术摘除囊肿的卵巢是本病根治的办法。保守治疗时，可应用黄体生成素、绒毛膜促性腺激素等促使动物排卵。

四、异常发情

母犬营养缺乏、运动不足、饲养管理不当和环境突变等因素都能引起异常发情。此外，犬的异常发情也多见于性成熟前期。

（一）安静发情

安静发情指母犬无外观发情表现，但卵巢内有卵泡发育并成熟排卵。安静发情是繁殖犬漏配的主要原因。

患犬表现为发情前期延长。母犬没有从发情前期向发情期转变的征兆，从而使发情前期延长，其发生原因可能与促黄体素（LH）分泌不足、卵泡不能成熟和排卵以及持续分泌少量雌激素有关。然而在大多数情况下，发情前期延长多是由于母犬行为中枢不能对正常水平的激素反应所致。

（二）短促发情

短促发情类似于安静发情，发情期很短，不易观察到，常错过配种时机。其原因可能是卵泡很快成熟并排卵，缩短了发情期；也可能是卵泡突然停止发育并萎缩，终止分泌雌激素。短促发情的确切原因还不清楚。

（三）延续发情

延续发情常见于营养不良的母犬，发情时断时续，发情过程延续很长时间。其原因也多是促黄体素分泌不足致使卵泡交替发育，因此产生断续发情现象。

（四）发情期延长

发情期延长指母犬发情期持续时间特别长，在 30 d 左右还能接受公犬交配，但并不排卵，其发生原因多与卵泡囊肿有关。

（五）后发情

后发情指在怀孕后期，有的犬在妊娠后的前 40 d 仍表现发情，这在临床上常使人误认为母犬未怀孕，其发生原因多是由于胎盘和卵巢的雌激素量增加所致。

（六）假发情

假发情多发生于用促卵泡激素或促性腺激素诱导排卵失败的犬。缺乏 LH 高峰的母犬一般不表现明显的发情征兆，或表现出间歇性发情，这主要是由于未排卵的卵泡萎缩或黄体化而导致雌激素水平下降。未排卵而出现发情的犬，多数在 3～4 周内出现正常发情。

五、乏情

乏情是指间情期过长，其病因可能是先天性的，也可能是后天性的。

（一）病因

先天性间情期过长被认为是由于正常的丘脑、垂体性腺轴功能缺乏而引起的，但确切原因不清楚。后天性乏情可由卵巢囊肿、垂体和卵巢瘤所致，也可由甲状腺功能减退以及能够严重影响体内平衡的任何其他疾病引发。

（二）症状及诊断

乏情动物阴门不成熟，没有乳房发育的迹象。显微镜检查其卵巢组织可发现初级卵泡，但无排卵迹象。患犬甲状腺功能正常。血浆中雌二醇和孕酮水平处于基础水平。由于有些母犬直到 18～24 月龄还未进入初情期，因此一般应在 24 月龄时才能对间情期延长的犬做出诊断。

（三）治疗

首次检查完之后，在给予外源性激素治疗之前，患犬应限制和发情母犬接触，并与性欲旺盛的公犬放一起，让患犬暴露于其他动物的外激素环境中，这种方法使许多患犬发情并妊娠。也可注射促性腺激素以诱导正常发情和排卵，尽管注射雌激素可诱导明显的发情表现，但卵泡并不发育。

促性腺激素制剂中，常用孕马血清促性腺激素（PMSG）和人绒毛膜促性腺激素（HCG）。用促卵泡激素治疗时，肌内注射 PMSG 每千克体重 0.75 mg/d，连续 10 d；然后连续 2 d 肌内注射 HCG 每千克体重 500 U。在治疗期间可随时配种，有时用促性腺激素释放激素（GnRH）代替 HCG，但二者在诱导排卵方面效果相似。

六、子宫肿瘤

（一）类肿瘤性病变

类肿瘤性病变指囊性子宫内膜增生区域生长有带蒂的增生性子宫内膜息肉并突出到子宫腔中。本病犬、猫均可发生，但并非肿瘤发生的前兆。犬、猫见到子宫内膜腺体的增生和扩散可引起子宫内膜异位。

（二）肿瘤性病变

肿瘤性病变包括子宫平滑肌瘤和平滑肌肉瘤、子宫内膜腺癌、绒毛膜上皮癌、腺瘤、纤维瘤和淋巴肉瘤、犬的子宫阔韧带脂肪瘤等。

（1）子宫平滑肌瘤和平滑肌肉瘤　是子宫肌层平滑肌细胞的肿瘤，它们位于子宫壁，质地坚实，是白色到棕黄色的肿块，平滑肌瘤是犬子宫最常见的肿瘤，但在猫很少报道。

（2）子宫内膜腺癌　是大于 8 岁的犬、猫子宫内膜腺体主要的肿瘤。子宫内膜腺癌在犬似乎少见，却为猫最常见的子宫肿瘤。患腺癌动物的子宫增厚和呈结节状，质地坚实的白色肿块填满整个子宫腔，也常见固态和囊性区域。发生腺癌时，子宫内膜通常遭到破坏，肿瘤黏膜的表面可能呈出血性外观。病灶转移常见，转移部位有肺、腹部内脏器官、心脏、支气管淋巴结、甲状腺以及脑等。

（3）绒毛膜上皮癌　是犬、猫极为少见的肿瘤。绒毛膜上皮癌起源于怀孕动物的胎盘，肿瘤性的绒膜上皮细胞瘤细胞可侵入子宫的肌肉和血管。有时易将复旧不全的胎盘误诊为绒毛膜上皮癌。

其他见报道的子宫原发性肿瘤包括腺瘤、纤维瘤和淋巴肉瘤。犬的子宫阔韧带报道有脂肪瘤。

（三）葡萄胎

葡萄胎是犬、猫少见的子宫滋养层的增生性变化。肉眼观察表现为子宫腔内葡萄样的多发性囊肿，囊肿内衬为绒毛膜上皮，充满浆液性液体。

七、阴道瘤

阴道瘤常发生在年老未经交配的雌性犬。阴道瘤中良性肿瘤比恶性肿瘤多见，良性肿瘤多见平滑肌瘤（最常见）、纤维瘤、息肉和脂肪瘤；恶性肿瘤多见纤维肉瘤、鳞状细胞癌、肥大细胞瘤和传染性生殖器肿瘤。阴道瘤的形成受激素的影响，但大多数肿瘤病因不明确。

（一）病理生理学

阴道瘤可以发生在阴道壁或前庭的任何部位。良性肿瘤比恶性肿瘤更趋于有蒂；转移比较少见，在传染性生殖器肿瘤、平滑肌肉瘤或癌时可能发生；传染性生殖器肿瘤通过肿瘤细胞接触传染，也通过血源或淋巴传播。

（三）临床症状

会阴部膨胀或阴门处组织脱出，排尿困难或尿频，流血或阴道分泌物带血。动物表现里急后重，便秘，交配困难。

（四）诊断

通过品种特征、病史和临床症状一般可做出提示性诊断。阴道触诊可探及阴道肿块，深部肿瘤可结合直肠触诊。影像学检查可借助阴道镜检查和 X 射线造影检查。组织学方法可通过脱落细胞和组织病理学确诊，同时注意是否有肿瘤向胸腔和腹腔转移的情况，均可利用放射学进行检测。

（五）鉴别诊断

本病注意与原发性阴道炎/前庭炎、阴道外伤、阴道水肿和脱出等疾病相鉴别。其中阴道水肿和脱出发生在青年母犬的发情期间。

（六）治疗

大多数阴道肿瘤除传染性生殖器肿瘤外，治疗方法可选择手术切除肿瘤。是否行外阴切开术取决于肿瘤的大小和在阴道深浅处。子宫卵巢切除可以消除激素对肿瘤发生的影响。转移性肿瘤的治疗困难，预后不良，而传染性生殖器肿瘤的治疗可通过手术和化疗治疗。

【病案分析 37】犬子宫积脓

（一）病例简介

混种犬，雌性，6 岁，体重 13 kg。腹部涨大，食欲废绝，精神萎靡，发生呕吐且多饮多尿，前 2 个月有发情表现。

（二）既往史

免疫健全，无疾病史、无生育史，未做过绝育手术。

（三）诊断

（1）临床检查　视诊精神沉郁，目光呆滞，瞳孔散大，角膜干涩，被毛粗乱，头颈、躯干、四肢瘫软，不断呻吟，腹围大。病犬呼吸浅表，呈潮式呼吸。听诊心律不齐，心音微弱，心搏 140 次/min。

（2）影像学检查　B 超检查可见腹中部子宫膨大，有规则低回声影像。

（3）实验室检查　包括血常规和血液生化检查。

①血常规。WBC 白细胞总数 50.8×10^9 个/L（高）；RBC 红细胞总数 4.4×10^{12} 个/L（低）；HGB 血红蛋白量 86 g/L（低）；HCT 红细胞比容 28%；PLT 血小板 142×10^9 个/L。

②血液生化检查。ALT 丙氨酸氨基转移酶 36 U/L；AST 天门冬氨酸氨基转移酶 105 U/L；TBIL 总胆红素 18 μmol/L；ALP 碱性磷酸酶 604 U/L；BUN 尿素氮 9.8 mmol/L；CRE 肌酐 114 μmol/L。

初步诊断为犬子宫积脓症，需进行手术治疗切除病理性子宫。

（四）治疗

（1）手术治疗　手术切除卵巢和蓄脓子宫，参照卵巢子宫切除术。

（2）术后护理　术后 7 d 抗生素治疗，头孢曲松钠每千克体重 50 mg；抗厌氧菌治疗 4 d；强心补液，调节酸碱平衡。

（五）病例分析

（1）诊断要点　犬、猫子宫积脓症具有一些典型发病特征，通常以多饮多尿、6～10 岁未生育或生育次数较少的雌犬多发，发病时注意开放型或闭锁型积脓症。例如，开放型子宫积脓症阴道口流出大量脓性或脓血性分泌物，中毒较深时伴有一定的消化道症状，容易误诊为胃肠炎。部分发病犬可能出现后肢行动迟缓、腹痛等症状，也容易与四肢疾病发生混淆。此外，诊断时若配合血常规和影像学诊断则更为理想。本病根据临床症状、生育史、临床检查、特殊检查及 B 超检查可以确诊。

（2）发病原因　详见本项目任务一。

（3）治疗原则　子宫切除手术为本病根治的唯一手段。对于开放型子宫积脓症，可应用子宫冲洗方法，同时配合全身抗菌治疗，调节体液酸碱平衡，也有较好疗效，但临床上存在一定复发率，故建议采取子宫病理性摘除。

（4）治疗注意事项　由于本症多发于老年宠物，所以麻醉风险性随之升高。当宠物状况不稳定时，需对其进行全身检查，术前做好血液指标和生化指标监测，对患病宠物做初步治疗和处理，病情平稳立即进行手术治疗。

（5）手术关键技术　手术切开腹壁时切忌伤到或割破涨大的子宫。当要将涨大的子宫从腹腔内拿到腹腔外时，动作要轻，不要拉破子宫，否则可造成大量细菌污染腹腔，为日后腹膜炎的发生和脏器粘连发展造成隐患。尤其在子宫体及卵巢部等重要部位的结扎，最好都采用双重结扎比较安全，子宫体断端缝合确实减少术后并发症。

部分病例在术中开腹后发现已经出现子宫内容物溢出或子宫壁与肠管发生粘连，此时应注意小心剥离粘连的组织，同时用大量的温热生理盐水进行腹腔清洗，防止腹膜炎发生。

项目二十三

新生宠物疾病

【学习目标】

学习新生宠物常见疾病，救治新生宠物，提高新生宠物存活率。

【技能目标】

掌握常见新生宠物疾病的种类和发病特点，熟悉宠物窒息、脐炎的治疗方法，了解新生宠物溶血的发病特点。

新生宠物疾病是指新生宠物由于遗传因素、垂直传播、生产因素等引起的一类疾病。宠物出生时需注意保持其呼吸道畅通，以防窒息发生。由于宠物生活环境改善较好，故新生宠物脐炎发病率较低，但仍需要在产后注意预防。对新生宠物假死现象不能放弃救助，应尽早尽快采取措施。

任务一　窒　　息

新生宠物窒息又称为假死，其主要特征为出生后呼吸障碍，有心跳无呼吸，不及时抢救会死亡。

（一）病因

新生宠物窒息的病因是胎儿过早呼吸，如难产、压迫脐带、胎盘分离、怀孕宠物贫血导致胎儿乏氧而呼吸，吸入羊水所致。

（二）症状

轻度窒息时，表现为乏氧的症状，可视黏膜发绀、舌脱出，听诊肺有啰音；严重窒息时，呈假死状态，微弱心音，呼吸停止。

（三）治疗

窒息的治疗方法为刺激呼吸，可用尼可刹米滴鼻，及时清理口腔和鼻腔的黏液，用力甩出口腔及呼吸道中的胎水。可用干毛巾抚触身体，刺激并尽快恢复血液循环。

（四）预防

应加强看护临近生产孕畜，及时就诊。接产时应特别注意对分娩过程延滞、胎儿倒生及胎囊破裂过晚者及时进行助产。

任务二　新生宠物溶血病

新生宠物溶血病是新生宠物红细胞抗原与母体血清抗体不相合而引起的同种免疫溶血反应，又称新生宠物溶血性黄疸、同种免疫溶血性贫血或新生宠物同种红细胞溶解病。本病各种新生宠物都有发病，但以驹和仔猪多发，偶尔见于犊牛、家兔和犬。

（一）病因

新生宠物溶血病是由于雌性动物对胎儿的抗原产生特异性抗体，以后抗体通过初乳途径被吸收到新生宠物血液中而发生抗原抗体反应所造成。

（二）症状

溶血病是由于幼畜吃母体初乳后随即发病，表现为贫血、黄疸、血红蛋白尿等危重症状。

（三）诊断

根据临床症状及新生宠物红细胞与雌性宠物的初乳或血清出现凝集反应可确诊。

（四）治疗

对本病的治疗原则主要是及早发现、及时采取有效的治疗措施。目前对本病尚无特效疗法，通常采取换奶、人工哺乳或是代养等措施。必要时进行输血疗法。为了保证输血安全，一般应先做配血试验，选择血型相同的同种动物作为供血者。

此病经过迅速，病死率高。发病后若及时确诊，及时适当治疗及采取隔离母仔、实行寄养等措施，一般预后良好。但重危病例，很难挽救。

任务三　脐　　炎

脐炎是新生幼仔脐血管及周围组织的发炎。此病见于各种新生幼仔，但主要发生于犊牛和马驹。

（一）病因

接产时未严格执行消毒程序，导致脐带受到污染（粪尿），进而由于宠物间相互吸吮而感染发病。

（二）症状

脐孔周围发炎肿胀、变硬、充血且伴有热痛，脐带断端脱落后，脐孔可能形成溃疡，有时出脓或形成脐疝，需要手术，否则可能出现败血症。

（三）治疗

可在脐孔周围皮下分点注射青霉素普鲁卡因溶液，并局部涂以松馏油与5%碘酒等量合剂。形成瘘管时，用消毒药液尽可能洗净其脓汁，并涂注消毒防腐药液。对脓肿应按化脓创进行处理。如果脐带发生坏疽，则必须切除脐带残段，除去坏死组织，用消毒药清洗后，涂以防腐药或5%碘酊。为了防止炎症扩散，应全身应用抗生素。

（四）预防

应经常保持产房、产圈清洁干燥。在接产时不要结扎脐带，并经常涂擦碘酒，防止感染，促进其迅速干燥、坏死和脱落。防止新生幼仔混养时互舔脐带。

项目二十四

乳 腺 疾 病

【学习目标】

学习动物常发乳腺疾病，掌握乳腺炎、产后无乳和乳腺肿瘤的诊断和治疗。

【技能目标】

熟悉乳腺疾病的发病原因和诊断治疗方法。

乳腺是皮肤腺衍生的外分泌腺，也是哺乳动物特有的腺体。母体通过乳腺将自身营养物质提供给后代。乳腺器官的疾病称为乳腺疾病。乳腺疾病包括乳腺实质、乳腺通道的各种疾病。目前在宠物临床中常见的乳腺疾病有各种原因引起的乳腺炎、乳腺纤维上皮细胞增生和乳腺肿瘤，其中乳腺肿瘤发病率呈上升趋势，成为危害宠物生命的又一疾病。

任务一 乳 腺 炎

乳腺炎是乳腺实质受到物理、化学、微生物刺激所发生的急性或慢性炎症。其特征是乳中的白细胞增多并发生理化性状的改变。乳腺炎主要发生于产后或假孕动物（犬或猫），常以急性、坏疽性或慢性形式出现。

（一）病因

乳腺炎可通过血源性感染，如子宫内膜炎继发，也可因乳头咬伤或乳腺创伤导致病原菌从创口逆行性感染。乳头管口和血液传播细菌感染是本病的主要病因，从乳腺炎乳中常能分离到的菌群有大肠杆菌（尤其是埃希氏大肠杆菌）、葡萄球菌和链球菌等致病菌。此外，本病也见于乳腺内乳汁停滞所引起乳腺炎症。

（二）临床症状

根据乳腺肉眼可变程度，本病可分为急性乳腺炎、化脓性乳腺炎和慢性乳腺炎。

（1）急性乳腺炎　乳房受损伤时，造成细菌感染，表现为一个或多个乳腺红、肿、热、痛，最后位置的乳腺更易发生。动物全身症状可出现体温升高、食欲缺乏、精神不振，有些患病动物无全身症状。乳汁带血，有些病例可见脓性物质，血液学检查发现，患病动物白细胞升高。常因仔畜发病或死亡而使乳腺肿胀、乳汁停滞，发炎的乳腺可能有褐色、淡红色、黄色出血性或脓性分泌物。

(2) 化脓或坏疽性乳腺炎　发病乳腺变黑、温度降低，乳房表面伴有溃疡，出现全身脓毒败血症。

(3) 慢性或亚临床型乳腺炎　老年非泌乳母猫经常出现慢性细菌性乳腺炎，炎性变化一般很轻，发炎乳腺增厚，有时可触到硬节。外部检查这些变化很难与乳腺肿瘤区分开。当出现仔畜增重慢，或泌乳期出现不明原因脓性疾病的无症状雌性动物时，应怀疑存在亚临床型乳腺炎。

(三) 诊断

发病乳腺的乳汁检查和细菌培养可发现细菌、白细胞和巨噬细胞；患急性细菌性乳腺炎的雌性动物的血常规检查一般可见中性粒细胞增多，且可见变性的中性粒细胞，白细胞数目>30 000 个/mL；结合细菌培养、药敏试验和感染乳汁的 pH 测定可帮助选择抗生素。

泌乳雌性动物的乳腺炎应与吮乳幼仔的疾病和死亡有关。患急性乳腺炎的母犬或母猫对仔畜无法提供充分的免疫、营养和水分，幼仔脓毒败血症时应调查乳汁是否有感染。患细菌性疾病的幼犬和幼猫可通过吮乳加重雌性动物的乳腺炎，断奶后的许多症状与细菌性乳腺炎相似。乳腺肿瘤应与乳腺炎相区别。

(四) 治疗

根据细菌培养结果给予针对性强的抗生素或广谱抗生素。监测乳 pH 后再选择应用何种抗生素，如果乳汁 pH 比正常血浆低(犬<7.3，猫<7.2)，则应选择微碱性抗生素(磺胺嘧啶、红霉素、林可霉素)；乳汁偏碱(pH 7.4)时，应选择微酸性抗生素(氨苄西林、头孢菌素)；土霉素和氯霉素的使用与乳汁 pH 无关，只要乳中有合理的抗生素浓度即可。不推荐使用氨基糖苷类抗生素，因为它们很难透过血乳屏障，但急性乳腺炎血乳屏障已破坏，可考虑使用。

排空感染乳汁对治疗乳腺炎有积极作用，可缓解急性炎症造成的疼痛。可由主人挤出乳汁，应尽量挤净。坏疽性乳腺炎是急性乳腺炎的继发症，多由厌氧微生物引起，可采用外科引流治疗或用灭菌纱布温敷。慢性、持续性乳腺感染可能最后应采取乳腺切除，出现脓毒败血症迹象时应采取输液、适当抗生素治疗、加强护理等支持疗法。

任务二　产 后 无 乳

产后无乳是指母犬产后乳量减少甚至全无以及仔犬因各种原因而不能获乳。

(一) 病因

母犬患产后期疾病，如子宫内膜炎、乳腺疾病(如乳腺炎)、乳房外伤，饲养管理不当、营养不足时，可发生乳汁分泌不足。如果母犬过早繁殖，乳房尚未完全发育；或母犬年龄太大，乳腺发生萎缩，均可导致产后无乳。母犬哺乳期受惊，饲料突然变更，气候突然变化，以及调节乳腺活动的激素分泌失调等，也常导致产后无乳。

(二) 症状

仔犬因哺乳不足而消瘦、饥饿、鸣叫、乱啃咬，出现无营养的吸吮，互舐或摇尾，有的仔犬衰弱甚至死亡。母犬乳房或是肿胀(乳腺炎时)，或是乳房松软、缩小。仔犬寻乳频繁，母犬拒绝授乳。

(三) 防治

改善饲养管理，诊断并消除原发病，配合药物催奶，仔犬代养或人工哺乳。

(1) 药物促乳　肌内注射催产素,1 次/d,连用 2～3 d。中草药制剂可选用王不留行 25 g,通草、山甲、白术各 10 g,白芍、当归、黄芪、党参各 12 g,研为细末,混于食物或水煎灌服,催乳效果良好。

(2) 人工哺乳　注意人工哺乳前应力求获得初乳,人工哺乳可用幼年宠物专用的奶粉,每日按需哺乳;25 日龄后可逐步训练幼仔自食流食,并减少喂奶次数;40 d 后可停止人工哺乳,改用流食饲料。

(3) 仔犬代养　注意勿将带有异常气味的仔犬带入代养犬的窝中,夜间黑暗条件下代养更易成功,若母犬无异常反应并实行哺乳则说明代养可能成功。

任务三　乳 腺 肿 瘤

母犬易发此病,占肿瘤发病率的 42%;猫乳腺肿瘤也存在较高发病趋势。临床常见乳腺肿瘤分类方法,常分为三种:良性混合性乳腺瘤、乳腺瘤和乳腺癌。其中乳腺瘤发病率最高,国外报道犬肿瘤发病率中乳腺瘤约为 50%。

(一) 流行病学特点

(1) 发病率　本病母犬常见,大约 50%的乳腺肿瘤是恶性的;猫乳腺瘤发病仅次于肝脏和皮肤,发生率大约是人和犬的一半,其中 80%～90%的乳腺肿瘤是恶性的。

(2) 发病年龄　猫发病的平均年龄是 12 岁左右,而犬的发病年龄范围是在 12～17 岁。动物的年龄小于 2 岁时,乳腺肿瘤极少。

(3) 发病部位　各个乳腺都可能患病,尤其以最后乳腺恶变的可能性较大。

(二) 病因

(1) 肿瘤的发生与激素关系　未做绝育的犬、猫发生本病的概率是绝育犬、猫的 7 倍;孕酮和用于控制发情的孕激素可诱导乳腺发生良性结节,长期大剂量使用去甲睾丸素可使犬易发乳腺癌,猫使用维持妊娠的药与乳腺肿瘤发生有关。

(2) 生殖史、生活史与肿瘤关系　犬乳腺癌的发生率增加与高脂饮食有联系,相反,与窝产仔数、假孕史、不规律或突发的发情周期、繁殖疾病无关。9～12 月龄的偏瘦犬发生乳腺癌的可能性小。

(三) 症状

单侧或两侧的多个乳腺患病,有一个或多个肿块,肿瘤大小差异很大;肿块可能是相距较远的多个结节,或一个或几个乳腺弥散性地肿胀;若有囊性管与肿瘤相连,则有分泌物从乳头排出。局部或远处有转移性乳腺癌时,可造成局部肿胀(淋巴水肿)和不适,尤其是后肢;呼吸或其他器官有转移时,则出现全身症状,例如呼吸困难、厌食、呕吐和腹泻;肿瘤引发的继发症可引起高钙血症或肿瘤恶病质。

(四) 诊断

根据乳房肿块形态进行初步诊断,确诊需进行组织学检查。

(五) 治疗

各种乳腺肿瘤均以手术治疗为主:良性肿瘤切除单个乳腺;恶性肿瘤必须进行乳腺全切手术。切除时将乳腺周围 1 cm 的健康组织同时切除,必要时应进行卵巢子宫切除。

【病案分析 38】犬乳腺肿瘤

(一) 病例摘要

犬，雌性，8 岁半，体重 60 kg。发病时间有一年多，初期左侧第二、三、四乳房可以触摸到有肿块，肿块生长速度缓慢且体积较小，但最近 1 个月发现左侧第三乳房肿块的生长速度变快，且明显肿大，但无破裂感染迹象。

(二) 既往史

免疫驱虫健全，无疾病史、生育史，未做过绝育手术。

(三) 诊断

(1) 临床检查　体温 38.6 ℃，呼吸数和脉搏数正常，视诊精神状态无兴奋或沉郁表现，无运动障碍，食欲减退、消化不良，消瘦且骨骼棱角显露，被毛凌乱。触诊在腹部左侧第三乳房基部有不规则的大肿块，直径为 15～20 cm，且第二、四乳房基部有相对较小的肿块与之相连，形成串状肿块，有移动性和疼痛感。皮肤弹性较差，但皮温和湿度无异常；左侧腹股沟淋巴结、腋下淋巴结未见肿大，触诊不敏感。

(2) 实验室检查　包括血常规和血液生化检查。

①血常规。WBC 白细胞总数 11.0×10^{9} 个/L；RBC 红细胞总数 584×10^{12} 个/L；HGB 血红蛋白量 116 g/L；HCT 红细胞比容 41%；PLT 血小板 237×10^{9} 个/L。

②血液生化检查。ALT 丙氨酸氨基转移酶 40 U/L；AST 天门冬氨酸氨基转移酶 98 U/L；TBIL 总胆红素 15 μmol/L；ALP 碱性磷酸酶 544 U/L；BUN 尿素氮 7.8 mmol/L；CRE 肌酐 200 μmol/L。

(3) 鉴别诊断　与乳腺炎、乳腺囊肿(又称乳汁积留症)相鉴别。

初步诊断为犬乳腺肿瘤。

(四) 治疗

(1) 治疗原则　根治方法为实施乳腺肿瘤摘除术，要求摘除左侧所有乳腺及淋巴管、乳腺管。

(2) 术后护理　术后该犬在 12 h 内禁水禁食，避免做剧烈运动，防止创口裂开或摔伤。进食后，要逐渐给予营养丰富的饲料，要注意保暖和保持环境清洁卫生。静脉注射抗生素(如头孢菌素类、青霉素类等)。建议配合使用抗肿瘤药物治疗，如苦参、灵芝孢子粉等。

(五) 病例分析

(1) 诊断依据　通过整体状态检查和患部的触诊、血常规检查可初步诊断为乳腺肿瘤，确诊时必须进行活组织病理学检查。

(2) 发病原因　比较复杂。乳腺增生、乳腺炎等均有发生病变而成为乳腺肿瘤的可能，且在不同品种、年龄、饲养管理及环境条件、地理因素等影响下其发生情况也有所不同。另外，抵抗力及易感性因素也不容忽视。

(3) 手术关键技术　在手术摘除时应注意及时止血；肿瘤剥离时不要破坏肿瘤包膜，尤其恶性肿瘤，更易引起扩散或术后复发；缝合时应注意整复创面，创面不整齐会导致张力、压力分布不均匀及愈合不良，外层缝合时要连带内层黏膜和肌肉，防止死腔出现。良性的乳腺肿瘤用手术摘除法有显著疗效，但摘除时应切除所有病变组织，甚至连带周围的一部分健康组织、淋巴管、乳腺管，以防止肿瘤扩散和复发。

项目二十五

雄性动物不育

【学习目标】

学习雄性动物不育的概念和分类，掌握疾病性不育的种类和诊断治疗方法，了解先天性不育的发病原因和防治措施。

【技能目标】

掌握动物睾丸炎、隐睾的诊断和治疗方法；熟悉阴茎和包皮损伤的诊疗方法。

雄性动物不能配种或与可受孕发情母犬配种而不能妊娠的不育现象称雄性动物不育。由于雄性动物生殖力低而导致母犬受孕能力下降或窝产仔数少的现象也称为雄性动物不育。不育主要分为先天性不育和疾病性不育，其具体表现为不能配种、射精失败或射精不完、精子品质异常等现象。

任务一　先天性不育

先天性不育主要指生殖器官发育异常，或卵子、精子及合子有生物学上的缺陷，从而丧失了繁殖能力，常见于睾丸发育不全。

睾丸发育不全是指雄性动物一侧或双侧睾丸的全部或部分曲细精管生精上皮不完全发育或缺乏生精上皮，间质组织可能维持基本正常。

先天性不育大多数是由隐性基因引起的遗传疾病或是由于非遗传性的染色体组型异常所致。患畜性欲下降和交配能力差，睾丸较小，质地软、缺乏弹性，精液水样，无精或少精，精子活力差。先天性不育治疗无经济价值。

任务二　疾病性不育

一、睾丸炎

睾丸炎是指由损失和感染而引起睾丸的各种急、慢性炎症。

(一) 病因

撞击、啃咬、蹴踢和撕裂伤等继发睾丸感染，睾丸附近组织或鞘膜炎症蔓延，全身感染性疾病病原经血液循环等均可引起睾丸炎症。因为睾丸与附睾紧密相关，一个器官的炎症常波及另一器官，所以睾丸常与附睾同时发病，临床上通常将睾丸及附睾的炎症统称为睾丸炎。

睾丸或附睾的外伤可引起炎症和继发感染；患有阴囊脓皮病的犬，经常舔阴囊可导致睾丸和附睾的细菌感染；睾丸的咬伤和脓肿在猫中特别常见。真菌性疾病(如芽生菌病和球孢子菌病)可引起肉芽肿性睾丸炎和附睾炎。有报道犬瘟热病毒可引起睾丸和附睾的炎症。

(二) 症状

睾丸炎根据发病进展程度可分为急性睾丸炎和慢性睾丸炎。

1. 急性睾丸炎

阴囊发亮，睾丸肿大。睾丸触诊伴有热痛，质地较硬，睾丸鞘膜内可存有液体，精索增粗。患病动物可因舔舐，有时自残睾丸而使病情加重，出现体温升高、食欲缺乏、精神沉郁等神经症状。并发化脓感染者其局部和全身症状加剧，偶尔可见脓汁沿鞘膜上行入腹腔，导致弥漫性化脓性腹膜炎。

2. 慢性睾丸炎

多为慢性肉芽肿性睾丸炎，睾丸肿大、坚实，触之无热痛。随着炎症过程日益慢性化，睾丸萎缩、纤维化，外形不规则，常见睾丸与下面的阴囊发生粘连。

由传染病继发的睾丸炎，多为化脓性炎症，其局部和全身症状更为明显，往往脓汁蓄积于总鞘膜腔内，向外破溃，久则形成瘘管。

(三) 诊断

根据临床症状可以建立诊断，精液检查有助于进一步确诊。睾丸吸取物的细胞学检查有助于区别化脓性和肉芽肿性炎症，也可用于培养细菌和支原体。

相关实验室检查包括犬布鲁氏杆菌血清学检查、血细胞计数、尿分析、尿培养、生化检查等项目，还可对病变部位的睾丸组织进行病理学分析。

(四) 鉴别诊断

本病临床通常要与睾丸外伤、睾丸肿瘤、免疫介导性睾丸炎、睾丸扭转及其他下泌尿道感染(如尿道炎、前列腺炎)进行鉴别诊断。

(五) 治疗

急性睾丸炎初期，可采用醋酸铅、明矾液冷敷。待炎症缓和后，可用温敷。全身应用抗生素疗法，并注意治疗原发病。

慢性睾丸炎可涂布樟脑软膏，若治疗无效，应将睾丸摘除。化脓性睾丸炎，应及早摘除睾丸，配合抗生素治疗。

二、隐睾

隐睾是指在阴囊内缺少一个或两个睾丸。生理性睾丸下降发生在出生后不久，有些动物在性成熟之前睾丸可以自由地在腹股沟管上下移动，7～8 月龄时才停留在阴囊内。患病动物在腹股沟皮下或腹腔内可触及未下降的隐睾。

(一) 病因

本病具有遗传倾向性，发病机制尚不明确。小型犬发病明显高于大型犬，猫的发病低于犬。单侧隐睾的动物有些仍具有生育能力，但双侧隐睾则不具备生殖能力。

（二）症状及诊断

隐睾时动物阴囊皮肤松弛，触诊仅能发现单侧或双侧均未存在睾丸。阴茎旁或腹股沟附近可摸到较正常体积小的异位睾丸。

（三）治疗

动物隐睾如果不及时治疗则容易引发肿瘤，通常采用去势术进行治疗。单侧隐睾的动物不能作为种用，手术时应根据隐睾发生的位置采取不同的治疗方案。皮下隐睾容易发现，分离皮下组织发现隐睾，结扎后摘除即可。腹腔隐睾则需切开腹壁，在腹股沟内环处、膀胱背侧和肾脏后方等部位对隐睾进行探查，发现后剪断韧带结扎除去睾丸即可。

三、阴茎和包皮损伤

阴茎和包皮损伤也包括尿道损伤及其并发症，常见撕裂伤、挫伤、尿道破裂和阴茎血肿。

（一）病因

交配时母畜骚动或公畜自淫时阴茎冲击异物，使勃起的阴茎突然弯折，阴茎受损导致阴茎海绵体、白膜、血管及包皮擦伤、撕裂伤和挫伤，极端情况下可导致阴茎血肿和尿道破裂。

（二）症状及诊断

损伤一般可见外部出现创口和肿胀，或从包皮外口流出血液或炎性分泌物。肿胀明显时阴茎和包皮出现脱垂，形成嵌顿，甚至出现水肿。损伤可能造成继发感染而出现化脓，感染严重时局部或全身发热，跨步缩短或难以移动。未发生感染时，水肿可自行消退，血肿变小并可能出现纤维化，使阴茎和包皮发生不同程度的粘连。一旦伴有尿道破裂时，可出现排尿障碍，尿液无法流出时渗入皮下及包皮，形成肿胀，导致脓肿及蜂窝织炎。

本病诊断时可通过检查创口状态而得出结论，需与原发性包皮脱垂、嵌顿包茎、传染性阴茎头包皮炎等相区别。

（三）治疗

本病的治疗原则为预防感染、防止粘连和避免各种继发性损伤。

（1）新鲜撕裂伤　需及时清理损伤部位，创口过大时需缝合，全身应用抗生素以控制继发感染，局部应用抗生素软膏涂布。

（2）挫伤　先冷敷，次日后继续热敷，消除水肿。局部涂布非刺激性的消炎止痛药物，全身应用抗生素控制继发感染。

（3）血肿　以止血消肿、预防感染为原则，清除血凝块。可采取保守治疗，或结合实际情况采取手术清除。

四、前列腺炎

前列腺炎多数表现为化脓性炎症，可形成脓肿，常发生在年龄较大的犬只。

（一）病因

病原体感染是导致前列腺炎症的主要因素之一。病原体（包括大肠杆菌、链球菌、霉形体等）感染尿道后上行至前列腺部位，从而造成炎症发生。有时也见于病原体通过血液循环到达前列腺部位而造成的感染。

(二) 症状及诊断

急性前列腺炎时，动物表现疼痛、体温升高，伴有血尿和大量尿道排泄物。有些动物会引起直肠部分阻塞而发生排便困难，行走缓慢、步态异常。脓肿出现后动物表现变化不明显，一旦发生脓肿破溃时，大量炎性产物被机体吸收，可造成动物出现休克和死亡。

直肠检查时前列腺肿大，按压时有疼痛感，配合影像学检查，如超声检查、X 线检查可发现脓肿或血肿，有时可见前列腺密度升高。前列腺穿刺取液检查可发现白细胞和红细胞数量增加，中性粒细胞内有较多细菌，必要时可进行细菌培养，以便治疗用药。

(三) 治疗

必须选用能够透过前列腺包膜的抗生素，如氯霉素、恩诺沙星等，也可选用头孢菌素、庆大霉素。连续用药 20～40 d，同时可考虑实施去势手术。前列腺脓肿的病例应采用手术穿刺引流的方法，但预后需谨慎，可能导致继发感染。治疗无效时，可考虑进行前列腺切除。

【病案分析 39】隐睾

(一) 疾病简介

(1) 发生病理　雄犬胚胎发育中的性腺，是借成为睾丸引带的间充质结构附着在腹股沟区的。在出生后 2 周内，引带的远侧部开始增加长度和体积，通过腹股沟环延伸到阴囊。随着引带的生长，对睾丸发生牵引，睾丸也被拉入腹股沟管。继而引带退化，变成固有睾丸韧带，使睾丸进一步下降到阴囊的位置。这一过程在出生后 3 周完成。

如若睾丸引带发育不良，就会导致隐睾。最常见的是一侧性隐睾，未下降的睾丸可能保留在腹腔或已通过腹股沟环。右侧隐睾比左侧多发。两侧隐睾，由于较高的腹腔温度影响精子发育，将导致不育。

(2) 症状　触诊阴囊内无或仅有一个睾丸，有时可在腹股沟皮下附近触摸到一类似球体的肿物。

(3) 诊断方法　通过阴囊触诊不难确诊。但尽管隐睾在 3 周龄时就能诊断出来，但此时睾丸很小可能被忽视。小犬睾丸提肌反射灵敏，触诊时，能使睾丸向腹股沟回缩，注意不要误诊。一般情况下，正常小犬的睾丸可以推拿降至阴囊；但在隐睾患犬，则推拿不能使睾丸下降，应注意鉴别。少数病例，因腹股沟环和睾丸大小不一致，在 4 月龄后睾丸还有下降的，但没有报道 6 月龄以后还能下降的。

(4) 治疗　采用去势治疗。因为本病有遗传性，所以隐睾的动物不能作配种。未能下降到阴囊内的睾丸组织，数年后可能转变为肿瘤组织。实施去势手术时，要将已下降的正常睾丸和隐睾一并摘除。2 周龄内的犬，可注射人绒毛膜促性腺激素(HCG)，使腹股沟内睾丸下降。

(二) 病例简介

犬，4 月龄，雄性，体重 16.5 kg，发现该犬单侧阴囊内空虚，未触及睾丸。

(三) 既往史

免疫健全，驱虫正常；无疾病史、无交配史，且未做过绝育手术。

(四) 诊断

(1) 临床检查　视诊精神状态良好，阴囊处无外伤；触诊右侧阴囊空虚，左侧睾丸大小正常。腹部触诊，阴茎骨后下方，腹腔内有一杏核大小卵圆形不明物体，触诊敏感；听诊心音节律、强度正常，呼吸音正常，胃肠蠕动音正常。体温 38.1 ℃。

(2) 实验室检查　WBC 白细胞总数 9.7×10^9/L；RBC 红细胞总数 435×10^{12}/L；HGB 血红蛋白量 95 g/L；HCT 红细胞比容 30%；PLT 血小板 213×10^9/L。

诊断为隐睾，治疗需实施睾丸摘除术。

(五) 病例分析

(1) 隐睾位置　此犬一侧睾丸在阴囊触及不到，这种形式的隐睾在阴茎旁可以触摸到睾丸，此时被认为是睾丸异位，是由于睾丸在下降时错位于腹股沟环外所致。一般采取去势手术，极少数实施隐睾复位术。

(2) 诊断依据　单侧阴囊内触及不到睾丸，后腹部皮下可触及不明肿物。本病注意与皮下肿瘤、腹股沟淋巴结肿胀等疾病进行鉴别诊断。

(3) 治疗原则　单侧睾丸摘除与隐睾摘除同时进行。

【病案分析 40】犬前列腺囊肿

(一) 病例简介

白色京巴犬，雄性，9 岁，8 kg。食欲废绝，消瘦，腹腔内有肿块，拒绝碰触腹部，触之极其敏感，排尿困难，尿液黄，稍有红色。

(二) 既往史

免疫驱虫健全，无去势史。

(三) 诊断

(1) 临床检查　视诊精神沉郁，食欲欠佳；触诊腹壁紧张，膀胱充盈，可触摸到骨盆处有一球形肿块。由于该犬疼痛严重，麻醉后进行直检，发现前列腺明显肿大，而且硬度较大。体温 39.8 ℃，心率正常。

(2) 影像学检查　B 超检查可见在一个切面中有膀胱和前列腺的影像。膀胱充满，膀胱颈有“鹰嘴”外观。在一叶前列腺的同质结构中出现弱回声的区域，边界不清楚，另一叶前列腺中发现低回声的囊性区域(图 25-1)。超声诊断为前列腺囊肿。

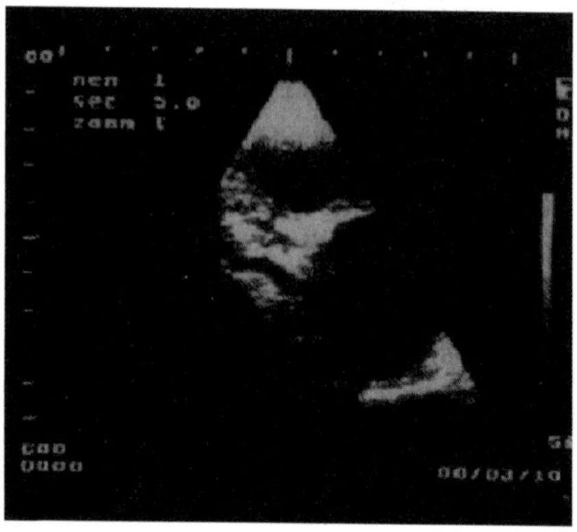

图 25-1　可见膀胱和前列腺囊肿的影像

(3) 血常规及生化检查

①血常规检查。WBC 白细胞总数 32.0×10^9/L；RBC 红细胞总数 425×10^{12}/L；HGB 血红蛋白量 89 g/L；HCT 红细胞比容 29%；PLT 血小板 117×10^9/L。

②血液生化检查。ALT 丙氨酸氨基转移酶 70 U/L；AST 天门冬氨酸氨基转移酶 30 U/L；TBIL 总胆红素 18 μmol/L；ALP 碱性磷酸酶 150 U/L；BUN 尿素氮 22 mmol/L；CRE 肌酐 244 μmol/L。

结合临床检查及影像学检查确诊为犬前列腺囊肿。

(四) 治疗

实施去势手术，配合使用抗生素治疗。例如，头孢哌酮钠、舒巴坦钠、恩诺沙星连用 28 d。

（五）病例分析

1. 诊断依据

根据触诊、B超检查、血常规检查可以确诊。注意与膀胱结石、尿道结石、膀胱炎、尿道炎、多囊肾、肠系膜淋巴结脓肿等进行鉴别诊断。

由于前列腺疾患（尤其是慢性的）常无明显症状，故临床上常有误诊、漏诊现象，错过了疾病的最佳治疗时机，所以如何发现前列腺患犬是非常重要的，应早发现早治疗。

2. 前列腺解剖结构对治疗的影响

（1）前列腺包膜　前列腺由腺组织及平滑肌组成，其表面为结缔组织和平滑肌组成的双脂膜包膜。抗生素药物自血浆弥散入前列腺液，大部分对引起尿路感染的细菌是有效的，但由于不能穿越前列腺包膜而进入前列腺腺泡以达到治疗作用，所以选择能穿透血—组织液包膜屏障的药物是非常必要的。

（2）药物选择　一定要考虑药物的脂溶性。最有效的辅助治疗方法是去势。

3. 治疗原则

此类疾病可采取前列腺摘除术、前列腺穿刺和全身消炎等几种方法。在本病例采取保守的全身消炎及辅助去势手术。

4. 预后

本病例中该犬去势后，前列腺在几天内开始退化，一周内触诊发现前列腺减小，2～3个月后前列腺继续减小，治疗效果比较理想。

模块四

外产科实践实训

项目二十六

宠物外伤的常规处理

【实训目标】掌握宠物外伤的检查方法与治疗技术。

【实训材料及设备】

(1) 动物　受外伤的宠物。

(2) 器械　止血钳、手术刀、手术镊、探针、体温计、听诊器、缝合针、缝合线、持针器等。

(3) 材料　消毒乳胶手套、绷带、纱布等。

(4) 药品　高锰酸钾、新洁尔灭、酒精、碘酊、青霉素、0.25%普鲁卡因溶液、10%盐水等。

【实训内容及方法】

1. 外伤的检查

(1) 一般检查　首先应检查受伤部位和救治情况;接着是问诊了解外伤发生的时间、伤物的性状、当时的情况和犬的表现等;然后是全身检查,包括犬、猫的体温、呼吸、脉搏,以及观察犬、猫的可视黏膜颜色和精神状态;最后是系统检查,包括呼吸、循环和消化系统的变化。特别要注意各天然孔是否出血,胸腔、腹腔内是否有过多的液体,触诊膀胱是否膨满,注意排尿状况。当发生四肢外伤并怀疑伴有骨和关节损伤时,弯曲各关节,检查是否有疼痛反应和变形。

(2) 外伤外部检查　按由外向内的顺序对受伤部位进行检查。先视诊外伤的创口部位大小、形状、性质、裂开的程度,有无出血,周围组织状态和被毛情况,有无外伤感染现象;继而观察创缘及创壁是否整齐、平滑,有无肿胀及血液浸润情况,有无挫灭组织及异物;然后对创口周围进行触诊,确定局部温度的高低以及疼痛情况、组织硬度、皮肤弹性及移动性等。

(3) 外伤内部检查　首先对创围剪毛、消毒,遵守无菌原则。其次注意创缘、创面是否整齐、光滑无肿胀、血液浸润及上皮生长等;注意检查创内有无血凝块、挫灭组织、异物,创底有无创囊、死腔等。必要时可用消毒的探针、硬质胶管等查清外伤深部的具体情况。注意,新鲜创最好不用探针检查,因其常能将微生物和异物带入深部,有引起继发性感染的危险,且容易穿通外伤邻近的解剖腔造成不良后果。但为了明确化脓创或化脓性瘘管(或窦道)的深度、方向及有无异物时,可使用探针或戴消毒指套的手指进行检查,切忌粗暴。对于有分泌物的外伤,应注意分泌物的颜色、气味、黏稠度、数量和排出情况等。对于出现肉芽组织的外伤,应注意肉芽组织的数量、颜色和生长情况等。

(4) 其他检查方法　在外伤检查中,还可以根据需要借助仪器采用穿刺、实验室检查、X线透视或摄片等检查手段。

2. 外伤的治疗

(1) 清理创围　清理创围时,首先用数层灭菌纱布块覆盖创面,防止异物落入创内。然后用剪毛剪将创围被毛剪去，剪毛面积以距创缘周围10 cm左右为宜。创围被毛如被血液或分泌物黏着时，可用3%过氧化氢和氨水(200∶4)混合液将其除去。再用70%酒精棉球反复擦拭紧靠创缘的皮肤，直至清洁干净为止。离创缘较远的皮肤，可用肥皂水和消毒液洗刷干净，但应防止洗刷液落入创内。最后用5%碘酊或5%酒精福尔马林溶液以5 min的间隔，两次涂擦创围皮肤。

(2) 清洁创面　揭去覆盖创面的纱布块，用生理盐水冲洗创面后，持消毒镊子除去创面上的异物、血凝块或脓痂。再用生理盐水或防腐液反复清洗外伤，直至清洁为止。创腔较浅且无明显污物时，可用浸有药液的棉球轻轻地清洗创面；创腔较深或存有污物时，可用洗创器吸取防腐液冲洗创腔，并随时除去附于创面的污物，但应防止过度加压形成的急流冲刷外伤，以免损伤创内组织和扩大感染。清洗创腔后，用灭菌纱布块轻轻地擦拭创面，以便除去创内残存的液体和污物。

(3) 清创手术　清创手术前要进行消毒和麻醉；修整创缘时，用外科剪除去破碎的创缘皮肤和皮下组织，造成平整的创缘；扩创时，是沿创口的上角或下角切开组织，扩大创口，清除创囊、创壁，充分暴露创底，除去异物和血凝块，以便排液通畅或便于引流。

对于创腔深、创底大和创道弯曲不便于从创口排液的外伤，可选择创底最低处且靠近体表的健康部位，尽量于肌间结缔组织处作适当长度的辅助切口至数个，以利于排液；外伤部分切除时，除修整创缘和扩大创口外，还应切除创内所有失活破碎组织，造成新创壁。失活组织一般呈暗紫色，刺激不收缩，切割时不出血，无明显疼痛反应。为彻底切除失活组织，在开张创口后，应除去离断的筋膜，分层切除失活组织，直至有鲜血流出的组织为止。

(4) 外伤用药　如若为清创手术比较彻底的外伤，则用0.25%普鲁卡因青霉素溶液向创内灌注或行创围封闭即可；如果外伤污染严重、外科处理不彻底，为了消灭细菌，防止外伤感染，则早期应用广谱抗菌性药物，可向创内撒布青霉素粉、磺胺碘仿粉(9∶1)等；对外伤感染严重的化脓创，为了消灭病原菌和加速炎性净化，应选用抗菌药和加速炎性净化的药物，可用10%食盐水、硫呋液(硫酸镁20 mL，0.01%呋喃西林溶液加至100.0 mL)湿敷；如果创内坏死组织较多，可用蛋白溶解酶(纤维蛋白溶酶30 IU、脱氧核糖核酸酶2万IU，调于软膏基质中)创内涂布；如果是肉芽创，则应使用保护肉芽组织和促进肉芽组织生长，以及加速上皮新生的药物，可选用10%氧化锌软膏或20%龙胆紫溶液等涂布；如果有赘生肉芽组织，可用硝酸银棒、硫酸铜或高锰酸钾粉腐蚀。

(5) 外伤缝合　根据外伤情况可分为初期缝合、延期缝合和肉芽创缝合。

①初期缝合。是对受伤后数小时的清洁创或经彻底外科处理的新鲜污染创施行缝合，条件是外伤无严重污染，创缘及创壁完整，且具有生活力，创内无较大的出血和较大的血凝块，缝合时创缘不会因牵引而过分紧张，且不妨碍局部的血液循环等。

②延期缝合。是根据外伤的不同情况，分别采取的缝合措施。可外伤部分缝合，于创口下角留一排液口，以便于创液的排出；或创口上下角的数个疏散结节缝合，以减少创口裂开和弥补皮肤的缺损；或先用药物治疗3～5 d，无外伤感染后，再施行缝合。

③肉芽创缝合。又称二次缝合，适合于肉芽创，创内应无坏死组织，肉芽组织呈红色平整颗粒状，肉芽组织上被覆的少量脓汁内无厌氧菌存在。对肉芽创经适当的外科处理后，根据外伤的状况施行接近缝合或密闭缝合。

(6) 外伤引流　以纱布条引流最为常用，多用于深在化脓感染创的炎性净化阶段。把纱布条适当地导入创底和弯曲的创道，就能将创内的炎性渗出物引流至创外。作为引流物的纱布条，根据创腔的大小和创道的长短，可做成不同的宽度和长度。纱布条越长，则其条幅也应宽些。将细长的纱布条导入创内时，因其形成圆球而不起引流作用。引流纱布是将适当长、宽的纱布条浸以药液（如青霉素溶液、中性盐类高渗溶液、奥立夫柯夫氏液、魏氏流膏等），再用长镊子将引流纱布条的两端分别夹住，将一端疏松地导入创底，另一端游离于创口下角。

（7）外伤包扎　应根据外伤具体情况而定。一般经外科处理后的新鲜创都要包扎。当创内有大量脓汁、厌氧性及腐败性感染，以及炎性净化后出现良好肉芽组织的外伤，一般可不包扎，采取开放疗法。

（8）全身疗法　受伤宠物是否需要全身性治疗，应按具体情况而定。许多受伤宠物因组织损伤轻微，无外伤感染及全身症状等，故可不进行全身性治疗。但当受伤宠物出现体温升高、精神沉郁、食欲减退、白细胞增数等全身症状时，则应施行必要的全身性治疗，防止病情恶化。例如，对污染较轻的新鲜创，经彻底的外科处理以后，一般不需要全身性治疗；对伴有大出血和外伤愈合迟缓的宠物，应输入血浆代用品或全血；对严重污染而很难避免外伤感染的新鲜创，应使用抗生素或磺胺类药物，并根据伤情的严重程度，进行必要的输液、强心措施，注射破伤风抗毒素或类毒素；对局部化脓性炎症剧烈的病畜，为了减少炎性渗出和防止酸中毒，可静脉注射 10%葡萄糖酸钙溶液 10～20 mL 和 5%碳酸氢钠溶液 10～100 mL，必要时连续使用抗生素或磺胺类制剂以及进行强心、输液、解毒等措施；疼痛剧烈时，可肌内注射氯丙嗪。

【实训报告】写出实训报告，简述外伤的治疗方法。

项目二十七

脓肿的诊治技术

【实训目标】了解脓肿的病因，掌握脓肿的诊断与治疗方法。

【实训材料及设备】

（1）动物　患病宠物。

（2）器械　止血钳、手术刀、手术镊、探针、体温计、听诊器、缝合针、缝合线、持针器、注射器等。

（3）材料　消毒乳胶手套、绷带、纱布等。

（4）药品　高锰酸钾、新洁尔灭、龙胆紫溶液、酒精、碘酊、青霉素、0.25%普鲁卡因溶液、10%盐水、生理盐水、鱼石脂软膏、鱼石脂樟脑软膏、复方醋酸铅溶液、鱼石脂酒精等。

【实训内容及方法】

1. 脓肿的诊断

浅在性脓肿诊断并不困难，深在性脓肿诊断比较困难，可进行穿刺或超声波检查后确诊。超声波不但可确诊脓肿是否存在，还可确定脓肿的部位和大小。穿刺时，当肿胀尚未成熟或脓腔内脓汁过于黏稠时，常不能排出脓汁，但在后一种情况下针孔内常有干涸黏稠的脓汁或脓块附着。根据脓汁的性状并结合细菌学检查，可进一步确定脓肿的病原菌。但注意脓肿与血肿、淋巴外渗与疝的区别。

2. 脓肿的治疗方法

（1）保守疗法

①消炎止痛及促进炎症产物消散与吸收。当局部肿胀正处于急性炎性细胞浸润阶段时，可局部涂擦樟脑软膏，或用冷疗法（如复方醋酸铅溶液、鱼石脂酒精），以抑制炎性渗出，并具有消肿止痛的功效。当炎性渗出停止后，可用温热疗法、短波透热疗法、超短波疗法，以促进炎症产物的消散与吸收。局部治疗的同时，可根据患病动物的情况适当配合抗生素、磺胺类药物等进行对症治疗。

②促进脓肿的成熟。当局部炎症产物已无消散吸收的可能时，局部可用鱼石脂软膏、鱼石脂樟脑软膏、超短波疗法、温热疗法等以促进脓肿的成熟。待局部出现明显波动时，应立即进行手术治疗。

（2）手术疗法　脓肿形成后其脓汁常不能自行消散吸收，因此，只有当脓肿自溃排脓或手术排脓后经过适当地处理才能治愈。脓肿时常用的手术疗法有以下几种。

①脓汁抽出法。适用于关节部脓肿膜形成良好的小脓肿。其方法是利用注射器将脓肿腔内的脓汁抽出，然后用生理盐水反复冲洗脓腔，抽净腔中的液体，最后灌注混有青霉素的溶液。

②脓肿切开法。脓肿成熟出现波动后立即切开。切口应选择波动最明显且容易排脓的部位。按手术常规对局部进行剪毛消毒后，再根据情况做局部或全身麻醉。切开前为了防止脓肿内压力过大脓汁向外喷射，可先用粗针头将脓汁排出一部分。切开时一定要防止损伤对侧的脓肿膜。切口要有一定的长度，并做纵向切口，以保证在治疗过程中脓汁能顺利地排出。深在性脓肿切开时除进行确实麻醉外，最好进行分层切开，并对出血的血管进行仔细地结扎或钳压止血，以防引起脓肿的致病菌进入血液循环，而被带至其他组织或器官发生转移性脓肿。脓肿切开后，脓汁要尽力排净，但切忌用力压挤脓肿壁(特别是脓汁多而切口过小时)，或用棉纱等用力擦拭脓肿膜里面的肉芽组织，因为这样就有可能损伤脓肿腔内的肉芽组织而使感染扩散。如果一个切口不能彻底排空脓汁，也可根据情况做必要的辅助切口。对浅在性脓肿可用防腐液或生理盐水反复清洗脓腔。最后用脱脂纱布轻轻吸出残留在腔内的液体。切开后的脓肿创口可按化脓创进行外科处理。

③脓肿摘除法。常用于治疗脓肿膜完整的浅在性小脓肿。此时注意勿损伤刺破脓肿膜，预防新鲜手术创的污染。

【实训报告】写出实训报告。

项目二十八

眼科疾病的常规检查

【实训目标】 掌握眼科疾病常规检查的方法和内容。

【实训材料及设备】

(1) 动物　成犬与猫各1只。

(2) 器械　聚光灯、角膜镜、检眼镜、手术镊等。

(3) 药品　2%荧光素、生理盐水、阿托品、新洁尔灭等。

【实训内容及方法】

1. 眼眶检查

用肉眼观察眼眶有无肿胀、肿瘤和外伤等。

2. 眼睑检查

用肉眼观察眼睑是否有先天性异常、位置和皮肤变化等；观察眼裂大小，有无眼裂闭合不全，上眼睑是否下垂，有无上、下眼睑内翻、外翻、倒睫、睫毛乱生等；最后应观察眼睑有无红肿、外伤、溃疡、瘘管、皮疹、脓肿等。

3. 泪器检查

用肉眼观察泪器的色彩，有无肿胀，泪点与小泪管有无闭塞、狭窄，是否通畅；观察泪囊部有无红肿、压痛、瘘管、肿块等。

4. 结膜检查

检查之前将上眼睑翻转，充分暴露睑结膜、结膜穹窿部和球结膜，用肉眼观察睑结膜、结膜穹窿部和球结膜的颜色、光滑度，以及有无异物、肿胀、外伤、溃疡、肿块、滤泡、分泌物等情况。

5. 眼球检查

用肉眼观察眼球的大小，是否有萎缩或膨大，其位置有无突出或内陷现象。

6. 角膜检查

(1) 聚光灯检查　常用聚光灯以不同角度照射角膜各部，注意观察有无角膜翳、新生血管、缺损、溃疡、瘘管以及角膜穹窿程度的变化。聚光灯检查时也可以配合放大镜检查，可使病变看得更清楚，可发现细小的病变和异物。

(2) 角膜镜检查　如果同心环影像形态规则，则表示角膜表面完整透明，弯曲度正常；同心环呈梨形，则表示圆锥形角膜；同心环线条出现中断，则表示角膜有混浊或异物。

(3) 角膜染色检查　在角膜表面滴1滴2%荧光素，然后用生理盐水冲洗，病变处就染成绿色。

(4) 角膜瘘管检查　在角膜表面滴1滴2%荧光素，不冲洗，用一手拇指和食指分开眼裂，同时轻轻压迫眼球，观察角膜表面，如发现有一绿色流水线条不断激流，则瘘管就在流水线条的顶端。

7. 巩膜检查

注意观察巩膜血管的变化，如巩膜表面充血等。

8. 眼前房检查

观察眼前房，应注意其深浅及眼房液是否混浊。

9. 虹膜检查

检查虹膜时，应与健侧进行比较，注意观察虹膜的颜色、位置、纹理，有无缺损、囊肿、肿瘤、异物、新生血管等。

10. 瞳孔检查

要注意其大小、位置、形状以及对光的反应等。

11. 晶状体检查

检查前先用阿托品点眼，使瞳孔散大后，再检查晶状体有无混浊、色素附着、位置是否正常。

12. 玻璃体和眼底检查

检查玻璃体和眼底必须利用检眼镜，检查前先在被检眼滴入1%硫酸阿托品溶液进行散瞳。检查者右手持检眼镜，左手固定上、下眼睑，光源对准患眼瞳孔，检查者的眼应立即靠近镜孔，转动镜上的圆板，直至清晰地看到眼底为止。

眼底检查的顺序，通常是先找到视神经乳头，观察其大小、形状、颜色，边缘是否整齐，有无凹陷或隆起，然后再观察绿毡和黑毡。检查视网膜时，应注意有无出血、渗出、隆起和脱离，特别要注意血管的粗细、弯曲度、动静脉血管直径的比例、动脉血管壁的反光程度。

【实训报告】 写出实训报告。

项目二十九

脐疝的诊治

【实训目标】了解脐疝的组成，掌握脐疝的诊断与治疗方法。

【实训材料及设备】

（1）动物　患脐疝的犬或猫各1只。

（2）器械　止血钳、手术刀、手术镊、体温计、听诊器、缝合针、缝合线、持针器、注射器等。

（3）材料　消毒乳胶手套、绷带、纱布等。

（4）药品　高锰酸钾、新洁尔灭、酒精、碘酊、青霉素、0.25%普鲁卡因溶液、生理盐水等。

【实训内容及方法】

1. 疝的诊断

疝的诊断并不困难，一般根据临床症状即可确诊。疝缺乏炎性症状，不疼痛，柔软，有弹性及压缩性；容积可随腹压的增加而增大，腹压缩小而缩小；具有还纳性，压迫或体位改变可完全消失，但除去压迫或恢复原位又可脱出；有疝门。但疝诊断时注意与脐部脓肿和肿瘤等相区别，必要时可进行穿刺，根据穿刺液的性质可做出诊断。

2. 疝的治疗

（1）非手术疗法（保守疗法）　适用于疝轮较小、年龄小的宠物。可用疝带（皮带或复绷带）、强刺激剂等促使局部炎性增生闭合疝口。但强刺激剂常能使炎症扩展至疝囊壁，使之与肠管发生粘连。幼年动物可用一大于脐环的、外包纱布的小木片抵住脐环，然后用绷带加以固定，以防移动。若同时配合疝轮四周分点注射10%氯化钠溶液，效果更佳。

（2）手术疗法　比较可靠。术前禁食。按常规无菌技术施行手术。全身麻醉或局部浸润麻醉，仰卧保定，切口在疝囊底部，呈梭形。皱襞切开疝囊皮肤，仔细切开疝囊壁，以防止损伤疝囊内的脏器。认真检查疝内容物有无粘连、变性和坏死。仔细剥离粘连的肠管，若有肠管坏死，需实行肠部分切除术。内容物直接还纳腹腔内，然后缝合疝轮。若疝轮较小，可做荷包缝合，或钮扣缝合，但缝合前需将疝轮光滑面做轻微切割，形成新鲜创面，以便于术后愈合。如果病程较长，疝轮的边缘变厚变硬，此时一方面需要切割疝轮，形成新鲜创面，进行纽扣状缝合；另一方面在闭合疝轮后，需要分离囊壁，形成左、右两个纤维组织瓣，将一侧纤维组织瓣缝在对侧疝轮外缘上，然后将另一侧的组织瓣缝合在对侧组织瓣的表面上，修整皮肤创缘，皮肤做结节缝合。

【实训报告】写出实训报告。

项目三十

骨折的诊断与治疗

【实训目标】掌握宠物骨折的诊断方法与治疗技术。

【实训材料及设备】

（1）动物　患骨折的犬或猫1只。

（2）器械　体温计、听诊器、X线机、外科常用手术器械1套等。

（3）材料　消毒乳胶手套、绷带、纱布、竹片或木条、棉花、髓内针（钉）、接骨板等。

（4）药品　高锰酸钾、新洁尔灭、酒精、碘酊、青霉素、0.25％普鲁卡因溶液、生理盐水等。

【实训内容及方法】

1. 骨折的诊断

（1）病史调查　主要了解宠物患病的经过与致伤后的表现。

（2）临床检查　应注意以下几点。

①功能障碍。因疼痛和骨折后肌肉失去固定的支架，致使肢体不能屈伸，从而出现显著的跛行。

②变形。由于骨折断端移位、肌肉保护性收缩和局部出血，骨折外形和解剖位置发生改变。

③疼痛。骨折后骨膜、神经受损，病犬明显疼痛，常见全身发抖等表现。

④异常活动和骨摩擦音：全骨折时，活动远侧端出现异常活动，并可听到或感觉到骨断端的骨摩擦音。

⑤肿胀。骨折部位出现肿胀，是由于出血和炎症所引起。

⑥开放性骨折。除具有上述闭合性骨折的基本症状外，尚有新鲜创或化脓创的症状。

（3）X线检查　必要时可进行X线检查来确定骨折的性质。

2. 骨折的治疗

（1）治疗的原则　紧急救护，正确复位，合理固定，促进愈合，恢复功能。

（2）紧急救护　骨折发生后，于原地进行救治，主要是保护伤部，制止断端活动，防止继发性损伤。应就地取材，用竹片、小木板、树枝、纸壳等材料，将骨折部固定。严重的骨折，要防止休克和出血，并给予镇痛剂，如吗啡、哌替啶等药物。对开放性骨折，要预防感染，可于患部涂布碘酊，创内撒布抗生素等药物，然后进行包扎。

（3）正确复位　骨折复位是使移位的骨折断端重新对位，重建骨骼的支架作用。复位时间要越早越好，并力求做到一次整复正确。为了使整复顺利进行，应尽量使复位无痛和局部肌肉松弛，可选用局部浸润麻醉或神经阻滞麻醉。必要时可采用全身浅麻醉。

整复时，对轻度移位的骨折，可由助手将病肢远端进行适当的牵引后，术者用手托压、挤按手法来使断端对正。当骨折部肌肉强大而整复困难时，可用机械性牵引法，按"欲合先离，离而复合"的原则进行复位。即先轻后重，沿着肢体纵轴做对抗牵引，采用旋转、屈伸、托压、挤按、摇晃等手法，以矫正成角、旋转、侧方移位等畸形。复位是否正确，要根据肢体外形来判断，特别是与健肢对比，检查病肢的长短(方向)，并测量附近几个突起之间的距离，以观察移位是否已得到矫正。有条件的最好用 X 线检查配合整复。

(4) 合理固定　骨折复位以后，为了防止再移位和保证断端在安静状态下顺利愈合，必须对患部进行有效的固定。

①外固定。常用的外固定方法有夹板绷带、石膏绷带、支架绷带等。

夹板绷带：主要用于四肢骨折的固定，通常需同石膏绷带、水胶绷带、支架绷带配合使用。选择具有韧性和弹性的竹片、木条、厚纸片或金属板条，按肢体形状制成相符的弯度。为了防止夹板上、下、左、右串动，可将其编成帘子。固定前对患部清洁消毒和涂布外敷药，外用绷带包扎，依次装上衬垫(棉花、毛毯片等)，放好夹板，用布带或细绳捆绑固定。

石膏绷带：骨折整复后，刷净皮肤上的污物，涂布滑石粉，然后于肢体上、下端各绕一团薄的纱布棉花衬垫物；同时将石膏绷带浸没于 30～35 ℃温水中，直到气泡完全排出时为止(约10 min)，取出绷带，挤出多余的水分。先在患肢远端做环形带，后作螺旋带向上缠绕直到预定的部位，每缠一层，都必须均匀地涂抹石膏泥。石膏绷带上、下端不能超出衬垫物。在包扎最后一层时，必须将上、下衬垫物向外翻转，包住石膏绷带的边缘，最后表面涂石膏泥，并写上受伤及装置的日期。为了加速绷带硬化，可用电吹风机吹干。

有窗石膏绷带：当开放性骨折时，为了观察和处理创伤，常应用有窗石膏绷带。"开窗"的方法是在创口覆盖消毒的创伤压布，将大于创口的杯子或其他器皿放于布巾上，固定杯子后，绕过杯子按前法缠绕石膏绷带，最后取下杯子，将窗口边缘用石膏泥涂抹平滑。此外，也可以在缠好石膏绷带后用石膏刀切开制作窗口。为了便于固定和拆除，也可用预制管型石膏绷带，即将装着的石膏绷带在未完全硬固前沿纵轴剖开，即成两页，待干硬后，再用布带固定于患部。这种绷带便于检查局部状况，当局部血液循环不良时，可以适当放松，肿胀消退时也可以适当收紧。

支架绷带：主要用于四肢腕、跗关节以上的骨折，可以制止患肢屈曲、伸展，降低患肢的活动范围，以防止骨折断端再移位。支架绷带常与夹板绷带、内固定等结合使用。犬用托马斯(Thomas)支架绷带效果较好，即用直径 0.3～0.5 cm 的铝棒或钢筋制成，由上面的近似圆形的支架环和与之相连的两根支棒构成。环的大小和角度要适合前臂和胸壁间，或大腿与胁腹间的形状，注意勿使与肩胛部、髋结节等部位摩擦。前、后肢的支架棒要弯成和肘关节、膝关节、跗关节相符的角度。

②内固定。用手术方法暴露骨折段，进行整复和内固定，可使骨折部达到解剖学部位和相对固定的要求，特别是当闭合复位困难、整复后又有迅速移位、外固定达不到复位要求以及陈旧性骨折不愈合时，采用切开复位和内固定的方法是有效的。内固定的方法很多，应用时要根据骨折部位的具体情况灵活选用。髓内针(钉)固定法适用于臂骨、股骨、桡骨、胫骨等骨干的横骨折。髓内针长度和粗细的选择，应以患骨的长度及骨髓腔最狭处的直径为准，过短过细的针达不到固定作用。

接骨板固定：是内固定应用最广泛的一种方法，适用于长骨骨体中部的斜骨折、螺旋骨折、尺骨肘突骨折以及严重的粉碎性骨折等。接骨板的长度，一般为需要固定骨骼直径的3～4倍，结合骨折类型，选用4、6或8孔接骨板。固定接骨板的螺丝钉，其长度以刚穿过对侧骨密质为宜，过长会损伤对侧软组织，过短则达不到固定的目的。骨骼的钻孔，以手摇骨钻较好，电钻钻孔过快，可产生高热而使骨骼坏死。钻孔位置、方向要正确，不然螺丝钉可能折断或使接骨板松动。

螺丝钉固定：某些长骨的斜骨折、螺旋骨折、纵骨折或膝盖骨骨折、髁部骨折等，可单独或部分地用螺丝钉固定，根据骨折的部位和性质，再加用其他内固定法。

钢丝固定：主要用于上颌骨和下颌骨的骨折，某些四肢骨骨折也可部分地用钢丝固定，并同时用外固定以增强支持。

内固定有时因固定不牢固或骨骼破裂而失败，为此必须正确地选用固定方法。此外，进行内固定时，必须严格地遵守无菌操作，细致地进行手术，最大限度地保护骨腔和减少骨折部神经、血管的损害，积极主动地控制感染，这些都是提高治愈率的必要条件。

骨折后，若能合理的治疗，在正常情况下，经过7～10周，可以形成坚固的骨痂，此时某些内固定物（接骨板、螺丝钉）须再次手术拆除。

（5）药物疗法　中西医结合治疗骨折，可以加速愈合。

①外敷药。可灵活选用消肿止痛、活血散瘀的中药。

②内服药。可服用云南白药或七厘散等。为了促进骨痂的形成，可给予维生素A、维生素D及鱼肝油、钙片等。

（6）物理疗法　骨折愈合的后期，常出现肌肉萎缩、关节僵硬、病理性骨痂等，为了防止这些后遗症的发生，可进行局部按摩、搓擦，增强功能锻炼，同时配合直流电钙离子植入疗法、中波透热疗法或紫外线疗法。

开放性骨折除按上述方法治疗之外，预防感染也十分重要，要彻底地清洁创伤，同时应用抗生素疗法。

【实训报告】写出实训报告。

项目三十一

难产的诊断与助产

【实训目标】掌握难产的诊断方法和助产技术。

【实训材料及设备】

（1）动物　患难产的犬或猫1只。

（2）器械　体温计、听诊器、导尿管、X线机、外科常用手术器械1套等。

（3）材料　消毒乳胶手套、绷带、纱布等。

（4）药品　高锰酸钾、新洁尔灭、酒精、碘配、青霉素、0.25%普鲁卡因溶液、生理盐水等。

【实训内容及方法】

1. 难产的诊断

（1）病史调查　主要了解宠物分娩过程中的表现，是否超过了正常分娩时间。

（2）临床检查　具体包括以下方面。

①阵缩及努责微弱所引起的难产。指母犬在分娩过程中，阵缩和努责无力，超过了正常分娩时间，不见胎儿娩出；多见于老弱、肥胖、妊娠中缺乏运动或怀胎儿过多等的动物。

②产道狭窄所引起的难产。如子宫颈狭窄、阴道及阴门狭窄、骨盆腔狭窄以及产道肿瘤等，可影响胎儿娩出。母犬不到繁殖年龄，过早配种受胎，常引起产道狭窄。

③胎儿异常所引起的难产。包括胎儿过大、双胎难产（两胎儿同时陷入产道）、胎位不正（横腹位、横背位、侧胎位等）、畸形胎、气肿胎等。

2. 难产的助产

（1）首先对患病动物进行全身检查，必要时可进行强心补液。

（2）对阵缩及努责微弱所引起的难产可应用药物催产，垂体后叶素2～15 IU、催产素（缩宫素）5～10 IU、己烯雌酚0.5～1 mg，皮下或肌内注射。注射后3～5 min子宫开始收缩，可持续30 min，然后再注射1次，同时配合按压腹壁。

（3）对产道狭窄和胎儿异常所引起的难产经助产无效时，可施行剖宫产手术。

【实训报告】写出实训报告。

项目三十二

子宫积脓的诊治

【实训目标】掌握子宫积脓的诊断方法和治疗技术。

【实训材料及设备】

（1）动物　患子宫积脓的犬或猫1只。

（2）器械　体温计、听诊器、X线机等。

（3）药品　己烯雌酚、垂体后叶素、樟脑磺酸钠注射液、生理盐水、5%葡萄糖、高锰酸钾、酒精、碘酊、青霉素等。

【实训内容及方法】

1. 子宫积脓的诊断

（1）病史调查　主要了解宠物分娩时间，阴道分泌物的性状与气味。

（2）临床检查　主要症状是精神沉郁，食欲缺乏，烦渴，呕吐，多尿，呼吸增数，体温有时升高；腹部膨大，触诊疼痛；有时伴发顽固性腹泻；阴门肿大，排出一种难闻的具有特殊甜味的脓汁，在尾根及外阴部周围有脓痂附着。

（3）X线检查　用X线检查即可确诊。

2. 子宫积脓的治疗

（1）促进子宫内脓汁的排出　可肌内注射己烯雌酚0.2～0.5 mg，3～4 d后再注射垂体后叶素2～5 IU。子宫颈开张后可用0.1%高锰酸钾冲洗。

（2）为防止败血症发生，可静脉或肌内注射抗生素　根据病情适当补液。

（3）强心补液　樟脑磺酸钠注射液0.05～0.1 g，生理盐水50～250 mL，5%葡萄糖50～250 mL等。

【实训报告】写出实训报告。

项目三十三

尿石症的诊断与治疗

【实训目标】 掌握宠物尿石症的诊断方法和治疗技术。

【实训材料及设备】

（1）动物　患尿石症的犬或猫 1 只。

（2）器械　体温计、听诊器、导尿管、X 线机、外科常用手术器械 1 套等。

（3）材料　消毒乳胶手套、绷带、纱布等。

（4）药品　高锰酸钾、新洁尔灭、酒精、碘酊、青霉素、0.25%普鲁卡因溶液、生理盐水等。

【实训内容及方法】

1. 尿石症的诊断

（1）病史调查　主要了解排尿量及排尿时有无腹痛和血尿。

（2）临床检查　主要症状是排尿障碍、肾性腹痛和血尿。由于尿石存在的部位及对组织损害程度不同，其临床症状也不一致。如肾盂结石时多呈肾盂肾炎症状，可见血尿，肾区疼痛，严重时形成肾盂积水；输尿管结石时病犬不愿运动，表现痛苦，步行拱背，腹部触诊疼痛；膀胱结石时表现尿频和血尿，膀胱敏感性增高；尿道结石时排尿痛苦，排尿时间延长，尿液呈断续状或滴状流出，有时排尿带血。尿道完全阻塞时，则发生尿闭、肾性腹痛，且导尿管探诊插入困难；膀胱膨满，按压时不能使脓液排出。时间拖长，可引起尿毒症或膀胱破裂。

（3）尿道探诊　可用导尿管进行探诊，来确定尿道结石的位置。

（4）X 线造影检查　用 X 线造影技术来确定结石的位置。

2. 尿石症的治疗

（1）当有尿石形成可疑时，应给予矿物质含量少而富含维生素 A 的食物，并给予大量清洁饮水，增加尿量，用以稀释尿液，借以冲出尿液中的细小结石。同时还可以冲洗尿道，使细小的结石随尿排出。对体积较大的结石，并伴发尿路阻塞时，需及时施行尿道切开术或膀胱切开术。

（2）为预防感染，可应用抗生素，如青霉素等。

（3）对磷酸盐和草酸盐结石，可给予酸性食物或酸制剂，使尿液酸化，对结石有溶解作用。对尿酸盐结石，可内服异嘌呤醇每千克体重 4 mg/d，以防止尿酸盐凝结。对胱氨酸结石，可内服青霉胺每千克体重 25～50 mg/d，使其成为可溶性胱氨酸复合物，由尿排出。

（4）为防止尿结石复发，可内服水杨酰胺 0.5～1 片/d。

【实训报告】 写出实训报告。

参考文献

[1] 王洪斌．家畜外科学[M].4版．北京：中国农业出版社，2002.
[2] 赵兴绪．兽医产科学[M].3版．北京：中国农业出版社，2009.
[3] 侯加法．小动物疾病学[M].北京：中国农业出版社，2002.
[4] 高利，胡喜斌．宠物外科与产科[M].北京：中国农业科学技术出版社，2008.
[5] 张朝昆，梁裕利，潘瑞荣．犬猫产科学[M].北京：中国农业出版社，1991.